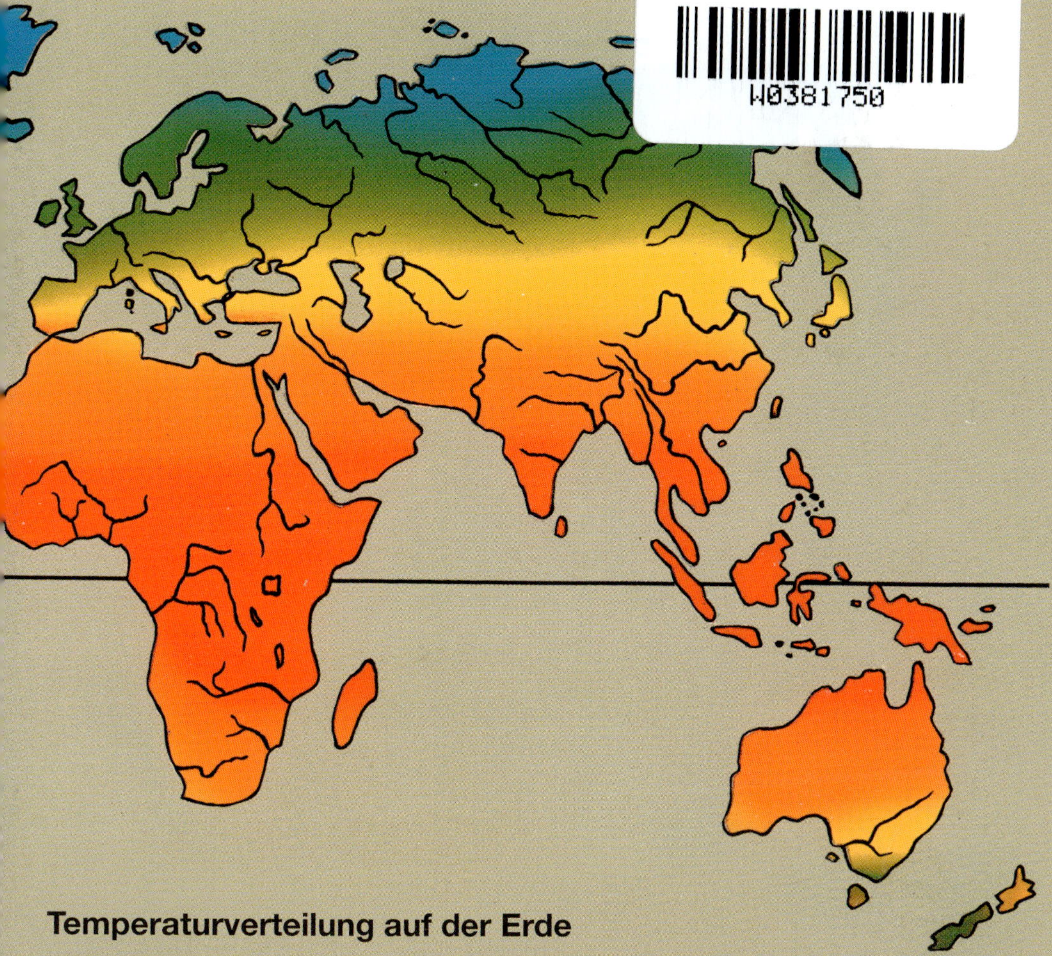

Temperaturverteilung auf der Erde

Polarzone
(überwiegend kalt)

Warme Sommer
kalte Winter

Heiße Sommer
kalte Winter

immer mild

Heiße Sommer
milde Winter

Überwiegend heiß

Die BLV

Wetterkunde

GÜNTER D. ROTH

Die BLV
Wetterkunde

Das Standardwerk in aktualisierter Neuausgabe

Was Sie in diesem Buch finden

Interessante Themen im Überblick

Was ich Ihnen sagen möchte

Wetter und Klima beschreiben Vorgänge in der Natur, die wir tagtäglich erleben und die das menschliche Dasein sehr nachhaltig beeinflussen. Viele Gespräche beginnen mit der Frage, wie wohl das Wetter werden wird, und sie ist auf Anhieb oft gar nicht einfach zu beantworten. Das Wettergeschehen in der Atmosphäre unserer Erde ist sehr komplex und immer wieder für Überraschungen gut. Ursachen des beobachteten Klimawandels kennen wir nur ungenau. In diesem Buch wird versucht, die Zusammenhänge aufzuzeigen. Dass das Wetter uns alle angeht, machen die Unwetter in allen Erdteilen deutlich, die gerade in den letzten Jahren gewaltige Schäden verursacht haben. Die vom Deutschen Wetterdienst zur Verfügung gestellten tabellarischen Übersichten von »Wetterrekorden« in Deutschland und in der übrigen Welt zeigen Extreme an, die bei den einzelnen Wetterelementen möglich sind. Die Kräfte, die das Wetter machen, werden von der Sonne mit Energie versorgt und in der Atmosphäre freigesetzt. Das Zusammenwirken von Sonne, Wasser und Wind macht Wetter und Klima. Viele Einzelerscheinungen sind einfachen Beobachtungen zugänglich. Deshalb widmet sich ein umfangreicher Abschnitt in diesem Buch den meteorologischen Vorgängen, die jeder von uns registrieren kann. Im Mittelpunkt der Wetterkunde steht das Zusammenspiel der meteorologischen Elemente: Luftdruck, Lufttemperatur, Luftfeuchtigkeit, Luftdichte, Luftströmung, Sicht, Bewölkung und Niederschlag. Sie bilden auch das Gerüst für alle Wetterkarten, die den Blick auf das Wetter von morgen wagen. Typische Großwetterlagen in Europa treten immer wieder auf und werden von einer ganz bestimmten Witterung in den einzelnen Ländern begleitet. Das Auftreten von Hoch- und Tiefdruckgebieten mit den dazugehörigen Luftströmungen ist für den Ablauf des Wettergeschehens und die Bildung verschiedenartiger Windsysteme wichtig. Dabei sind Erddrehung und ablenkende Funktion der Gebirge nicht zu übersehen. Hier werden auch globale Klimaveränderungen und ihre möglichen Ursachen erkennbar. Entsprechend der Bedeutung von Wetter und Klima für die Menschheit sind überall auf der Erde nationale Wetterdienste eingerichtet worden, die mit Unterstützung zahlreicher lokaler Messstationen das Wetter und den Zustand des Klimas überwachen. Die Arbeit der Wetterdienste ist die Voraussetzung für die immer genauere Vorhersage des zu erwartenden Wetters. Für Beruf und Freizeit ist die Wettervorhersage gleichermaßen unentbehrlich geworden.

Bei der Gestaltung dieses Buches haben Informationen, die der Deutsche Wetterdienst (DWD) in Offenbach zur Verfügung gestellt hat, einen wichtigen Anteil. Der herzliche Dank des Autors gilt Gerhard Lux, DWD-Pressesprecher. Dieser Dank gilt auch den anderen Personen und Stellen, die bei der Planung und Herstellung geholfen haben: Johannes Vergeiner, Institut für Meteorologie und Geophysik, Universität Innsbruck, für Informationen über den Föhn, Deutsche Meteorologische Gesellschaft (DMG) in Frankfurt am Main, EUMETSAT in Darmstadt, Münchener Rückversicherungs-Gesellschaft in München (Angelika Wirtz), Thies Messgeräte in Göttingen (Horst Schlöder), Wilhelm Lambrecht in Göttingen sowie Barbara von Damnitz, die die Grafiken angefertigt hat, den Fotografen und den Mitarbeitern des Verlages.

Günter D. Roth

Föhneinwirkung führt zur Bildung von wogenförmigen Verformungen der Altocumuli.

Das Wetter geht uns alle an

Es fängt mit einfachen Beobachtungen an. Wir alle erleben es immer wieder, dass die am Thermometer angezeigte Temperatur oft nicht mit unserem Temperaturempfinden übereinstimmt. Minusgrade im Winter sind noch viel kälter, wenn der Wind scharf weht. Dagegen werden ein paar Grade unter Null bei Windstille und Sonnenschein gar nicht so unangenehm empfunden.
Es ist der Wärmehaushalt des Menschen, der nicht nur auf die Lufttemperatur, sondern ebenso auf die Windgeschwindigkeit, die Luftfeuchtigkeit und auf die Strahlung der Sonne reagiert. Mit dem Wetter wechseln diese Einflüsse auf den Menschen und sein Wohlbefinden.
Ein anderes Beispiel. Milde Luft über dem Atlantik strömt nach Mitteleuropa und trifft dort auf Kaltluft aus Russland, so wie es im Dezember 1997 der Fall war. Die mehrere Plusgrade warme Luft lagert in zwei Kilometer Höhe über der eisig kalten Luftschicht am Boden. Die Regentropfen kühlen sich dort auf fünf und mehr Grade unter Null ab. Auf dem Boden angekommen, verwandeln sie sich sofort in eine spiegelglatte Eisfläche. In der Zeitung steht dann »Blitz-Eis führt zu Verkehrschaos«.

Die Erde wie sie ein geostationärer Wettersatellit des Typs MSG (METEOSAT Second Generation) sieht. Das Bild von METEOSAT-8 zeigt über dem Nordatlantik das Wolkensystem eines umfangreichen Tiefs, das sich Westeuropa nähert. Über der Sahara erkannt man den Schatten einer Sonnenfinsternis. Der Satellit ist über dem Äquator auf 0 Grad Länge positioniert. Aus einer Höhe von 36000 km erfassen die Kameras ungefähr ein Drittel der Erdoberfläche. Pro Tag entstehen 96 Aufnahmen von Wolkenbildern in 12 Spektralbereichen: Der sichtbare Kanal für Wolkenbilder bei Tageslicht (Bild), die Infrarotkanäle für Wolkenbilder bei Tag und Nacht.

Das Zusammentreffen kalter und warmer Luftmassen ist immer wieder für überraschende Wetterlagen gut. An den Grenzen bilden sich häufig mächtige Tiefdruckgebiete aus, die Stürme und Starkregen auslösen. Wenn der Luftdruck innerhalb weniger Stunden stark fällt, ist das ein Anzeichen für das aufziehende Unwetter.
Jahraus, jahrein erleben wir eine in unseren Breiten meist recht wechselhafte Witterung. Die Jahreszeiten sorgen für Abwechslung: Schnee, Matsch und Glatteis im Winter, im Frühjahr das bekannte »Aprilwetter« mit Kälteeinbrüchen und schauerartigen Niederschlägen, oft als Schnee. Dann kommt der Sommer, häufig mit weniger Badewetter, als es sich die meisten von uns wünschen. Dafür mit unbeständigem Gewitterwetter, das die Bergwanderer oft schon mittags überrascht, nachdem ein blauer Himmel am Vormittag falsche Hoffnungen geweckt hatte. Auch Landregen ist im Sommer in West- und Mitteleuropa gar nicht so selten, bestimmen doch in dieser Jahreszeit viele Westwetterlagen die Witterung. Der »Altweibersommer« im September dagegen verspricht etwas länger sonniges Wetter und ist nicht selten die Einleitung für den »Goldenen Oktober«. Aber die Tage sind bereits recht kurz, die Sonneneinstrahlung lässt spürbar nach. Die Tage im Herbst können klar sein, bringen aber auch gefürchtete Bodennebellagen und tagsüber andauernden Hochnebel. Die Herbst- und Winterstürme sind auf dem Meer und an der Küste eine Gefahr für die Schifffahrt. Sie tragen das Regenwetter und erste Schneeschauer ins Binnenland.
Beim Wettergeschehen ist man nie sicher vor Außergewöhnlichem. Etwa wenn sich Wasser in Verbindung mit Wind zur Sturmflut auftürmt, wie in der Nacht vom 31. Oktober auf den 1. November 2006 in Norddeutschland. Das Windfeld von Sturmtief »Britta« zog mit einer Geschwindigkeit von 145 Kilometern pro Stunde von Niedersachsen über Schleswig-Holstein, Hamburg und Bre-

men nach Mecklenburg-Vorpommern. Auf der Nordsee kenterte bei bis zu 17 m hohen Wellen ein niederländischer Seenotrettungskreuzer auf dem Weg zu einem Einsatz vor der Insel Borkum. Das 19 m lange Boot ist dreimal durchgekentert und hat sich dann wieder aufgerichtet. In Hamburg flutete der Sturm den Fischmarkt. An der Fischauktionshalle stand das Wasser bis zu 1 m hoch.

Immer wieder sind es die Westwetterlagen und Vb-Tiefs (siehe Seite 233), die Mitteleuropa heimsuchen. Tiefdruckgebiete aus dem Mittelmeerraum ziehen bei Letzteren östlich der Alpen nach Norden. Im August 2002 verursachte das Tief »Ilse« riesige Überschwemmungen an der Elbe und ihren Nebenflüssen in Sachsen. gleich 3 Vb-Wetterlagen folgten im Sommer 2005 hintereinander in nur 6 Wochen.

Für Autofahrer bergen Glatteis und Nebel besondere Gefahren. 100 demolierte Fahrzeuge, 40 Verletzte und 6 Stunden Totalsperrung auf der Lindauer Autobahn war die Bilanz von 2 Massenkarambolagen Anfang März 2005 wegen plötzlich aufkommender Nebelbänke und zu hoher Geschwindigkeit. Frühjahr und Herbst sind die besonders gefährdeten Jahreszeiten.

In keinem Jahr bleiben Wetterkapriolen ganz aus. Mitte Februar 2008 waren auf der Insel Kreta 200 Dörfer durch Schneemassen von der Außenwelt abgeschnitten. In Athen lag bis zu

Hochwasser der Ilm in Weimar.

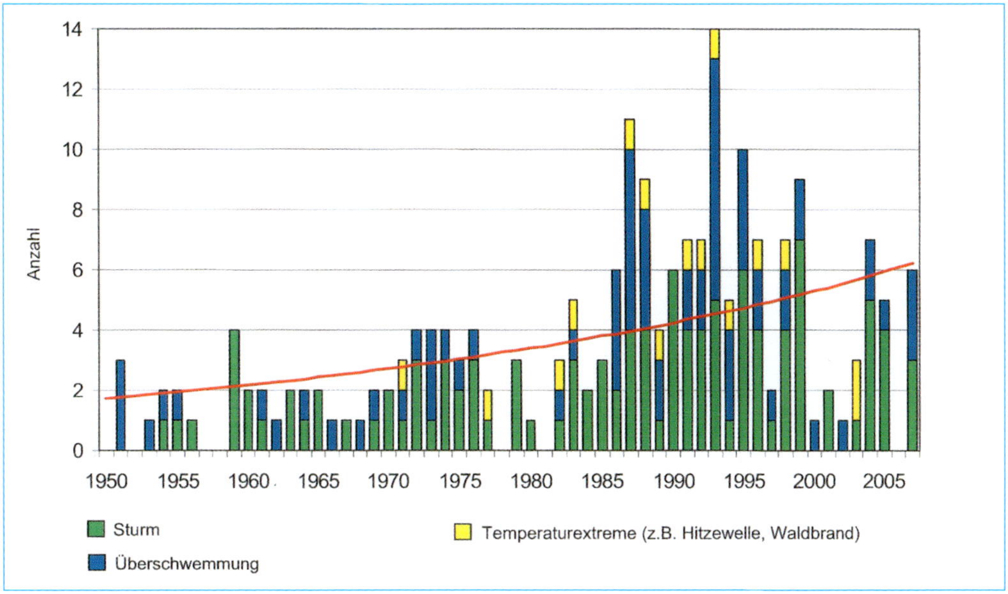

Große Wetterkatastrophen 1950–2007. Jeweils weit über 100 Tote und/oder 100 Millionen US-$ Schaden. Grafik Münchener Rück.

einem halben Meter Schnee. Im türkischen Urlauberparadies Antalya gab es erstmals wieder Schnee seit 15 Jahren. Aus Schweden meldeten zur gleichen Zeit die Meteorologen Wärmerekorde: seit Dezember Durchschnittstemperaturen zwischen 2 und 2,2 Grad plus. Auslöser war das Hoch »Friederich«. An seiner Ostseite floss kalte Polarluft nach Südosteuropa, an seiner Westseite warme Luft aus dem Süden nordwärts.
Wenige Tage vor Weihnachten 2001 sorgte das Tief »Laurin« in West- und Mitteleuropa für dichte Regen- und Schneewolken sowie stürmischen Wind. Im Gefolge der Schneefälle am 21. Dezember kam es zum »Mega-Stau« auf der A9: »Von Nürnberg bis zur thüringischen Grenze hinter Hof ging gar nichts mehr, mehr als 100000 Menschen kamen weder vor noch zurück und standen bis zu 16 Stunden im Stau. In ganz Nordbayern kam der Verkehr auf 180 Kilometern zum Stehen« (Süddeutsche Zeitung, Weihnachten, 24./25./26. Dezember 2001).
Im Juni 1992 verlief eine Wetterscheide mitten durch Deutschland. Im Süden war das Wetter zu nass und zu sonnenscheinarm, im Norden zu trocken und zu sonnenscheinreich. An der Küste nirgendwo mehr als 10 mm Regen im ganzen Monat. In Bad Kissingen dagegen fielen allein am 20. Juni 1992 73 mm!
Die Jahrhundertflut an der Elbe 2002 war das Ergebnis zweier unmittelbar aufeinander folgender Tiefdruckgebiete und ein weiteres Signal, dass sich extreme Wetterlagen häufen. Klimatologen sehen unmittelbare Folgen einer globalen Kilmaveränderung. Das andere Extrem war der heiße und viel zu trockene Sommer 2003

in weiten Teilen Europas. Im Durchschnitt war dieser Sommer um 4 °C zu warm. Im August beherrschte ein für die Jahreszeit sehr umfangreiches Hochdruckgebiet den Kontinent und sorgte für Tagestemperaturen über 30 °C. Akuter Wassermangel schädigte in vielen Gegenden die Landwirtschaft schwer. Die Pegelstände der Flüsse sanken dramatisch und beeinträchtigten die Schifffahrt und die Stromerzeugung.
Das Wetter ist das Geschehen in der Atmosphäre während eines Tages. Die Witterung in Berlin, Zürich oder Wien charakterisiert ähnliche atmosphärische Zustände während eines längeren Zeitintervalls (Woche, Monat). Und wenn es ums Klima geht, meinen die Meteorologen die aufgrund von Beobachtung und Messung ermittelte durchschnittliche Witterung von meist 30 oder mehr Jahren.
Aber nicht nur die extremen Lagen und die vielen Überraschungen sind es, die die Beschäftigung mit Wetter und Klima reizvoll machen. Soll man am Morgen, wenn man ins Büro fährt, den Schirm zu Hause lassen oder nicht? Wie wird das Wetter am Wochenende oder gar im Urlaub? Auf solche und ähnliche Fragen sucht jeder von uns immer wieder eine Antwort. Sie wird leichter und sicherer kommen, wenn man zusätzlich zur amtlichen Wettervorhersage einen eigenen Erfahrungsschatz hat und weiß, auf was es bei der Beobachtung des Wetters ankommt.
Zu Recht stolz sind heute die Meteorologen auf ihre Wettervorhersagen: »Aufwärts geht es, wenn Konjunkturprognosen wenigstens die Qualität von Wettervorhersagen erreicht haben« (Mitteilung Deutsche Meteorologische Gesellschaft, April 1984). Der Deutsche Wetterdienst berechnet gegenwärtig in Offenbach eine 7-Tage-Prognose. Für die Tage 8 bis 10 werden die Prognosen des europäischen Vorhersagezentrums EZMW genutzt, an denen der DWD beteiligt ist. Daneben wird versucht mit Hilfe sogenannter »Ensemblevorhersagen«, d. h. einem Mix aus zahlreichen Modellvarianten, Trends bis 15 oder 20 Tagen im Voraus zu erkennen. Die Trefferquoten der Vorhersagen haben sich in der Vergangenheit jeweils mit der Einführung neuer Vorhersagemodelle und neuer Großrechner verbessert. Beispiel Bodendruck, Stand 2007:

24 Stunden	97 Prozent
48 Stunden	96 Prozent
72 Stunden	93 Prozent
96 Stunden	89 Prozent
120 Stunden	84 Prozent
144 Stunden	78 Prozent
168 Stunden	72 Prozent

Zum Vergleich: Die Trefferquote der 24stündigen Vorhersage lag 1978 bei 80 Prozent und für die 72stündige Vorhersage bei knapp 75 Prozent.
Ein vieldiskutiertes Thema sind mögliche Klimaveränderungen. Die Ursache dafür können sowohl von der menschlichen Zivilisation als auch von der Erde (Vulkanausbrüche) und der Sonne ausgehen.
Dass sich das Klima auf der Erde bereits mehrmals geändert hat, bestätigen die geologischen, paläobotanischen, paläozoologischen und glaziologischen Forschungen. Das bekannte Beispiel sind die Eiszeiten. Ob wir heute auf eine Klimaänderung großen Stils zusteuern, bedarf noch der eingehenden Überprüfung. Auf jeden Fall kann man nicht von zugegebenermaßen oft extremen Witterungsunterschieden, wie sie in den letzten Jahrzehnten registriert wurden, auf eine neue Eiszeit oder Trockenzeit in Europa schließen. Die Verwüstungen des »Jahrhundert-Hurrikanes« Katrina 2005 in New Orleans wecken ebenso Ängste wie stark entwickelte atlantische Orkantiefs, die Stürme bislang unbekannter Stärke ins europäische Binnenland tragen (»Vivian«,

Der Winterstrum Kyrill hinterließ im Januar 2007 in Bayern 3,8 Millionen Festmeter Bruchholz. Die stärkste Böe wurde auf dem Wendelstein (202 km/h) gemessen.

»Wiebke« 1990, »Lothar« 1999). Das Klimaphänomen El Niño, eine Warmwasserströmung im Pazifik, löst heftigen Regen in sonst trockenen Gegenden aus und bringt Trockenheit in sonst niederschlagsreiche Gebiete Südostasiens und Amerikas.

Es deutet manches darauf hin, dass zivilisatorische Maßnahmen des Menschen viel mehr den Zustand des Klimas angreifen, als man zunächst angenommen hat. Ein Beispiel ist die starke Zunahme der künstlich versiegelten Böden im Gefolge der Besiedelung. Von 1950 bis 1977 wurden in der Bundesrepublik Deutschland Tag für Tag 94 Hektar zubetoniert, 1981 bis 1985 waren es 120 Hektar Land pro Tag. Das Stadtklima breitet sich aus. Kennzeichen: Verdunstung von Niederschlägen wird verhindert, Regenwasser läuft oberirdisch ab, stärkere Bewölkung, mehr Staub und Dunst, weniger Sonne, starke Temperaturunterschiede über Beton.

Raubbau am Regenwald. Die Brandrodungen im Amazonasgebiet zerstören nicht nur Wälder, sie verringern auch die Fähigkeit des Waldes, Kohlendioxid aufzunehmen und abzubauen. Zusätzlich setzen Brandrodungen im Urwald sehr viel Kohlendioxid frei. Laut Umweltorganisation Greenpeace kommen 50 Prozent des CO_2-Ausstoßes Brasiliens von Brandrodungen.

Ein anderes Beispiel ist der Vormarsch der Wüsten in denjenigen Gebieten, in denen übermäßig viel Wald gerodet oder in denen die landwirtschaftliche Nutzfläche ungenügend genutzt wird.
So sind in Südostkenia (Afrika) die Monsunregen seit einem Jahrzehnt in wesentlich geringerem Umfang gefallen als man das gewohnt war. Die Viehweide geht zurück und der Lebensunterhalt der Bevölkerung wird bedroht. Um sich kurzfristig zu helfen, werden nahe liegende Wälder gerodet, das Holz verkohlt und die Holzkohle nach Saudiarabien verkauft. Aber wo keine Bäume mehr stehen, fällt noch weniger Regen und der Wind fängt an, fruchtbaren Boden zu verwehen. Der Grundwasserspiegel

sinkt, und eine neue Wüste bedroht bald das Leben der Menschen. Wissenschaftler meinen, dass die Rodungen in Afrika, Südamerika und Asien einen Klimawandel auf der Erde nicht eingeleitet haben, ihn aber beschleunigen.
Wie man Natur, Politik und Wirtschaft zusammenbringen kann, darüber wird seit 1972 auf Gipfeltreffen und Umweltkonferenzen heftig gestritten. Die erste Umweltkonferenz fand in Stockholm statt. 1200 Vertreter aus über 100 Ländern debattierten über den richtigen Umgang mit den natürlichen Ressourcen Eine dicht gepackte Deklaration mit Empfehlungen und Aktionsplänen war das Ergebnis.
Die berühmteste Konferenz war 1997 im japanischen Kyoto. Das Protokoll verpflichtete die Industrieländer zu Emissionshöchstmengen, um den Zustrom von Schadstoffen in die Atmosphäre zu bremsen. Theoretisch müssten bis 2050 mehr als 50 Prozent der weltweiten CO_2-Emissionen im Vergleich zu 1990 eingespart werden. Es wurde und wird weiter verhandelt. Einen Fortschritt brachte die Weltklimakonferenz im Dezember 2007 auf Bali mit dem Einlenken der USA und die erstmalige Einbeziehung der Entwicklungs- und Schwellenländer wie China und Indien in den »Bali-Aktionsplan«. Aber es bleiben nur noch wenige Jahre für das neue Abkommen, das das 2012 auslaufende Kyoto-Protokoll ablösen soll.
Ein Anfang ist gemacht. Ein Anfang, der auch dann sinnvoll ist, wenn sich im Verlauf weiterer wissenschaftlicher Untersuchungen herausstellen sollte, dass neben anthropogenen, also vom Menschen verursachten Einflussgrößen, natürliche Einflussfaktoren das Klima stärker als bislang angenommen verändern. Zu den natürlichen Einflussfaktoren zählen die Solarkonstante, explosiver Vulkanismus und Wechselwirkungen zwischen den Weltmeeren und der Atmosphäre, bekannt auch unter der Bezeichnung Oszillation, z. B. die Nordatlantische Oszillation und die Southern Oscillation, zu der das Phänomen El Niño gehört (s. Seite 251).

Wetterrekorde in Deutschland seit dem Jahre 1880

(Stand: Mai 2008)

Lufttemperatur (°C) (gemessen in der Thermometerhütte 2 m über dem Erdboden)
Höchste Temperatur: 40,2 °C am 27.07.1983 in Gärmersdorf bei Amberg (Oberpfalz), am 09.08.2003 in Karlsruhe und am 13.08.2003 in Karlsruhe und Freiburg.
Niedrigste Temperatur: –37,8 °C am 12.02.1929 in Hüll, Ortsteil von Wolnzach, Kr. Pfaffenhofen/Ilm (Niederbayern).

Niederschlag (mm) (1 mm Niederschlag = 1 Liter pro m^2 Bodenfläche)
Größte 24-stündige Niederschlagshöhe: 312,0 mm vom 12.08.2002, 07 Uhr MEZ bis 13.08.2002, 07 Uhr MEZ) in Zinnwald im Osterzgebirge.
Größte Niederschlagsintensität: 126,0 mm fielen am 25.05.1920 bei Füssen (Allgäu) in 8 Minuten.
Größte monatliche Niederschlagshöhe: 777 mm im Mai 1933 in Oberreute, Kr. Lindau (Bodensee) und im Juli 1954 in Stein, Kr. Rosenheim (Oberbayern).
Geringste monatliche Niederschlagshöhe: 0 mm Niederschlag pro Monat wurde an verschiedenen Messstellen in Deutschland registriert. Zuerst 1908 in Lindenberg und Doberlug-Kirchhain (Brandenburg) im Oktober 1908 sowie zuletzt im Juli 1994 in Barth (Mecklenburg-Vorpommern). Im April 2006 an vielen Messstellen.
Größte jährliche Niederschlagshöhe: 3503,1 mm 1970 in Balderschwang/Allgäu.
Geringste jährliche Niederschlagshöhe: 242 mm 1911 in Straußfurt (Thüringen).

Schneedecke
Höchste Schneedecke: 830 cm am 02.04.1944 auf dem Zugspitzplatt (2650 m über NN).

Sonnenschein
Höchste monatliche Sonnenscheindauer: 403 Stunden im Juli 1994 Kap Arkona/Rügen.
Höchste jährliche Sonnenscheindauer: 2329 Stunden im Jahr 1959 auf dem Klippeneck am südlichen Rand der Schwäbischen Alb (973 m über NN).
Geringste jährliche Sonnenscheindauer: 929,1 Stunden 1995 in Ruhpolding/Chiemgau.
Geringste monatliche Sonnenscheindauer: 0 Stunden im Dezember 1965 am Großen Inselberg (Thüringer Wald).

Luftdruck (hPa) auf Meeresniveau (NN) reduziert
Höchster Luftdruck: 1057,8 hPa am 23.01.1907 in Berlin/Dahlem.
Niedrigster Luftdruck: 955,4 hPa am 27.11.1983 in Bremen.

Wind
Absolutes Maximum der Windgeschwindigkeit in Böen: 335 km/h (= 93 m/s) am 12.06.1985 auf der Zugspitze (registriert mit einem zum Hang geneigten Staudruckmesser in 2975 m über NN). Der Staudruck betrug 541 kg/m^2.

Nebel
Längste Andauer: 242 Stunden vom 07.05.1996 bis 17.05.1996 an der Station Neuhaus/Rennweg in Thüringen.
Maximale Anzahl der Tage mit Nebel in einem Jahr: 330 Tage 1958 Brocken (Harz).

Wärmster und kältester Winter bzw. Sommer (seit 1755)

	Sommer	Winter
Wärmster	2003	2006/2007
Kältester	1816	1829/30

Längste Beobachtungsreihen in Deutschland
Berlin seit Januar 1701 mit, seit Dezember 1755 ohne Unterbrechungen.
Hohenpeißenberg (977 m) im Alpenvorland, seit 1780 ununterbrochene Messreihe.

Wetterrekorde der Erde

(Stand: Mai 2008)

Temperatur
Höchste Lufttemperatur: 57,3 °C El Asisija/Lybien (112 m NN) im August 1923.
Höchste Durchschnittstemperatur: 34,6 °C Dallol/Äthiopien (79 m unter NN) vom November 1960 bis Oktober 1966.
Tiefste Lufttemperatur: –89,2 °C Wostock/Antarktis (3420 m NN) am 21.07.1983.
Tiefste Durchschnittstemperatur: –55,1 °C Wostock/Antarktis (von 1961 bis 1990).

Niederschlag
Größte Niederschlagsmenge in 24 Stunden: 1870 l/m² Cilaos, Insel La Réunion (Indischer Ozean) am 15./16.03.1952.
Größte jährliche Niederschlagsmenge: 26461 l/m² Cherrapunji/Indien (1312 m NN) vom 01.08.1860 bis 31.07.1861.
Größte durchschnittliche Niederschlagsmenge pro Jahr: 11684 l/m² Mount Waialeale Kauai, Hawaii (1547 m NN) 1912 bis 1945.
Niedrigste durchschnittliche Niederschlagsmenge pro Jahr: 0,7 l/m² (Oase Dachla/Ägypten) 1932 bis 1985.
Größte Gesamtneuschneemenge innerhalb einer Wintersaison: 1027 inch. = 26,1 m (Rainier Paradise Ranger/US-Bundesstaat Washington) 1970/71.
Größte Gesamtneuschneesumme innerhalb eines Jahres: 1224 inch = 31,1 m (Rainier Paradise Ranger/US-Bundesstaat Washington) vom 19.2.1971–18.2.1972.

Luftdruck (auf Meereshöhe reduzierter Wert)
Höchster Luftdruck: 1083,8 hPa Agata, Nordwest-Sibirien (263 m NN) am 31.12.1968.
Niedrigster Luftdruck: 870 hPa (gemessen im Taifun »Tip« 482 km westl. Guam/Pazifik) am 12.10.1979.

Sonnenscheindauer
Größte durchschnittliche Sonnenscheindauer: 4015,3 Std (= 91 % des astronomischen Maximums) in Yuma, Arizona 1951–1978.
Kleinste durchschnittliche Sonnenscheindauer: 478 Std (= 11 % des astronomischen Maximums) auf den Süd-Orkney-Inseln/Nordspitze Schottlands 1903–1950 sowie 1978–1991.

Wind
Größter 10-Minuten-Durchschnittswert: 372 km/h (Mt. Washington, New Hampshire USA (1909 m)) am 12.04.1934.
Größte Böe: 416 km/h (Mt. Washington, New Hampshire USA) am 12.04.1934.

Ort mit den meisten Regentagen pro Jahr (min. 0,1 l/m²)
325 Tage Campell Island/Südpazifik (zu Neuseeland) von 1941 bis 1957.

Höchsttemperatur am Südpol
–13,6 °C am 27.12.1978.

Größte Temperaturspanne zwischen größter Maximum- und tiefster Minimumtemperatur
106,7 °C Werchojansk (GUS).

Längster fortlaufender Weg eines Tornados
469 km Illinois (Indiana/USA) am 26.05.1917.

(Quelle: Deutscher Wetterdienst, Pressestelle, Frankfurter Str. 135, 63067 Offenbach)

Kräfte, die das Wetter machen

Das Wetter hat viele Gesichter. Wer über einige Zeit hinweg das Wettergeschehen aufmerksam verfolgt, stellt verschiedenartige und oft sehr rasch wechselnde Zustände fest: Sonnenschein, Wolkendurchzug, Luftbewegungen, Niederschläge. Alles spielt sich in dem Raum über der Erdoberfläche ab, in der Lufthülle unseres Planeten Erde.

Tatsächlich ist die Atmosphäre der Schauplatz aller Wetterveranstaltungen, die das Jahr begleiten. Der Planet Erde besitzt eine verhältnismäßig dichte Atmosphäre, die auch eine Voraussetzung für die Entstehung des Lebens auf dem Planeten gewesen ist. Menschen, Tiere und Pflanzen benötigen den in der Atmosphäre vorhandenen Sauerstoff zur Atmung bzw. für den Aufbaustoffwechsel (Pflanzen). Und aus dem ebenfalls in der Atmosphäre vorhandenen Kohlendioxid bauen die Pflanzen mit Hilfe der Sonnenenergie in der Assimilation ihre Substanz auf. Für das Wettergeschehen bestimmend ist schließlich der unterschiedlich große Gehalt der Luft an Wasserdampf, maximal sind 4 % möglich.

Die Hauptgase der Atmosphäre sind:

78 % Stickstoff
21 % Sauerstoff
1 % verschiedene Gase (z. B. Argon, Kohlendioxid).

Stickstoff wirkt hauptsächlich als Verdünner, der die Aktivität des Sauerstoffs ausgleicht. Der Anteil der Spurengase liegt unter 0,1 %. Es gibt die zeitlich und räumlich konstanten Spurengase (Neon, Helium, Krypton, Wasserstoff, Xenon) und die strahlungsaktiven Spurengase, die einen veränderlichen Anteil haben (Wasserdampf, Kohlendioxid, Ozon, Methan u. a.). Wasserdampf wird von den Wasserflächen, von den mit Schnee und Eis bedeckten Gebieten der Erdoberfläche und auch von den Vegetationsgebieten durch Verdunstung ständig an die Atmosphäre abgegeben, wo es dann zur Bildung von Wolken kommt.

Ebenfalls eine variable Komponente der Lufthülle ist das wichtige Ozon, das sich bilden kann, wenn zuvor atomarer Sauerstoff durch Spaltung von O_2 entstanden ist. In der höheren Atmosphäre besteht eine Sperrschicht aus Ozon, die die gefährliche Ultraviolett-Strahlung absorbiert. Diese Funktion führt zum Zerfall des Ozons, das immer wieder neu gebildet werden muss.

Bestandteile der Atmosphäre sind weiter Staubteilchen sowie chemische und organische Partikel, die von der Erdoberfläche und aus dem Weltraum stammen. Diese Teilchen (Kondensationskerne) haben eine besondere Aufgabe bei der Niederschlagsbildung (Regen, Schnee, usw.). Schwebeteilchen von Staub, Ruß und anderen »Luftverschmutzungen« machen sich hauptsächlich in den unteren Schichten der Atmosphäre bemerkbar.

Starke Luftverschmutzung behindert die Sonnenstrahlung auf die Erdoberfläche. Als Dauerzustand kann das zur Abkühlung und zu unerfreulichen Klimaänderungen führen. Auf der anderen Seite wird die Energieproduktion der Menschen von Jahr zu Jahr größer. Sie gibt zusätzliche große Mengen Kohlendioxid in die Luft ab. Ein steigender Anteil von Kohlendioxid blockiert die Rückstrahlung von der Erdoberfläche in den Weltraum (»Treibhauseffekt«), was zu einer Erwärmung führt. Aber genauso wie die Abkühlung, löst auf die Dauer gesehen eine Erwärmung der Erdoberfläche Klimaänderungen aus, die das menschliche Dasein gefährden können.

Der Fixstern Sonne versorgt die Erde mit der notwendigen Energie. Klima und Wetter sind von der Sonnenenergie abhängig.

So wie sich die Schwebeteilchen der Luftverschmutzung auf die unteren Schichten der Atmosphäre konzentrieren, sind Zusammensetzung und Dichte der Atmosphäre von der Höhe abhängig. Dabei ist die chemische Zusammensetzung der Lufthülle bis in 100 Kilometer Höhe sehr gleichmäßig. Der Übergang von der durchmischten Atmosphäre (Homosphäre) zur diffus entmischten Atmosphäre (Heterosphäre) vollzieht sich an der Homopause (Turbopause). Die leichteren und schwereren Bestandteile der Luft entmischen sich in der Heterosphäre. Gase wie Helium und Wasserstoff sind in Höhen über 100 km stärker vertreten, während diese in den unteren Luftschichten nur spurenweise vorkommen. Die Schichteinteilung der Atmosphäre erfolgt unter verschiedenen Gesichtspunkten. Neben der elektromagnetischen Schichteinteilung und der physiko-chemischen Schichteinteilung bestimmen die Zustandsgrößen Temperatur, Luftdruck und Luftdichte den Vertikalaufbau der Atmosphäre. In der bis 15 Kilometer Höhe reichenden **Troposphäre** ist die Luftmischung besonders stark ausgeprägt. Sie ist der Raum für das eigentliche Wettergeschehen. Hier bilden sich die Wolken und die Niederschläge. Es folgt die **Tropopause**, eine Sperrschicht, die die Troposphäre von der relativ stabilen darüber liegenden Schicht, der **Stratosphäre** trennt (s. Abbildung rechts). In der Stratosphäre kommt es zu einer Temperaturzunahme, bedingt durch den Erwärmungseffekt der in der Stratosphäre befindlichen Ozonschicht. Diese Temperaturzunahme erreicht ein Maximum an der **Stratopause**. Darüber in der **Mesosphäre** nimmt die Temperatur wieder ab und erreicht in der **Mesopause** ein Minimum. Oberhalb der Mesopause führt Absorption von Sonnenstrahlung zu einem neuen Temperaturanstieg. Diese Schicht heißt **Thermosphäre** und reicht bis in etwa 600 km Höhe. Hier findet nicht nur Absorption von Sonnenstrahlung statt, hier kommt es auch zum Zerfall und zur Ionisation von kleinsten atmosphärischen Teilchen (Atome, Moleküle). Speziell im Bereich der **Ionosphäre** (ab etwa 90 km Höhe), die durch Absorption und Reflexion von Radiowellen bekannt geworden ist (s. Abb. Seite 25). Die äußerste Atmosphärenschicht beginnt in 600 km Höhe und heißt **Exosphäre**. Atome mit Fluchtgeschwindigkeit können hier aus dem Schwerefeld der Erde entweichen.

In den hohen Schichten der Atmosphäre geben Temperaturen infolge der sehr geringen Gasdichte nicht mehr die gemessene fühlbare Wärme an, sondern die durchschnittliche kinetische Energie der vorhandenen Luftmoleküle.

Der Austausch von Luftmassen zwischen Troposphäre und Stratosphäre ist von großem Einfluss auf die globale Verteilung von Spurengasen (Ozon!) und deren Wirkung auf den Strahlungshaushalt. Das hat auch Bedeutung für die Beurteilung des Zustands des Klimas und seine weitere Entwicklung. Welche Rolle beim Transport der Luftmassen die Tropopause spielt ist noch nicht restlos geklärt. Bei der Wechselwirkung zwischen Troposphäre und Stratosphäre gibt es Zusammenhänge mit den unregelmäßigen Schwankungen des Luftdrucks in den Tropen und den Wassertemperaturen im äquatorialen Pazifik und anderen Oszillationen (Nordatlantik-Oszillation). Sie erlauben Rückschlüsse, ob es z. B. auf der Nordhemisphäre einen kalten oder einen milden Winter gibt. Bei allen Betrachtungen müssen auch externe Anregungen berücksichtigt werden, z. B. die Sonnenaktivität und starke Vulkanausbrüche.

Die höher gelegenen Schichten Mesosphäre und Thermosphäre lassen mit Hilfe von Feldstärkemessungen im Langwellenbereich (Mesosphäre) und Ionensondenmessungen (Thermosphäre)

Der Aufbau der Erdatmosphäre

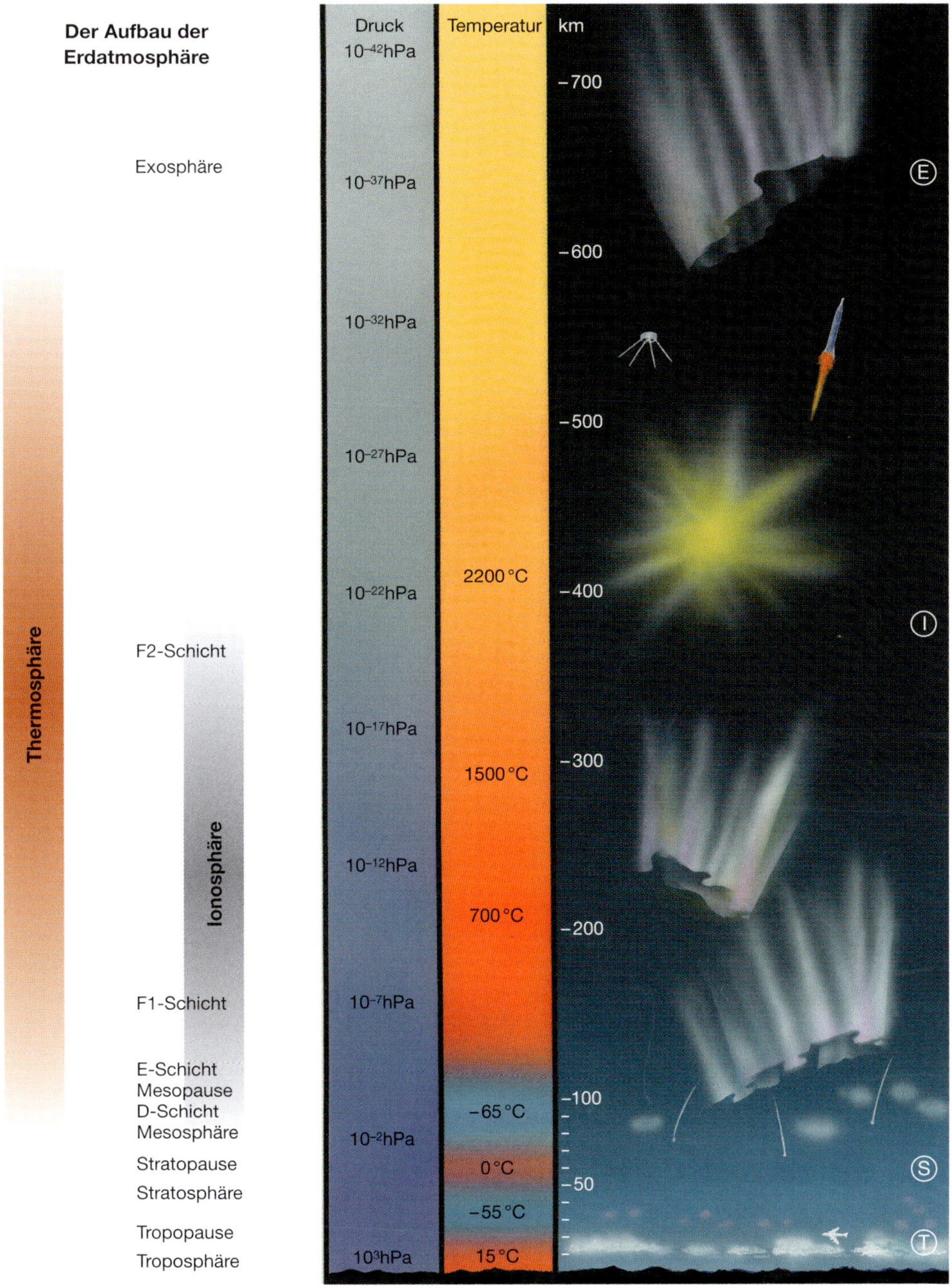

eine Koppelung mit Änderungen z. B. der Treibhausgase erkennen. Langfristige Messreihen sind hier noch dringend notwendig.
Bergsteiger und Flieger wissen aus Erfahrung, dass die Luft mit zunehmender Höhe dünner und kälter wird. Mit der Höhe nimmt auch der Luftdruck ab. An der Erdoberfläche ist der Luftdruck beträchtlich.
Die ersten barometrischen Luftdruckmessungen hat ein Schüler Galileis vorgenommen: Torricelli benützte ein u-förmig gekrümmtes Glasrohr, um festzustellen, dass der Luftdruck in Meereshöhe in der Lage ist, einer Quecksilbersäule von 760 mm Höhe das Gleichgewicht zu halten. Quecksilber ist verhältnismäßig schwer. Luftdruckmessungen mittels eines Quecksilberbarometers erfordern zusätzliche Maßnahmen, um Fehler zu vermeiden. Quecksilber dehnt sich bei Erwärmung aus. Also muss bei der Messung auch die Temperatur angegeben oder die Messung auf 0 °C reduziert werden. Die Erde ist ein sich drehender Körper. Die nach außen wirkende Zentrifugalkraft vermindert die Massenanziehung zum Erdmittelpunkt hin. Ganz stark macht sich das am Äquator bemerkbar, während am Nord- und Südpol davon nichts zu spüren ist. So ist aber das Gewicht der Quecksilbersäule an verschiedenen Punkten der Erdoberfläche verschieden.
Die Weltorganisation für Meteorologie (WMO) hat beschlossen, dass ab 1. Januar 1985 als Einheit für meteorologische Luftdruckangaben nur noch Hektopascal (hPa) als Einheit verwendet werden. 1 Pascal entspricht dem Druck, den die senkrecht auf eine Fläche von 1 Quadratmeter wirkende Kraft von 1 Newton (N) ausübt. Physikalisch entsprechen 100 Pascal (das ist ein Hektopascal!) einem Millibar (mbar). Angaben auf Skalen und in Tabellen mit der Bezeichnung mbar bleiben gleich. Es tritt nur an die Stelle von mbar die Bezeichnung hPa.

760 mm Quecksilbersäule = 1013,2 mbar = 1013,2 hPa

Die Luftsäule wird kürzer mit zunehmender Höhe und damit sinkt der Luftdruck. Das Gewicht der Luft wird kleiner. Dabei spielt die Temperatur eine wichtige Rolle. Im Durchschnitt können wir mit zunehmender Höhe folgende Druckabnahme erwarten:

Höhe (m)	**Druck (hPa)**	**Temperatur (°C)**	**Dichte (kg/m³)**
0	1013	15,0	1,225
111	1000	14,3	1,212
988	900	8,6	1,113
1949	800	2,3	1,012
3012	700	– 4,6	0,908
4206	600	–12,3	0,802
5574	500	–21,2	0,692
16180	100	–56,5	0,161

Die Beziehung zwischen Barometerstand und Höhe schafft die Voraussetzung für Luftdruckmessungen mit dem Höhenmesser.
Die barometrische Höhenformel, wonach auf je 5,5 Kilometer Höhenzunahme der Luftdruck auf jeweils die Hälfte sinkt, gilt nicht bis an das Ende der Atmosphäre. Auch die beobachtete Abkühlung setzt sich in großen Höhen nicht fort. Dabei werden die Unregelmäßigkeiten in der Dichteverteilung in den obersten Stockwerken der Lufthülle vom Temperaturverlauf beeinflusst. Der unterschiedliche Temperaturverlauf hängt ab von der verschiedenartigen Absorption verschiedener Anteile der Sonnenstrahlung.

Lufttemperatur	in 10 km Höhe	–60 °C
	in 80 km Höhe	–90 °C
	in 50 km Höhe	0 °C
	in 150 km Höhe	+1000 °C

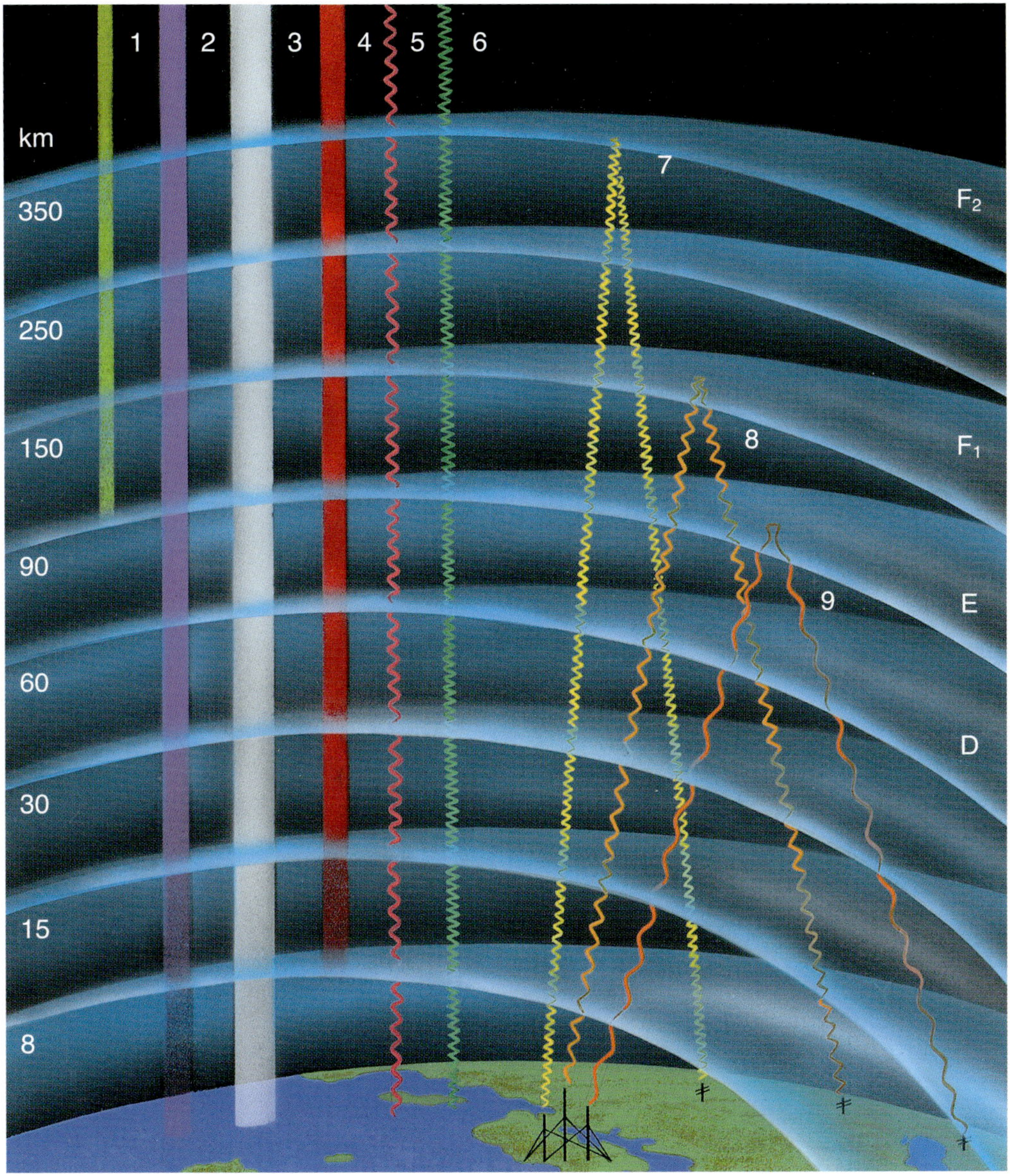

Die Schichten der Atmosphäre und ihre Durchlässigkeit für Strahlen

1 Röntgenstrahlen 2 Ultraviolettstrahlung 3 Sichtbares Licht (»Optisches Fenster«) 4 Infrarotstrahlung 5 Radiowellenstrahlung aus dem Kosmos (»Radio-Fenster«) 6 UKW-Radiowellen 7 Kurzwellenradiowellen 8 Mittelwellenradiowellen 9 Langwellenradiowellen.

Auch wenn sich das Wettergeschehen auf die Luftschichten bis zu 15 Kilometer Höhe konzentriert, verdient die höhere Schichtung große Aufmerksamkeit. Sie sind die »Kontaktstellen« zu der aus dem Weltraum kommenden Strahlung, in erster Linie der Sonnenstrahlung. Diese Schichten reagieren in typischer Weise auf die ankommende Strahlung und tragen mit zu ihrer Dosierung bei. Das bekannteste Beispiel hierfür ist die Ozonschicht, die die gesamte Ultraviolett-Strahlung der Sonne (»UV-Strahlung«) unterhalb einer Wellenlänge von 300 nm (Nanometer, millionstel Millimeter) absorbiert. Auch die von der Sonne kommende Röntgenstrahlung wird in einer höheren Schicht der Atmosphäre völlig absorbiert. Die in diesen Höhen so dünne Luft wirkt trotzdem so zuverlässig wie eine mehrere Meter dicke Bleiplatte.

Ist die Lufthülle der Erde der Raum, in dessen unterem Teil das Wettergeschehen abläuft, so stellt die Sonne die Energiequelle dar, die das Wettergeschehen anheizt. Deshalb muss man sich mit der Sonnenstrahlung näher beschäftigen, wenn es um die Kräfte geht, die das Wetter machen.

Die Strahlung der Sonne gelangt nur zum Teil auf die Erdoberfläche. Auf dem Weg durch die Atmosphäre wird diese von der Strahlung nur unwesentlich angewärmt. Die zur Erdoberfläche durchkommende Strahlung wird dort absorbiert. Dadurch erwärmt sich die Erdoberfläche und heizt die Lufthülle von unten her an. Ein Vorgang, der sich fast so abspielt wie das Heißmachen einer Pfanne auf dem Kochherd, vereinfacht dargestellt.

Die einzelnen Gegenden auf der Erde bekommen unterschiedlich Energie von der Sonne zugestrahlt. Geographische Breite, Tages- und Jahreszeit nehmen darauf Einfluss:

Die äquatornahen Breiten bekommen viel mehr Sonnenstrahlung als die polnahen Breiten.

Je nach Jahreszeit variieren Luftmasse und Luftdruck. Im Sommer ist die Zustrahlung größer als im Winter. Dem Sommer auf der Nordhalbkugel der Erde entspricht der Winter auf der Südhalbkugel, und umgekehrt.

Der Effekt der Zustrahlung von Sonnenenergie auf die Erdoberfläche hängt aber auch ab von der Beschaffenheit der Oberfläche. Hauptsächliche Unterschiede im Absorptionsvermögen bestehen zwischen Festland und Meer.

Zustandsgrößen der Sonne	
Radius	696000 km (entspricht 109 Erdradien)
Oberfläche	6.087 · 1012 km^2 (entspricht 11930 Erdoberflächen)
Volumen	1.412 · 1018 km^3 (entspricht 1304000 Erdvolumen)
Masse	1.98 · 1030 kg (entspricht 333000 Erdmassen)
Mittlere Dichte	1.41 g/cm^{-3} (entspricht 0,26 Erddichte)
Temperatur (Oberfläche)	5785 K
Energieabstrahlung (Oberfläche)	63500 kw m^{-2}
Spektraltyp	G2V
Siderische Rotationsdauer	25,38 Tage
Synodische Rotationsdauer	27,27 Tage

Jahreszeiten und Sonnenstand

Stellung der Erde zur Sonne am 22. Juni. Sommersanfang auf der Nordhalbkugel der Erde. Die mittlere Sonnenscheindauer beträgt in 47° nördl. geogr. Breite 15h 50m, in 53° nördl. geogr. Breite 16h 52m, am Nordpol 24 Stunden. Auf der Südhalbkugel beginnt der Winter.

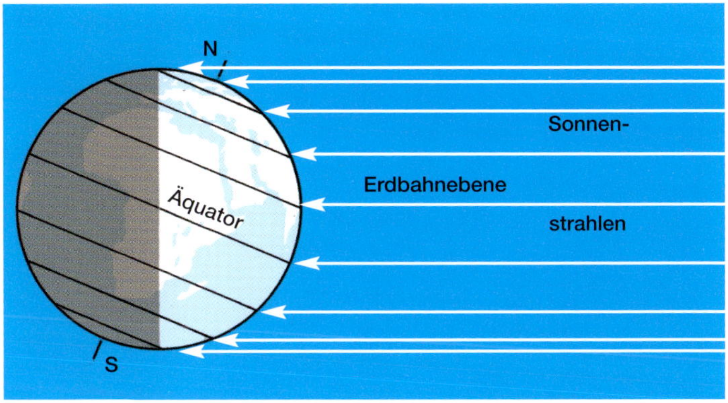

Stellung der Erde zur Sonne am 22. Dezember. Wintersanfang auf der Nordhalbkugel der Erde. Die mittlere Sonnenscheindauer beträgt in 47° nördl. geogr. Breite 8h 26m, in 53° nördl. geogr. Breite 7h 29m, am Nordpol 0 Stunden. Auf der Südhalbkugel beginnt der Sommer. – N = Nordpol, S = Südpol.

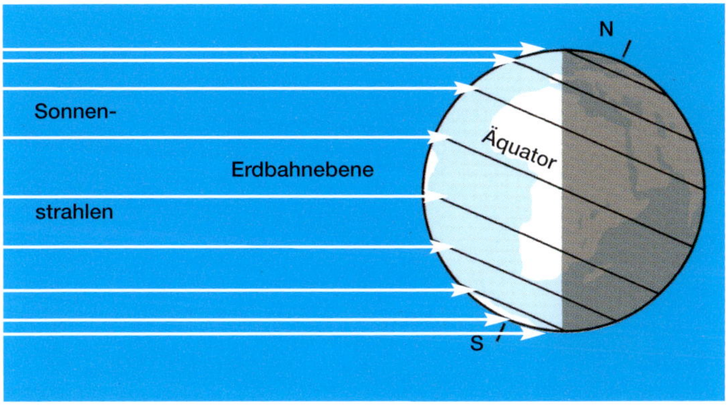

Stellung der Erde zur Sonne am 21. März und 23. September. Frühjahrsanfang bzw. Herbstanfang auf der Nordhalbkugel der Erde. Die mittlere Sonnenscheindauer beträgt in allen geografischen Breiten der Nord- und Südhalbkugel 12 Stunden. Auf der Südhalbkugel beginnt am 21. März der Herbst und am 23. September das Frühjahr.

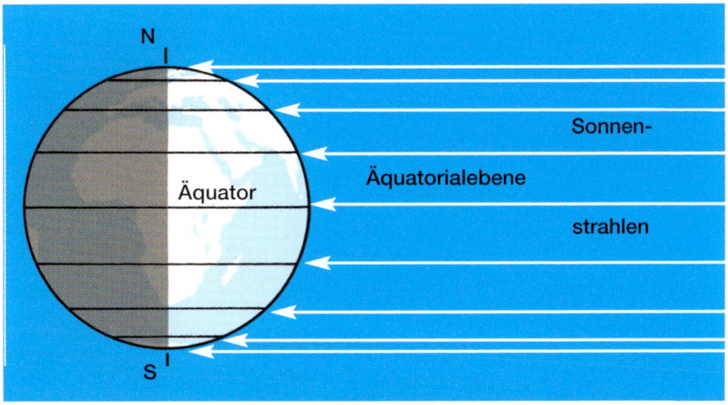

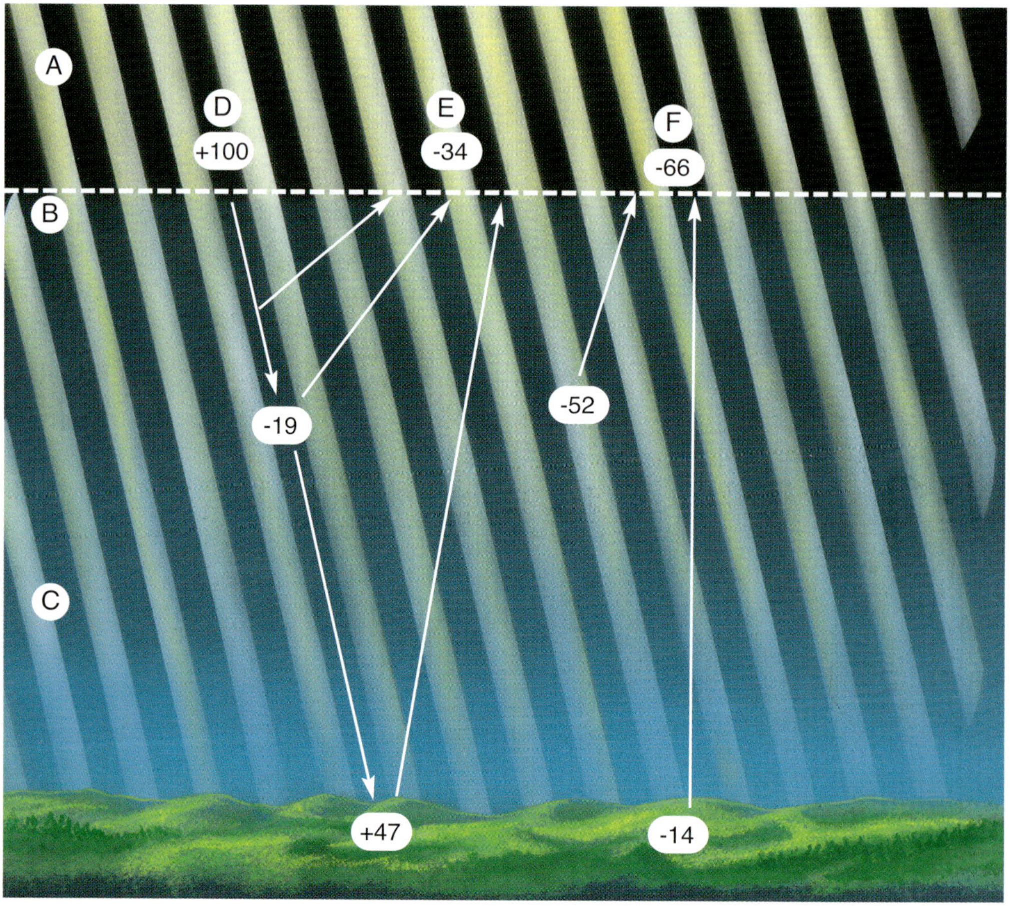

Strahlungsbilanz der Erdatmosphäre

Streuung, Absorption und Reflexion schwächen die Sonnenstrahlung bereits in der Ionosphäre und in der Stratosphäre. Von 100 Prozent Strahlung, die die Tropopause erreichen, werden 34 Prozent zerstreut und reflektiert. Weitere 19 Prozent werden von Wasserdampf und Kohlendioxid absorbiert. 47 Prozent gelangen zum Erdboden. Von der langwelligen Ausstrahlung der Erde gehen nur etwa 14 Prozent verloren, da Wasserdampf und Kohlendioxid viel Strahlung absorbieren und zur Erde zurückstrahlen (Glashauswirkung!). Insgesamt sieht die Strahlungsbilanz mit 33 Prozent auf der Erdoberfläche positiv aus. Diese Energie gibt die Erdoberfläche wieder in die Luft ab. Auch benötigt die Atmosphäre Wärme von unten, weil sie ständig nach oben und unten ausstrahlt (52 Prozent der langwelligen Ausstrahlung). A = Stratosphäre, B = Tropopause, C = Troposphäre, D = Gesamteinstrahlung, E = Verluste durch Absorption, Reflexion und Streuung, F = Ausstrahlung von der Erdoberfläche und den troposphärischen Luftschichten.

Das Festland erwärmt sich rasch und gibt am Tag viel Wärme an die Luft ab. Die Abkühlung bei Nacht kann beträchtlich sein. Dadurch kühlen die unteren Luftschichten stark ab. Am Wirksamsten sind diese Vorgänge bei kahlem, trockenem Boden. Mit Wiese oder Wald bestandener Boden erwärmt sich langsamer und kühlt auch langsamer aus. Die sehr mannigfaltige Beschaffenheit der Erdoberfläche bringt es mit sich, dass teilweise auf kleinster Fläche bemerkenswerte Temperaturunterschiede zu registrieren sind. Dort, wo Eis und Schnee das Land bedecken, mindern das hohe Reflexionsvermögen dieser Substanzen und der Einsatz der zugeführten Energie zum Schmelzen die Erwärmung des Bodens und der Luft. Deshalb sinkt die Temperatur einer Schneedecke in klarer Nacht schnell ab, stärker als bei blankem Boden. Am Tag kommt dann das Thermometer nicht über die Null-Grad-Marke hinauf.

Hingegen erfüllen die Weltmeere eine wichtige Funktion als Wärmespeicher. Die Sonnenstrahlung dringt in das Wasser viel tiefer ein als in festen Boden. Die erwärmte Masse ist so viel größer. Der Temperaturanstieg erfolgt langsamer als auf dem Festland und erreicht auch nicht so hohe Werte. Nachts und im Winter kühlt es über dem Wasser nicht so kräftig ab wie über festem Land. Das durch Wärmeabgaben erkaltete Wasser sinkt ab und wärmeres Wasser steigt aus der Tiefe an die Oberfläche. Beträchtliche Wärme wird mit der Verdunstung abgegeben, ohne dass dadurch die Luft sofort erwärmt wird. Erst wenn es zur Wolkenbildung kommt, gibt der Wasserdampf diese Wärme ab. Übrigens wirken auch größere Binnengewässer ähnlich.

In ständiger Wechselwirkung mit der Atmosphäre bestimmt der Ozean das Klimageschehen. Sonne, Wind und Drehung der Erde halten das Meer ständig in Bewegung und bestimmen seine Strömungen. Gekoppelt mit der Bewegung an der Meeresoberfläche sind gewaltige Strömungen in der Tiefe des Ozeans. Warme Oberflächenströmungen gelangen in höhere Breiten. Verdunstung erhöht den Salzgehalt. Im Nordatlantik kühlt das Wasser ab und sinkt. In kalten Strömungen der Tiefsee fließt das Wasser in die Tropen zurück. Hier steigt das Wasser nach oben und bringt Abkühlung. Geringe Änderungen der Wassertemperatur verändern das Klima großräumig, Beispiel El Niño (s. Seite 251).

Das unterschiedliche Verhalten bei Erwärmung und Abkühlung zwischen Festland und Wasserfläche ist eine wesentliche Größe im Wettergeschehen (Landklima! Seeklima!).

Sonnenstrahlung wird nicht nur an der Erdoberfläche unterschiedlich absorbiert, sie wird auch teilweise gleich wieder reflektiert. Noch bevor Sonnenstrahlung auf die Erde gelangt, sind es Wolken, die eine hochreflektierende Schicht bilden können. Auf Berggipfeln oder vom Flugzeug aus sieht man gelegentlich geschlossene Wolkendecken und ihr auffälliges Weiß, das den hohen Reflexionsgrad verrät.

Das optische Verhalten von Licht verschiedener Wellenlängen ist bei Absorption, Reflexion und Streuung sehr verschieden. Die Sonnenstrahlung hat ein Spektrum von Wellenlängen, das von Ultraviolett bis Infrarot reicht. Die Stärke der Strahlung in den einzelnen Spektralbereichen gibt Anhaltspunkte bezüglich der Strahlungstemperatur. Die Sonnenstrahlung entwickelt ihre größte Intensität bei einer Wellenlänge von 470 nm (Nanometer). Dabei beträgt die Strahlungstemperatur etwa 6000 K.

Neben der wärmewirksamen Strahlung gehen von der Sonne noch andere Strahlungsarten aus. Es gibt außer der kurzwelligen UV- und Röntgenstrahlung auch eine aus Elektronen und Protonen bestehende atomare Korpuskularstrah-

Besonders am Morgen- und am Abendhimmel beim Übergang zwischen Tag und Nacht entstehen durch Reflexion und Streuung der Sonnenstrahlen in der Atmosphäre farbenprächtige Dämmerungserscheinungen (»Morgenrot«, »Abendrot«).

lung. Letztere ist vergleichbar mit der Kosmischen Strahlung, die ebenfalls aus dem Weltraum kommend in die Erdatmosphäre eindringt. Auf die Funktion verschiedener Schichten in der Atmosphäre, die das weitere Eindringen dieser für Organismen gefährlichen Strahlungsarten verhindern, wurde bereits hingewiesen.
Beim Durchdringen der Luft in der Troposphäre unterliegt die ankommende Strahlung der Absorption, der Reflexion und der Streuung. Wolkenbildung und Kohlendioxidgehalt der Luft beeinflussen die Absorption und die Reflexion. Die Streuung ist eine Richtungsänderung der einfallenden Strahlung an den Luftmolekülen. Der blaue Teil des Spektrums (kurzwelliger Bereich) wird erheblich stärker zerstreut als der rote Teil des Spektrums (langwelliger Bereich).

Die Streuung bewirkt den blauen Himmel und die roten Sonnenauf- und -untergänge bei wolkenlosem Wetter.

Die Streuung des Sonnenlichts durch die Moleküle des Stickstoffs und Sauerstoffs in der Lufthülle bewirkt auch noch, dass dem direkten Sonnenlicht der blaue Anteil, der ja zerstreut wird, verloren geht. Deshalb ist das Sonnenlicht auch

nicht völlig weiß, vielmehr erscheint es dem Beobachter auf der Erde gelb.
Absorption, Reflexion und Streuung zusammengenommen verursachen noch in der Lufthülle einen Strahlungsverlust von etwas über der Hälfte des eingestrahlten Sonnenlichts. Nur 47 Prozent der Sonnenstrahlung erreichen endlich die Erdoberfläche. Auch hier wird nur ein Teil absorbiert. Durch Ausstrahlung verliert die Erdoberfläche sofort wieder Energie. Dass diese Ausstrahlung nicht zu groß wird, dafür sorgen Wasserdampf und Kohlendioxid in den unteren Luftschichten, die zurückgestrahlte Energie auffangen und wieder zur Erdoberfläche reflektieren. Hier macht sich im Großen das bemerkbar, was der Gärtner im Kleinen im Treibhaus ausnützt. Anstelle der Glasscheiben im Treibhaus wirken Wasserdampf und Kohlendioxid in der Atmosphäre.
Zieht man alle Verluste ab, so verbleibt rund ein Drittel der von der Sonne geschickten Strahlung auf der Erdoberfläche zum Anheizen des Wettergeschehens. Die Energie dieser Strahlung wird dabei wieder an die Atmosphäre abgegeben. Jedenfalls der weitaus größte Teil. Eine ständige Zunahme der Energie auf der Erdoberfläche würde ja auch die Temperaturen derart erhöhen, dass organisches Leben schnell zu Schaden käme.
Das Anheizen der Atmosphäre von der Erdoberfläche geschieht auf zweierlei Art. Da ist einmal der Temperaturausgleich mit Hilfe von sich aufwärts und abwärts bewegenden Luftmassen. Erwärmte Luft steigt auf, abgekühlte Luft sinkt nach unten. Und dann ist da die Abkühlung durch Verdunstung. Etwa 75 Prozent der Erdoberfläche bestehen aus Wasser. Dieser Prozentsatz macht deutlich, welche wichtige Rolle der Verdunstungsprozess beim Wärmetransport vom Boden hinauf in die Lufthülle der Erde spielt.

33 Prozent der Sonnenstrahlung erwärmen die wetterwirksamen unteren Luftschichten und halten den Wasserkreislauf in Bewegung.

Die Atmosphäre selbst kühlt rasch aus. Ohne den ständigen Transport von Wärme von der Erdoberfläche her würde sich die Lufthülle ständig abkühlen.
Auf die Idee, dass die Sonnenstrahlung die Windsysteme auf der Erde in Bewegung hält, kamen bereits die alten Griechen. Aber es waren moderne physikalische Kenntnisse notwendig, um den ganzen Mechanismus genau zu erklären.

Das Wettergeschehen ist ein physikalischer Prozess, der sich in den unteren Luftschichten (bis 15 km Höhe) abspielt und seine Energie von der Sonne bezieht.

Für die Zustandsbeschreibung des Wetterablaufs gibt es ein paar wichtige Daten. Es sind meteorologische Elemente, die heute von den Wetterstationen ständig überwacht und gemessen werden.

Die meteorologischen Elemente sind Luftdruck, Lufttemperatur, Wind, Luftfeuchte, Luftdichte, Sicht, Bewölkung und Niederschlag.

Im Einzelnen werden die meteorologischen Elemente ab Seite 127 genau beschrieben. Die Verarbeitung dieser Elemente, zusammen mit mathematisch-physikalischen Modellen zur Erklärung der Vorgänge in der Atmosphäre, zu kurz-, mittel- und langfristigen Wetterprognosen ist ein komplexer Vorgang. Wettersatelliten und Großrechner haben erhebliche Erleichterungen für die Beobachtung und Auswertung gebracht. Sie haben auch die Prognosegenauigkeit beträchtlich verbessert.

Zwei Aufnahmen vom gleichen Tag mit einer Stunde Unterschied: Großer St. Bernhard-Paß (2459 m). Oberes Bild: Alpennordseite (Wallis). Unteres Bild: Alpensüdseite (Aosta-Tal). Unterschiedliche Wetterlagen diesseits und jenseits von Gebirgskämmen kann man immer wieder beobachten. Gebirge, voran die Alpen, stellen gewaltige Hindernisse für die anströmenden Luftmassen dar. Berge heben die Luft an, lenken sie um oder stauen sie. Das bleibt nicht ohne Folgen auf die Wetterentwicklung.

Die Meteorologen beobachten den Zustand der Atmosphäre an einem bestimmten Ort nicht nur ein paar Tage oder Wochen, um Unterlagen für die Wettervorhersage zu bekommen. Genauso wichtig sind langjährige Beobachtungsreihen, die erlauben, Tages-, Monats- und Jahresmittel für den Luftdruck usw. an einem Ort anzugeben. So wird es möglich, den »durchschnittlichen« Witterungsablauf einer bestimmten Gegend festzulegen. Man kann dazu auch sagen: das Klima. Zu den Klimaelementen gehören neben den meteorologischen Elementen noch eine Reihe weiterer Daten, so z. B. Sonnenscheindauer, geographische Koordinaten, Vegetation, usw.

Die geographische Breite ist von überragender Bedeutung. Sie charakterisiert das Verhältnis von Ein- und Ausstrahlung, also den Haushalt der zur Verfügung stehenden Sonnenstrahlung.

Viel wird heute über die künstliche Beeinflussung des lokalen Klimas und Klimaschwankungen diskutiert. Beobachtungen weisen darauf hin, dass z. B. Siedlungsbau, Stauseen oder Kahlschlag von Wäldern das lokale Klima beeinflussen. Forscher versuchen zu verbindlichen Aussagen über nachhaltige Klimaänderungen auf der ganzen Erde als Folge der Eingriffe des Menschen in die Natur zu kommen. Klimaschwankungen können verschiedene Ursachen haben: Schwankungen der Erdachse und damit zusammenhängende Änderungen des Verhältnisses von Ein- und Ausstrahlung können ebenso Einfluss nehmen wie klimawirksame Spurengase, deren steigender Anteil in der Atmosphäre auf zivilisatorisches Tun der Menschen zurückgeführt wird. Wenige Grade Temperaturveränderung genügen, um nachhaltige Änderungen auszulösen: Wird es in mittleren Breiten im Mittel nur um ein Grad kälter, schrumpft die Wärme-

Verheerende Waldbrände in Griechenland im August 2007 vernichteten 200 000 Hektar Wald, Buschland und Olivenhaine. Die materiellen Schäden werden auf 5 Milliarden Euro beziffert. Die Rauchfahnen stiegen bis in 2000 m Höhe auf und wurden von zeitweise starkem Wind in südwestliche Richtung verdriftet. Waldbrände entwickeln Gase, Aerosole, Dämpfe und Partikel, die die Atmosphäre verschmutzen.

Rauchschwaden des Ätna, gesehen vom US-Wettersatelliten NOAA 14 aus 850 km Höhe am 23. Juli 2001.

periode, die hier für das Reifen von Getreide nötig ist, um eine Woche. Umgekehrt können sich bei Temperaturerhöhung von einigen Graden Trockenzonen im nördlichen Afrika um einige 100 km nach Norden in den Mittelmeerraum verlagern.

In der aktuellen Diskussion über den Klimawandel auf der Erde wird immer wieder auf die Mitwirkung der Sonne bei solchen Veränderungen aufmerksam gemacht. Einen wissenschaftlichen Konsens über die vorliegenden Klimaprognosen, die stark auf die Wirkung zivilisatorischer Einflüsse (Treibhausgase u. a.) gestützt sind, gibt es noch nicht. Andererseits ist auch die Erforschung der solar-terrestrischen Beziehungen keineswegs abgeschlossen. Nimmt man die Kosmische Strahlung hinzu, die als hochenergetische Korpuskularstrahlung aus den Tiefen des Weltraums ständig die Erde bombardiert, haben wir – neben der Sonne – eine zweite Strahlungsquelle, die Veränderungen auslösen bzw. mit beeinflussen kann. Aber es wäre voreilig, hier ein Alibi zu suchen, um vorbeugende Maßnahmen z. B. gegen Luftverschmutzung oder CO_2-Emission als überflüssig zu kennzeichnen.

Beobachtungen der Sonnenflecken haben gezeigt, dass es neben dem 11-Jahres-Zyklus auch eine 80-jährige Periodizität gibt (Gleissberg-Zyklus). Der 11-Jahres-Zyklus löst eine Schwankungsbereite von rund 0,10 Prozent der Solarkonstante aus, der 80-Jahre-Zyklus etwa 0,30 Prozent. Länge der einzelnen Sonnenfleckenzyklen, Zahl der Sonnenflecken, veränderlicher Sonnendurchmesser und Vergleiche mit sonnenähnlichen Sternen – alles Solardaten, die als Parameter in Klimamodule eingehen können. Dabei lassen sich Einflüsse infolge der wechselnden Größe von Solardaten insbesondere auf die Stratosphäre nachweisen. Von hier aus ist eine Einflussnahme auf die Troposphäre nicht ausgeschlossen.

Die stratosphärische und die troposphärische Zirkulation spielen für die wetterwirksamen Vorgänge in der Atmosphäre eine große Rolle. Die Wirkung von interstellaren Teilchenströmen, die von der Sonnenaktivität abhängen, ist stark umstritten. Über den Grad der Bewölkung sollen diese Teilchenströme die Atmosphäre erwärmen (1,5 Watt/m^2). Trotzdem machen Modellrechnungen deutlich, dass von der Sonne ausgehende Änderungen der Strahlung nicht ausreichen, den Temperaturanstieg auf der Erde in den letzten 100 Jahren allein zu erklären. Es bleibt bestenfalls bei 30 Prozent. Und es bleiben Fragen unbeantwortet, weil hinter den Hypothesen physikalische Mechanismen vermutet werden, für die bis heute die Erklärung fehlt.

Auswirkungen auf das Klima haben auch große Vulkanausbrüche. In erster Linie tritt Abkühlung ein. Neben Lava und Aschepartikeln werden schwefelhaltige Gase freigesetzt. Letztere oxidieren zu Schwefeldioxid und wandeln sich in sulfathaltige Staubteilchen um. Dieser Staub gelangt in die Stratosphäre, wo die vertikale Luftbewegung gering ist. So können die Teilchen dort einige Jahre verweilen und Staubschleier bilden. Diese bewirken durch Absorption und Streuung eine verminderte Sonneneinstrahlung auf der Erdoberfläche. Inwieweit starke Vulkanausbrüche in der Lage sind, zumindest zeitweise den anthropogenen Treibhauseffekt zu kompensieren, ist nicht gesichert. Dagegen besteht ein Zusammenhang zwischen Vulkanausbrüchen und der Abnahme von Ozon in der Stratosphäre (Ozonloch). Es ist nachgewiesen, dass sich unter dem Auswurfmaterial ozonabbauende Stoffe befinden (z. B. Chloride und Schwermetalle).

Ausbruchsjahr	**Name des Vulkans**	**Land**
1783	Laki	Island
1815	Tambora	Java (Indonesien)
1835	Cosiguina	Nicaragua
1875	Askja	Island
1883	Krakatau	Java (Indonesien)
1886	Okataina	Neuseeland
1902	Santa Maria	Guatemala
1907	Ksudach	Kamtschatka (Russland)
1912	Novarupta	Alaska (USA)
1956	Bezymjannaja	Kamtschatka (Russland)
1963	Agung	Bali (Indonesien)
1974	Fuego	Guatemala
1980	St. Helens	USA
1982	El Chichón	Mexiko
1991	Pinatubo	Philippinen

Bedeutende Vulkanausbrüche auf der Erde während der vergangenen 250 Jahre. Klimastatusbericht 2000, S. 172, Herausgeber und Verlag Deutscher Wetterdienst Offenbach. Zusammengestellt nach P. Bissolli, P. M. Sachs, H. F. Graf und A. Robock.

Was wir beobachten

Anregungen, selbst nach dem Wetter zu schauen

In Wort und Bild werden auf den folgenden Seiten Naturerscheinungen vorgestellt, die in Verbindung mit Wetter und Klima eine Rolle spielen:

Unter dem Stichwort »Beobachtung« wird das Erscheinungsbild beschrieben, so wie es jeder von uns von Fall zu Fall immer wieder beobachten kann. Unter dem Stichwort »Physik« eine kurze Zusammenfassung dessen, was über die Entstehung des Phänomens und physikalische Zusammenhänge wissenswert ist. Zur weiteren Information siehe auch die Abschnitte Seite 127 und Seite 205 sowie die auf Seite 311 angegebene Literatur. Unter dem Stichwort »Wettergeschehen« erfolgt die Einordnung der Erscheinung in den Ablauf der Witterung. Unter dem Stichwort »Prognose« finden sich Angaben für die Beurteilung der künftigen Entwicklung des Wetters unter Berücksichtigung des beschriebenen Naturphänomens. Zu beachten ist, dass für das Wettergeschehen immer mehrere Faktoren zusammenwirken und dementsprechend eine einzelne Erscheinung nur Tendenzen anzeigen kann. Mancher wird seine Wetterbeobachtungen ergänzen wollen durch eigene Messungen der wichtigsten meteorologischen Elemente, z. B. Luftdruck und Temperatur. Dazu gibt es einfache und preiswerte Geräte. Ein paar Anregungen bezüglich des infrage kommenden Instrumentariums siehe auf Seite 142. Für regelmäßige Wetteraufzeichnungen gibt dieses Buch auf Seite 295 eine weitere Anregung. Über die Auswertung systematischer Beobachtungsreihen oder die Anlage solcher Reihen unterhält sich der ernsthaft interessierte Leser am besten mit einem Meteorologen der nächstgelegenen Niederlassung des nationalen Wetterdienstes (siehe Seite 272).

Morgenrot vor einem Schlechtwetteraufzug.

Mondschein

Beobachtung Bei klarem Wetter beobachten wir im Verlauf von rund vier Wochen die verschiedenen Phasen des Erdmonds am Himmel, beginnend als schmale Sichel am westlichen Abendhimmel. Der Mond nimmt zu: Erstes Viertel (»Halbmond«) und schließlich Vollmond (dabei ist der Mond die ganze Nacht über zu sehen). Mit abnehmendem Mond verlagert sich die Sichtbarkeit mehr und mehr nach Mitternacht und an den Morgenhimmel. Wegen seiner scheinbaren Helligkeit sieht man den zu- und abnehmenden Mond auch am Tag. Nahe Neumond beobachten wir das sogenannte »Aschgraue Licht« (die dunklen Teile werden durch das von der Erde reflektierte Sonnenlicht schwach aufgehellt). Bei geringer Bewölkung bilden sich um den Mond manchmal Halo- und Hof-Erscheinungen. Tritt der Vollmond in den Schattenkegel der Erde ein, kommt es zu Mondfinsternissen. Charakteristisch ist die eigenartig kupferrote Färbung des Mondes bei einer totalen Mondfinsternis.

Physik Der Mond ist der der Erde am nächsten befindliche Himmelskörper. Er umläuft die Erde innerhalb eines Monats. Die Mondphasen hängen von der Stellung Sonne-Mond-Erde ab: Neumond, wenn der Mond die gleiche Länge wie die Sonne hat (Mond steht zwischen Sonne und Erde), Erstes und Letztes Viertel, wenn sich die Länge des Mondes um 90 Grad von der der Sonne unterscheidet, Vollmond, wenn sich die Länge um 180 Grad unterscheidet (Erde steht zwischen Sonne und Mond). Die Mondphasen zeigen, dass der Mond Sonnenlicht zurückstrahlt. Da die Umdrehungsdauer des Mondes gleich seiner Umlaufzeit um die Erde ist, wendet er der Erde stets die gleiche Seite zu. Neue Forschungen zeigen, dass der Mond die Erdachse stabilisiert und so chaotische Klimaschwankungen verhindert. Der wichtigste Einfluss des Mondes auf die Erde spiegelt sich in den Gezeiten wider. Die Gezeiten sind rhythmische Schwankungen des Meeresspiegels, der Erdoberfläche und auch des Luftdrucks. Sie entstehen unter dem Eindruck der gezeitenerzeugenden Kräfte, die von den Gestirnen (Mond und Sonne) ausgehen und die Schwerkraft der Erde periodisch stören. Der Mond hat einen Durchmesser von 3470 km und befindet sich im mittel 384400 km von der Erde entfernt (die Entfernung schwankt zwischen 363300 und 405500 km).

Wettergeschehen Der immer wieder vorgebrachte Hinweis auf die Bewölkungsabnahme bei zunehmendem oder Vollmond beruht auf einem Trugschluss: Die Wolken lösen sich nicht auf, weil der Mond scheint, sondern weil sich die Wolken aufgelöst haben, sehen wir den Trabanten. Vorausgesetzt, dass nicht gerade Neumond ist. Auch das Argument, der Mond begünstigte Frostwetter, ist eine Verwechslung von Ursache und Wirkung: Klares Wetter im Winter ist eine Voraussetzung für Strahlungsfrost. Und wenn das Wetter klar ist, sieht man auch den Mond – wenn er gerade scheint. Übrigens ist die gerade zu beobachtende Mondphase in derselben Nacht rund um die Erde zu sehen. Doch das Wettergeschehen ist keineswegs an jedem Punkt der Erdoberfläche gleich. Auch sind die Mondgezeiten in der Atmosphäre (Luftdruckänderung) viel zu gering, um das Wettergeschehen zu steuern oder auch nur zu beeinflussen.

Prognose Die volkstümlichen Regeln, dass bei zunehmendem Mond das Wetter schön wird, dass das Wetter bei Vollmond wechselt, dass bei abnehmendem Mond das Wetter schlecht wird, können bestenfalls psychologisch gedeutet werden. Eine reale Beziehung zwischen Mondschein und Wettergeschehen in dieser Form besteht nicht. Etwas anderes hat es mit den vom Mondschein verursachten atmosphärisch-optischen Erscheinungen auf sich. Hier gelten die für Hof und Halo gemachten Ausführungen (siehe Seiten 48 und 50). Auch die Färbung des Mondlichts geht auf optische Erscheinungen in der Erdatmosphäre zurück (siehe Seite 46). Rückschlüsse auf die Wetterentwicklung sind möglich.

Vollmond über Haufenwolken; die dunklen Strukturen sind die mit bloßen Augen sichtbaren »Mondmeere« (Maria).

Sonnenstrahlung

Beobachtung Licht- und Wärmestrahlung, die vom Zentralstern unseres Sonnensystems ausgeht. Die Intensität ist abhängig vom Grad der Bewölkung, vom Stand der Sonne über dem Horizont am Beobachtungsort und von der Jahreszeit. Auch ohne besondere Instrumente wahrnehmbare Nebenwirkungen: besondere Intensität mit zunehmender Höhe des Beobachtungsortes (Ultraviolettstrahlung im Gebirge, Sonnenbrand!). Rötliche Färbung der Sonne beim Auf- und Untergang. Dunst und Verschmutzung der Atmosphäre bewirken Nachlassen der Strahlungswirksamkeit.

Physik Die Sonne, von der diese Strahlung ausgeht, ist ein Fixstern (siehe Seite 26). Ohne Absorption ist das Licht der Sonnenstrahlung rein weiß. Es ist eine Mischung der Spektralfarben von Rot bis Violett bzw. der Lichtwellenlängen von 800 bis 400 nm (Nanometer). Strahlungsschwerpunkt im Bereich des Gelbgrünen (550 nm). Die Sonnenstrahlung hat – neben dem sichtbaren Licht – eine langwellige Komponente im unsichtbaren Infrarot (etwa die Hälfte der Strahlungsenergie) und eine kurzwellige Komponente (Ultraviolett- und Röntgenstrahlung). Die UV-Strahlung der Sonne wird durch das in der Atmosphäre in Höhen von 18 bis 22 km konzentrierte Ozon stark absorbiert. Das in den unteren 11 km der Atmosphäre vorhandene sog. bodennahe Ozon beträgt nur 10 Prozent des Gesamtozongehalts der Atmosphäre.

Messungen auf dem Meteorologischen Observatorium Hohenpeißenberg haben in den letzten 15 Jahren eine Abnahme von etwa 0,2 Prozent des Gesamtozons pro Jahr ergeben. Eine 1-prozentige Ozongehaltsabnahme bewirkt etwa eine 1,5-prozentige Zunahme der sonnenbrandwirksamen UV-Mittagswerte, also 5 bis 6 Stunden um den Mittagspunkt. Den Mittelwert für die an der Oberschicht der Atmosphäre einfallende Sonnenstrahlung gibt die Solarkonstante (S) an:

$$S = 1368\ W/m^2.$$

Wegen der elliptischen Gestalt der Erdbahn schwankt die Sonnenstrahlung um rund 3,5 Prozent um den Mittelwert.

Wettergeschehen Die Sonnenstrahlung liefert die gesamte für das Wettergeschehen in der Erdatmosphäre notwendige Energie. Es wird vermutet, dass die physikalisch-chemischen Prozesse auf der Sonne die Strahlungsintensität und damit das Wettergeschehen auf der Erde beeinflussen. Der mehr oder weniger schräge Einfall der Sonnenstrahlen auf die Erdoberfläche bedingt sowohl die verschiedenen Klimazonen der Erde als auch den Wechsel der Jahreszeiten. Die Sonnenstrahlung ist dort am stärksten, wo sie senkrecht oder fast senkrecht auftrifft: Zweimal jährlich steht die Sonne zwischen den beiden Wendekreisen im Zenit. In den gemäßigten Breiten fällt die Sonnenstrahlung immer schräg ein: im Sommer steiler, im Winter flacher. In den Polargebieten geht die Sonne im Winter überhaupt nicht auf, im Sommer nicht unter. Im Polarsommer treffen die Strahlen flach auf und sind von geringer Intensität.

Berge schirmen im Winter die Sonneneinstrahlung in Täler ab (dadurch Verschärfung von Winterwetterlagen und Verlängerung des Winters). Beeinflussung der Sonnenscheindauer durch das Wetter (Bewölkungsgrad). In subtropischen Trockengebieten (Ägypten, Arizona) beträgt die mittlere relative Sonnenscheindauer 80–90 Prozent. In Mitteleuropa liegt der Durchschnitt im Mai bis August bei 40–50 Prozent und im November bis Januar bei 10–20 Prozent.

Prognose Die Schwebeteilchen in der Luft (Wasserdampf und feste Körper) schwächen die Einstrahlung. Der Zustand der Eintrübung lässt Rückschlüsse auf den Ablauf des Wettergeschehens zu (siehe Seite 58). Für langfristige Wettervorhersagen hat man Beziehungen zur Sonnenfleckenstatistik hergestellt, die aber in der Wissenschaft umstritten sind.

Sonnenstand und Trübung der Atmosphäre beeinflussen die Sonnenstrahlung. Im Bild der Nordseekanal bei Ijlmuiden.

Sternenlicht

Beobachtung Nach Einbruch der Dunkelheit kommt nach und nach der Sternhimmel zur Geltung. Einzelne Fixsterne, Sternansammlungen (Milchstraße!), dazu fallweise der Erdmond (siehe Seite 38) und Planeten sind die wichtigsten Objekte, die der Beobachter auch ohne Fernrohr wahrnimmt. Der Grad der Sichtbarkeit des Sternhimmels ist einmal abhängig von der Dunkelheit (Dämmerung, siehe Seite 46), zum anderen vom Grad der Durchsicht durch die Erdatmosphäre. Bei völlig bewölktem Himmel sind keine Sterne zu sehen. Aber auch Dunst, Nebel und Luftunruhe mindern die Sicht auf die Sterne. Besonders die Sichtbarkeit einiger heller Sternhaufen ist geeignet, zu prüfen, wie dunstig die Atmosphäre ist. Das unruhige Flackern heller Sterne (Szintillation) ist bei kräftigem Auftreten auch für den ungeübten Beobachter nicht zu übersehen.

Physik Örtliche Unterschiede der Dichte und Temperatur innerhalb der Atmosphäre verursachen das Zittern der Sternbildchen, das besonders beim Beobachten mit dem Fernrohr auffällt. Kommt nun noch eine starke Luftströmung dazu, wird die Erscheinung so intensiv, dass man sie auch mit bloßen Augen wahrnimmt. Die Stärke der Luftunruhe ist in der Regel in Horizontnähe größer als im Zenit. Auch eine Abhängigkeit von der Tageszeit ist festzustellen. So ist die Luftunruhe mittags am größten, am geringsten kurz vor Sonnenaufgang und kurz nach Sonnenuntergang. Das Licht der Sterne muss die Erdatmosphäre durchdringen. Damit unterliegt es auch den turbulenten Strömungen innerhalb der Atmosphäre. So erleidet das Sternenlicht kurzperiodische Richtungs- und Helligkeitsschwankungen, die das Zittern und Funkeln der Sterne bedingen. Neben der Luftunruhe (Szintillation) unterliegt das Sternenlicht noch einer Abschwächung oder totalen Absorption, da die Strahlung der Sterne nicht gleichmäßig durch die Atmosphäre durchdringen kann. Man spricht in diesem Fall von Extinktion. Schließlich erfährt das Sternenlicht noch eine Strahlenbrechung (Refraktion) innerhalb der Atmosphäre. Extinktion und Refraktion des Sternenlichts nehmen zum Horizont hin zu. Bei der Extinktion des Sternenlichts spielt der atmosphärische Dunst eine nicht unerhebliche Rolle, vor allem in städtischen Ballungsgebieten. Hier macht sich auch die wachsende Lichtverschmutzung unangenehm bemerkbar.

Wettergeschehen Es ist erwiesen, dass die Luftbewegungen bei einem von einem Tiefdruckgebiet beeinflussten Wettergeschehen größer sind als bei Hochdruckeinfluss. Es ist durchaus möglich, den Sternenhimmel während einer unter Tiefdruckeinfluss stehenden Wetterlage zu sehen. Kurzfristige Aufheiterungen kennzeichnen ja geradezu die Westwetterlage in Europa. Die Szintillation wird während dieser Aufheiterungen immer besonders stark sein. Allerdings ist zu beachten, dass hohe Luftfeuchtigkeit beruhigend auf die Luftunruhe einwirkt. Das gilt z. B. bei Nebellagen (sofern der Sternenhimmel vom Boden aus noch zu erkennen ist). Die geringste Luftunruhe herrscht in ausgedehnten Hochdrucklagen. Bei der Ausbildung bzw. dem Abbau dieser Hochdrucklage jedoch ist teilweise mit kräftiger Luftunruhe zu rechnen.

Prognose Das Glitzern und Funkeln der Sterne am nächtlichen Himmel deutet auf turbulente Vorgänge in der Erdatmosphäre hin. Tritt diese Erscheinung nach einer einige Tage währenden Schönwetterperiode auf, weist sie auf eine Umschichtung der Luft hin, die zuerst in größeren Höhen einsetzt. Kommt zur Unruhe eine schlechte Durchsicht, die auf Dunst in der Atmosphäre schließen lässt, ist ein weiterer Anhaltspunkt für die Annahme gegeben, dass ein Wetterumschwung einsetzt. Häufig ist mit der Turbulenz in der Atmosphäre auch eine Zunahme der Windtätigkeit in Bodennähe verbunden. Ruhiges Sternenlicht und gute Durchsicht deuten auf eine stabile Wetterlage hin, die in der kälteren Jahreszeit zu Frostlagen führt (Ausstrahlung!).

Kleinbildaufnahme der Milchstraße.

Blauer Himmel

Beobachtung Immer wieder eindrucksvoll ist das folgende Erlebnis im Gebirge: An einem windstillen und wolkenlosen Tag erscheint das Blau des Himmels von kräftiger Intensität und absoluter Reinheit, im Winter meistens noch stärker als im Sommer. Kommen wir dann wieder ins Tal, so ist der blaue Himmel, obwohl noch schönes Wetter und Sonnenschein, schon viel blasser. Und in der Stadt hat man an schönen Tagen oft mehr den Eindruck eines fahlen Weißblau oder Graublau als jenes tiefblauen Farbtons. Aber auch auf Reisen stellt man Unterschiede in der Blautönung fest, z. B. in den Tropen. Überhaupt muss der südliche Himmel nicht stets so blau sein, wie er besungen wird. Um das festzustellen, genügt eine Fahrt ins Tessin oder nach Italien.

Physik Der blaue Himmel ist das Ergebnis des Zusammenwirkens von Sonnenlicht und Atmosphäre. Ohne Atmosphäre hätten wir einen dunklen Taghimmel und könnten neben der Sonne auch Sterne sehen. Die Sonnenstrahlen werden an den Molekülen der Luft und an den in der Atmosphäre befindlichen Staubpartikeln und Wassertropfen nach allen Richtungen hin zerstreut. Wie kommt es zum Farbton blau? Wenn unsere Augen von allen Farben des Spektrums getroffen werden, sehen wir weiß. In der Atmosphäre werden an den Molekülen, Partikeln und Tropfen bevorzugt die kurzwelligen, blauen Strahlen zerstreut. Es ist der blaue Anteil des Sonnenlichts, der in der Atmosphäre auf diese Weise viel stärker zur Geltung kommt als das rote, gelbe oder grüne Licht.

Auch für die wechselnde Kraft der Blautönung gibt es einen ebenso einfachen wie wichtigen Grund: Die die Atmosphäre trübenden Elemente sind die Staubteilchen und die Wassertropfen. Je mehr sie in der Luft vorhanden sind, umso blasser wird das Blau. Der Himmel erscheint dann auch bei trockenem, schönem Wetter manchmal sogar mehr weiß und grau als blau. Umgekehrt verstärkt das Fehlen von Staubteilchen und Wassertropfen die Blaufärbung (Beispiel Hochgebirge!).

Wettergeschehen Nicht immer ist blauer Himmel mit einer Hochdrucklage (Schönwetter) gekoppelt. Vorübergehende Aufheiterungen (Zwischenhoch!) bringen oft ebenso tiefblauen Himmel wie Föhnwetter im Voralpenland. Bei diesen Wetterlagen ist die Fernsicht oft ausgezeichnet. Manchmal tritt auch vor dem Eintreffen einer Warmfront (siehe Seite 80) – nach vorangegangener Eintrübung – plötzlich ein kurzfristiges Aufreißen der Wolkendecke ein, und man ist verblüfft über die kräftige, fast »unwirkliche« Blaufärbung des Himmels. Das Wettergeschehen ist instabil und von der Tiefdrucklage beherrscht. Umgekehrt ist häufig während einer sommerlichen Hochdrucklage das Himmelsblau auffallend blass – ein Zeichen für zunehmende Anreicherung der Luft mit Staub. Die Fernsicht ist gering, in Horizontnähe ist es ausgesprochen dunstig. Hierbei gibt es jahreszeitlich Unterschiede: Das Himmelsblau während Hochdrucklagen in Frühjahr und Herbst ist in der Regel intensiver als während der Sommermonate. Obwohl Hochdruck herrscht, ist das Himmelsblau im Winter während einer Inversion (siehe Seite 74) von Staubteilchen geschwächt. Erst von höheren Beobachtungsorten aus nimmt die Intensität der Blaufärbung zu.

Prognose Der Grad der Blaufärbung des Himmels kann ein Indikator für das kommende Wettergeschehen sein. Für das Flachland gültig sind drei Faustregeln:

1. Extrem dunkles Blau, verbunden mit fast überscharfer Fernsicht, weist auf eine labile Wetterlage hin. Eine plötzliche Wetterverschlechterung mit Wind (Sturm) und Niederschlag ist nicht ausgeschlossen.
2. Mittleres bis leuchtendes helles Blau deutet auf Fortdauer einer Schönwetterlage.
3. Zunehmender Übergang von Blau nach Weiß oder Grau, verbunden mit Dunst, weist auf Wetterumschlag hin (Feuchtezunahme).

Blauer Himmel mit einzelnen Cirruswolken.

Farbige Dämmerungserscheinungen

Beobachtung Kurz nach Sonnenuntergang am Westhimmel und kurz vor Sonnenaufgang am Osthimmel beobachten wir farbige Dämmerungserscheinungen. Am bekanntesten sind die Morgen- und Abendröte. Bei klarem Wetter ein roter Schein, der je nach dem Vorhandensein von Dunst und Bewölkung Tönungen bis ins Gelb und Grau annehmen kann. Oft kommen außergewöhnliche Rottönungen der Wolken vor. Der aufmerksame Beobachter wird am »Gegenhorizont« (am Abend im Osten und am Morgen im Westen) eine eigenartige blassgrüne oder orangegelbe Färbung wahrnehmen können. Es ist die »Gegendämmerung«. In den Bergen beobachtet man an den nach Westen ausgerichteten Wänden in der Abenddämmerung einen eigenartig rötlichen Widerschein, das Alpenglühen. Farbenprächtige Dämmerungserscheinungen werden auch von Vulkanausbrüchen bewirkt. Es entstehen gewaltige Dunstwolken aus Schwefelsäuretröpfchen in der Stratosphäre.

Physik Durch Reflexion und Streuung der Sonnenstrahlen in höheren atmosphärischen Schichten entsteht nach Sonnenuntergang bzw. vor Sonnenaufgang die sogenannte Dämmerung: Während bei der Bürgerlichen Dämmerung bei wolkenlosem Himmel das Licht noch so hell ist, dass man lesen kann (»Büchsenlicht«), ist bei Eintritt der Astronomischen Dämmerung keine Spur von gestreutem Sonnenlicht mehr am Beobachtungsort wahrnehmbar. Wegen der steilen Sonnenbahn ist die Dämmerung in den Tropen sehr kurz. Farbenreich und lange dauernd ist die Dämmerung in der Polarzone. In der geographischen Breite von +49 Grad beginnt die Zone der »Weißen Nächte« (Mitternachtsdämmerung), da hier die Sonne im Sommer nie tiefer als 18 Grad unter dem Horizont steht. Bei etwa 3–4 Grad Sonnentiefe treten bei wolkenlosem Himmel das sogenannte Hauptpurpurlicht (15–30 Minuten nach Sonnenuntergang bzw. vor Sonnenaufgang) und die Gegendämmerung am gegenüberliegenden Horizont auf. Bei etwa 8–10 Grad Sonnentiefe bildet sich das blasse Nachpurpurlicht. Die beiden Purpurlichter lösen an Wolken und Bergwänden die bekannten farbigen Dämmerungserscheinungen aus (z. B. Alpenglühen). Die verwaschene Grenze zwischen dem noch hellen und dem bereits dunklen Teil des Himmels ist der Dämmerungsbogen.

Wettergeschehen Rein und unverfälscht treten die farbigen Dämmerungserscheinungen bei wolkenlosem Himmel auf. Farbveränderungen, besonders ins Rosa-Gelbliche oder Gelbgraue, deuten auf eine Anreicherung der Atmosphäre mit Staubteilchen und auch Luftfeuchtigkeit. Farbige Dämmerungserscheinungen treten bei noch verhältnismäßig kräftiger Bewölkung auf. Tiefhängende Wolken bilden einen eindrucksvollen Kontrast. Sie erscheinen auf der ostwärts gerichteten Seite (abends) schwarz bzw. dunkel, während der Hintergrund ein oft grelles Farbengemisch von Rot, Gelb und Weiß bietet. Das ist z. B. der Fall bei den kurzfristigen Aufheiterungen nach dem Durchzug einer Kaltfront (siehe Seite 80) oder auch nach einem Gewitter.

Prognose Jede Verfärbung der Dämmerungserscheinungen ins Gelbe oder Weiße deutet auf eine beginnende Eintrübung hin. Befinden sich gar noch Wolken in den unteren Luftschichten, so ist mit einer Wetterverschlechterung zu rechnen. Das Abendrot, das angeblich schönes Wetter verspricht (»Gutwetterbot«), ist nur dann ein zuverlässiger Anzeiger, wenn es am wolkenlosen Himmel erscheint und frei von Verfärbungen ist.

Oben: Abenddämmerung mit Stratocumulus-Bewölkung und Cirrostratus-Aufzug: Schlechtes Wetter im Anzug.
Unten: Dämmerungsfärbung dichter Altocumuli.

Halo-Erscheinungen

Beobachtung Streifen und Bogen in der Nähe der Sonne oder des Mondes, zum Teil mit Kreisbildung um diese Himmelskörper herum. Die Lichtringe mit Sonne oder Mond im Mittelpunkt haben in der Regel an der Innenseite eine matte rote Färbung und manchmal an der Außenseite einen violetten Farbsaum. Man kann auch senkrecht oberhalb und unterhalb von Sonne und Mond eine weiße Lichtsäule beobachten sowie horizontal links und rechts von Sonne oder Mond die sogenannten Nebensonnen (Nebenmonde), meist als Lichtflecke. Alle diese Erscheinungen treten nur bei schwacher, hoher Bewölkung auf. In manchen Fällen hat man sogar den Eindruck, dass eine Bewolkung nahezu fehlt.
Physik Das Wort Halo stammt aus dem Griechischen und heißt so viel wie Kreis oder Rundung. Die Halo-Erscheinungen sind atmosphärisch-optische Erscheinungen, die recht formenreich auftreten und die alle ihre Entstehung der Lichtbrechung und Lichtspiegelung an Eiskristallen in der Atmosphäre verdanken. Die Eiskristalle gehören zu den hohen Cirruswolken (siehe Seite 84). Diese Wolken sind meist sehr zart und der blaue Himmel scheint durch die Wolkenschleier hindurch. Das Eis kristallisiert hexagonal. So entstehen sechsseitige Prismen mit sechseckigen Querschnitten und glatten, rechtwinklig abgeschnittenen Grundflächen. Die Wege, die das Sonnenlicht durch das Eiskristall nehmen kann, führen zu den Ablenkungswinkeln von 22 und 46 Grad. Deshalb haben auch die Ringe um Sonne oder Mond immer die Halbmesser von 22 und 46 Grad (der »kleine« und der »große« Halo). Die Figurationen hängen von der Lage der Eiskristalle im Raum ab. Die wichtigsten Halos zeigt die Tabelle unten.
Immer wieder werden »zusammengesetzte Halo-Erscheinungen« beobachtet, bei denen verschiedene vorstehend genannten Phänomene gleichzeitig sichtbar sind.
Wettergeschehen Halo-Erscheinungen sind an eine dünne, hoch gelegene Bewölkung gebunden. Es sind die Cirruswolken, reine Eiswolken, die es

Bezeichnung	Dimension	Sichtbarkeit
Kleiner Ring	22 Grad Halbmesser	Häufig
Nebensonnen (Nebenmonde) zum Kleinen Ring	22 Grad links und rechts von Sonne oder Mond	Häufig. Treten auch ohne Kleinen Ring auf
Oberer und unterer Berührungsbogen zum Kleinen Ring	Genau über und unter Sonne oder Mond im Abstand von 22 Grad	Häufig, besonders der obere Berührungsbogen. Er ist auch oft recht farbenprächtig
Nebensonnenkreis (Horizontalkreis)	Umschließt als weißes, farbloses Spiegelband horizontal in Höhe der Sonne oder des Mondes den ganzen Himmel	Recht seltene Erscheinung. Mit ihm zusammen treten noch zwei Nebensonnen unter 120 Grad Abstand von der Sonne oder dem Mond auf
Lichtsäule	Senkrechter Lichtstreifen über und unter dem Ort der Sonne oder des Mondes	Häufig bei sehr tief stehender oder bei untergegangener bzw. noch nicht aufgegangener Sonne zu beobachten
Großer Ring	46 Grad Halbmesser	Nicht so häufig wie der Kleine Ring. Besonders farbenprächtig der obere Berührungsbogen
Zirkumzenitalkreis	Über Sonne oder Mond im Abstand von 46 Grad	Entspricht dem oberen Berührungsbogen des Großen Rings. Sehr selten zu sehen

Teil eines kleinen Halo-Rings.

nur in den höheren Schichten der Troposphäre gibt. Der Grad der Bewölkung kann aber recht unterschiedlich sein: Halo-Erscheinungen treten genauso auf in einem hauchzarten Cirrenschleier während einer Hochdrucklage, wie in der Phase nach einer Schönwetterperiode, in der Cirrostratus aufzieht und als geschlossene Wolkendecke den ganzen Himmel bedeckt. Halo-Erscheinungen kann man zu jeder Jahreszeit beobachten.

Prognose Halo-Erscheinungen liefern keinen eindeutigen Beweis für eine Wetterverschlechterung. Die Cirruswolken sind keine Regenwolken und ein vorübergehender Cirrenschleier ist auch während einer Schönwetterlage möglich. Das auftreten der Cirrenwolken gibt aber Aufschluss über Luftströmungen in der Troposphäre, insbesondere dann, wenn eine rasche Verdichtung eintritt und eine Cirrostratus-Bewölkung am Himmel erscheint. Dann ist ein Anzeichen für den Übergang in Altostratus (siehe Seite 88) gegeben und damit für den Durchzug eines Niederschlagsgebiets.

Höfe um Sonne und Mond

Beobachtung Wir beobachten um Sonne oder Mond eine kreisförmige weiße oder gelbe Fläche, die nach außen gelegentlich von einem braunvioletten Rand begrenzt ist. Eine Verwechslung mit Halo-Erscheinungen ist fast ausgeschlossen (siehe Seite 48). Im Gegensatz zum Halo also kein Lichtring, vielmehr eine »Lichtscheibe« von erheblich geringerem Durchmesser als der häufig zu beobachtende »Kleine Ring« bei Halo-Erscheinungen. Manchmal können Höfe, vor allem diejenigen um die Sonne, farbiger erscheinen und haben dann das allerdings nicht so ausgeprägte Farbenspiel des Regenbogens (siehe Seite 54), wobei die rote Farbe an der Außenseite erscheint. Dadurch bekommt die »Lichtscheibe« kreisförmige Streifenstruktur. Zum Unterschied zur Halo-Erscheinung um den Mond erscheinen die Farben zur Zeit des Vollmonds bei einem Hof deutlich sichtbar. Bei der Beobachtung eines Hofs um die Sonne ist es ratsam, nicht direkt in die Sonne zu schauen. Die Beobachtung ist für die Augen schonender, wenn man z. B. hinter ein Gebäude tritt und mit diesem die Sonne abdeckt. Übrigens gibt es auch Höfe um Planeten (Venus!) und helle Fixsterne (Sirius!).

Physik Nicht nur im Aussehen sind die Höfe anders als die Halo-Erscheinungen. Sie verdanken ihre Entstehung auch anderen physikalischen Begleitumständen. Während das Halo seine Entstehung der Brechung und Beugung von Sonnenlicht an Eiskristallen in höheren Lagen der Troposphäre verdankt, entsteht der Hof durch die Beugung von Sonnen- oder Mondlicht an den Wassertropfen mittelhoher Schichtwolken (siehe Seite 88). Die Wassertropfen sind dabei die Hindernisse, die die sich ausbreitenden Lichtwellen, ausgehend von Sonne, Mond, Planet oder Fixstern, nicht durchlassen. Da wir es im Fall der Wassertropfen mit kleinen Teilen zu tun haben, spricht man auch von der Streuung des Lichtes.

Wettergeschehen Ausgehend von der Tatsache, dass es sich bei der Hofbildung um Beugungserscheinungen an Wassertropfen handelt, scheiden sehr hohe Wolken, die praktisch nur aus Eiskristallen bestehen (»Eiswolken«) zum Zeitpunkt der Entstehung aus. Das sind also Federwolken (siehe Seite 84), aber auch Cirrostratus- und Cirrocumuluswolken (siehe Seiten 91 und 90). Für die Hofbildung empfehlen sich vielmehr Altostratuswolken, dünne Schichtwolken bestehend aus Wassertropfen und Eiskristallen, und Altocumuluswolken. Letztere bestehen überwiegend aus Wassertropfen und sind sehr flache Haufenwolken. Treten Aufquellungen deutlich hervor, spricht man von »Schäfchenwolken«. Altocumuli treten aber auch fasrig und diffus auf und wirken dann eher als Cirrocumuli. In ihnen treten die Beugungsfarben besonders schön auf (»irisierende Wolken«). Das Auftreten sowohl der Altostratus- wie auch der Altocumuluswolken ist in der Regel mit einem von einem Tiefdruckgebiet beeinflussten Wettergeschehen verbunden.

Prognose Ähnlich wie die Halo-Erscheinung, so sagt auch das Auftreten eines Hofs um Sonne, Mond oder ein anderes helles Gestirn etwas über die Feuchtigkeit in der Luft aus. Die Wetterveränderung ist im Vergleich zur Erwartung beim Auftreten einer Halo-Erscheinung noch rascher zur Stelle: Das Auftreten des Hofs in einer mittelhohen Wolkenschicht weist darauf hin, dass die mit Feuchtigkeit übersättigte Luft bereits in tiefere Schichten abgesunken ist. Beim »idealen« Aufzug einer Warmfront ist kurzfristig mit Niederschlagstätigkeit zu rechnen. Im Winter ist es durchaus möglich, dass die Bildung eines Hofs noch bei verhältnismäßig beständigem Frostwetter auftritt. Trotzdem deutet die Erscheinung auf einen Wetterumschlag hin, der ein Ende der Kälte bringt, vielleicht auch gleich Tauwetter, unter Umständen aber zunächst recht ergiebigen Schneefall.

Mittelhohe Schichtwolken erzeugen einen Hof um den Mond.

Polarlichter (Nord- und Südlichter)

Beobachtung Polarlichter (engl. »aurora«) treten, oft gleichzeitig, in den nördlichen und südlichen Polarregionen auf: Flammende Wellen von Licht rollen vom Horizont nach oben gegen den Zenit. Oder leuchtende Bögen über dem Horizont mit vielfältigen Einzelstrukturen (z.B. Strahlen nach allen Richtungen). Und das alles in roter Färbung, die in höheren geographischen Breiten von Grüngelb beherrscht wird. Dazwischen bläuliche und silberfarbene Schattierungen. Die Zone größter Nordlichthäufigkeit liegt in Europa etwa auf der Linie des »Nördlichen Polarkreises« (Island – Nordnorwegen Lappland). »Während man im langjährigen Durchschnitt in der Zone größter Nordlichthäufigkeit mit mehr als 100 Nordlicht-Nächten im Jahr rechnen kann«, schreibt Werner Sandner im »Handbuch für Sternfreunde« zur Beobachtung dieser Erscheinungen, »beträgt deren Zahl in Schottland immerhin noch rund 30, in Norddeutschland 3, in Süddeutschland 1 pro Jahr, aber bereits in Süditalien nur noch ein Nordlicht in 10 Jahren.« Die Intensität ist sehr verschieden. Sie reicht von einer fahlen Aufhellung des nördlichen Himmels bis hin zur Helligkeit des Vollmondes. Man kann dann sogar groß Gedrucktes im Schein des Polarlichtes lesen!

Physik Die Polarlichter sind Leuchterscheinungen in der hohen Atmosphäre. Sie sind in der Ionosphäre angesiedelt, das heißt in einer Höhe von 100 bis etwa 400 Kilometern. Obwohl Polarlichter bereits in einer Höhe von 80 Kilometern registriert werden, ebenso wie in 1000 Kilometer Höhe, treten sie am häufigsten in Höhen zwischen 100 und 150 Kilometern auf. Eine gewisse Periodizität ist nachweisbar. Eine Periode, in der sich kräftiges Polarlicht wiederholen kann, beträgt 27 Tage. Das ist die Zeitspanne, während der die Sonne, von der Erde aus gesehen, eine ganze Umdrehung um ihre Achse macht. Die zweite Periode beträgt etwa 11 Jahre und steht in Verbindung zum Auftreten der Sonnenflecken. Man erklärt heute das Zustandekommen eines Nordlichts so: Von der Sonne ausgehende Elektronen und Protonen treffen auf die Erdatmosphäre, dringen ein und regen den atmosphärischen Stickstoff und Sauerstoff so an, dass es zu Leuchterscheinungen kommt. Die solaren Teilchen werden bei ihrem Eindringen in die Atmosphäre wahrscheinlich noch beschleunigt. Sie kommen bereits mit Geschwindigkeiten zwischen 1000 bis 2000 Kilometern pro Sekunde auf die Erde zu, was ungefähr einer Reisezeit Sonne-Erde von 20 bis 40 Stunden entspricht. Das Magnetfeld der Erde bewirkt, dass diese Teilchen überwiegend an den oder nahe den magnetischen Polen der Erde tiefer in die Atmosphäre eindringen. Dabei treten Ionisationsvorgänge und elektrische Stromsysteme auf, die u.a. zu Störungen des Rundfunkempfangs im Kurzwellenbereich führen. Die häufigsten Farben im Polarlicht sind rot (630 nm) und grün (557,7 nm) von Sauerstoffatomen.

Wettergeschehen Man bezeichnet das Stockwerk der Atmosphäre, in dem die Polarlichterscheinungen auftreten, als Ionosphäre. Ihre Untergrenze liegt bei ungefähr 80 Kilometern Höhe, die Obergrenze dehnt sich bis 2000 Kilometer und erreicht die äußersten Schichten der irdischen Lufthülle. Bereits in 50 Kilometern Höhe beträgt der Luftdruck nur noch ein Tausendstel des Wertes an der Erdoberfläche, etwa ein Hektopascal (hPa). Die Verdünnung der Luft hat also bereits enorm stark zugenommen. Unmittelbare Ereignisse, die das Wettergeschehen kennzeichnen, spielen sich hier nicht mehr ab. Das für den Alltag bedeutsame Wettergeschehen vollzieht sich bis in die Höhe von maximal 15 Kilometern. Trotzdem wird von Wissenschaftlern die Auffassung vertreten, dass man den von der Sonne ausgehenden Zustrom von Teilchenstrahlung für das Wettergeschehen nicht ganz außer acht lassen soll. Beziehungen zur Bildung von ausgedehnten Tiefdruckgebieten, z.B. über dem nördlichen Pazifischen Ozean, können noch nicht exakt belegt, aber immerhin vermutet werden.

Ausgeprägte Farben kennzeichnen Polarlichter.

Regenbogen

Beobachtung Ein in den Spektralfarben leuchtender Bogen von rund 42 Grad Radius, wenn die hinter dem Beobachter stehende Sonne eine vor dem Beobachter befindliche Regenwolke (Regenwand) bescheint. Violett liegt innen, Rot außen. Häufig beobachtet man auch noch einen zweiten, sogenannten Nebenregenbogen, der eine geringere Intensität und einen Radius von 54 Grad hat. Beim Nebenregenbogen liegt Violett außen und Rot innen. Es werden gelegentlich bis zu sechs »sekundäre Bögen« beobachtet, die sich am inneren, violetten Rand des Hauptbogens anschließen. Nur von einem hohen Berg aus oder im Flugzeug kann man den Regenbogen als vollen Kreis ausmachen.
Auch bei Mondschein wird zuweilen der Regenbogen beobachtet. Er ist nicht farbig, sondern weiß und fahl mit gelegentlich blassrotem Rand.
Physik Der Regenbogen ist eine optische Erscheinung in der Erdatmosphäre. Weder bei vollkommen klarem noch bei vollkommen bedecktem Himmel erscheint der Regenbogen. Voraussetzung für die Bildung eines Regenbogens ist ein örtliches Regengebiet, das von der Sonne beschienen wird. Anstelle des Regens erzeugt auch eine von der Sonne entsprechend beschienene Wasserfontäne (Wasserfall!) das Phänomen. Es entsteht als Folge von Brechung und Reflexion der Sonnenstrahlen in den einzelnen Wassertropfen. Beim Ein- und Austritt findet Brechung statt, die das weiße Sonnenlicht in die Spektralfarben zerlegt. Durch Reflexion werden die Strahlen in die Augen des Beobachters gelenkt. Da die einzelnen Tropfen nicht zu unterscheiden sind, erscheint der Regenbogen als kontinuierliches Band. Die einmalige Reflexion erzeugt den Hauptregenbogen, die zweimalige den Nebenregenbogen. Entscheidend für die Stärke der Farben und die Breite des Bogens ist die Größe der Wassertropfen. So gibt es bei Nieselregen (Wassertropfen 0,05 mm) nur noch einen sehr blassen, fast farblosen Regenbogen.

Wettergeschehen Je größer die Regentropfen, umso farbenprächtiger der Regenbogen. So treten die schönsten Regenbögen in Zusammenhang mit kräftigen Regenschauern auf, die z. B. während eines Gewitters niedergehen. Auch die ergiebigen Niederschläge bei Westwetterlagen produzieren Regentropfen von genügend großen Durchmessern für die Bildung deutlicher Regenbögen. Die kurzfristigen Aufheiterungen sorgen dafür, dass immer wieder Sonnenlicht auf die Wolken mit starkem Regen fällt. Sehr häufig kommt es nur zur Bildung von Bruchstücken eines Regenbogens. Das hat seinen Grund, weil die Bewölkung aufreißt und der Regen ungleichmäßig ausfällt. Bei Schneefall kommt es nicht zur Bildung des Regenbogens. Der günstigste Sonnenstand für die Regenbogenbildung ist im Frühjahr und im Herbst. Je steiler die Sonne am Himmel hochsteigt, umso mehr wird der Regenbogen auf frühe Vormittags- und späte Nachmittagsstunden verdrängt.
Der nahezu weiße »Nebelbogen« entsteht bei Nebel oder sogenannten Nebelnässen. Man kann ihn z. B. am Vormittag beobachten, wenn Sonneneinstrahlung zur Erwärmung des Bodens und damit Auflösung von Bodennebel führt.
Prognose Am Vormittag steht der Regenbogen im Westen, am Nachmittag im Osten. Die Beobachtung am Vormittag weist auf ankommende Regenschauer aus dem Westen hin. Eine Wetterbesserung ist kurzfristig kaum zu erwarten. Der am Nachmittag zu beobachtende Regenbogen weist auf Regenwolken im Osten, die in vielen Fällen abziehen (z. B. nach einem Gewitter). Auch bei einer Westwetterlage ist ein zumindest kurzfristiger Aufheiterungsabschnitt nicht ausgeschlossen, z. B. in Verbindung mit einem Zwischenhoch.

Oben: Einfacher Regenbogen.
Unten: Doppelter Regenbogen.

Blitz

Beobachtung Funkenentladung während eines Gewitters (siehe Seite 72). Oft bizarre Lichtspuren unterschiedlicher Ausdehnung. Blitze bilden einfache Linien, aber auch Verästelungen, teils nach oben, teils nach unten. Es gibt Blitze, die nur als Aufhellung der Wolkenfläche in Erscheinung treten. Der »Perlschnurblitz« vermittelt für einige Zehntelsekunden das Bild einer leuchtenden Perlenkette. Selten sind Kugelblitze, die als »Feuerkugeln« an der Erdoberfläche beobachtet werden. Häufig ergeben sich nach kräftigen Blitzentladungen besonders starke Niederschläge.

Physik Jeder Blitz ist eine elektrische Entladung, die ein sehr starkes elektrisches Feld notwendig macht, das sich in der Gewitterwolke bildet. Ein Spannungsunterschied kann sich in der Wolke, zwischen Wolken, zwischen Wolke und Erdoberfläche und zwischen Wolke und höheren Schichten der Atmosphäre aufbauen. Gewöhnlich geht dem Blitz eine schwächere Vorentladung voraus, auf die die Hauptentladung folgt, die aus mehreren Teilentladungen bestehen kann. Die Spannungsunterschiede erreichen einige 100 Millionen Volt. Man schätzt die im Durchschnitt bei einem Blitz umgesetzte Energie auf 100 Kilowattstunden. Der Ausgleich erfolgt in kürzester Zeit (im Mittel 1/50 s). Dabei treten Stromstärken bis zu 200000 Ampere auf. Die häufigste Blitzform ist der Linienblitz. Der Flächenblitz ist ein nicht direkt sichtbarer Blitz, der die Wolken aufhellt. Jeder Blitz bewegt sich in einem Blitzkanal. Verlöscht dieser Kanal unregelmäßig, so entstehen Blitze, die das Aussehen von Perlschnüren haben. Der von »Geheimnissen« umwitterte Kugelblitz ist physikalisch nicht befriedigend erklärbar. Es wird von »elektrischen Staubwolken« gesprochen, auch vom langsamen Verbrennen eines Luft-Kohlenstoff-Gemischs. Oder einer im Blitzkanal aufgebauten leuchtenden, ionisierten Gasmasse. Die Zahl der am Boden einschlagenden Blitze (Erdblitze) ist im Vergleich zur Gesamtzahl der Blitze sehr gering. Sie wachsen sowohl von der Gewitterwolke zur Erde, als auch umgekehrt von der Erdoberfläche zur Wolke (Fangladung). Kommt es beim Blitzschlag zur Zündung, so handelt es sich um einen Blitz mit niedriger Stromstärke, aber lang andauerndem Strom. Sehr kurze Blitze sind kalte Schläge, obwohl sie für Augenblicke Temperaturen von einigen 10000 °C haben. Aber die Zeit ist zu kurz, um zu zünden.

Wettergeschehen Der Blitz tritt sowohl bei Wärme- wie bei Frontgewittern auf. Bei einem weit entfernten Gewitter hört man den Donner nicht mehr. Die zu beobachtenden Blitze erscheinen als Wetterleuchten am Horizont. Die Erfahrung, dass nach einem Blitz Regen oder gar Hagel besonders stark niedergeht, hat ihren Ursprung in der Physik des Blitzes. Gerade die großen Eis- oder Regenpartikel werden nach der Entladung nicht mehr durch das Feld nach oben gezogen, sondern fallen rasch nach unten. Bei großer Erwärmung kann es zu einem »trockenen Gewitter« kommen: Der Regen wird im Fallen durch wärmere Luftmassen verdunstet und erreicht den Erdboden nicht. Wo wird der Blitz einschlagen? Eine Rolle spielt die Leitfähigkeit der Erdoberfläche. Feuchte Böden sind gefährdeter als trockene. Gefährdet sind Bäume und hochgelegene Gebäude. Vor Blitzen am sichersten ist man im Auto und im Haus (geschlossene Räume!). Im Haus PC, Radio- und Fernsehgeräte sicherheitshalber vom Netz und der Antenne trennen. Weg von Strom- und Wasserleitungen. Nicht telefonieren. Auf freiem Feld: in die Hocke gehen und nur mit den Zehenspitzen den Boden berühren. Sind Bäume in der Nähe, Abstand von mehr als 30 Metern zum nächsten Baum wahren. Gefährlich können auch fallende Äste oder umstürzende Bäume werden (Blitzschlag! Gewittersturm!). Flugzeuge und eiserne Schiffe wirken, ähnlich wie ein Auto, als Faraday'scher Käfig (Spannungsstöße durch Blitz können allerdings die Elektronik schädigen). Sportboote aus

Linienblitze.

Holz sichert man mit Hilfe eines Massebands, das von den Wanten bis zum Wasserspiegel reicht.

Prognose Zunehmende Blitzentladungen lassen ergiebige Niederschläge während des Gewitters erwarten. Wetterleuchten am westlichen und südwestlichen Himmel deutet auf eine ankommende Gewitterfront hin. Wetterleuchten am östlichen und nordöstlichen Himmel lässt ein Gewitter am Beobachtungsort seltener erwarten. Abendliches Wetterleuchten während einer hochsommerlichen Hochdrucklage lässt auf örtliche Wärmegewitter schließen. Eine durchgreifende Wetterverschlechterung ist nicht zu befürchten. Frontgewitter leiten häufig Regenwetter ein.

Dunst

Beobachtung Bei schönem Wetter, besonders während einer länger andauernden Schönwetterperiode, beobachten wir in Richtung auf den Horizont eine schmutziggelbe bis manchmal sogar rötliche Schicht, die bei dunklem Hintergrund Blautöne annimmt. Auch höher am Himmel lässt das Himmelsblau (siehe Seite 44) nach und der Himmel wirkt wie mit einem grauweißen Schleier überzogen. Sowohl die Verfärbung am Horizont als auch der Schleier am Himmel vermitteln den Eindruck einer Trübung. Sehr eindrucksvoll kann diese Trübung im Winter bei hohem Luftdruck oder Inversion (siehe Seite 74) werden. Diese Trübung setzt die Fernsicht mehr oder minder stark herab. Der Dunst, so wird diese Trübung genannt, tritt stark in städtischen und industriellen Ballungsgebieten auf und verhindert, bei sonst wolkenlosem Wetter, eine klare Sonneneinstrahlung. Mit zunehmender Dichte der Dunstschicht beobachten wir nicht nur eine weitere Herabsetzung der Sichtweite. Es überwiegen auch die Grautöne und man hat das Gefühl, dass bald Nebel (siehe Seite 100) herrscht. Tatsächlich tritt Dunst oft als Vorläufer von Nebel mit nachfolgendem Niederschlag auf.
Physik Es wird unterschieden zwischen dem »trockenen Dunst« und dem »feuchten Dunst«. Trockener Dunst besteht aus einer Mischung von Staub, Rauch, Sand und Schmutzteilchen, die von der Erdoberfläche in untere Schichten der Atmosphäre gewirbelt werden. Die Trübung als Folge von trockenem Dunst kann auch ausgelöst werden durch bestimmte landschaftstypische Vorgänge (z.B. Sandstürme in der Wüste) oder durch Ereignisse, die mit der Zivilisation, der Technik und dem Wirtschaftsleben zusammenhängen: Waldbrände, Rauchgase der Industrie, Abgase des Verkehrs. Meistens mischen sich natürlich und künstlich erzeugte Staubteilchen und bilden Dunst. Für die Wetterkunde ist wichtig, dass diese Schwebeteilchen in der Luft sogenannte Kondensationskerne für die Niederschlagsbildung abgeben. Sind die Voraussetzungen gegeben, lagert sich Wasserdampf der Luft an die Schwebeteilchen an und es kann zu Niederschlägen kommen. Eine Trübung der Luft und der Sicht können aber auch Wassertropfen hervorrufen, wenn sie von winziger Größe in entsprechender Dichte in der Atmosphäre auftreten. Man spricht dann vom feuchten Dunst, der sich schnell zu Nebel auswachsen kann. In der Regel genügt eine geringfügige Abkühlung, um die Dunsttropfen weiter wachsen zu lassen. Solange die Sichtweite einen Kilometer und mehr beträgt, spricht man von Dunst; unter 1000 Meter beginnt Nebel.
Wettergeschehen Der trockene Dunst, der meistens schon mit etwas Wasserdampf angereichert ist, bildet sich häufig während Schönwetterlagen. Relativ geringe Windbewegung begünstigt die Anlagerung von Staubteilchen verschiedenster Herkunft in den untersten Schichten der Luft. Man spricht deshalb auch vom »Schönwetterdunst«. Etwas anderes ist es, wenn sich im Gefolge einer Tiefdrucklage wasserdampfreiche Warmluft abkühlt und dabei zunächst einmal einen noch durchsichtigen Schleier von Dunst bildet. Damit ist ein Anfang gemacht für die nachfolgende Nebel- oder Wolkenbildung.
Prognose Die Art des Dunstes und der Grad der Dunstbildung sind für die Beurteilung kommenden Wetters aufschlussreich. Solange die Luftfeuchtigkeit gering ist und damit der Dunst relativ trocken, bedeutet auch eine stärkere Dunsttrübung keinen Abbau einer herrschenden Hochdrucklage. Besondere Aufmerksamkeit ist der Eintrübung bei Einfließen warmfeuchter Meeresluft zu schenken. Gerade das allmähliche Dunstigwerden und die Zunahme des Grauschleiers, womöglich in Verbindung mit Anzeichen für die Bildung von Schichtwolken (siehe Seite 88) weist auf einen Wetterumschwung hin, der in der Regel Niederschläge erwarten lässt. Bei der Beurteilung der Art des Dunstes spielen die Dämmerungsfarben eine Rolle (siehe Seite 46).

Typische Dunstbildung im Gebirge mit herabgesetzter Fernsicht.
Dunst über dem Meer. Am Himmel Haufenwolken (Cumuli).

Föhn

Beobachtung Plötzliches Auftreten von starken, oft stürmischen Fallwinden von den Höhen der Alpen her in die nordseitigen Alpentäler und in das Alpenvorland hinein. Damit verbunden meist ein auffälliger Temperaturanstieg bis zu 20 °C, extrem klare, durchsichtige Luft und eigenartig linsenförmige Wolkenbildungen (Foto Seite 159). Besonders wirksam im Winter: Sozusagen über Nacht herrscht Frühlingswetter und der Schnee schmilzt. Der Südföhn in den Tälern und im Vorland ist trocken und warm.
Ähnliche Beobachtungen kann man nicht nur auf der Alpennordseite bzw. in Süddeutschland machen. Auch auf der Alpensüdseite tritt in Gestalt eines stürmischen Nordwinds der Nordföhn auf. Auf Grönland und Spitzbergen gibt es Fallwinde. Östlich der Rocky Mountains weht der Fallwind als stürmischer Westwind, ebenso östlich der Cordilleren in Südamerika (siehe auch Seite 220).
Physik Voraussetzung für die Ausbildung des Föhns und anderer Fallwinde ist das Vorhandensein eines hohen Gebirges. Das Gebirge, im Fall des Föhns die Alpen, blockiert die tief gelegenen Luftschichten auf der Anströmseite. Nur die darüber gelegene Luft hat genug Energie, das Hindernis zu überqueren. Diese schießt nördlich des Alpenkammes als Föhnluft in die Täler hinab. Sie erwärmt sich dabei um etwa 1 °C/100 m. Die Wolken lösen sich rasch auf, da die Luft nun wärmer und damit bei gleichem Wasserdampfgehalt auch trockener wird. Typischerweise sinkt so Föhnluft von 2000 bis 3000 m über dem Meeresspiegel auf 500 m in die Täler hinab. Bei einer Gebirgshöhe von 2500 m sieht eine exemplarische Rechnung so aus:

Lufttemperatur in 2500 m	5 °C
Erwärmung um 1 °C/100 m bei Absinken auf 500 m	+20 °C
Temperatur der Föhnluft im Tal	25 °C

Die Wärme bezieht der Föhn also aus der Erwärmung beim Absinken, da die Luft unter höheren Druck gerät. Diese Erwärmung durch Zusammendrücken (Komprimierung) ist auch beim Aufpumpen eines Fahrradschlauches gut zu beobachten. Entgegen der alten Föhntheorie steigt aber die Luft auf der Alpensüdseite nicht vom Boden bis in Kammhöhe auf (Johannes Vergeiner).
Niederschlag auf der angeströmten Gebirgsseite tritt in etwa ⅔ aller Föhnfälle auf. Ist die herangeführte Luft bereits feucht, wird diese Feuchte am Alpenhauptkamm gestaut, auf der Alpensüdseite bildet sich eine »Föhnmauer«. Ein Teil der Luft wird erzwungenermaßen auch bis zur Kammhöhe des Gebirges gehoben. Je nachdem, wie feucht die Luftmasse auf der Anströmseite ist, können sich durch Hebung Wolken bilden und auch Niederschlag in Form von Regen oder Schnee fallen.
Wettergeschehen Beobachtungen in den Alpen zeigen, dass bei Föhn am Alpenkamm windiges und niederschlagsreiches Wetter herrscht. Auch auf der Anströmseite der Luft (im Fall des Südföhns die Alpensüdseite) ist das Wetter meistens kühl und regnerisch. Vom nördlichen Vorland der Alpen her gesehen steht über dem Alpenkamm die »Föhnmauer«, die Spitze des Wolkenstaus an der Alpensüdseite. Starker Föhn kann einige Tage dauern. Den Abbau der Föhnlage in Süddeutschland leitet in der Regel die Kaltfront eines Tiefdruckgebiets ein. Dabei wird kühle Luft an der Alpennordseite gestaut.
Ausgelöst von Wellenbildung am Gebirge, d. h. Kondensation im Wellenkamm und Abtrocknung im Wellental kommt es zu den typischen Linsenwolken (Lenticularis). Sie stehen bei hochreichender Südströmung parallel zum Gebirge. Am tiefblauen Himmel sind sie eindrucksvolle Objekte. Sie werden auch »Moaza-Gotls-Wetterwolken« genannt, nach dem schlesischen Schäfer Gottlieb Matz, der sie am Nordosthang des Riesengebirges beobachtete und für Wettervorhersagen benützte. Ein Beispiel, dass auch an den Mit-

Dieses Foto entstand während eines Föhnfluges am 28. 2. 2000 mit der Falcon 20 E5 der DLR Oberpfaffenhofen. Auf dem Weg nach Süden entlang des Wipptales queren wir gerade das Gschnitztal in einer Höhe von 7200 m NN, Blickrichtung SW. Unter der stark ausgeprägten Inversion zwischen 2700 und 3000 m NN (Wolkenobergrenze) herrscht eine kanalisierte Südströmung vor. Deutlich sichtbar sind die herabstürzenden Wolken»äste« entlang des Alpenhauptkammes. Darüber weht ein Südwestwind mit 15 m/s. Interessant sind neben dem prototypischen Staucharakter auch das leichte Ansteigen der Wolkenschicht gegen die Stubaier Alpen und der relativ offene Vinschgau. (Johannes Vergeiner, Universität Innsbruck).

telgebirgen föhnige Wetterlagen auftreten (siehe auch Foto Seite 158), gemildert freilich entsprechend der geringeren Höhe der Berge.

Prognose Föhn zeigt keine beständige Wetterlage an. Bei den häufigen Westwetterlagen löst der Luftdruckfall auf der Alpennordseite den »Föhn-Mechanismus« aus, der das Tief für einige Tage von Süddeutschland fern hält. In der Regel setzt sich dann aber die Kaltluft des Tiefs durch. Lediglich bei ausgeprägten Südwetterlagen mit stationärem Hoch über Osteuropa und Tief über dem Atlantik herrscht in Süddeutschland Schönwetter, das noch verstärkt wird, weil die Warmluft aus dem Mittelmeerraum über die Alpen transportiert wird und dabei den »Föhn-Mechanismus« verstärkt.

Höhenströmung

Beobachtung Am blauen, sonst wolkenlosen Himmel entdeckt der aufmerksame Beobachter dann und wann zarte, federartige Wölkchen. Es handelt sich hierbei um Cirruswolken, auch Federwolken (siehe Seite 84) genannt. Oft stehen diese weißen »Federn« scheinbar bewegungslos am Himmel und lassen kaum eine Veränderung ihrer feinen Struktur erkennen. Manchmal aber sehen sie auch aus, als ob sie kräftig vom Wind gezaust werden würden. Die Cirruswolken schauen aus wie vom Winde verweht. Oder sie bekommen ein eigenartiges gestreiftes Aussehen und an einem Ende hakenförmige Ablenkungen. Auch der unbefangene Beobachter hat den Eindruck, dass hier eine Bewegung stattfindet, dass eine Luftströmung am Werk ist. Eine andere, ähnliche Beobachtung kann man bei einem Cirrostratusaufzug (siehe Seite 88) machen, der gewöhnlich mit der Ankunft einer Warmfront (siehe Seite 228) in Verbindung steht. Der Cirrostratusaufzug lässt die Sonne bereits milchig am Himmel erscheinen. Gelegentlich sind nun diese schleierartigen Schichtwolken bandartig in die Länge gezogen. Teilweise zeigen diese Bänder wirbelartige Struktur. Auch hier hat es allen Anschein, als ob eine kräftige Luftströmung diese hohen Schichtwolken in Bewegung hält.

Physik Das Wettergeschehen wird nicht nur von den bodennahen Luftmassen gestaltet. Auch in 5 und 10 Kilometer Höhe prallen Kaltluft und Warmluft aufeinander. Hier sind jedoch die Temperatur- und Luftdruckunterschiede erheblich ausgeprägter als in den bodennahen Luftschichten. Folglich kommt es zu höchst kraftvollen Luftströmungen mit erstaunlich hohen Windgeschwindigkeiten. Man hat oberhalb 5 Kilometer Höhe Windgeschwindigkeiten von 300 und 400 Stundenkilometer gemessen. Das wurde besonders von dem Augenblick an bedeutsam, als die Luftfahrt daran ging, diese Höhen zu nutzen. Die Luftströmungen in den oberen Schichten der Troposphäre (»Strahlströme« bzw. »Jet-Streams«) sind so stark, dass sogar in den Flugplänen darauf Rücksicht genommen werden muss. Bei Flügen zwischen Europa und Nordamerika bestehen zwischen Hin- und Rückflug Zeitunterschiede von rund einer Stunde, die durch diese Strahlströme bedingt sind.

Diese Starkwindbänder umspannen dabei mehr oder weniger die gesamte Hemisphäre. Aus Tiefdruckgebieten aufwärts strömende Luft gelangt in die Höhenströmung, von der Luft wiederum mit der im Hochdruckgebiet abwärts strömenden Luft in Bodennähe gelangt (siehe auch Seite 78).

Wettergeschehen Der für Europa wichtige Strahlstrom führt Luft von West nach Ost etwa über die Linie Irland – England – Norddeutschland – Polen. Man hat festgestellt, dass Tiefdruckgebiete über weite Strecken mit der Höhenströmung ziehen. Plötzliche Richtungsänderungen treten immer wieder auf, was sich natürlich auch auf die Zugrichtung der Tiefdruckgebiete auswirkt. Für das Wettergeschehen bedeutsam sind vor allem die von der Höhenströmung gebildeten »Tröge«. Besonders kräftige Tiefdruckwirbel sind die Folge, entsprechend Wetterlagen mit intensiver Wind- und Niederschlagstätigkeit.

Prognose In der Bewegung und Formveränderung der Federwolken und hohen Schichtwolken macht sich die Höhenströmung bemerkbar. Diese hohen Wolken markieren insbesondere beim Herannahen eines Tiefdruckgebiets die Zugrichtung der wetterbestimmenden Höhenwinde. Während also die Federwolken von West nach Ost driften, beobachtet man bei den tiefer liegenden Wolken eine noch gegensätzliche Zugrichtung. Dabei ist genau auf die zu beobachtenden Zugrichtungen zu achten: In der Regel kommt es am Beobachtungsort zu einer Schlechtwetterlage nur, wenn die Federwolken die Zugrichtung mittelhoher oder tiefer Schicht- und Haufenwolken von links nach rechts schneiden. Der Beobachter steht dabei mit dem Rücken zum Bodenwind. Kommt der Beobachter zur Feststellung, dass die Cirren die Zugrichtung der tieferen Wolken, die

Die Bewegung zarter Federwolken markiert die Höhenströmung.

identisch mit dem Bodenwind ist, von rechts nach links kreuzen, deutet das auf ein abziehendes Tiefdruckgebiet hin. Die dritte Möglichkeit: Eine Wetterveränderung steht nicht ins Haus, wenn Boden- und Höhenströmung gleichgerichtet miteinander ziehen.

Land- und Seewind (Berg- und Talwind)

Beobachtung Wer Urlaub am Meer macht, beobachtet an sonnigen Tagen nach Mittag das Aufkommen eines angenehm abkühlenden Windes, der von der See herein aufs Land weht. Die kühlere Seeluft schiebt sich unter die wärmere Luft über dem Festland. Die Warmluft steigt nach oben und es bilden sich kleine Haufenwolken (»Schönwetter-Cumuli«), die rasch wieder vergehen. Auch im Gebirge kann man Ähnliches beobachten: Vom Tal streicht bei schönem Wetter am späteren Vormittag und vor allem nachmittags der sogenannte Talwind bergwärts. Man spricht auch vom »Hangaufwind«. Hierbei können sich ebenfalls lockere Haufenwolken entwickeln, die sich im Laufe des Tages wieder auflösen.
Zurück zum Meer. Der Seewind flaut in den Abendstunden allmählich ab. Im Laufe der Nacht aber kommt abermals ein Wind auf, dieses Mal jedoch vom Land hinaus auf das Meer streichend. Wer vor Sonnenaufgang aufsteht, kann diesen Landwind ganz kräftig verspüren. Im Gebirge beobachten wir ebenfalls ein Abflauen des Talwindes am späten Nachmittag. Doch schon am frühen Abend spürt man einen kühlen Wind von den Bergen ins Tal, den Berg- oder Hangabwind.
Physik Meer und Festland erwärmen sich ungleich und kühlen auch wieder ungleich ab. Mit dem Land- und Seewind bzw. dem Berg- und Talwind beobachten wir grundsätzliche Erscheinungen, die für das lokale Wettergeschehen wichtig sind. Mit dem Höhersteigen der Sonne erwärmt sich das Festland stärker, als das draußen auf dem Meer der Fall ist. Die Erwärmung der unteren Luftschichten über Land führt zu einem Luftdruckfall. Es entsteht ein Druckgefälle vom Meer zum Festland hin – und der Seewind tritt in Aktion. Im Gebirge entsteht ein Druckgefälle dadurch, dass sich der Talboden im Sonnenschein stärker erwärmt als die Bergoberseite. Die über dem Talboden erwärmte Luft strömt aufwärts. Nachts hingegen kühlt das Festland stärker ab als das Meer. Über dem Meer bildet sich eine Zone tiefen Luftdrucks – der Landwind weht von der Küste hinaus auf die See. Im Gebirge wird es mit untergehender Sonne kühler, kühle Luft sinkt nach unten ins Tal – der Bergwind weht. Diese Windtätigkeit bei schönem Wetter an der Küste und im Gebirge ruht dann, wenn die Temperaturgegensätze zwischen Meer und Festland, zwischen Tal und Berg einigermaßen ausgeglichen sind. Das ist in der Regel in den Stunden nach Sonnenaufgang und in den Stunden nach Sonnenuntergang der Fall.
Wettergeschehen Land- und Seewind, Berg- und Talwind sind örtlich gebundene Luftströmungen. Sie treten unverfälscht vor allem bei windschwachen, stabilen Hochdrucklagen mit geringer Bewölkung auf. Sie sind um so ausgeprägter, je größer die Unterschiede zwischen den Temperaturen bei Tag und bei Nacht sind. Also ist der Mechanismus dieses Windsystems in niederen Breiten wirksamer als in hohen, in den Alpen spürbarer als im Mittelgebirge. Die örtlich sehr unterschiedlichen Begleitumstände spielen eine große Rolle. Neben diesen tageszeitlich orientierten Windsystemen gibt es jahreszeitliche, die dem gleichen Prinzip unterliegen. Dazu gehören die Monsune, z. B. über Indien, die im Sommer (Festland heiß/Meer kühler) und im Winter (Festland abgekühlt/Meer wärmer) wehen. Monsunartige Erscheinungen treten überall auf der Erde auf. Der als Harmattan bezeichnete ablandige Wind an der Nordküste Afrikas ist ein Wintermonsun. Einen Sommermonsun zeigt die Mittelmeerküste Vorderasiens (Etesien). Monsunartige Wetterlagen gibt es auch in Europa: Nordwetterlagen im Frühjahr und Frühsommer als Folge der zunehmenden Erwärmung des Kontinents, es weht kühle feuchte Meeresluft aus Nordwest. Südwetterlagen im Spätsommer und Herbst als Folge der beginnenden Abkühlung des Kontinents, es weht trockene Luft aus Südost.
Prognose Reine tageszeitliche Land- und Seewinde sind »Schönwetter-Winde«. Das bestätigt

Thermik-Haufenbewölkung am Alpennordrand.

die sich rasch wieder auflösende Haufenbewölkung. Immer sind es Luftströmungen vom kalten zum warmen Gebiet (vom hohen zum tiefen Luftdruck). Sie treten kleinräumig auf. Die Stärke ist sehr von der Orografie abhängig. Besonders ausgeprägt treten Berg- und Talwinde auf der sonnigen Alpensüdseite in Erscheinung. Winddeformationen an Bäumen lassen Rückschlüsse auf die Windstärke zu (Beispiel: der »Walliser Talwind«).

Wind

Beobachtung Wir können eine Vielzahl von Luftströmungen beobachten. Im Gebirge z. B. am Tag den bergwärts wehenden Talwind. Vergleichbar damit ist der Seewind am Meer, der tagsüber vom Meer zum Strand hin weht. Dann ist da der böige, stürmische Wind, der ein Gewitter oder einen Kaltlufteinbruch einleitet. Oder der Fallwind, dessen bekanntester Vertreter der Föhn (siehe Seite 60) ist. Im Sturmtief entwickeln sich Windfelder von Sturm- und Orkanstärke mit gewaltigen zerstörenden Kräften. Besonders auf offenem Meer entfaltet sich der Wind unbehindert und mit seiner vollen Energie. Es gibt periodische Winde, die jahreszeitlich gebunden sind, z. B. die Monsune über Indien im Sommer und im Winter (siehe Seite 219). Ein anderes großräumiges Windsystem stellen die Passat-Winde dar, die in den Tropen vor allem auf dem Meer ungestört auftreten und sehr gleichmäßig wehen.
Physik Die Erklärung, dass der Wind vom Ort hohen Luftdrucks zum Ort niedrigen Luftdrucks weht und die bestehenden Druckunterschiede ausgleicht, trifft in reinster Form nur für lokal begrenzte Luftströmungen zu. Auch weht der Wind nicht nur horizontal. Es gibt beachtliche vertikale Luftströmungen, z. B. die Auf- und Abwinde während eines Gewitters. Neben Temperaturunterschieden von Luftmassen, die wiederum die Luftdruckunterschiede auslösen, wirken noch andere Kräfte auf die Luftströmungen:

1. die Erdrotation
2. Reibungskräfte, die an der Erdoberfläche entstehen.

Die Mechanik der Land- und Seewinde beruht auf den Temperatur- und Druckunterschieden, die einen täglichen Gang erkennen lassen. Bei den großräumigen Luftströmungen macht sich die »Corioliskraft« bemerkbar: die Ablenkung von Windströmungen auf der sich drehenden Erde. Ein solches großräumiges Windsystem sind die Passate nördlich und südlich des Äquators. Neben der Erdrotation spielen hier die unterschiedliche Energieversorgung der Luftmassen und das Verhältnis der Verteilung von Meer und Festland auf der Erdoberfläche eine Rolle. Die Windgeschwindigkeit wird in Metern pro Sekunde oder Knoten (= Seemeilen pro Stunde) gemessen. Weit verbreitet ist noch die Angabe der Windstärke in Graden der Beaufort-Skala (siehe Seite 146).
Wettergeschehen Abgesehen von den örtlichen Wärmegewittern bringen Westwetterlagen und Nordwetterlagen mit Kaltlufteinbrüchen die lebhaftesten Winde. Die Windgeschwindigkeit nimmt mit der Höhe zu. Je kräftiger der Wind weht, um so böiger (stoßartiger) ist er unterwegs. Das machen Bodenbeschaffenheit und Temperaturschichtungen in der Höhe aus. Die stärksten Böen treten an der Südflanke von Sturmtiefs auf. Auf großen Wasserflächen (Meer) weht der Wind in der Regel gleichmäßiger, da die unregelmäßige Bodenbeschaffenheit des Festlands fehlt.
Prognose Der niederländische Meteorologe Buys-Ballot fand folgende Regel: »Stelle ich mich in die Windrichtung derart, dass ich den Wind im Rücken habe, so liegt links von mir ein Gebiet tieferen Luftdrucks und vorwiegend schlechten Wetters, rechts hinter mir ein solches höheren Luftdrucks und besseren Wetters.« Westliche und nördliche Winde bringen Feuchtigkeit und Kälte, östliche und südliche Trockenheit und Wärme. Plötzliche Drehung des Windes deutet auf Wetterumschlag. Ziehen die Wolken in verschiedenen Höhen gegeneinander, weist das auf verschiedene Winde in den einzelnen Höhen hin. In der Regel bestimmt der obere Wind (Höhenwind) die Wetterentwicklung. Auffrischender Wind am Abend, vor allem aus Südwest oder Nordwest, lässt unbeständiges, zu Niederschlägen neigendes Wetter erwarten. Im Winter kündigt sich damit nach einer Frostperiode Tauwetter an.

Oben: Bildung mehrerer Wasserhosen (Tromben), ausgehend von großen Haufenwolken.
Unten: Staubtreiben vor Westafrika (»Harmattan«).

Seegang

Beobachtung Mit den haushohen Wellen ist das so ähnlich wie mit dem Nebel, der so dicht ist, dass man die Hand nicht vor dem Gesicht sieht. Es ist Übertreibung mit im Spiel. Trotzdem: bereits auf einem Binnengewässer kann man z. B. während eines Gewitters kräftige Wellenbewegungen beobachten. Meterhohe Wellen treten erst auf dem Meer auf. Hier beobachten wir die erstaunliche Tatsache, dass mit zunehmender Windstärke die Wellen immer länger – und damit flacher werden. Vor allem dann, wenn keine Küste die Wellenbewegung stört. So kommen die längsten Wellen auf der Südhemisphäre der Erde im Pazifischen Ozean zwischen Feuerland und Neuseeland sowie im Südatlantik vor. Die Wellen erreichen Längen um 800 Meter und sind dabei doch nicht höher als 20 Meter. Wer mit dem Schiff öfters auf dem Meer unterwegs ist, kennt die besonders turbulenten Wellenbewegungen in den sogenannten »Kreuzseen«. Auch ohne Wind beobachten wir auf dem Meer Wellenbewegungen, die von entfernten Windzentren ausgelöst werden. Je flacher das Wasser wird, um so näher rücken die Wellenkämme zusammen: Wir beobachten kurze, steile Wellen, deren Kämme vor der Küste brechen. Dabei können sehr hohe Brandungswellen entstehen.

Physik Alles, was hier zur Beobachtung angegeben worden ist, zählt unter den Sammelbegriff Seegang. Sein auslösendes Moment ist der Wind. Gebildet wird der Seegang von Meereswellen. Derjenige Seegang, der unmittelbar vom erregenden Wind aufgeworfen wird, heißt »Windsee«. Dort, wo sich Seegang mittelbar als Folge von Luftströmungen anderenorts bildet, spricht man von der »Dünung«. Der Seegang setzt sich aus einer Vielzahl von Meereswellen zusammen, die nach Höhe, Wellenlänge und Periode sowie Fortpflanzungsrichtungen verschiedenartig sind. Zeit (»Wirkdauer«) und Strecke (»Wirklänge«) der Windeinwirkung bestimmen die Windsee. Die Wellen der Windsee sind verhältnismäßig steil. Ist die Wassertiefe geringer als die halbe Wellenlänge (in Küstennähe!), gehen die Meereswellen des Seegangs in Brandung über. Die Seegang auslösenden Meereswellen werden nicht nur von den Druck- und Schubkräften der Luftströmungen verursacht. Auch Luftdruckunterschiede und die gezeitenerzeugenden Kräfte kommen infrage. Ebenso Seebeben und Bewegungen, die von Eisbergen ausgehen.

Wettergeschehen Die Stärke des Seegangs ist an Wetterlagen gebunden, die von Luftströmungen begleitet sind. Für Binnengewässer kommen hier hauptsächlich Gewitterlagen infrage. Aber auch Wetterlagen mit Fallwinden (Föhn!) oder Kaltlufteinbrüchen (Nordwetterlagen!). Die mit Westwetterlagen auftretenden lebhaften Winde werden weit ins Binnenland hineingetragen. An den Küsten herrscht dann steifer Wind, der auf offener See stürmisch oder gar orkanartig ist (siehe Seite 146).

Prognose Seegang für sich ist kein Element der Wettervorhersage. Doch sind z. B. aufkommende kleine Kräuselwellen an einem hochsommerlichen Tag am Meeresstrand, Anzeichen und Begleiterscheinungen des Seewinds (siehe Seite 64), Kennzeichen einer Schönwetterlage. Rasch auftretender starker Seegang mit weißen Schaumköpfen weist auf böige Winde hin. Der Seegang liefert Anhaltspunkte für die Windstärke.

Oben: Fischdampfer in Dünung bei schwachem Wind.
Unten: Windsee bei Sturm.

Hochdruckgebiet

Beobachtung Viel blauer Himmel, vereinzelt Haufenwolken, die sich schnell wieder auflösen, keine oder nur leichte Windbewegung – die typische Schönwetterlage im Sommer. Bei mehrtägiger Dauer zunehmende Erwärmung (»Hitzewelle«). Im Winter ist bei einer solchen Wetterlage meist mit großem Frost zu rechnen. Anstelle des blauen Himmels kann allerdings auch eine Hochnebelbank oder Schichtbewölkung treten. Wir beobachten das besonders bei einer Inversion (siehe Seite 74), die im Herbst und im Winter häufig auftritt. Kurzfristiges Aufklaren nach dem Durchzug eines Tiefs mit sehr guter Fernsicht und vereinzelten Regenschauern ist ebenfalls oft von höherem Luftdruck begleitet. Im Gegensatz zur mehrtägigen Schönwetterperiode hält dieses Aufklaren meist nur einen, höchstens zwei Tage an.

Physik Die wolkenauflösende Wirkung ist auf die absinkende Luftbewegung zurückzuführen. Da das Hochdruckgebiet ein wolkenarmes Druckgebilde ist, fällt die Spiralstruktur der Windbewegung z. B. auf Satellitenfotos nicht auf. Der Drehsinn ist auf der Nordhalbkugel der Erde im Uhrzeigersinn (»antizyklonal«). Die Luftmasse eines Hochdruckgebiets ist in der Regel einheitlich. Der Bodenwind weht als Folge der Bodenreibung in Spiralbahnen gegen den tiefen Druck hin. Die Luft fließt also aus dem Hochdruckkern hinaus: Die Luftmasse sinkt auf diese Weise langsam ab, erwärmt sich dabei, was wiederum zur Wolkenauflösung führt. Die meisten Hochdruckgebiete bestehen aus Warmluft. Die Temperaturabnahme mit der Höhe ist also erheblich geringer als in Tiefdruckgebieten. Daran ändert auch die Tatsache nichts, dass die Temperaturen nahe dem Boden im wolkenlosen Hoch im Sommer heiß und im Winter kalt sind. Der Aufbau eines Hochdruckgebiets geschieht verhältnismäßig langsam. In den Subtropen gibt es die dauerhaftesten Hochdruckgebiete, weil aufgrund des Zusammenwirkens der in diesen Breiten herrschenden Zirkulationskräfte (siehe Seite 217) ein Absinken der Luft herbeigeführt wird. Der subtropische Hochdruckgürtel ist von großem Einfluss auf das Wettergeschehen in Europa (siehe Seite 206). Außer den großräumigen Hochdruckgebieten gibt es »Keile hohen Drucks« zwischen aufeinanderfolgenden Tiefdruckgebieten. Auslösendes Moment hierfür ist Kaltluft, die auf der Rückseite des ostwärts wandernden Tiefs einströmt. Ihre Ausdehnung in die Höhe ist gering und dementsprechend auch ihr wetterbestimmender Einfluss.

Wettergeschehen Charakteristische Wetterlagen für die Ausbildung von Hochdrucklagen in weiten Teilen Europas sind die Ostwetterlage und die Südwetterlage mit einem stationären Hoch über Skandinavien bzw. über Osteuropa. Da die absinkende Luft im Hoch eine wolkenauflösende Wirkung bewirkt, ist Hochdrucklage gleichbedeutend mit Schönwetterlage. Allerdings nicht ohne Einschränkung. Die starke Aufheizung der bodennahen Luft im Sommer begünstigt die Bildung von Haufenwolken (»Thermikwolken«) und von Wärmegewittern (siehe Seite 72). Im Winter dominiert die Strahlungsabkühlung während der Nacht, was der Bildung von Hochnebeln (Schichtbewölkung) förderlich ist. Eine besondere Rolle für das europäische Wettergeschehen spielt das »Azorenhoch«, sowohl für Schönwetterlagen als auch für die immer wiederkehrenden Westwetterlagen. Im Gegensatz zu den stationären Hochdruckgebieten mit oft lange anhaltenden Schönwetterlagen ist das »Zwischenhoch« (Hochdruckkeil) sehr mobil und von kurzem Einfluss auf das Wettergeschehen. Das Zwischenhoch befindet sich zwischen zwei aufeinanderfolgenden Tiefdruckgebieten und bringt in der Regel eine ein- bis zweitägige Wetterberuhigung mit Aufklaren, nur noch vereinzelten Regenschauern und geringer Windbewegung. Meist folgt dann der Durchzug des nächsten Tiefs.

Prognose Solange sich die Haufenwolken (siehe Seite 86) im Hoch innerhalb einiger Stunden

Das Auftreten von lockeren Haufenwolken vor allem am Vormittag und Mittag während einer Hochdrucklage ist nichts Ungewöhnliches.

wieder auflösen, ist mit keiner Wetterverschlechterung zu rechnen. Zunehmende Hochnebelbildung in Herbst und Winter während eines Hochs ist auch noch kein Anzeichen für einen Wetterumschlag. Hingegen können das Verhalten von Federwolken und das Erscheinen von schleierartigen Schichtwolken (Cirrostratus) eine Wetterveränderung anzeigen (siehe Seite 88).

Gewitter

Beobachtung Besonders in den Sommermonaten sich verhältnismäßig rasch aufbauende Haufenwolken, sogenannte »Gewittertürme«. Die Voraussetzungen für Niederschlag sind gegeben, wenn der hochgeschlossene Cumulusturm nach den Seiten »zerfließt« und die Ränder ein fasriges, rauchartiges Aussehen annehmen. Stürmischer, böiger Wind begleitet den Gewitterausbruch, den wolkenartige Regenfälle, zum Teil auch Graupel-, Hagel- oder Schneeschauer kennzeichnen. Bereits einige Stunden vor dem Gewitter kann man auffälligen Luftdruckabfall beobachten.
Physik Gewitter werden ausgelöst bei schnellem Aufsteigen feuchter Warmluft in größere Höhen (Wärmegewitter) oder bei heftigem Zusammentreffen von feuchter Warmluft mit einer größeren Kaltluftfront (Frontgewitter). Bei diesem Prozess kommt es zu kraftvollen Luftströmungen. Aufwinde führen hinauf bis in Höhen von 10000 Meter. Die damit verbundene Abkühlung der Luft bringt Kondensation mit sich, also Wasserdampf wird verflüssigt. Da Gewitterwolken Minusgrade aufweisen, ist der in ihnen enthaltene Niederschlag entweder in Form von Eiskristallen oder unterkühlten Wassertropfen vorhanden. In der Regel sind beide Formen anwesend. Es findet eine Wechselwirkung zwischen Eis- und Wasserteilchen und dem in der Wolke vorhandenen elektrischen Feld statt, die hohe Spannungen erzeugt. In Gewitterwolken wurden Feldstärken von 3500 V/m gemessen. Die negativen und positiven Ladungen sind aufgrund der unterschiedlichen Fallgeschwindigkeiten der Eis- und Wasserteilchen getrennt. Die Wolke wirkt wie ein Generator. Bei entsprechenden Feldstärken kommt es darin zur Entladung (Blitz!), worauf der Generator Wolke neu aufzuladen beginnt. Der plötzlich ansteigende Druck in dem heißen Blitzkanal breitet sich als Stoßwelle aus. Er wird als Donner hörbar. Die Ausbreitungsgeschwindigkeit (= Schallgeschwindigkeit 330 m/s) ermöglicht eine Entfernungsbestimmung eines Gewitters. Weil die Atmosphäre Schallwellen absorbiert, ist ein Donner nur bis etwa 18 Kilometer weit hörbar. Moderne Messsysteme registrieren durch Blitze ausgelöste elektromagnetische Signale (sferics) bis zu 1500 Kilometer Entfernung.
Wettergeschehen Die Wärmegewitter sind örtlich begrenzte Ereignisse und die Folge einer intensiven Sonneneinstrahlung. Das Aufsteigen der feuchten Warmluft wird unterstützt durch Aufwinde, die sich vor allem an Berghängen ausbilden. Wärmegewitter gehören zum sommerlichen Wettergeschehen. Oft dauert ein Wärmegewitter nur 1–2 Stunden und danach scheint wieder die Sonne. Frontgewitter entstehen, wenn als Folge einer Westwetterlage eine Kaltfront auf den Kontinent vorstoßt und dabei auf Warmluft trifft. Diese Warmluft wurde während einer Hochdrucklage angeheizt und ist stark mit Wasserdampf durchsetzt (Verdunstung!). Der Kaltfront eilt Warmluft voraus, die die bekannte schwüle Wetterstimmung noch verstärkt. Die Turbulenzerscheinungen in Frontgewittern sind gewaltig. Die Gewitterfront erreicht oftmals einige hundert Kilometer Länge und zieht west-östlich über Europa hinweg. An den Küsten sind Frontgewitter häufiger als im Binnenland. Frontgewitter sind nicht auf den Sommer beschränkt. Wintergewitter sind Frontgewitter mit kräftigem Schneetreiben.
Prognose Das örtlich begrenzte Wärmegewitter muss nicht zu einer Wetterverschlechterung führen. Es bringt Abkühlung, oft sogar nur vorübergehend. Wenn keine Änderung der Windrichtung nach dem Gewitter eintritt, ist mit Wetterberuhigung zu rechnen. Bei rascher Verdunstung der gefallenen Niederschläge ist die Neubildung eines Wärmegewitters noch am selben Tag nicht ausgeschlossen. Ist die Abkühlung bei einem Wärmegewitter sehr stark, sind länger andauernde Niederschläge (Landregen!) zu erwarten. Dies geschieht hauptsächlich dann, wenn der Wind von Ost auf West umspringt. Frontgewitter leiten häufig einen Wetterumschwung ein (Westwetterlage).

Oben: Rasch aufquellende Haufenwolken (Cumulonimbus) markieren das aufziehende Gewitter.
Unten: Gewitterwolke, oben ambossförmig ausgefranst. Sie hat die obere Grenze der Troposphäre erreicht und vereist dort.

Inversion

Beobachtung Besonders im Herbst und im Winter beobachten wir bei klarem und trockenem Wetter eine schmutzige Dunstschicht, die nach oben begrenzt erscheint. Die Markierung der Grenze wird unterstrichen von den Rauchschwaden, die sich flach ausbreiten. Man hat den Eindruck, dass Rauch nicht aufsteigt. Die Sichtweite ist deutlich herabgesetzt. Auch in Gebirgsbecken beobachtet man eine hochnebelartige Schicht mit einer stabilen Begrenzung nach oben. Jede Art von vertikaler Luftströmung scheint unterbunden zu sein.

Physik Vorwiegend im Herbst und im Winter fördert das Aufklaren in einem Hochdruckgebiet die nächtliche Ausstrahlung. Die bodennahe Luftschicht kühlt stark ab. Damit lagert am Boden schwere Kaltluft, darüber leichtere Warmluft. In der Kaltluft hat sich Nebel gebildet. Temperaturmessungen zeigen einen vom Normalfall abweichenden Verlauf der senkrechten Temperaturverteilung: Temperaturzunahme bis zur Grenze zwischen kalter Bodenluft und warmer Höhenluft (das Wort Inversion ist lateinisch und heißt so viel wie »Umkehrung«). Die gleichmäßige Abnahme der Lufttemperatur beginnt erst wieder über der Inversionsschicht (Grenzschicht zwischen kalter Bodenluft und warmer Höhenluft). Diese Schichtung ist erstaunlich stabil. Die Inversionsschicht hat die Funktion einer Sperrschicht, die den Aufstieg von unten kommender Warmluft ebenso verhindert wie den Aufstieg von Rauch- und Abgasen. Es ist das Hauptkennzeichen der Inversion, dass sie jeden vertikalen Luftaustausch hartnäckig unterbindet. So reichern sich besonders in Ballungsgebieten unterhalb der Inversionsschicht Rauch und Staub an und führen zu einer Luftverschmutzung, die sehr gefährlich werden kann. Gerade in den Herbst- und Wintermonaten reicht die Tageserwärmung häufig nicht aus, um eine Aufwärtsströmung zu produzieren, die die Inversion durchdringen kann.
Auch in höheren Lagen gibt es die Inversion: die Höheninversion als Folge des Druckanstiegs nach einem Tiefdruckgebiet und der bodenwärts gerichteten Strömung der Luft. Eine »permanente Inversion« beginnt am Übergang der Troposphäre in die Tropopause (siehe Seite 22).

Wettergeschehen Bevorzugt sind Inversionslagen verbunden mit den herbstlichen und winterlichen Hochdrucklagen, z. B. in Verbindung mit Ostwetterlagen (Hoch über Skandinavien und Tief über dem Mittelmeer) oder Südwetterlagen (Hoch über Osteuropa und Tief über Westeuropa). Der niedrige Stand der Sonne über dem Horizont erschwert im Herbst und im Winter den Abbau der Inversion. Das sogenannte »November-Wetter« ist typisch dafür. Die unterbundene vertikale Luftströmung kommt erst wieder in Gang, wenn der hohe Luftdruck weicht. Das ist z. B. der Fall, wenn lebhafte Winde eine Westwetterlage einleiten, die wechselhafte Witterung bringt. Auf diese Weise werden auch die Luftschichten bis zur Inversionsschicht wieder mit frischer Luft durchsetzt und damit der Abgasstau in Ballungsgebieten (Großstädte, Industriegebiete) abgebaut.

Prognose Geradliniges Aufsteigen von Rauch markiert den normalen Temperaturverlauf in der Atmosphäre und ist charakteristisch für ein Hochdruckgebiet. Die Ablenkung an der Sperrschicht der Inversion weist auf den »umgekehrten« Temperaturverlauf. Trotzdem haben wir es mit einer Hochdruckwetterlage zu tun, die sehr beständig sein kann. In Höhenlagen (Berge) ist es dabei sonnig und verhältnismäßig warm, während es in Tallagen ausgesprochen nebelig-trüb bleibt. Eine rasche Wetteränderung ist kaum zu erwarten.

Oben: Inversion, darunter Bodendunst.
Unten: Smoglage, hohe Industrieschornsteine emittieren über der Bodennebelschicht.

Rückseitenwetter

Beobachtung Die Kaltfront eines Tiefdruckgebietes (siehe Seite 228), die an der massierten Reihung von Haufenwolken erkennbar ist, bringt Wind und Niederschläge, zum Teil auch sogenannte Frontgewitter. Am Beobachtungsort erleben wir stürmischen Wind aus West bis Nordwest, ein deutliches Absinken der Temperatur und schauerartige Niederschläge. Aber die Kaltfront wandert. Nach dem Frontdurchgang klart es häufig rasch wieder auf. Die Sicht ist auffällig klar. Der Luftdruck steigt und der Wind, immer noch frisch, dreht auf Nordwest. Wir beobachten dann das Wettergeschehen der Frontrückseite. Sonnenschein und blauer Himmel trügen – die Wetterbesserung ist meist nicht von Dauer. Es kommt wieder zu Niederschlägen, insgesamt zu einer unbeständigen Wetterlage. Ja, manchmal erlebt man nochmals eine regelrechte Schlechtwetterlage mit sehr kräftiger Schauertätigkeit und stürmischen Winden, die auf offener See Sturm- und Orkanstärke erreichen.

Physik Das Windsystem in einem Tiefdruckgebiet ist unterschiedlich beschaffen. Dem Luftwirbel, um den es sich bei einem Tief handelt, werden südliche (Vorderseite/Ostseite) und nördliche Winde (Rückseite/Westseite) zugeführt. Es sind warme und kalte Luftmassen, an deren Grenzfläche recht typisches Wettergeschehen in Erscheinung tritt (Warmfront/Kaltfront). Nach dem Durchgang der Kaltfront kommt es unter absinkenden Luftbewegungen zur vorübergehenden Wolkenauflösung. Das bringt eine kurzfristige Wetterbesserung. Meist kommt es kurz danach zur Bildung von Haufenbewölkung: die Sonne erwärmt die bodennahe Schicht der Kaltluft. Diese Schicht ist stark mit Wasserdampf angereichert: Folge der vorangegangenen Niederschläge. Die Warmluftblasen steigen auf und kondensieren zu Cumuluswolken. Die fortschreitende Abkühlung führt zu neuen Niederschlägen. Es kann aber auch vorkommen, dass hinter der Kaltfront der Luftdruck nicht steigt, vielmehr wird eine Vertiefung des Tiefdruckwirbels festgestellt. Mit hohen Windgeschwindigkeiten wird besonders kalte Luft herangeführt. Es kommt zu den erwähnten stürmischen Winden und der sehr kräftigen Schauertätigkeit (»Rückseitentrog«).

Wettergeschehen Das Rückseitenwetter ist fester Bestandteil der von einem Tief gekennzeichneten Wetterlagen. Das gilt insbesondere für die Westwetter- und die Nordwetterlage. Dabei ist zu berücksichtigen, dass die Wolkenauflösung mit vorübergehendem Schönwetter im nördlichen Mitteleuropa (Holland, Norddeutschland, Dänemark, Polen) rascher und ungestörter eintritt als im Alpenraum (Schweiz, Süddeutschland, Österreich). Die Alpen erweisen sich als großes Hindernis für die heranströmenden Luftmassen. Die nordwestlichen oder nördlichen Winde hinter der Kaltfront schieben die Wolken an der Alpennordseite zusammen. Die Wolken werden gezwungen hochzusteigen und kühlen sich dabei weiter ab. Es kommt zu jenen ergiebigen, oft tagelang andauernden Regenfällen, die unter der Bezeichnung »Stauregen« bekannt sind. Zu berücksichtigen ist, dass häufig anstelle einer einzigen Kaltfront hintereinander gestaffelte Kaltfronten in einem Tief auftreten können. Zur Ausbildung einer Rückseitenwetterlage kommt es erst hinter der letzten Kaltfront.

Prognose Es gilt die Regel, dass das künftige Wettergeschehen umso unbeständiger ist, je rascher nach dem Durchzug der Kaltfront die Wolkenauflösung einsetzt. Eine vorübergehende Beruhigung der Wetterlage kann ein Zwischenhoch (siehe Seite 227) bringen. Aber das Zwischenhoch bedeutet Wetterbesserung nur für 1 bis 2 Tage. Da es eingebettet ist in eine Reihe aufeinanderfolgender Tiefdruckgebiete, muss anschließend mit einem neuen Schlechtwettergebiet gerechnet werden. Erst wenn mit steigendem Luftdruck auch der Wind dreht, nach Nord und Nordost, ergeben sich Anzeichen für einen Wetterumschwung.

Oben: Stratocumuluswolken nach Durchzug eines Niederschlagsgebiets.
Unten: Mächtige Haufenwolken nach Durchzug einer Schauerfront.

Tiefdruckgebiet

Beobachtung Vereinzelte Cirruswolken (siehe Seite 84) am Himmel, denen der Aufzug von Cirrostratus- und Altostratuswolken folgt, kennzeichnen eine Veränderung des Wetters. Die Bewölkung wird am nächsten Tag noch dichter, bis eine graue Schichtbewölkung den Himmel bedeckt und die ersten Regentropfen (oder Schneeflocken) fallen. Die Eintrübung wird begleitet von Luftdruckfall und allmählich auffrischendem Wind, der zuerst noch aus Südost kommt, dann aber über Süd nach Südwest und West dreht. Während sich dieser Vorgang der Wetterverschlechterung über ein, zwei Tage hinziehen kann, kündigt sich eine andere Art von Schlechtwetter schnell, stürmisch und mit schauerartigen Niederschlägen an. Walzenförmige Haufenwolken erscheinen am westlichen und nordwestlichen Horizont, böiger Südwestwind kommt auf, der rasch auf West und Nordwest dreht. Innerhalb von wenigen Stunden sind die Haufenwolken mächtig gewachsen und nehmen sich am Himmel bedrohlich aus. Regenschauer, manchmal vermischt mit Graupel, Hagel und Donner und Blitz, lassen nicht mehr lange auf sich warten. Wolken, Niederschlag und Wind beherrschen das Land.

Die Zahl aller Tiefdruckgebiete mit Kerndruck von 950 hPa und darunter hat sich im europäisch-atlantischen Raum in den letzten Jahren erhöht. Es traten sehr stark entwickelte Orkantiefs auf. Die Ursachen für die dabei beobachteten Temperaturanomalien lassen sich derzeit noch nicht einwandfrei angeben. Bei diesen Wetterlagen ist es über dem Nordwestatlantik zu kalt und über Nordrussland zu warm.

Physik Das europäische Wetter wird von den warmen, ostwärts driftenden Luftströmungen der Subtropen und den kalten, nach Westen strömenden Luftmassen der Arktis gestaltet. Die Grenze, wo Warmluft und Kaltluft zusammentreffen, bezeichnet man als die »Polarfront«. Diese Polarfront ist nun keineswegs gradlinig. Aufgrund der auftretenden Unterschiede in Temperatur und Dichte zwischen Kalt- und Warmluft kommt es zu Einbrüchen der Kaltluft in die Warmluft. Die Wellen der feuchtwarmen Subtropenluft und der trockenkalten Polarluft überschlagen sich immer wieder und es bilden sich Gebiete tiefen Luftdrucks (Zyklone). Die Durchmischung der beiden völlig verschiedenen Luftmassen im Tief benötigt Zeit. An den Grenzflächen bilden sich kräftige Luftwirbel, die zu einem typischen Wettergeschehen führen (Kaltfront und Warmfront siehe Seiten 80 und 228).

Tiefdruckgebiete haben am Anfang nur eine Ausdehnung von ein paar 100 Kilometern. Sie erreichen in ihrem 2- bis 4-tägigen »Leben« Dimensionen von 1000 bis 3000 Kilometern. Die Tiefdruckgebiete, die über Europa ziehen, bewegen sich von West nach Ost. Eine bedeutende Rolle bei der Wirbelbildung spielt die Höhenströmung.

Wettergeschehen Ungestört ergibt sich folgendes Schema für den Wetterablauf:

1. Erster Kaltlufteinbruch (östlich).
2. Warme Meeresluft (Warmluftsektor) wird durch südwestliche Winde an der östlich liegenden Kaltluft zum Aufgleiten gebracht (»Warmfront«).
3. Zweiter Kaltlufteinbruch (westlich).
4. Westliche Kaltluft dringt in den Warmluftsektor ein (»Kaltfront«).
5. Warmluftsektor wird kleiner, da die westliche Kaltluft schneller nach Osten wandert.
6. Zusammentreffen der »Kaltfront« mit der »Warmfront«, totale Verwirbelung der unterschiedlichen Luftmassen (»Okklusion«) und damit Ende der Zyklone.

Tatsächlich läuft das Wettergeschehen nicht so »ideal« ab. Hindernisse, z. B. Gebirge, beschleunigen das Zusammentreffen von Kalt- und Warmfront und damit das Ende eines Tiefdruckgebiets. Auch das übrige Festland und das Meer üben ihren Einfluss sowohl auf das Dasein der Zyklone als auch auf die für die Steuerung wichtige Höhenströmung aus. Es gibt typische Zugbahnen

Dichte Altrostratusschicht und Altocumuli als Vorboten eines Wetterumschlags, der Niederschläge bringen kann.

von Tiefdruckgebieten in Europa. Besonders unwetterverdächtig für Mitteleuropa ist die Zugbahn Vb (siehe Seite 233). Die Zyklone bewegt sich über Südfrankreich ins Mittelmeer und nach Mitteleuropa.

Prognose Die Luft im Tief steigt auf, gelangt mit zunehmender Höhe unter geringeren Luftdruck, dehnt sich aus und kühlt sich ab. Die Ausscheidung von Wasserdampf führt zur Wolken- und Niederschlagsbildung.

Wetterfronten

Beobachtung Den Anfang machen zarte Cirruswolken (siehe Seite 84). Dann folgen mächtige »Wolkenwalzen« aus westlicher und nordwestlicher Richtung. Der Wind frischt auf, es stürmt. Wir beobachten einen Rückgang der Temperatur, aber ein Steigen des Luftdrucks. Oft folgen gewittrige Regen- oder Schneeschauer. Danach ist eine rasche Aufheiterung nicht ausgeschlossen. Insgesamt bleibt das Wetter aber unbeständig. Was wir beobachtet haben, war der Durchzug einer sogenannten Kaltfront. Wesentlich ruhiger geht es beim Heranrücken einer Warmfront zu: auch hier sind Cirruswolken Vorboten. Die Bewölkung nimmt rasch Stratusform (siehe Seite 88) an. Fast ohne größere Windbewegung beginnt ein »leiser« Niederschlag, der häufig Landregencharakter annimmt. Das Barometer zeigt noch fallenden Luftdruck an. Nach dem Frontdurchgang verbindet sich mit dem Temperaturanstieg eine häufig nachhaltige Wolkenauflösung.

Physik Gleichen Luftdruck vorausgesetzt, breitet sich Kaltluft, weil sie schwerer ist als Warmluft, in der Nähe des Bodens aus. Die Warmluft hingegen siedelt sich in höheren Luftschichten an. Damit Kalt- und Warmluft miteinander vergleichbar werden, einigen sich die Meteorologen bei der Zuordnung auf eine bestimmte Luftdruckhöhe. Ihrem Ursprung nach kommt die Warmluft aus dem Süden, die Kaltluft aus dem Norden. Gerade in den Breiten von Europa sind Kalt- und Warmwasserluftmassen ständig nahe beisammen und in Bewegung. Das führt nun aber nicht zum Gleichgewichtszustand. Im Gegenteil: Kalt- und Warmluft sorgen für Abwechslung im Wettergeschehen. Der Temperaturgegensatz bedingt Turbulenz, und ein Ausgleich findet erst statt, wenn Kalt- und Warmluft durchmischt worden sind. Es ist naheliegend, dass dort, wo Kalt- und Warmluft aufeinanderstoßen, das Wettergeschehen besonders aktuell ist. Es ist das der Bereich der Wetterfronten. Befindet sich Kaltluft in Bewegung auf ruhende Warmluft zu, spricht man von Kaltfront (»Einbruchsfront«); stößt Warmluft gegen ruhende Kaltluft vor, spricht man von Warmfront (»Aufgleitfront«). Die vorrückende Kaltluft hebt die Warmluft an, die vorrückende Warmluft gleitet an der Kaltluft nach oben.

Wettergeschehen Sowohl Kaltluft- wie Warmluftfronten stehen in enger Verbindung zu Tiefdrucklagen (siehe Seite 78). Da die Ausdehnung der Kalt- und Warmluftmassen horizontal und vertikal sehr verschieden sein kann, ist der Ablauf des Wettergeschehens recht vielfältig. Auch die Dauer der Einbruchsvorgänge und Aufgleitvorgänge variiert. Typisch dafür ist die Westwetterlage, die in ganz Europa zu jeder Jahreszeit auftritt: Auf der Westseite eines Tiefs über Island dringt mit Nordwind Kaltluft nach Süden vor. Auf der Westseite eines Hochs über den Azoren dringt mit Südwind Warmluft nach Norden vor. Dort, wo die Fronten zusammenstoßen, bilden sich serienweise west-östlich ziehende Tiefdruckgebiete (Zyklonen). Das Wettergeschehen beruhigt sich, wenn die Warmluft ganz vom Boden abgehoben worden ist, nahe der Erdoberfläche treffen dann zwei in ihrer Temperatur unterschiedliche Kaltluftmassen aufeinander (»Okklusion«). Trifft ein Tief auf ein Gebirge, wird der Vorgang der Okklusion beschleunigt. Das Wettergeschehen ist gekennzeichnet durch ziehende Wolkenfelder, Niederschläge, drehende Winde und Temperaturwechsel.

Prognose Da die Wetterfronten eng mit Tiefdrucktätigkeit verbunden sind, ist mit dem Eintreffen einer Kalt- bzw. Warmfront am Beobachtungsort in der Regel für die nächsten Tage mit unbeständigem, niederschlagsreichem Wetter zu rechnen. Dort, wo die Luftmassen auf Berge stoßen (z. B. westnorwegische Felsenküste, Alpen), kommt es oft zu länger dauernden Stauniederschlägen.

Oben: Durchzug einer Gewitterfront mit mächtigen Haufenwolken.
Unten: Walzenwolke über der Nordsee (Luftmassengrenze mit Windsprung).

Übersicht Wolken

Die Beobachtung der Wolken erlaubt Rückschlüsse auf das Geschehen in der Atmosphäre. Der Wolkenzug markiert die Windrichtung und die Windstärke in höheren Schichten der Lufthülle. Wolkenformen geben Auskunft über vertikale Bewegungen der Luft, den Aufbau der Luftmasse und die Intensität der Böigkeit. Der Beobachter erkennt Aufwärtsbewegungen und das Vorhandensein von Sperrschichten. Wolken verraten das Zusammentreffen von warmer mit kalter Luft. Wolken verändern ständig ihr Aussehen. Entsprechend groß ist ihr Formenreichtum. Trotzdem gibt es zwei Grundformen, die überall auf der Erde anzutreffen sind:
Haufenförmige Wolken mit klar erkennbarer Form und vertikaler Entstehung (Cumulus-Wolken, abgekürzt Cu).
Schichtförmige Wolken, flächig horizontal angelegt mit wenig Strukturen (Stratus-Wolken, abgekürzt St).
Diese Grundformen weisen auf die Entstehung hin: Bei den haufenförmigen Wolken erkennt man den irregulären senkrechten Aufstieg der Luft verbunden mit Turbulenzen; die überwiegend horizontal ausgerichteten Schichtwolkendecken sind großräumig. Ihre Bildung erfolgt langsam, wenn feucht-warme Luft über ausgedehnten Gebieten aufsteigt oder aufgleitet. Die großflächige Abkühlung von Luft als Folge nächtlicher Ausstrahlung führt ebenfalls zur Bildung von Schichtwolken.
Cirren (Ci) oder Federwolken, die aus Eiskristallen bestehen, sind isolierte Wolken in den hohen Schichten der Troposphäre. Sie geben Hinweise auf Luftströmungen in großen Höhen.
In der Regel sind Wolken auf bestimmte Höhen beschränkt. In den Tropen erreichen sie 18 km, in den mittleren Breiten 13 km und über den Polregionen 8 km. Üblich ist die Bezeichnung von 3 Stockwerken geworden. Diese Bezeichnung hat einen physikalischen Hintergrund, der von der Wolkenstruktur und der Temperaturverteilung bestimmt wird.

1. Eiswolken. Sie bestehen nur aus Eiskristallen. Temperaturbereich unter –35 °C.
2. Mischwolken. Sie bestehen aus unterkühlten Wassertropfen und Wasser in fester Form (Eiskristalle, Schneesterne, Graupel, Hagel). Temperaturbereich zwischen –10 °C und –35 °C.
3. Wasserwolken. Sie bestehen nur aus Wassertropfen, die teilweise unterkühlt sind und stark bewegt sofort gefrieren. Temperaturbereich über –10 °C, bei unterkühlten Wassertropfen bis –35 °C.

In den gemäßigten Breiten gelten als Mittelwerte der Höhe für die 3 Stockwerke:

Oberes Stockwerk mit Eiswolken, Höhe 7–13 km.

Mittleres Stockwerk mit Mischwolken und unterkühlten Wasserwolken, 2–7 km.

Unteres Stockwerk mit Wasserwolken, Höhe 0–2 km.

Die Grenzwerte liegen an den Polen und im Winter analog zu den Temperaturen niedriger, in den Tropen und im Sommer höher. Die Grenzwerte der Stockwerke sind abhängig von der geografischen Breite. Das untere Stockwerk entspricht der Grundschicht der Lufthülle. Sie reicht ungefähr 2 km hoch. Hier ist die Wolkenbildung stark an den Untergrund gebunden.
Federwolken, Haufenwolken und Schichtwolken ergeben zusammen mit der Höheneinteilung (»Stockwerke«) unter Berücksichtigung von Übergangsformen 10 Wolkengattungen, die auf den Seiten 90–94 näher beschrieben und abgebildet sind.

Altocumulus-Wolken (»mittleres Stockwerk«) und aufgelockerte Cumulus-Bewölkung (»unteres Stockwerk«).

Im Anschluss (Seite 95–97) werden noch 5 besondere Wolkenformen vorgestellt, die für den Wetterbeobachter interessant sind und ihm Hinweise auf Vorgänge in der freien Atmosphäre geben:

Linsenförmige Wolken (Altocumulus lenticularis), lang gezogen und begrenzt. Sie weisen auf absteigende Luftströmungen hin, z. B. auf der Leeseite der Gebirge bei Föhn. Aber davon unabhängig bei großräumigen absteigenden Luftbewegungen in der freien Atmosphäre.
Wogenförmige Wolken (Altocumulus undulatus). Erscheinen als enge Parallelstreifen als Folge von Wellenbewegungen an der Grenzfläche von zwei Luftmassen mit unterschiedlichen Temperaturen.
Altocumulus mit »Türmchen« (castellanus). Hinweis auf kräftige vertikale Luftbewegungen und eine gewitterhafte Wetterlage.
Cumulus mammatus. Beutelförmige Ausstülpungen an der Unterseite einer Wolkendecke. Hinweis auf Niederschlagsbereitschaft in der Atmosphäre.
Ambossförmige Cumuluswolke (Cumulonimbus capillatus incus). Typische Gewitterwolke. Aufsteigende Warmluft stößt auf eine Sperrschicht mit wärmerer Luft in der Höhe und weicht nach den Seiten aus. Es bilden sich pilz- oder ambossartige Formen.

Federwolken (Cirruswolken)

Beobachtung Federwolken sind die Vorreiter des Wettergeschehens. Federförmig oder als »Eisfahnen« hängen sie am blauen Himmel. Zart, wie hingeblasen. Wer nicht aufmerksam schaut oder sich nicht auskennt, wird diesen Wolken kaum Beachtung schenken. Da das Wetter ja nach wie vor sonnig und warm ist, besteht kein Grund, sich um diese geringe Bewölkung überhaupt zu kümmern. Aber die Federwolken verdienen Aufmerksamkeit! Federwolken beobachten wir auch in Verbindung mit Cirrocumulus (siehe Seite 86) und Cirrostratus (siehe Seite 88) am Himmel. Dann ist jedoch der Himmel bereits erheblich bedeckter und der Umbruch im Wettergeschehen meist schon fortgeschrittener. Heftige Luftströmungen in größeren Höhen verraten die Federwolken, wenn sie sich fadenförmig in die Länge ziehen und an der Vorderseite hakenförmige Verwehungen zeigen. Man spricht dann auch von »Haken-Cirren« oder »Windbäumen«. Beobachtet man diese Federwolken etwas länger, hat man den Eindruck, dass sie vom Wind gejagt und gezaust werden.

Physik Die Heimat der Cirruswolken sind Höhen ab ungefähr 6 Kilometer. Sie gehören damit, wie die Cirrocumulus- und Cirrostratuswolken, zu den hohen Wolken. Wenn sie ohne die letztgenannten Wolken am Himmel erscheinen, sind sie stets ein Bild sehr zartgliedriger Struktur. Die Bezeichnung »Eisfahnen« oder »Schneefahnen« ist mehr als nur ein Hinweis auf eine Form. Diese höchsten Wolken in der Troposphäre sind reine Eiswolken und bestehen ausschließlich aus Eiskristallen. In Europa treten Cirruswolken noch in Höhen von über 10 Kilometern auf. Das Verhalten der Federwolken ist interessant und gibt Aufschluss über Luftbewegungen in den höheren Schichten der Troposphäre. Sie zeigen das Aufsteigen feuchter Luft an, die in diesen Höhen in Form von Eiskristallen kondensiert. Am Zug und an der Form der Federwolken macht sich die Stärke der Luftströmung bemerkbar. Dabei markieren die Federwolken die Richtung der Höhenwinde (siehe Seite 62), die für das großräumige Wettergeschehen von maßgeblichem Einfluss sind.
Die Temperatur der Cirruswolken liegt unter minus 35 °C.

Wettergeschehen Am Ursprünglichsten ist das Auftreten der Federwolken in Verbindung mit einer Westwetterlage. Sie erscheinen an der Vorderseite der Warmfront (siehe Seite 80), teilweise in stürmischer Bewegung. Je mehr die Luftmassen in Bewegung geraten sind, umso »verwehter« wirken die Federwolken. Besonders deutlich tritt dieses Wettergeschehen über dem Meer oder in Küstennähe auf. Im Vergleich zum Kaltlufteinbruch bei einer Nordwetterlage ist es ein immer noch langsamer Vorgang, der sich vor allem im Binnenland über mehrere Tage hin erstrecken kann. Auch beim Kaltlufteinbruch marschieren an der Spitze Federwolken, häufig aber bereits begleitet von tieferhängenden Haufenwolken (siehe Seite 86), die mit beträchtlicher Geschwindigkeit heranrücken.

Prognose Jede beobachtete Verdichtung der Federwolken zu einer Cirrostratusschicht deutet auf das mehr oder minder rasche Näherkommen einer Warmfront mit Niederschlägen hin. Desgleichen ist schnelles Aufkommen von Federwolken in Verbindung mit dicht horizontal gereihten Cumuluswolken (Haufenwolken) ein Anzeichen für das Vordringen von Kaltluft aus Nord oder Nordwest. Auch hier ist mit zum Teil heftigen Niederschlägen, eventuell begleitet von Frontgewittern, zu rechnen. Federwolken können auch während einer Schönwetterlage auftreten. Meist driften sie dann von Ost nach West und lösen sich im Laufe des Tages wieder auf. Die langsame Bewegung ist dabei kennzeichnend. Ja, es gibt sogar Federwolken, die am Himmel scheinbar stillstehen. Die wegen einer augenblicklich geringen Höhenströmung mäßige Eigenbewegung der Wolken ist auf die Entfernung hin nicht sofort auszumachen.

Aufziehende Federwolken; im Bild unten bereits etwas verdichtet.

Haufenwolken (Cumuluswolken)

Beobachtung Wenn sich am Himmel ein Gewitter (siehe Seite 72) zusammenbraut, dann ist damit auch eine Gelegenheit gegeben, die Entstehung der Haufenwolken zu beobachten. Zuerst sind es kleine Wolkenballen am blauen Himmel, die fast plötzlich zu mächtigen Wolkentürmen aufschießen. Man glaubt direkt, das Brodeln und Quellen zu sehen, wenn diese Wolken am Himmel in die Höhe wachsen. Es sind Wolken mit recht auffällig begrenzten, scharfen Rändern. An den oberen Rändern allerdings fransen die Wolkentürme aus, wenn die Lage gewittrig wird. Die Haufenwolken »rauchen« dann. Nicht jede Haufenwolke führt zum Gewitter. Im Sommer beobachten wir häufig kleinere Ansammlungen von Haufenwolken am Himmel, die ebenso rasch verschwinden, wie sie gekommen sind (»Schönwetter-Cumuli«). Noch ein anderer Anlass zur Bildung von Haufenwolken: Mit dem Einbruch von Kaltluft in ruhende Warmluft werden gewaltige vertikale Luftbewegungen ausgelöst. Es entstehen ebenfalls sich hoch türmende Haufenwolken (z. B. »Aprilwetter«!).

Physik Die Haufenwolken sind im Gegensatz zu den Schichtwolken (siehe Seite 88) in die Höhe orientiert. Sie verdanken ihre Entstehung dem raschen Aufsteigen (»Aufquellen«) warmer Luft. Man bezeichnet sie deshalb auch als Quellwolken oder Thermikwolken. Die Aufwinde, die z. B. in Gewitterwolken gemessen worden sind, führen die Warmluft bis in Höhen von 6, 8, ja sogar 10 Kilometer. Besonders typisch ist die Wolkenstruktur an der Oberseite. Die »Türme«, »Kuppeln« oder »Hügel« leuchten im Sonnenlicht oft blendend weiß. An der Unterseite sind die Haufenwolken grau, oft sogar ziemlich dunkel, und der Verlauf ist verhältnismäßig waagrecht. Er markiert die Niederschlagsregion (»Kondensationsniveau«). Ein typisches Verhalten der Haufenwolken ist ihre rasche Veränderung (im Durchschnitt innerhalb von 5–20 Minuten). Haufenwolken kommen in verschiedenen Höhen vor:

1. Hohe Haufenwolken: Cirrocumulus (Cc) in Höhen über 6000 Metern. Meist regelmäßig (in Reihen) angeordnete kleine weiße Wolkenbällchen, auch winzige weiße Wolkenflecken. Eiswolken.
2. Mittelhohe Haufenwolken: Altocumulus (Ac) in Höhen zwischen 2000 und 6000 Metern. Bekannt als die »Schäfchenwolken«: schuppenartige Wolken, auch »Walzen« oder »Ballen«. Mit Fasern. Gelegentlich auch diffus. Cumulonimbus (Cb) in Höhen zwischen 1000 und 5000 Metern. Der große Gewitterturm, Mischwolke aus Wassertropfen und Eiskristallen. Bekannt für Graupel- und Hagelschauer sowie böige Winde.
3. Tiefe Haufenwolken: Stratocumulus (Sc) in Höhen unter 2000 Metern. Tiefhängende Wolkenwalzen (»Schollen«). Farbe Grau oder Grauweiß. Mit dunklen Partien.

Stärker als Eiswolken (Cirren) verändern Haufenwolken die Strahlungsbilanz in der Atmosphäre und am Erdboden, da sie die Durchlässigkeit am Oberrand der Atmosphäre sowohl für solare Strahlung als auch langwellige Infrarotstrahlung vermindern. Dem entgegen wirkt das hohe Reflexionsvermögen der Wolken für solare Strahlung. Bei sehr dichten und hochreichenden Wolken werden etwa 80 Prozent der solaren Einstrahlung zurückgestrahlt. Das Verhältnis der Wolkendicke zur horizontalen Ausdehnung spielt bezüglich der Strahlungseigenschaften eine Rolle. Bei »Wolkentürmen« wirken die Seiten als zusätzliche Absorber- und Emissionsflächen. Deshalb ist es unter Gewitterwolken so dunkel. Die meiste Strahlung entweicht seitlich aus der Wolke.

Wettergeschehen Die Bildung von Haufenwolken ist bei verschiedenen Wetterlagen möglich. Sie treten überall dort auf, wo schnelles Aufquellen warmer Luft zur Wolkenbildung führt: Dazu gehören die kurzlebigen vormittäglichen Quellwolken während einer Schönwetterlage

Cumuluswolken, die auch in dieser Stärke noch als »Schönwetter-Wolken« gelten.

genauso wie die geballten Haufenwolken, die das heraufziehende Gewitter markieren, oder die Schauerwolken bei einer Nordwetterlage, die das Einbrechen von Kaltluft in eine ruhende Warmluftmasse begleiten. Die schwerere Kaltluft stößt unter die leichtere Warmluft und schiebt sie gewaltig in die Höhe: Die großen Haufenwolken machen das sichtbar.

Prognose Die kleinere, sich im Laufe des Vormittags wieder auflösende Haufenwolke ist eine Bestätigung für eine herrschende Schönwetterlage (sommerliches Hoch). Erst die beständige Haufenwolke mit zunehmend ausgefransten oberen Rändern, nach vorangegangenem raschen Wachstum in die Höhe, macht auf ein Gewitter aufmerksam.

Die Beobachtung des Barometers (siehe Seite 127) unterstützt die Vorhersage: Bereits Stunden vor dem Gewitter macht sich deutlicher Luftdruckabfall bemerkbar.

Schichtwolken (Stratuswolken)

Beobachtung Vielleicht am ausgeprägtesten beobachten wir Schichtwolken beim Herannahen von Warmluft in eine Zone, die noch von niedrigen Kaltluftmassen beherrscht wird: der blaue Himmel wird immer blasser, die Sonne wird von einer Halo-Erscheinung (siehe Seite 48) umgeben. Nach Stunden wird der Wolkenschleier dicht und grau. Am nächsten Tag ist von der Sonne fast nichts mehr zu sehen, den Himmel bedecken flächige graue Wolken. Sie können auch fasrig oder streifig erscheinen und lassen immer wieder einmal eine Stelle so dünn, dass die Sonne wie durch eine Milchglasscheibe hindurchscheint. Mit zunehmender Niederschlagsneigung wird das Grau intensiver (dunkel). Man hat den Eindruck, dass die Bewölkung sich immer mehr dem Boden nähert. Während und nach dem Niederschlag kommt es oft zur Bildung von »Wolkenfetzen« in Bodennähe. Schichtwolken treten auch bei Nebel- und Hochnebelbildung auf.

Physik Die Schicht- oder Stratuswolken entstehen entweder in Zusammenhang mit einem Aufgleitvorgang im Gefolge einer Warmfront (siehe Seite 80) oder als Folge einer starken Abkühlung durch Wärmeausstrahlung (Hochnebelbildung!). Die Schichtung in Stratuswolken ist überwiegend stabil und horizontal gerichtet. Sowohl die aufgestiegene Warmluft wird kälter und damit verhältnismäßig feuchter, als auch die vom Erdboden zurückgestrahlte Wärme z.B. bei klarem Winterwetter führt zu einer kräftigen Abkühlung der Luft. In beiden Fällen kommt es zur Kondensation, also zur Verflüssigung des Wasserdampfes und damit zur Wolkenbildung.

Auch die Schichtwolken treten in den drei für die Wolkenbildung wichtigen »Etagen« der Troposphäre auf:

1. Hohe Schichtwolken: Cirrostratus (CS) in Höhen über 6000 Meter. Sie haben das Aussehen eines zarten, weißen Wolkenschleiers, manchmal mit fasrigen Strukturen. Cirrostratus bestehen aus Eiskristallen. In der Cirrostratus-Schicht entstehen die Halo-Erscheinungen.
2. Mittelhohe Schichtwolken: Altostratus (As) in Höhen zwischen 2000 und 6000 Metern. Wolkenfelder von grauer, manchmal bläulicher Färbung. Aussehen strukturlos oder streifig. In diesen Wolkenfeldern treten keine Halo-Erscheinungen auf.
3. Tiefe Schichtwolken: Nimbostratus (Ns) in Höhen unter 2000 Metern. Eine dunkelgraue Niederschlagsbewölkung, die im Sommer Regen, im Winter Schnee bringt. Eine tiefhängende und durchgehende Wolkenschicht in Verbindung mit Nebel oder Hochnebel wird auch als Stratusschicht (St) bezeichnet.

Das höhere Rückstrahlvermögen (Albedo) wirkt bei tiefen horizontal ausgedehnten Schichtwolken stärker als die Verkleinerung der langwelligen Strahlungsverluste in den Weltraum. So haben tiefe Wolken die Fähigkeit, im Vergleich zum wolkenlosen Himmel das System Erde-Atmosphäre abzukühlen. Umfang und Struktur der Bewölkung sind für das Klima wichtig, da sie die Energieübertragung durch elektromagnetische Strahlung in der Atmosphäre ändern.

Wettergeschehen Vor allem Westwetterlagen bringen Schichtwolken. Der nacheinanderfolgende Aufzug von Cirrostratus-, Altostratus- und Nimbostratuswolken kennzeichnet die Vorderseite der Warmfront in einem Tiefdruckgebiet (siehe Seite 78) und markiert die beginnende Schlechtwetterlage. Der Niederschlag, den der Aufgleitvorgang der Warmluft auslöst, ist in der wärmeren Jahreszeit vielerorts als »Landregen« bekannt. Bei entsprechend niedrigen Temperaturen kommt es zum Schneefall. Auf der Vorderseite der Warmfront, dort, wo die Kaltluft zurückgeht, treten Nebel auf (»Frontalnebel«). Leichte bis mäßige Brise. Der Wind dreht allmählich von Südost über Süd nach Südwest oder West.

Prognose Für die Vorhersage besonders interessant sind die hohen Schichtwolken. Noch vor dem Aufzug der Cirrostratusschicht stellt der Beobachter am Himmel (Richtung West) die

Die Sonne geht hinter einem dichten Cirrostratusaufzug unter. Das Anzeichen für einen Schlechtwettereinbruch.

fädigen oder bandartigen Cirruswolken (»Eisfahnen«) fest. Frühe Anzeichen einer Störung der herrschenden Wetterlage. Die Bildung der Cirrostratusschicht, das Absinken der Wolkendecke und der Übergang in Altostratus sind sichere Anzeichen für den Schlechtwettereinbruch spätestens am nächsten Tag.

Eine Altostratus-Bewölkung kann auch plötzlich aufziehen und die Sonne oder den Mond rasch unsichtbar machen. Diese Bewölkung kann stundenlangen Niederschlag auslösen. Dabei sinkt die Untergrenze der Wolken immer tiefer. Aus Altostratus entwickelt sich Nimbostratus, die typische Regenwolke.

Cirrus (Abk. Ci): Eiswolken, Federwolken, gehören zu den hohen Wolken (5 und mehr km hoch). Ihre Zugrichtung erlaubt Rückschlüsse auf die Wetterentwicklung (siehe Seite 84). Faseriges, oft auch schleierartiges Aussehen.

Cirrocumulus (Abk. Cc): Eiswolken, kleine Quellwolken (»Schäfchenwolken«), gehören zu den hohen Wolken (5 und mehr km hoch). Unterschiedlich für die Wetterentwicklung.

Cirrostratus (Abk. Cs): Eiswolken, schleierartige Schichtwolken, gehören zu den hohen Wolken (5 und mehr km hoch). Häufig kündigt sich mit diesem Aufzug die Warmfront eines Tiefs an (siehe auch Seite 78). Auftreten von Halo-Erscheinungen (siehe auch Seite 48).

Altocumulus (Abk. Ac): Überwiegend aus Wasser bestehende Haufenwolken (in ausgeprägter Form große »Schäfchenwolken«), oft bandartig am Himmel angeordnet, gehören zu den mittelhohen Wolken (2,5 bis 7 km hoch). Kennzeichnen veränderliches Wetter.

Altostratus ((Abk. As): Graue Schichtwolken aus Eis und Wasser, gehören zu den mittelhohen Wolken (2,5 bis 7 km hoch). Unterschiedliche Bedeutung für die Wetterentwicklung.

Nimbostratus (Abk. Ns): Dichte Schichtwolken aus Eis und Wasser, gehören zu den mittelhohen Wolken (2,5 bis 7km im hoch). Aus Altostratus (siehe Seite 88) entwickelte Regenwolken, häufig mit Quellwolken durchsetzt.

Stratus (Abk. St): Aus Wasser bestehende Schichtwolken, gehören zu den tiefen Wolken (unter 2,5 km hoch). Diese Wolkenart hat kaum Strukturen. Typische konturenlose Regenwolken. Oft noch darunter »Wolkenfetzen« in Berg- und Bodennähe.

Stratocumulus (Abk. Sc): Aus Wasser bestehende Haufenschichtwolken (»Wolkenbänke«), gehören zu den tiefen Wolken (unter 2,5 km hoch). Trotz oft bedrohlichem Aussehen und weiter Ausbreitung am Himmel bringen diese Wolken meist keinen Niederschlag.

Cumulus (Abk. Cu): Aus Wasser bestehende Haufenwolken (»Quellwolken«), gehören zu den tiefen Wolken (unter 2,5 km hoch, jedoch »Auftürmung« in größere Höhen möglich). Locker verteilte Quellwolken sind »Schönwetterwolken« (siehe auch 86).

Cumulonimbus (Abk. Cb): Aus Wasser bestehende große Haufenwolken gehören zu den tiefen Wolken (unter 2,5 km hoch, jedoch »Auftürmung« bis in 10 und mehr km Höhe möglich). Mit Eiskappe in der Höhe typische Gewitterwolken. Sonst Regen- oder Schauerwolken.

Altocumulus lenticularis (Abk. Ac len). Mittelhohe linsenförmige Wolken, die vor allem dort auftreten, wo gebirgige Landschaft und heftige Luftströmungen zusammentreffen. Die Höhe der Berge spielt eine untergeordnete Rolle. Sie treten sowohl beim Überströmen der Alpen als auch der Mittelgebirge auf; auch in anderen Regionen der Welt.

Altocumulus undulatus (Abk. Ac un). Wogenförmige, mittelhohe Wolkenfelder. Sie bilden am Himmel auffällige, enge Parallelstreifen. Diese Wolken machen auf einen kräftigen Höhenwind aufmerksam, zu dem sie quer stehen. Wolkenfreie Zonen können die Parallelstreifen deutlich trennen.

Altocumulus castellanus (Abk. Ac cas). Diese Wolken zeigen das Einströmen kühler Luft an. Die Atmosphäre wird labil. Auftriebsenergie wird frei und es entstehen die typischen »Türmchen«. Da die Luft in der Umgebung stabiler und trockener ist, bilden sich hier keine Wolken.

Cumulonimbus mammatus (Abk. Cb mam). Unterfläche von Schauer- oder Gewitterwolken mit beutelförmigen Strukturen. Häufig am Ende eines Gewitters. Verbunden mit Schauern (Regen oder auch Schnee). Sie markieren abwärtsgerichtete Luftströmungen.

Cumulonimbus capillatus incus (Abk. Cb cap inc). Die ambossförmige Gewitterwolke. Der heftig aufsteigende Cumuluskopf stößt an die Tropopause. Hier bremst wärmere Luft (Inversion). Die Luftmassen der Gewitterwolke weichen seitwärts aus. Es entsteht ein amboss- oder pilzförmiges Gebilde.

Nur Wolken mit großer Vertikalausdehnung (Cumulonimbus, Cb) erzeugen die hohen Spannungen für ein Gewitter. Oben in der Gewitterwolke ist eine positive Überschussladung, in der Mitte und unten eine negative Ladung vorhanden. Die sehr starken Vertikalbewegungen (Windgeschwindigkeiten bis zu 250 km/h) und die ständigen Zusammenstöße der Wassertröpfchen und Eisteilchen sind mitbestimmend für die Entstehung der Gewitterelektrizität. Luft ist ein guter Isolator (Durchschlagspotenzial bei 30000 Volt/cm). Es müssen zwischen zwei Polaritäten sehr große Spannungen aufgebaut werden, bevor es zu der als Blitz sichtbaren Entladung kommt.

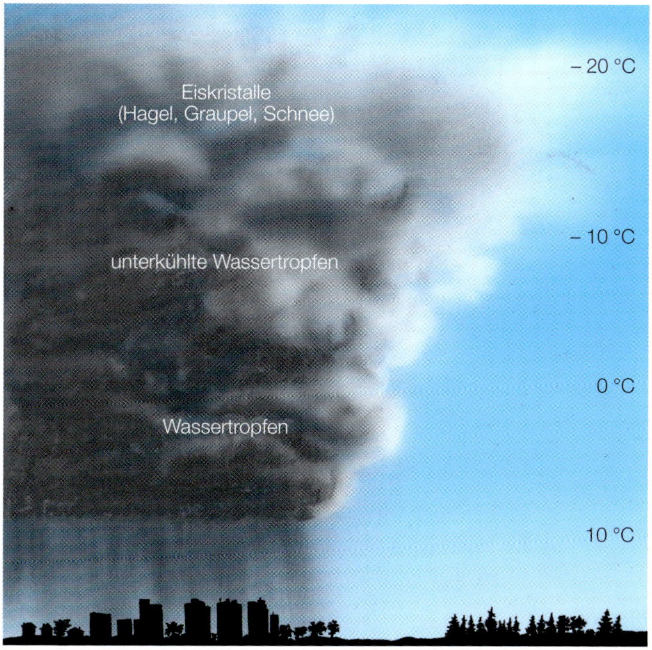

Leuchtende Nachtwolken

Beobachtung Hier haben wir es mit seltenen Objekten zu tun. Sie können in den Sommermonaten beobachtet werden, nämlich am Nordhimmel 1–2 Stunden nach Sonnenuntergang. Die »Leuchtenden Nachtwolken« haben etwas Ähnlichkeit im Aussehen mit Cirruswolken: fasrige, langgestreckte Wolken von silbrig-weißer Farbe, manchmal mit zarten Blautönen. Diese seltenen Wolken sind auch schon mit einer eigenartig wellenförmigen Bandstruktur beobachtet worden. Sie sind sehr dünn und durchscheinend, so dünn, dass Sterne hindurch scheinen. Treten Leuchtende Nachtwolken auf, so kann man sie mehrere Stunden lang in der Nacht sehen. Nicht verwechseln darf man sie mit den sogenannten »Perlmutterwolken«, die auch nach Sonnenuntergang zu beobachten sind und sich in ca. 30 km Höhe befinden. Die Erscheinung der Leuchtenden Nachtwolken ist beschränkt auf die geographischen Breiten zwischen 45 und 70 Grad nördlich wie südlich. Die beste Zeit, um sie zu suchen und zu beobachten, ist Ende Juni bis Anfang Juli. Noch höher als die Leuchtenden Nachtwolken befinden sich sogenannte »Leuchtstreifen« (mittlere Höhe 125 km). Sie sind viel weniger ausgeprägt als die Leuchtenden Nachtwolken. In den Monaten März bis September ist am wenigsten mit der Beobachtung von Leuchtstreifen zu rechnen. Günstig sind dagegen die Monate Oktober bis Februar. Ihrem Ursprung nach wird angenommen, dass die Leuchtstreifen aus kosmischem Staub bestehen, der in die Erdatmosphäre eingedrungen ist.

Physik Von allen anderen Wolken unterscheiden sich die Leuchtenden Nachtwolken durch ihre große Höhe, etwa 70 bis 90 km. Zum ersten Mal sind sie 1885, zwei Jahre nach dem Ausbruch des Vulkans Krakatau, beobachtet und als außergewöhnlich hohe Wolken erkannt worden. Das Licht dieser Wolken ist gestreutes Sonnenlicht. Die Sonne muss mindestens 6 Grad unter dem Horizont des Beobachters sein, damit Leuchtende Nachtwolken gegen den hellen Himmelshintergrund überhaupt erkannt werden können. Obwohl sie mehrere Stunden lang sichtbar bleiben, ändert sich die Struktur der einzelnen Wolken verhältnismäßig rasch. Die Häufigkeit ihres Erscheinens unterliegt sehr großen Schwankungen. Um die Natur der Leuchtenden Nachtwolken zu begreifen, muss man etwas über den Zustand der Atmosphäre in diesen Höhen wissen. Luftdruck und Dichte sind in diesen Höhen nur noch 1/100 000stel der Werte an der Erdoberfläche. Bemerkenswert ist, dass noch genügend Wasserdampf für eine Kondensation vorhanden ist. Wie in den Eis- und Wasserwolken der unteren atmosphärischen Schichten macht Kondensation das Vorhandensein von Kondensationskernen notwendig (siehe Seite 58), an denen sich die Wassermoleküle anlagern können. Man hat vermutet, dass es sich im Fall der Leuchtenden Nachtwolken um kosmische Partikel handelt, die diese Aufgabe übernehmen. Um den Wasserdampfgehalt in dieser Wolkenschicht aufrechtzuerhalten, ist das Aufsteigen feuchter Luft aus den Schichten unterhalb der Mesopause (siehe Seite 23) notwendig. Es bilden sich Eiskristalle in der Höhe des Temperaturminimums der Mesopause in etwa 80 Kilometern Höhe.
Mit zunehmender Häufigkeit treten in der unteren Stratosphäre die stratosphärischen Wolken (Polar Stratospheric Clouds, PSC) auf. Sie befinden sich in einer Höhe zwischen 15 und 25 km. Seit mehreren Jahrhunderten sind sie auch unter dem Namen Perlmutter-Wolken bekannt. Auch in der Mesosphäre hat die Wasserdampfkonzentration zugenommen. Darauf deutet die Häufung beobachteter Leuchtender Nachtwolken in der Mesopause. An der Mesopause in etwa 85 km Höhe kondensiert Wasserdampf an kleinsten Staubteilchen, die wahrscheinlich kosmischen Ursprungs sind. Dadurch entstehen »leuchtende Nachtwolken« mit häufig auffälligen Wellenformen. Satellitenmessungen haben gezeigt, dass die jeweiligen Polkappen der Erde im Sommerhalbjahr sehr oft von einer dünnen Wolken-

Eine leuchtende Nachtwolke, fotografiert vom Moldaublick aus, über dem Ort Oberplan in Tschechien am 3. Juli 1999. f = 58 mm, 1:2, 8,2 s belichtet auf Kodak Elite 400.

schicht überzogen sind. Diese Wolkenschicht hat nach Höhe, Dicke, Teilchengröße und Dichte viel Ähnlichkeit mit den gemessenen Werten von Leuchtenden Nachtwolken.

Wettergeschehen Auch wenn wir heute wissen, dass die Leuchtenden Nachtwolken nicht Staub sind, sondern Eis mit Kondensationskernen, und damit den Cirruswolken verwandt, üben sie keinerlei unmittelbaren oder mittelbaren Einfluss auf das Wettergeschehen aus. Das gilt übrigens auch für die »nur« rund 30 km hohen Perlmutterwolken.

Prognose Es ist früher öfters darauf hingewiesen worden, dass Leuchtende Nachtwolken nach Zeiten mit anormalen Dämmerungserscheinungen auftreten und so ein Indikator sind für eine Staubverschmutzung höherer Schichten der Atmosphäre. Da neue Forschungen die »Vulkantheorie« in Frage stellen, dürften solche Überlegungen hinfällig sein.

Polare Stratosphärenwolken am Nachthimmel über dem winterlichen Lappland: Sie bestehen, wie Wissenschaftler des MPI für Kernphysik in Heidelberg jetzt erstmals mit einer Raketensonde nachweisen konnten, aus Salpetersäure-Wasser-Aerosolen, die bei Temperaturen um –80 °C aus der Luft ausfrieren. Diese Wolken, die zwischen 15 und 25 km hoch liegen, bereiten den Boden für die Zerstörung des Ozons durch Chlor, das mit den Fluor-Chlor-Kohlenwasserstoffen in die Stratosphäre gelangt.

Nebel

Beobachtung Weiße, wolkenartige Schwaden und Schleier besonders in den Abend-, Nacht- und Morgenstunden dicht über dem Boden und in geringen Höhen. Vorzeichen für die Nebelbildung sind häufig Dunststreifen. Bei Frost ist mit Nebel oft Reif- und Reifglättebildung verbunden. Bei starkem Nebel kann die Sichtweite auf 10 und 5 Meter zurückgehen! In der Wetterkunde ist dann Nebel, wenn die Sichtweite unter 1000 Metern liegt.

Physik Genau genommen ist Nebel eine »Wolkenform«, die sich nahe der Erdoberfläche bildet. Maßgeblich für die Nebelbildung ist die Mischung warmer, feuchter Luft mit kälterer Luft (»Mischungsnebel«) oder der Kontakt feuchter, warmer Luft mit der abgekühlten Erdoberfläche (»Strahlungsnebel«). Dabei findet ein Abkühlungsprozess statt, der zur Kondensation von Wasserdampf führt. Der Abkühlungsprozess ist aber nicht so stark, dass es zu größeren Niederschlägen kommt. In Verbindung mit Nebelbildung kommt es stattdessen gelegentlich zu einem fein nässenden Niederschlag, dem sogenannten Nebelnässen.

Wettergeschehen Es gibt für die Bildung von Nebel typische Tages- und Jahreszeiten sowie Wetterlagen. Dazu Übersicht auf Seite 102).
Die Strahlungsnebel (typisch: Bodennebel) sind an Windstille und klaren Himmel (Hochdrucklage) gebunden. Die Mischungsnebel (typisch: Küstennebel) treten bei bedecktem Himmel auf und werden vom Wind transportiert, z. B. bei Westwetterlagen.
Nässender Nebel ist eine der Voraussetzungen – neben Regen und Nieseln –, die zur Bildung von Glätte führt. Die Nebeltröpfchen gefrieren sofort beim Auftreffen auf den Boden. Beträgt die Temperatur der Tropfen mehr als 0 °C, so muss die Temperatur der Bodenoberfläche unter 0 °C liegen. Sind die Tropfen dagegen unterkühlt, entsteht auch dann Glätte, wenn die Bodenoberflächentemperatur zunächst ein wenig über 0 °C liegt. Besondere Vorsicht der Verkehrsteilnehmer ist in den Übergangszeiten (Herbst-Winter und Winter-Frühjahr) angebracht.

Prognose Da Nebel bei verschiedenen Wetterlagen auftreten kann, gilt die Volksregel vom schlechten Wetter bei »aufsteigendem« Nebel nur mit Einschränkung. Die Nebelauflösung hängt eng zusammen mit der Sonneneinstrahlung, da sie die nötige Erwärmung und kleinräumige Turbulenz bringt, damit sich der Nebel vom Boden her wieder auflöst. Bei Strahlungsnebel wirkt die Sonnenstrahlung meist ungehindert: Der Nebel löst sich im Laufe des Vormittags allmählich auf. Steht der Nebel vertikal sehr mächtig (200–300 Meter!), ist die Erwärmung oft zu gering, um den Nebel ganz aufzulösen. Es kann aber auch aufziehende Schichtbewölkung die Sonnenstrahlung abschirmen und den Nebel erhalten. Eine Wetterveränderung zum Schlechten ist bei Aufzug dieser Bewölkung nicht ausgeschlossen. Auf jeden Fall steigt bzw. fällt der Nebel nicht – er wird immer vom Boden her aufgrund zunehmender Erwärmung aufgelöst.

Oben: Flacher Bodennebel im Voralpenland.
Unten: Flacher Seenebel über dem Meer.

Nebelart	Entstehungsort	Entstehungszeit	Begleitumstände
Binnenseenebel	Wasserflächen	Abend-, Nacht- und Morgenstunden in Herbst, Winter und Frühjahr	In Küstenzonen bei 0° C Reifglätte und Glatteis!
Bodennebel	Flachland und Gebirgstäler	Abend-, Nacht- und Morgenstunden in Herbst, Winter und Frühjahr	Tritt plötzlich auf! Hält im Winter auch tagsüber an
Dampfnebel	Jede Landschaft, speziell Straßen	Nach Regen. Sonne erhitzt den Boden	Meist nur ein paar Meter hoch
Flussnebel	Wasserläufe	Spätsommer bis Frühjahr. Abends, nachts und frühmorgens	Besonders intensiv in den Monaten November, Dezember, Januar
Frostnebel	Wiesen und Äcker	Im Winter bei strengem Frost	»Trockener« Nebel, der keine Vereisung verursacht
Gewitternebel	Wälder	Im Sommer nach Gewitterregen	Treten plötzlich und örtlich begrenzt auf
Küstennebel	Meer und küstennahe Gebiete	Alle Jahreszeiten	Mischungsnebel, der vom Wind vom Meer her ins Land getragen wird
Moornebel	feuchter Boden, Moore	Zu allen Jahreszeiten. Auch keine Bindung an die Tageszeit u. Wetterlage	Oft nur ein paar Meter hoch
Smog	Städtische Ballungsgebiete	Vor allem im Herbst und im Winter. Auch tagsüber	Nebel ist mit Rauch- und Rußteilchen angereichert
Talnebel	Talmulden, Hügelland, im Gebirge Schluchten	Abends, nachts und morgens. Alle Jahreszeiten. Feuchtes, windstilles Wetter	Aufsteigende »Nebelfetzen« sind Vorzeichen
Wolkennebel	Mittelgebirge und Alpen	Alle Jahreszeiten. Bei kühlem, windigem Wetter.	Mischungsnebel. Häufig mit Nebelnässen. Im Winter Glatteis!

Dichter Bodennebel unterhalb Schloss Neuschwanstein (954 m über dem Meer).

Eis

Beobachtung An verschiedenen Orten und in vielfältigen Erscheinungsformen beobachten wir Eisbildung. Aus der Atmosphäre fällt Eis meist in kristalliner Form aus: z.B. Eisnadeln, Graupeln, Hagel. Auf dem Erdboden bildet sich Eis durch Gefrieren von Bodenfeuchtigkeit: z.B. Glatteis, Eisglätte, Bodenfrost, außerdem durch das Gefrieren der Gewässer. Das Meereseis nimmt mit dem Absinken der Wassertemperaturen festere Formen an (geschlossene Eisdecke). Bei Wind und Seegang beobachten wir das Zerbrechen der Eisdecke und die Bildung von Eisschollen und Packeis. Beim Aufschmelzen der zugefrorenen Gewässer löst der Eisaufbruch die Bildung von Treibeis aus. Eine Vereisung des Bodens beobachten wir auch oft nach Schneefällen (siehe Seite 112) und Hagelschlag. Im Waldschatten oder im Schatten von Bergen liegende Landstriche sind bevorzugte Gebiete für die Eisbildung (z.B. bei Straßen, die durch Wälder führen). Aber auch Windeinfall fördert die Vereisung. Jahreszeitliche Abhängigkeit und Abhängigkeit von der geographischen Breite (Sonnenstand!).

Physik Wasser in festem Aggregatzustand ist Eis. Der Vorgang des Gefrierens tritt bei 0 °C und 1013,25 hPa Luftdruck ein. Mit sinkenden Temperaturen wird die Dichte des Wassers nicht größer. Bei 4 °C liegt das Maximum der Dichte, dann wird die Dichte wieder kleiner. Beim Gefrieren nimmt die Dichte um 10 Prozent ab. Bereits vor dem Gefrierpunkt bilden sich im Wasser eisartige Strukturen. Die Entwicklung der Dichte des Wassers bei zunehmender Abkühlung ist die Ursache dafür, dass Eis schwimmt (»Anomalie des Wassers«). Gewässer frieren dadurch von der Oberfläche her nach unten zu. Die Luft erreicht durch Aufwärtsbewegung und Abkühlung den Gefrierpunkt, bei dem der in ihr enthaltene Wasserdampf in feste Form (Eiskristalle) übergeht. Die Höhe des Gefrierpunkts ist nicht konstant (Einschieben wärmerer Luftmassen). Im Mittel nimmt die Temperatur je 100 Meter um ca. 0,5 °C ab.

Wettergeschehen Sinkt die Temperatur unter 0 °C spricht man von Frostwetter. Frostwetter ist nicht auf den Winter beschränkt. Man spricht vom Frosttag, wenn die tiefste Temperatur unter 0 °C reicht, vom Frostwechseltag, wenn die Temperatur gerade durch 0 °C geht, und vom Eistag, wenn die Temperatur den ganzen Tag nicht über 0 °C steigt. Man unterscheidet:

- Strahlungsfrost infolge Ausstrahlung bei klarem, windstillem Wetter (z.B. Nachtfrost im Herbst oder Winter).
- Advektivfrost als Folge des Eindringens ortsfremder Kaltluft (z.B. Polarluft bei Nordwetterlagen im Frühjahr).
- Bodenfrost infolge Bildung von Frost in Bodennähe bis etwa 2 Meter Höhe (meist die Folge von Strahlungsfrost).

In Mitteleuropa gefriert Wasser im Boden bis 1 Meter Tiefe (Frosttiefe). Boden mit ständig gefrorenem Wasser (Dauerfrostboden, Permafrost) existiert z.B. in Sibirien und Alaska. Volumenvermehrung des gefrierenden Wassers führt im Boden zu Frostaufbrüchen (Frostschub). Während der Strahlungsfrost überwiegend mit Hochdrucklagen verknüpft ist, wird die den Advektivfrost verursachende arktische Kaltluft sowohl mit Schauerwetter (»Aprilwetter«) als auch mit winterlichem Schönwetter (z.B. Ostwetterlage mit stationärem Hoch über Skandinavien und Tief über dem Mittelmeer) transportiert.

Prognose Das klare, windstille Wetter bei Strahlungsfrost verspricht vor allem im Herbst und im Winter Stabilität. Kaltlufteinbrüche sind nicht allzu lange wetterwirksam. Sie können in höheren Lagen (Gebirge) auch im Sommer Schneeglätte und Vereisung bringen. Das nicht mit Eisglätte oder Schneeglätte zu verwechselnde Glatteis zeigt oft den Übergang von Frostwetter zu Tauwetter an, also eine zunehmende Erwärmung (z.B. in der Warmfront bei Westwetterlage). Glatteis entsteht, wenn unterkühlter Regen auf die Straße fällt oder normal temperierter Regen

Vereiste Schlucht.

auf eine unterkühlte Fahrbahn. Unterkühlt heißt, Regentropfen oder Straße haben eine Temperatur unter dem Gefrierpunkt. Kühlt eine regennasse oder mit Schneeresten bedeckte Fahrbahnoberfläche durch nächtliche Ausstrahlung unter Null Grad ab, bildet sich Eisglätte (»gefrierende Nässe«). Festgefahrener Reif auf der Straße führt zu sogenannter Reifglätte, im Fall von festgefahrenem Schnee spricht man von Schneeglätte.

Feuchtigkeit

Beobachtung Es muss nicht immer Regen oder Schnee sein. Jeder kann seine Erfahrungen mit atmosphärischer Feuchtigkeit sammeln und Beobachtungen dazu machen: im Sommer am Morgen, wenn die Wiesen taunass sind. Übrigens auch am Abend im Sommer kann man feststellen, dass das Gras plötzlich feucht wird. Urlauber an der See erleben unmittelbar die Wirkung der feuchten Meeresluft. Aber auch im Binnenland empfindet man deutlich, ob Luft trocken oder feucht (»schwül«, »dampfig«) ist. Eine andere interessante Beobachtung: das Beschlagen der Scheiben innen von Autos und Eisenbahnwaggons, wenn der über Nacht ungeheizte Innenraum erwärmt wird. Manchmal beschlagen sich die Scheiben nicht nur, es rinnt regelrecht Wasser daran herunter.

Physik Immer ist in der Luft Wasserdampf enthalten, einmal mehr, einmal weniger. Wasserdampf ist gasförmig in der Luft. Man kann Wasserdampf weder sehen noch riechen oder schmecken. Bei einer bestimmten Temperatur kann die Luft stets nur eine begrenzte Menge Wasserdampf aufnehmen. Je wärmer Luft ist, umso mehr Feuchtigkeit (Wasserdampf) kann sie aufnehmen. Umgekehrt vermindert Abkühlung der Luft die Wasserdampfaufnahme. Je Kubikmeter (m^3) Luft lauten die Werte:

Menge Wasserdampf in g	Temperatur in °C
30,3	+ 30
17,3	+ 20
9,4	+ 10
4,8	0
2,4	– 10
1,1	– 20

Da die Temperatur eine so wichtige Rolle spielt, genügt es nicht allein zu wissen, wie viel Feuchtigkeit eine Luftmasse enthält. Es hat sich deshalb eingebürgert, das Verhältnis der absoluten Feuchtigkeit zu der bei einer Temperatur maximalen (»Sättigungsfeuchtigkeit«) zu bestimmen. Das Ergebnis ist die »relative Feuchtigkeit«. Zum Beispiel: In einer Luft von 20 °C mit 10 Gramm Wasserdampf im Kubikmeter ist die relative Feuchtigkeit

$$\frac{10 \cdot 100}{17{,}3} \quad \left(\frac{\text{absolute Feuchtigkeit} \cdot 100}{\text{Sättigungsfeuchtigkeit}}\right)$$

Das Ergebnis lautet (aufgerundet): 60 Prozent relative Luftfeuchtigkeit. Wird dieser Kubikmeter Luft mit 10 Gramm Wasserdampf von 20 auf 10 °C abgekühlt, sinkt die Sättigungsfeuchtigkeit auf 9,4 Gramm Wasserdampf, und der Überschuss von 0,6 Gramm fällt als flüssiger Wasserdampf aus: Am Boden kommt es zur Taubildung im Sommer. Oder zur Reifbildung in der kälteren Jahreszeit. Übrigens wird der Punkt, bei welchem in einer Luftmasse die Sättigungsgrenze (= 100 Prozent Luftfeuchtigkeit) erreicht wird, »Taupunkt« genannt.

Wettergeschehen Zum Verständnis des Wettergeschehens ist das Wissen um die Feuchtigkeit in der Luft und ihr Verhalten bei Erwärmung und Abkühlung äußerst wichtig. Erwärmte Luft behält ihren Gehalt an Wasserdampf. Die relative Feuchtigkeit wird geringer. Diese Luft wird relativ trockener. Abkühlung der Luft hingegen führt zur Vergrößerung der relativen Luftfeuchtigkeit bis hin zur Sättigungsgrenze und darüber hinaus zur Kondensation von Wasserdampf (z. B. Wolken) oder Sublimation (z. B. Eiskristalle). Die Kondensation ist am Boden mit der Taubildung, die Sublimation mit der Reifbildung verbunden.

Prognose Luft mit einer bestimmten Temperatur kann nur eine bestimmte Menge Wasserdampf aufnehmen. Je wärmer die Luft ist, umso mehr Wasserdampf kann sie aufnehmen. Jede Abkühlung bis zur Kondensation bildet Wolken oder Nebel. Übersättigung der Luft mit Wasserdampf als Folge weiterer Abkühlung führt zu Niederschlägen.

Raureifbildung an Bäumen.

Hagel

Beobachtung Kugel-, ei- oder birnenförmige Eisstücke, die schauerartig vornehmlich während eines Gewitters niedergehen. Der Durchmesser dieser Eisstücke wechselt zwischen 5 und 50 mm. Bei einzelnen Hagelfällen wurden schon Hagelkörner mit einem Gewicht von 1 kg und einem Durchmesser von etwa 10 cm beobachtet. Körner, die kleiner als 5 mm im Durchmesser sind, heißen oft Graupeln. Typisch für ein zu erwartendes Hagelunwetter sind sehr ausgeprägte Wolkentürme (Cumulonimbus). Bei näherem Heranrücken des Unwetters kennzeichnet diese Wolken eine Zerfaserung an den oberen Rändern, die die starke Vereisung verraten. Dabci ist die Wolkenfärbung oft fahlgelb (schwefelgelb) bis schwarzgrau. Auffallend ist die scharfe räumliche Begrenzung des Hagelschlags auf wenige Quadratkilometer. Der Hagelschlag dauert meistens nicht länger als eine Viertelstunde.
Physik Vor allem in den Quellwolken des Gewitters herrschen starke Auf- und Abwinde, die den Niederschlag eine Weile in der Luft auf und ab bewegen, bevor er zur Erde niederfällt. Wegen ihrer Höhe enthalten Gewitterwolken immer Eisteilchen und Tropfen aus unterkühltem Wasser (siehe Seite 112). Je mehr Eisteilchen zusammenbacken, umso größer wird ihr Gewicht. Beim Niederfallen treffen sie auf die unterkühlten Wassertropfen, die anfrieren (Vergraupelung). Die Wassertropfen legen sich entweder einzeln um das Eis (Reifgraupeln) oder sie bilden eine milchige Eisschicht (Frostgraupeln). Dort, wo der Aufwind nun besondere Geschwindigkeiten entwickelt (in sogenannten »Aufwindschloten« 30 m/s und mehr), werden diese Graupeln am Niederfallen gehindert. Der Aufwind hält sie in Schwebe oder führt sie wieder nach oben. Dabei nimmt die Vereisung zu und die Graupeln wachsen zu Hagelkörnern aus. Dieser Prozess dauert mindestens eine Stunde lang, bevor die »fertigen« Hagelkörner endgültig zu Boden fallen. Das Gewicht der Körner ist dann so groß geworden, dass es den Gegendruck des Aufwinds überwinden kann. Der meist schalenförmige Aufbau der Hagelschlossen bestätigt den Prozess des wiederholten Anfrierens von Tropfen unterkühlten Wassers.
Wettergeschehen Bevorzugt für die Bildung von Graupel- und Hagelschauern sind sommerliche Wärme- und Frontgewitter. Aber auch bei West- und Nordwetterlagen, wenn polare Kaltluft herangeführt wird und unbeständiges Schauerwetter herrscht, können Eisstückchen als Niederschlag auf die Erdoberfläche gelangen. Hierbei handelt es sich dann in der Regel um Graupeln. Beispiel: das wechselhafte »Aprilwetter« mit Regen-, Schnee- und Graupelschauern. Nicht alle Graupcln und Hagelkorner kommen in fester Form auf den Boden nieder. Schmelzen sie beim Fallen durch die Luft, kommen sie als vorwiegend größere bis sehr große Regentropfen unten an. Da mit Hagelfall oft schwerste Schäden auf Feldern und in Obst- und Gemüsegärten verbunden sind, zum Teil auch an Gebäuden und Fahrzeugen, hat man in einigen besonders gefährdeten Gegenden eine Hagelabwehr organisiert. Mehr verspricht man sich davon, das Wachstum der Hagelkörner rechtzeitig zu unterbinden. Dazu werden Silberjodid und andere Salze in die Gewitterwolken mit Flugzeugen eingebracht.
Prognose Im Zusammenhang mit einem Gewitter siehe Seite 72. Ohne Gewitter häufig Anzeichen einer Kaltfront. Kommt die Kaltfront am Beobachtungsort an, legt der Wind zu, die Temperatur sinkt, der Luftdruck steigt und der Niederschlag fällt nicht selten in Form von Graupeln, ja sogar kleinen Hagelkörnern, begleitet von schauerartigen, ergiebigen Regenfällen. Auch für die nächsten Tage bleibt das Wetter unbeständig und die Neigung zu Regenfällen (in der kälteren Jahreszeit Schneefälle!) erhalten.

Starke Quellbewölkung mit Hagelschauer.

Regen

Beobachtung Niederschlag in Form von Wassertropfen. Wir beobachten verschieden starken Regen. Das fängt an bei feinem Nässen, das meist mit Nebel verbunden ist. Dann gibt es den Niesel- oder Sprühregen, dessen Tropfen ebenfalls kleine Durchmesser haben. Entsprechend gering ist auch die Fallgeschwindigkeit. Stärker ist der sogenannte Landregen (Stauregen). In Verbindung mit einem Gewitter (siehe Seite 72) treten Regenschauer (Platzregen) oder Wolkenbrüche auf. Hier sind die Regentropfen sehr groß und der Regen fällt kräftig nieder. Platzregen sind sehr ergiebig und bringen schon in kurzer Zeit erstaunliche Niederschlagsmengen. In der kälteren Jahreszeit, vornehmlich in der Übergangszeit im Herbst und im Frühjahr, beobachten wir Regen, der beim Auftreffen auf Gegenstände sofort gefriert (Glatteisbildung!).

Physik Die Luft enthält Wasserdampf. Abkühlung der Luft führt zur Verflüssigung dieses Wasserdampfs, er kondensiert. Dabei gilt das physikalische Gesetz, dass Luft bestimmter Temperatur nur eine bestimmte Menge Wasserdampf aufnehmen kann: Ein Kubikmeter Luft enthält bei 20 °C 17,3 Gramm Wasserdampf, bei 0 °C nur noch 4,8 Gramm. Der kondensierte Wasserdampf fällt aus den Wolken als Niederschlag aus z. B. Regen oder er verdunstet, bevor er die Erdoberfläche erreicht hat. Deshalb ist es wichtig für die Bildung von Niederschlag, dass die Wassertropfen oder Eiskristalle in der Luft wachsen. Nur wenn sie groß und schwer genug sind, können sie bis auf den Erdboden fallen. Das Zusammenwachsen mehrerer Teilchen kondensierten Wasserdampfs wird sehr vom Auf- und Abbewegen in der Luft und vom elektrischen Zustand der Wolke beeinflusst. Ein normaler Regentropfen von einigen Millimetern Durchmesser setzt sich aus ungefähr 1 000 000 allerfeinsten Wolkentropfen zusammen.

Regen	Tropfendurchmesser	Fallgeschwindigkeit
Nebelnässen	0,006–0,06 mm	0,10–20 cm/s
Sprühregen	0,06–0,6 mm	20–100 cm/s
Landregen	1–3 mm	150–400 cm/s
Platzregen	4–6 mm	500–800 cm/s

Regenhöhe ist die Menge, die in einer bestimmten Zeit fällt (z. B. Millimeter je Tag). Der Tag, an dem wenigstens 0,1 mm Regen gefallen ist, heißt Regentag.

Wettergeschehen Strömt Warmluft auf ruhende Kaltluft, gleitet Erstere auf. Es bilden sich Schichtwolken, die Regen bringen. Das ist z. B. der Fall, wenn feuchte Meeresluft von West- nach Mitteleuropa fließt (Westwetterlage). Aber auch beim Einbruch von Kaltluft auf ruhende Warmluft kommt es zu kräftiger Wolkenbildung (Haufenwolken) mit Regenschauern. Dabei schiebt sich die Kaltluft unter die Warmluft. Dieser Kaltlufteinbruch kann sowohl aus dem Westen als auch aus dem Norden (Nordwetterlage) kommen. Bei entsprechender Abkühlung geht der Regen in Schneefall über. Starke Regenfälle bringen die sommerlichen Wärmegewitter mit sich. Mehrtägige Regenfälle sind in manchen Gebieten orographisch, d. h. vom Relief her, bedingt (Alpen, Mittelgebirge), wenn die anströmende Luft gestaut wird (Stauregen). Kommen die regenbringenden Luftströmungen vorwiegend an einer Gebirgskette an, liegt das Gebiet auf der anderen Gebirgsseite im Regenschatten, da der meiste Niederschlag bereits vor dem Überströmen des Gebirges gefallen ist.

Prognose Je heftiger ein Regen niedergeht und je größer die Tropfen sind, umso kürzer ist seine Dauer. Tiefe Wolken nach langem Regen deuten keine Wetteränderung an: Die nachfolgende Luft ist feucht und kalt und vermag die Wolken nicht aufzulösen.

Oben: Regengebiet beim Durchzug einer Kaltfront.
Unten: Cumulonimbuswolken mit ausfallendem Schauer.

Schnee

Beobachtung Schnee ist eine Form des Niederschlags, besonders im Winter, wenn die Temperatur nahe 0 °C ist. Während um diese Temperatur oft dichtes Schneetreiben herrscht und typische Schneeflocken auftreten, beobachtet man bei tieferen Temperaturen sogenannte Schneesterne in verschiedenen Kristallformen. Mit tieferen Temperaturen werden die Schneefälle weniger ergiebig oder lassen ganz nach. Auch bei Temperaturen über 0 °C fällt Schnee, meist in Form kürzerer Schneeschauer. Sie treten noch auf bei +5 bis +8 °C und begleiten immer wieder das Wettergeschehen im Frühjahr und im Herbst. Besonders der Wintersportler unterscheidet die Qualität des Schnees: den feinkörnigen, trockenen Pulverschnee oder den grobkörnigen, feuchten Pappschnee (vor allem bei Temperaturen um oder über 0 °C). Der gefallene Schnee erfährt eine Verdichtung als Folge von Sackung und Schmelzen (Firnbildung). Das Eintreten und Einfahren von Schnee auf Wegen und Straßen führt zu Schneeglätte. Sogenannte Schneeverwehungen bilden sich und können beachtliche Dimensionen erreichen. Besonders im Gebirge treibt der Wind an bestimmten Stellen Schnee zusammen. Es bilden sich gefährliche Schneewächten, die schon häufig zu Lawinenunglücken führten.

Physik Schnee entsteht in der Luft durch Gefrieren von unterkühlten Wassertropfen bei Temperaturen von –12 bis –16 °C. Es bilden sich Schneekristalle in verschiedenen Formen. Nadeln, Prismen, Sterne, Plättchen. Diese Schneekristalle haben Durchmesser von 0,005 bis einige Millimeter. Ihre Stärke beträgt ungefähr 1⁄10 ihres Durchmessers. Der Sättigungsdampfdruck (siehe Seite 139) und die Temperatur beeinflussen Form und Größe der Schneekristalle. Nahe dem Nullpunkt verketten sich Schneekristalle und es kommt zu der bekannten Bildung von Schneeflocken. Da es bei sehr tiefen Temperaturen nur wenig Feuchtigkeit in der Luft gibt, sind die ergiebigen Schneefälle auf Temperaturen um 0 °C beschränkt. Deshalb treten die intensiveren Schneefälle auch in mittleren Breiten und nicht in der Arktis oder Antarktis auf. Die Schneegrenze markiert die Abgrenzung zwischen schneebedeckten Gebieten und schneefreien. Sie ist abhängig von der Höhenlage des Gebiets und den dort herrschenden durchschnittlichen Temperaturen sowie dem Umfang der festen Niederschläge. Beispiele für ständig schneebedeckte Gebiete (mit Vergletscherung):

Gebiet	Höhe (Untergrenze)
Alpen-Nordseite	2500 m
Zentralalpen	2900 m
Alpen-Südseite	2700 m
Island	700 m
Pyrenäen	2600 m
Skandinavien	1300 m
Spitzbergen	300 m

Wettergeschehen Erreicht die Temperatur an der Erdoberfläche die Null-Gradgrenze, kommt der Niederschlag, der sonst als Regen fällt, als Schnee an. Grundsätzlich ist deshalb das Wettergeschehen mit demjenigen bei Regen (siehe Seite 110) vergleichbar. Bemerkenswert ist, dass die ergiebigsten Schneefälle während des Aufgleitens warmer Luft (»Aufgleitfront«, siehe Seite 80) fallen. Während im Gebirge der Schnee liegen bleibt, taut ihn im Flachland häufig die weiter nachfolgende Warmluft, die verhältnismäßig bodennah ist, wieder auf. Das von Nordwetterlagen im Frühjahr ausgelöste Schauerwetter ist mit Schneefällen auch im Flachland verbunden. Es ist die arktische Kaltluft, die zu den Kälteeinbrüchen führt. An Kaltfronten bilden sich Wintergewitter (Frontgewitter), die häufig von kräftigem Schneetreiben begleitet sind.

Prognose Bei großer Kälte, etwa ab –5 bis –10 °C, gibt es selten Schneefälle. Es kommt allenfalls zur Bildung des sogenannten »Diamantstaubs«, eines sehr feinen Niederschlags in Form von Schneekristallen. Vor allem im Flachland folgt auf ergie-

bige Schneefälle meist wärmeres Wetter (Tauwetter), wenn die Schneefälle in Verbindung mit einer ausgeprägten Westwetterlage zustande gekommen sind. Bei ausgedehnten Schneefeldern erwärmt sich die Luft nur langsam. Luftschichten, die über einer geschlossenen Schneedecke lagern, kühlen durch Ausstrahlung ab. Die Schneedecke verhindert Wärmezufuhr von unten.

RE Dresden Hbf
RB Chemitz Hbf

Extremwetter

Der Begriff Extremwetter markiert einen Teil der Schwankungsbreite des Wetters. Extremes Wetter hat es schon immer gegeben. Zunächst einmal ist Extremwetter eine Abweichung vom statistischen Durchschnitt. Und es hängt ab vom Standort des Beobachters. Menschen, die am Fluss oder am Meer wohnen, verbinden Hochwasser mit Extremwetter. Dann nämlich läuft das Wasser über die Schutzbauten und wird gefährlich. In der menschlichen Erinnerung treten Extremwetterlagen eher selten auf. Jedenfalls war es bislang so. Aber es sind für den Einzelnen prägende Erlebnisse, vor allem dann, wenn sich das Ereignis innerhalb weniger Jahre wiederholt. In der Statistik spielt die natürliche Variabilität eine Rolle und mehrere Hochwasser in kurzer Folge sind noch kein Beweis für einen Klimawandel.
Als Wetter wird der augenblickliche Zustand der Atmosphäre über einem bestimmten Ort bezeichnet. Die Statistik des Wetters ist das Klima. Man versteht darunter in der Regel den 30-jährigen Mittelwert des Wetters mit seinen Abweichungen (Variabilität). Änderungen der Wetterstatistik sind Klimaänderungen. Aus einzelnen Extremwetterlagen lässt sich ein Klimawandel noch nicht ableiten. Also bedeutet das Auftreten von vermehrtem Starkregen für sich keinen Klimawandel.
Extremwetter erleben wir vielfältig. Wetterkapriolen sind an der Tagesordnung: extreme Hitze und Kälte, Dauerregen und Schneestürme. »Wärmster Herbst, mildester Winter und ein April mit Sommertagen«, so lauteten die Schlagzeilen im Frühjahr 2007. Aber Sommertage im Frühjahr hat es immer gegeben. Dennoch, auffällig waren die sieben Monate am Stück im Herbst 2006 und Winter 2006/07 mit einer viel zu warmen und trockenen Witterung allemal. Bemüht man die Statistik, darf es diese Situation höchstens alle 500 Jahre geben. Allerdings war diese Wärmeperiode zu lokal, um daraus Tendenzen für einen globalen Klimawandel abzuleiten.
Historische Dokumente belegen immer wieder Extremwetterlagen. In Bayern fiel 1600 an Pfingsten Schnee, an Weihnachten 1229 blühten Veilchen und 1816 regnete es von Mitte Mai bis Weihnachten an nur 20 Tagen. Heiße Sommer ließen schon öfters Gletscher schmelzen. Aus der Schweiz wird von heißen, niederschlagsarmen Sommern nach 1945 berichtet. Nach einem Höchststand um 1920 zogen sich die Alpengletscher weit zurück, um zwischen 1965 und 1985 erneut vorzustoßen. Seither findet in den Alpen ein massiver Eisverlust statt. Die Massebilanz eines Gletschers steuern Temperatur und Niederschläge. Doch können auch kräftige Regen- und Schneefälle im Winter und Frühjahr einen nachfolgenden extrem heißen Sommer nicht ausgleichen. Schutz vorm Schmelzen bietet die weiße Schneedecke, die Sonnenstrahlen reflektiert. Doch wenn, wie beispielsweise 2003, über Monate kein Schnee fällt und gleichzeitig hohe Lufttemperaturen auch nachts zu wenig Abkühlung bringen, kann das Eis Tag und Nacht schmelzen.
Es sind meistens an stabile, stationäre Hochdrucklagen gebundene Wetterperioden, die längere extreme Trocken- und Hitzezeiten auslösen. Das Zusammenwirken großflächiger Zirkulationsvorgänge in Troposphäre und Stratosphäre ist Auslöser für diese Wetterlagen, die eine ausgeprägte Fähigkeit zur Regeneration haben. Noch genauere Untersuchungen zur Entstehung des Extremwetters sind allerdings notwendig. Neben der Entwicklung von Spitzenwerten einzelner

Jahrhundertflut in Sachsen, August 2002. Dresden Hauptbahnhof.

Schwere Hagelschauer im Gefolge von Gewittern führen zu überfluteten Straßen und Behinderung des Verkehrs.

Wetterelemente (z. B. Wind, Temperatur, Luftdruck) interessieren vermutete Veränderungen in der Dauer einer bestimmten Witterung, die mit Hilfe besonders stabiler Großwetterlagen zu Extremwetter (Hitze, Sturm, Starkregen) führt. Die Wissenschaft bedient sich dabei Modellrechnungen, um statistisch belastbare Aussagen zum Extremwetter zu gewinnen.

Tendenziell nehmen die Niederschläge in Mitteleuropa seit Jahren im Sommer ab, dagegen im Herbst und Winter deutlich zu. Auffallend ist die zunehmende Variabilität der Extremwerte: das gehäufte Auftreten außergewöhnlich hoher und niedriger Niederschlagsmengen, damit verbunden mehr Überschwemmungen und mehr Trockenheit. Eine erkennbare zunehmende globale Erwärmung löst eine höhere Verdunstung aus und somit die Zunahme der Niederschläge. Aber diese Niederschläge verteilen sich über die Erde zunehmend ungleichmäßig. In einigen Gebieten wird es immer trockener, während in anderen sehr viel mehr Niederschläge ankommen. Dabei werden auch Verschiebungen der Zirkulationsverhältnisse in der Atmosphäre beobachtet. Die Zugrichtung von Hoch- und Tiefdruckgebieten ändert sich. Das Hochwasser an der Elbe in Sachsen und Tschechien 2002 war die Folge von zwei aufeinanderfolgenden Tiefdruckgebieten über dem Einzugsgebiet der Elbe, die sich durch anomal hohe Temperaturen im Mittelmeer und im Schwarzen Meer verstärkten.

Es war eine sogenannte Vb Wetterlage, die im Sommer 2002 die Flutkatastrophe an der Elbe ausgelöst hat. Die gleiche Wetterlage herrschte im März 2004 und brachte in Südbayern heftige Schneefälle mit 30 cm Neuschnee und Verkehrschaos. Der Meteorologe Wilhelm Jakob van Bebber (1841–1909) systematisierte die Zugstraßen der Tiefdruckgebiete über Europa (siehe Seite 233) und schuf so ein Hilfsmittel für die Wettervorhersage. Hinter Vb verbirgt sich ein Tief über Norditalien, das über Polen in Richtung Norden

zieht und reichlich feuchte Luft aus dem Mittelmeerraum mit sich führt. Auf seinem Weg kommt es zu stets kräftigen und lang anhaltenden Niederschlägen, Regen im Sommer, Schnee im Winter. In einem Fall droht Hochwasser, im anderen das Schneechaos.
Stürme und ihre Folgen machen sich besonders an den Küsten West- und Nordwesteuropas bemerkbar. Gezeiten (siehe Seite 38), gestiegener Meerespegel und Sturm drücken das Wasser in die Flussmündungen (Rhein, Elbe) und aufs Land. Stark auflandige Stürme, die unabhängig von Ebbe und Flut an Meeresküsten den Wasserstand extrem erhöhen, lösen gefürchtete Sturmfluten aus. Aufwendige Deichbauten und Sperrwerke sollen die Flut stoppen. Erstmals ist das gigantische Maeslantkering-Sperrwerk bei Rotterdam im November 2007 zur Abwehr einer Sturmflut mit Erfolg geschlossen worden. Nahezu das gesamte Umland von Rotterdam liegt unterhalb des Meeresspiegels, von Überschwemmung bedrohtes Gebiet, das mehr als 1 Meter unter Normalnull liegt. Der Auslöser für umfangreiche Schutzbauten in den Niederlanden war die Sturmflut von 1953, bei der ein anhaltender Nordweststurm mit dem Gang der Gezeiten zu einer Katastrophe wurde, der 1800 Menschen zum Opfer fielen.
Fehlende Luftströmungen in der Atmosphäre können zu Extremwetter führen, so wie das im November 2005 in Nordwestdeutschland der Fall war. Wegen fehlender Luftströmung in 5 Kilo-

Ausgetrocknetes Rheinufer bei Düsseldof im Mai 2007.

Vom Orkan Kyrill umgestürzter Strommast auf einem Feld bei Magdeburg am 19. Januar 2007.

meter Höhe bewegte sich das Tiefdruckgebiet »Thorsten« stundenlang über dem Münsterland kaum von der Stelle. Es schneite und stürmte mit einer Heftigkeit, wie man sie allenfalls aus den Alpen kennt. Es kam zu meterhohen Schneeverwehungen. Pappschnee und kalter Sturm legten einen Eismantel um die Stromkabel der Freileitungen. Dieser Belastung hielten die Strommasten nicht stand und knickten um. Mehr als 250 000 Menschen mussten tagelang ohne Strom und Heizung ausharren.

Auffällig ist die Zunahme heftiger Gewitter mit Sturm, Hagel und Starkregen in weiten Teilen Europas. Die höheren Sommertemperaturen haben eine Intensivierung der Gewittertätigkeit zur Folge. Die Meteorologen beobachten als Folge der Erwärmung der Troposphäre und gleichzeitiger Abkühlung in der Stratosphäre einen Anstieg der Tropopausehöhe (siehe Seite 22). Dadurch bilden sich Gewitter in größeren Höhen und die Zahl der heftigen Gewitter nimmt zu.

Aus einer gewitterhaften Wetterlage können sich überall in Europa Tornados (Windhosen) entwickeln mit verheerender Wirkung. Im Vergleich zu den tropischen Wirbelstürmen handelt es sich bei Windhosen um Luftwirbel mit Geschwindigkeiten zwischen 70 und 200 Kilometer pro Stunde. 200 Stundenkilometer erreichte ein Tornado im August 2006 über einem Wohngebiet im Süden Nürnbergs. Begleitet von heftigem Regen zerstörte er 15 Häuser zu mehr als 50 Prozent. Labil geschichtete Luft begünstigt die Entstehung solcher Wirbelstürme, die im Ansatz mit den ameri-

Tornados wirken kleinräumig, aber höchst zerstörerisch – auch in Mitteleuropa!

kanischen Tornados identisch sind, kleinräumig, kurzlebig und von hoher zerstörerischer Kraft. Am häufigsten kommen Tornados in Mitteleuropa in der Norddeutschen Tiefebene vor. Doppelt so häufig wie in Süddeutschland. Trotzdem sind es hierzulande Einzelereignisse mit großem Aufmerksamkeitswert für die Medien. Im Juni 2004 erreichte ein Tornado in Micheln bei Dessau eine Windgeschwindigkeit von über 250 Kilometer pro Stunde, auf der Fujita-Tornado-Skala (siehe Seite 155) der Wert F3. Tornados sind in den USA viel häufiger: Dort gibt es im Jahr 1200, in ganz Europa etwa 300. Eine Trendaussage über die Häufigkeit für Deutschland ist gegenwärtig noch nicht möglich. Auch ohne Tornado auftretende heftige Gewitterstürme entstehen unter gleichen Voraussetzungen: die Zunahme horizontaler Winde mit der Höhe, die dabei ihre Richtung drehen (»vertikale Windscherung«).
Extreme Wetterlagen entstehen beim Auftreten eines tropischen Wirbelsturms (tropischer Zyklon). Höchste Windgeschwindigkeiten (Kategorie 5 über 250 Kilometer pro Stunde) und schwerste Regenfälle sind charakteristisch. In Küstennähe können Meereswellen große Landstriche überfluten, zusätzlich zum Hochwasser der Flüsse infolge des Starkregens. Flutwellen an Flachküsten gefährden die Schifffahrt ebenso wie die außerordentliche Böigkeit des Windes die Luftfahrt.

Tropische Wirbelstürme treten in Breiten ungefähr ab 6° auf. Da zu ihrer Bildung eine spürbare Corioliskraft (siehe Seite 157) nötig ist, die am Äquator nicht wirksam ist, gibt es am Äquator

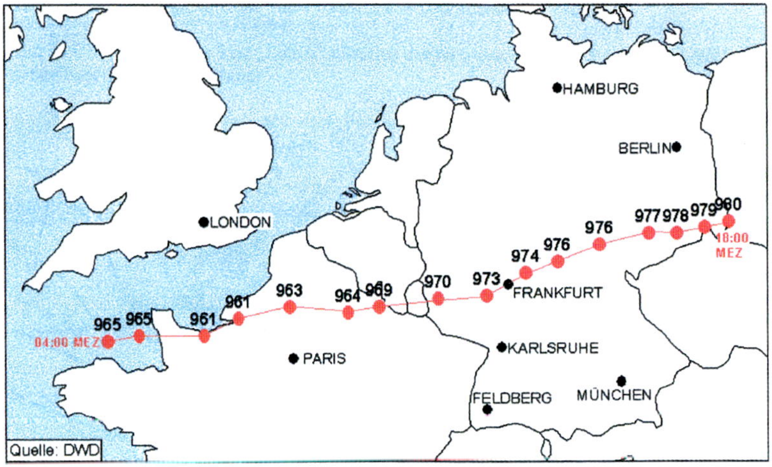

Zugbahn des Orkans »Lothar« am 26. 12. 1999. Die Punkte markieren im zeitlichen Abstand von 3 Stunden das Zentrum des Tiefdruckgebiets (Zahlen über den Punkten: Kerndruck in Hektopascal). Quelle: Deutscher Wetterdienst, 2000.

Spitzenböen in Frankreich in km/h		*Spitzenböen in Deutschland in km/h*	
Ploumanach	148	Saarbrücken	130
Lann Bihoue	162	Lahr	144
Rennes	126	Freiburg	130
Alençon	166	Feldberg Schwarzw.	212
Rouen	140	Weinbiet	184
Chartres	144	Karlsruhe	151
Paris Montsouris	169	Freudenstadt	122
Orly	173	Klippeneck	155
Troyes	148	Öhringen	122
Dijon	126	Stuttgart	144
Metz	155	Stötten	176
Nancy	144	Zugspitze	196
Colmar	165	Harburg	122
Strasbourg	144	Augsburg	130
		Hohenpeißenberg	173
		Wendelstein	259
		Chieming	122
		Straubing	126
		Regensburg	122
		Großer Arber	162
		Fichtelberg	173

Orkan Lothar wütete am 26./27. Dezember 1999 auf einer Breite von ca. 150 km etwa entlang einer Achse Bretagne, südliche Normandie, Ile de France, Champagne, Ardennen, Lorraine, Elsass, Süddeutschland (Mitteilungen Deutsche Meteorologische Gesellschaft e. V. 3/2000, S. 17).

»Katrinas« Auge: Satellitenaufnahme des Hurrikans über dem Golf von Mexiko, August 2005.

keine tropischen Wirbelstürme. Warme Meere, hohe Luftfeuchte und instabile Schichtung der Atmosphäre sind die Grundlagen ihrer Entstehung. Über dem Meer entwickeln sich Gewitter, heiße Luft kollidiert beim Aufsteigen mit Kaltluft und es entstehen Windwirbel. Über Land löst sich der Wirbelsturm in 1–2 Tagen auf und wandelt sich polwärts unter Einwirkung von Kaltluft in ein normales Tiefdruckgebiet um.
Es gibt verschiedene Namen: Wirbelstürme mit Entstehungsgebiet über dem Atlantik, in der Karibik, über dem Nordpazifik östlich der Datumsgrenze oder über dem Südpazifik heißen Hurrikane (benannt nach dem Windgott Huracan der Indianer). Tropische Wirbelstürme im Westpazifik werden als Taifune bezeichnet, in Australien Willy-Willies.
Noch nie gab es seit Beginn der regelmäßigen Aufzeichnungen 1850 so viele Hurrikane wie im Jahr 2005. Insgesamt 28 tropische Stürme wurden registriert, davon 15 Hurrikane. An der Spitze steht der Hurrikan »Katrina«, der die Zwangsevakuierung von New Orleans notwendig machte und die Küste des Bundesstaates Mississippi

Sturmtiefs »Karla« und »Lotte«. Das METEOSAT-8-Bild vom 31. Dezember 2006 zeigt zwei deutlich ausgeprägte Tiefdruckgebiete. Der Kern des Sturmtiefs »Karla« liegt über der Ostsee, der Kern von »Lotte« nordwestlich von Irland.

mit voller Wucht getroffen hat. Überraschend war dann die Hurrikan-Bilanz des Jahres 2006: 9 tropische Stürme, darunter nur 5 Hurrikane. Nun haben Wissenschaftler herausgefunden, dass der Temperaturunterschied zwischen dem tropischen Nordatlantik und dem tropischen Indischen und Pazifischen Ozean das Auftreten von Hurrikanen über dem Atlantik beeinflusst. Dieser Temperaturunterschied steuert die Windstärke mit der Höhe (Windscherung) über dem Atlantik. Eine schwache Windscherung fördert die Entwicklung von Hurrikanen, eine starke behindert sie. Die in den letzten Jahren beobachtete Erwärmung des tropischen Nordatlantik im Vergleich zum tropischen Indischen und Pazifischen Ozean hat die Windscherung über dem Nordatlantik reduziert und verstärkt zur Bildung von tropischen Wirbelstürmen geführt. 2006 war das anders, die Temperaturdifferenz zwischen den Meeren erkennbar geringer und demzufolge weniger Sturm im Atlantik.

Es soll das »El Nino« genannte Klimaphänomen sein (siehe Seite 251), das im Pazifik auftritt und Hurrikane über dem westlichen Atlantik unterdrückt. Und das nicht erst 2006, sondern zweimal schon zwischen 1995 und 2005. Ist hier ein natürlicher Zyklus zu beobachten, angetrieben von einer globalen Strömungsschleife zwischen den Weltmeeren?

Der warme Meeresstrom »El Nino« im Pazifischen Ozean vor der Küste Perus gilt auch als Verursacher verheerender Niederschläge, die immer wieder im Abstand von einigen Jahren beobachtet werden und große Schäden anrich-

Die teuersten Naturkatastrophen für die Versicherungswirtschaft
(Versicherte Schäden >2 Milliarden US $)

Jahr	Ereignis	Land/Region	Gesamtschäden	Versicherte Schäden	Todesopfer
			(in Mio. US $, in Werten von 2008)		
2005	Hurrikan Katrina	USA	125.000	61.600	1.322
1992	Hurrikan Andrew	USA	26.500	17.000	62
1994	Erdbeben	USA	44.000	15.300	61
2008	Hurrikan Ike	Karibik, USA	30.000	15.000	129
2004	Hurrikan Ivan	Karibik, USA	23.000	13.800	125
2005	Hurrikan Wilma	Karibik, Mexiko, USA	20.000	12.400	42
2005	Hurrikan Rita	USA	16.000	12.000	10
2004	Hurrikan Charly	USA	18.000	8.000	36
1991	Taifun Mireille	Japan	10.000	7.000	62
1999	Wintersturm Lothar	Europa	11.500	5.900	110
2007	Wintersturm Kyrill	Europa	10.000	5.800	49
2004	Hurrikan Frances	Karibik, USA	12.000	5.500	39
1990	Wintersturm Daria	Europa	6.850	5.100	94
2008	Hurrikan Gustav	Karibik, USA	10.000	5.000	100
2004	Hurrikan Jeanne, Überschwemmungen	Karibik, USA	9.200	5.000	2.000
1989	Hurrikan Hugo	Karibik, USA	9.000	4.800	86
2004	Taifun Songda	Japan, Südkorea	9.000	4.700	41
1998	Hurrikan Georges	Karibik, USA	13.000	4.165	4.000
2001	Tropischer Sturm Allison	USA	6.000	3.500	25
1999	Taifun Bart	Japan	5.000	3.500	29
2002	Elbeflut	Europa	16.500	3.400	39
2003	Tornados	USA	4.000	3.205	44
1987	Wintersturm 87J	Europa	3.900	3.100	18
1995	Erdbeben	Japan	100.000	3.000	6.430
2007	Überschwemmungen	Großbritannien	4.000	3.000	1
2007	Überschwemmungen	Großbritannien	4.000	3.000	4
1995	Hurrikan Opal	Mexiko, USA	4.000	2.600	47
2005	Wintersturm Erwin (Gudrun)	Europa	5.800	2.600	18
1999	Wintersturm Martin	Europa	4.100	2.500	30
1999	Wintersturm Anatol	Europa	3.000	2.400	20
2007	Waldbrände	USA	2.700	2.300	8
1999	Hurrikan Floyd	USA	4.500	2.200	61
2001	Unwetter, Hagel	USA	2.900	2.200	1
2003	Hurrikan Isabel	USA, Kanada	5.000	2.100	40
1990	Wintersturm Vivian	Europa	3.200	2.100	52
2004	Waldbrände	USA	3.500	2.035	24

Der Wintersturm »Kyrill« zerstörte im Januar 2007 weitgehend den Schutzwald bei Berchtesgaden. Gesamtschaden in Bayern 3,8 Millionen Festmeter Bruchholz.

ten. Zuletzt 2007 in Bolivien mit der Folge gewaltiger Überschwemmungen, die 350000 Menschen obdachlos machten. Ernten wurden zerstört und mehr als 20000 Nutztiere ertranken in den Fluten.
So wie großräumige Meeresströmungen mit wechselnden Richtungen wetterbeeinflussend sind, treten auch weiträumige Windsysteme in Erscheinung. Am längsten bekannt ist das Windsystem mit dem Namen Monsun und einem halbjährlichen Wechsel der Richtung. Es entsteht dort, wo großräumiges Festland in mittleren Breiten umgeben von großen Meeren liegt, wie das z. B. bei Asien und Australien der Fall ist. Die mit dem Sommermonsun polwärts transportierten maritimen Luftmassen sind sehr feucht und labil. Sie sind regenträchtig, wobei die Niederschlagstätigkeit durch das Aufsteigen der Luftmassen an gebirgigen Küsten verstärkt wird. Lange anhaltende Niederschläge (»Regenzeit«), zum Teil mit schweren Gewittern verbunden, lösen immer wieder für die Bevölkerung katastrophale Zustände aus. Die über Jahre hinweg beobachteten Anomalien im zeitlichen und räumlichen Ablauf dieser Extremwetterlagen erlauben keine Rückschlüsse auf einen Klimawandel.
Außertropische Stürme spielen bei der Entstehung extremer Wetterlagen eine nicht zu unterschätzende Rolle. Es sind vor allem die Luftströmungen über dem Nordatlantik, die Häufigkeit und Intensität der Stürme mit Richtung Europa bestimmen. Es ist die Wechselwirkung zwischen Ozean und Atmosphäre (siehe Seite 252), die eine mächtige Luftturbine in Gang hält. Die unterschiedliche Windstärke ist abhängig vom unterschiedlichen Luftdruck über dem Meer. Es gibt Anzeichen, dass die Stürme zahlenmäßig abnehmen, in ihrer Stärke aber zulegen. Die Modellrechnungen liefern unterschiedliche Ergebnisse. Bis zum Ende dieses Jahrhunderts könnte der Wind im Mittel 10 Prozent stärker wehen als in der Gegenwart. Andere Modelle begnügen sich mit einer Zunahme um 5 Prozent. Die von den Versicherungen aufgemachten Schadensrechnungen stimmen nachdenklich. Viel hängt von der Zugrichtung ab, die ein Orkan nimmt. Beispiel Orkan Lothar, der auf seinem Weg von West nach Ost (siehe Seite 120) in Europa Schäden in Höhe von 11 Milliarden Euro zurückgelassen hat. Eine andere Bahn, etwa von Frankfurt durch das Rhein-Ruhr-Gebiet Richtung Hamburg, hätte, so die Münchener Rück-Versicherung, 80 Milliarden Euro gekostet!
Stark getroffen hat es in den vergangenen zwei Jahrzehnten in Bayern die Forstwirtschaft: Orkan Wiebke hinterließ 1999 rund 23 Millionen Festmeter Bruchholz, Lothar 1999 in wenigen Stunden über 4 Millionen und Kyrill im Januar 2007 immerhin 3,8 Millionen Festmeter. Allein beim letzten Ereignis entspricht das einer Waldfläche von 8000 Hektar mit 6 Millionen Bäumen.
Extremwetter hat viele Facetten. Man muss davon ausgehen, dass es in den kommenden Jahrzehnten zu mehr Wetterextremen kommen wird. Nicht zuletzt, weil das Klima sich wegen seiner Trägheit unabhängig von Maßnahmen zur Dämpfung der globalen Erwärmung weiter erwärmt. Neben der noch genaueren Erforschung von extremen Wetterentwicklungen kann ein koordiniertes europäisches Unwetterwarnsystem (www.meteoalarm.eu) helfen, Risiken zu mindern. Das Beispiel für eine erfolgreiche Katastrophenwarnung in Deutschland war die frühzeitige und genaue Vorhersage des Deutschen Wetterdienstes von Kyrill, die wenigstens zur teilweisen Schadensverhütung beigetragen hat.

Meteorologische Elemente

Über die Kräfte, die das Wetter machen, wurde bereits auf Seite 21 ein Überblick gegeben. Eine für die Wetterbeobachtung und die Wettervorhersage besonders wichtige Rolle spielen die »meteorologischen Elemente«: *Luftdruck, Lufttemperatur, Luftfeuchte, Luftdichte, Luftströmung (Wind), Sicht, Bewölkung und Niederschlag.* Mit ihrer Hilfe kann man wesentliche Teile des Wettergeschehens – nicht alle! – beschreiben und erklären. Und die dem Naturfreund möglichen Wetterbeobachtungen stützen sich fast stets auf diese Bestimmungsgrößen. Zwei Gründe, sich damit noch eingehender zu beschäftigen. Um gleich zur praktischen Anwendung vorzustoßen, machen die jeweils typischen Messgeräte den Anfang.

Luftdruck

Das am weitesten verbreitete Gerät zur Messung des Luftdrucks ist das Aneroid- oder Metalldosenbarometer. Es besteht aus einer luftleer gepumpten Dose (Stahlblech, Beryllium). Diese Dose wird vom steigenden Luftdruck zusammengepresst. Bei fallendem Luftdruck kann sich die elastische Metallfläche wieder ausdehnen. Zusammendrücken und Ausdehnen der Metalldose werden auf einen Zeiger mithilfe eines Hebelmechanismus übertragen. Maßgeblich für die Wetterbeobachtung sind:

1. Steigen oder Fallen des Luftdrucks
2. Geschwindigkeit des Steigens oder Fallens.

Deshalb besitzen Barometer einen Vergleichsanzeiger, der beim Ablesen über dem Zeiger des

Schneekristalle haben oft ein sehr bizarres Aussehen (über ihre Entstehung siehe Seite 112).

Messwerks bewegt wird. So lassen sich Veränderungen markieren. Den Barometerangaben »Trocken«, »Schön«, »Veränderlich« oder »Regen« sollte man indessen wenig Bedeutung beimessen.
Wer die Luftdruckschwankungen in ein Maßsystem bringen will, der benötigt eine geeichte Skala,

entweder
Millimeter Quecksilbersäule (Torr, mm Hg)
oder
Millibar (mbar), jetzt abgelöst durch Hektopascal (hPa)

Siehe dazu auch die Angaben auf Seite 24. Ein gutes Quecksilberbarometer ist für Eichzwecke am besten geeignet. Übrigens werden in den angelsächsischen Ländern die Angaben häufig in Zoll (inches Hg) gemacht. Die Tabelle S. 128 gibt einen Überblick über die Beziehung der drei Luftdruckmaße zueinander.
Für die in der Praxis hauptsächlich vorkommenden Luftdruckmaße mm Hg und hPa (mbar) gilt bei Umrechnungen folgende Beziehung:

1 mm Hg = 1,333 hPa (mbar)
1 hPa = 0,750 mm Hg

Ein einfaches Verfahren, um Luftdruckschwankungen über eine längere Zeit hinweg zu verfolgen, besteht darin, dass man die am Barometer abgelesenen Werte auf Millimeterpapier aufträgt: die Tage waagrecht (5 mm pro Tag) und die Luftdruckwerte senkrecht. Wir gehen dabei von einem Mittleren Luftdruck von 760 mm Hg (= 1013 hPa) aus. Die Barometerablesung sollte täglich zum gleichen Zeitpunkt durchgeführt werden. Nützlich ist es, jeweils noch die eingetretene Wetterlage anzugeben. Über Wochen und Monate hinweg sammelt man auf diese Weise

Millimeter Quecksilbersäule	Hektopascal	Zoll Quecksilbersäule
720	960	28,35
724	965	28,5
727,5	970	28,65
731	975	28,8
735	980	28,9
739	985	29,1
742,5	990	29,24
746	995	29,4
750	1000	29,5
754	1005	29,7
757,5	1010	29,8
761	1015	30
765	1020	30,1
769	1025	30,3
772,5	1030	30,4
776	1035	30,55
780	1040	30,7

Umrechnungstabelle für den Luftdruck.

eigene Erfahrungen über Wettergeschehen und Luftdruck.
Dabei wird der aufmerksame Beobachter bald feststellen, dass z.B. hoher Luftdruck nicht stets mit schönem Wetter verbunden ist. Das tatsächliche Wettergeschehen hängt nicht allein vom Luftdruck ab!
Die Aufzeichnungen auf das Millimeterpapier lassen sich auch mechanisch machen. Das Gerät dazu ist der Barograph (Luftdruckschreiber). Um genügend große Anzeigen zu gewinnen, besteht ein Barograph aus mehreren Metalldosen. Die Luftdruckmessungen teilen sich einem Schreibhebel mit, der sie mit Spezialtinte auf Vordrucke überträgt. Diese Vordrucke befinden sich auf einer langsam drehenden Trommel (wöchentlich eine Umdrehung), die ein Uhrwerk antreibt. Der Barograph muss, sollen seine Aufzeichnungen unverfälscht sein, einen ruhigen, erschütterungsfreien Standort haben.

Ein praktisches Gerät, um wetterbedingte Luftdruckänderungen zu erkennen, ist der Höhenmesser, wie ihn vor allem Bergsteiger mit sich führen. Es wurde schon auf Seite 24 darauf hingewiesen, dass der Luftdruck mit der Höhe abnimmt. Mithilfe des Höhenmessers kann man das praktisch kennenlernen. Es gibt Höhenmesser, die außer Skala und Zeiger für die Höhenmessung auch eine Barometerskala in mm Hg, mbar, hPa oder inches Hg haben. Damit ist es möglich, den absoluten, den mittleren und den auf Meereshöhe reduzierten Barometerstand zu bestimmen. Markierungen im Deckglas gestatten, kurzfristige Änderungen des Barometerstandes zu ermitteln. Der Benutzer eines solchen Höhenmessers ist in der Lage, die Tendenz des Luftdrucks festzustellen. Bei Bergwanderungen muss er sich aber stets darüber klar sein, dass jede Höhenveränderung – und ein guter Höhenmesser reagiert auf ± 10 Meter! – angezeigt wird.

In den unteren Schichten der Atmosphäre nimmt der Luftdruck pro 11 Meter Höhenerhebung um 1 mm Quecksilbersäule (= 4/3 hPa) ab. Eine Bergtour mit dem Barometer macht das deutlich. Noch besser zeigt dies ein gebräuchlicher Höhenmesser an, der nichts anderes ist als ein Metallbarometer. Er ist nur mit einer Höhenskala statt mit einer Druckskala versehen. Der Höhenmesser zeigt auch die witterungsbedingten Luftdruckschwankungen an. Es gibt Höhenmesser, die mit der entsprechenden Eichung versehen sind (Gebrauchsanleitung beachten!). Da der Luftdruck zeitlich und örtlich veränderlich ist, muss der Höhenmesser vor Benutzung in einer bekannten Höhe (z.B. Talstation der Bergbahn) eingestellt werden.

Der sich mit der Höhe ändernde Luftdruck hat aber nichts mit dem Wettergeschehen zu tun.

- **Absoluter Barometerstand** Der am Beobachtungsort tatsächlich herrschende Luftdruck. Wichtig für die Wettervorhersage ist die Vergleichbarkeit mit Messungen an anderen Orten (siehe »Reduzierter Barometerstand«).
- **Mittlerer (relativer) Barometerstand** Die im Durchschnitt mit der Höhe zu erwartende Druckabnahme in der »Normalatmosphäre«. In 0 Meter Höhe 760 mm Hg (= 1013 hPa), in 500 Meter Höhe 716 mm Hg (= 954,5 hPa), in 1000 Meter Höhe 674 mm Hg (= 899 hPa), usw. In den unteren Luftschichten Abnahme 1 hPa je 8 Meter Höhe.
- **Reduzierter Barometerstand** Der auf Meereshöhe (»Normal Null«) reduzierte Barometerstand auch für Messungen höher gelegener Stationen dient der Vergleichbarkeit der Messungen. Meereshöhe = 0 Meter = 760 mm Hg oder 1013 hPa. Am besten eicht man sein Barometer bei konstantem Luftdruck nach den Angaben der amtlichen Wettervorhersage (Rundfunk!) nahe dem Beobachtungsort. In der Durchsage heißt es z. B.: »Luftdruck, redu-

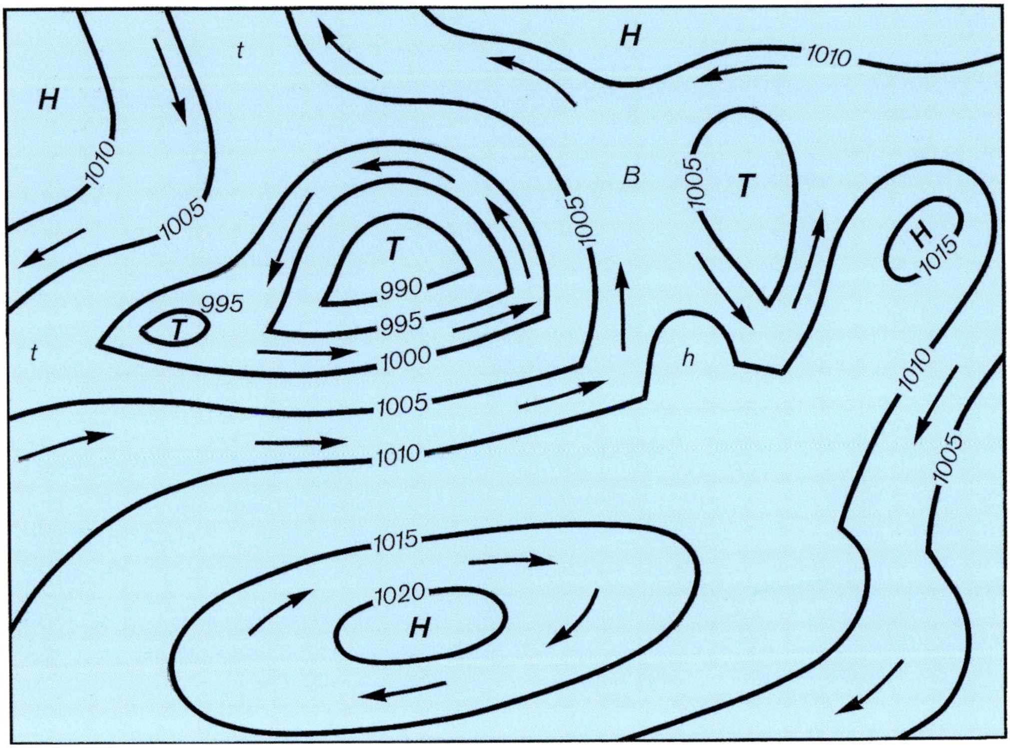

Ausschnitt aus einer Wetterkarte mit den die Hoch- und Tiefdruckgebiete markierenden Isobaren. Die Pfeile geben die Windrichtung an. Die Isobaren sind von 5 zu 5 Hektopascal (hPa) gezeichnet. Die Luft strömt im Hochdruckgebiet rechts herum, im Tiefdruckgebiet links herum. Ursache ist die Erdumdrehung (Corioliskraft, siehe Seite 157). Diese Wirkung der Erdrotation begünstigt auch die Lebensdauer der Hoch- und Tiefdruckgebiete.
H = Hoch, T = Tief, B = Hochdruckbrücke, h = Hochdruckkeil, t = Tiefdruckrinne.

ziert auf mittleren Amsterdamer Pegel (= Meereshöhe) 765 mm = 1020 Hektopascal«. Den angegebenen Wert stellt man mit der Justierschraube auf der Rückseite der meisten Barometer ein.

Der Luftdruckverlauf zeigt einen deutlichen Tagesgang: steigende Tendenz am Vormittag und um Mitternacht. Luftdruckabfall am Nachmittag, vor allem im Sommer als Folge der Erwärmung. Diese täglichen Schwankungen, sie betragen im Mittel 1 hPa, haben zum Teil nichts mit dem Wettergeschehen zu tun. Sie sind vielmehr Ebbe und Flut ähnlich und werden vom Stand von Sonne und Mond ausgelöst. Diese täglichen Schwankungen lassen sich besonders gut während einer konstanten Wetterlage beobachten. Auf Bergen zeigen sie übrigens entgegengesetzte Wirkung: nachmittags steigende Tendenz, weil die aufströmende Luft Druckanstieg auslöst.

Auch jährliche Mittelwerte sind festgestellt worden, die für die Monate August bis September eine Tendenz zu höherem Luftdruck und im April zu niedrigerem Luftdruck erkennen lassen. Auf den Bergen ist die Zeit höheren Drucks im Sommer, diejenige tieferen im Winter. Diese Beobachtungen hängen mit dem Wettergeschehen zusammen: Die tiefdruckarmen Wetterlagen sind charakteristisch für den Herbst, während im Frühjahr Tiefdruckgebiete häufiger das Wettergeschehen beeinflussen. Auf den Bergen spielen vor allem die winterlichen Tiefdrucklagen eine Rolle.

Das Barometer zeigt die über dem Beobachtungsort befindliche Luftsäule an. Kaltluft ist schwer und »drückt« auf das Barometer. Wir registrieren hohen Luftdruck. Warmluft ist leicht, das Barometer zeigt fallenden Luftdruck an. Brauchbare Anhaltspunkte für das bevorstehende Wettergeschehen liefert in erster Linie die Geschwindigkeit der Luftdruckveränderung.

Barometerstand	Hektopascal/ Stunde	Wettergeschehen
Steigend	0,25–0,5	Aufkommende Hochdrucklage (längerfristig)
Steigend	1–2	Zwischenhoch (kurzfristig)
Fallend	0,25–0,5	Aufkommende Tiefdrucklage (längerfristig)
Fallend	1–2	Stürmische Wetterlage. Im Sommer Gewitter

Es gibt eine Reihe von Abweichungen von dem Prinzipiellen, das die Tabelle vermittelt. Dafür ein paar Beispiele.

Am Standort des Beobachters zeigt das Barometer **fallende Tendenz.**

Trotzdem ist das Wetter nachfolgend schön. Warme Luft aus dem Süden gelangt bodennah nach Norden. Ein Vorgang, auf den das Barometer mit Luftdruckfall reagiert. Die bodennahe Warmluft kommt besonders schnell vorwärts (schneller als in der Höhe) und auf ihrer Rückseite dringt kalte Luft aus der Höhe ein. Diese absinkende Luft aber löst die Wolken auf und lässt die Sonne scheinen.

Am Standort des Beobachters zeigt das Barometer **steigende Tendenz.** Trotzdem ist das Wetter nachfolgend wolkig und regnerisch. Hier ist es bodennahe Kaltluft aus dem Norden, die rasch südwärts gelangt. Ein Vorgang, auf den das Barometer mit Luftdruckanstieg reagiert. Die kalte Luft schiebt die darüberliegende stationäre Warmluft in die Höhe. Das aber bedeutet Abkühlung für die warme Luft mit den bekannten Folgen: Wolkenbildung, Niederschlag.

Nach dem Durchzug eines Tiefdruckgebiets lösen eindringende Kaltluftkeile oft **raschen Luftdruckanstieg** aus. Trotzdem stürmt, regnet oder schneit es danach. Auch hier hebt die kalte Luft warme und löst die Abkühlung der Letzteren aus.

Schließlich: Im Verlauf eines länger dauernden Hochdruckwetters beobachtet man weiteren **Druckanstieg**. Gleichzeitig wird es aber nicht klarer und sonniger, vielmehr wird die Fernsicht geradezu schlecht und der Himmel diesig (dunstig) (siehe Seite 58).

Die Darstellung des Luftdruckverlaufs auf Wetterkarten geschieht mithilfe der sogenannten »Isobaren«. Dabei werden alle Orte gleichen Luftdrucks durch Linien verbunden. Die Isobaren sind in den Wetterkarten in der Regel von 5 zu 5 Hektopascal (hPa), eingezeichnet. Selbstverständlich werden vorher die Messungen, die ja von Stationen mit verschiedenen Höhen stammen, auf Meereshöhe reduziert.

Das Hochdruckgebiet erkennt man daran, dass es von Isobaren umgeben ist, die nach allen Seiten tieferen Luftdruck anzeigen. Die das Tiefdruckgebiet umgebenden Isobaren signalisieren steigenden Luftdruck nach allen Seiten. Besonders interessant ist es, zu sehen, welche Abstände die Isobaren voneinander haben. Denn der Abstand der Isobaren macht das herrschende Druckgefälle deutlich.

Abstand der Isobaren	**Druck-unterschied**	**Wetter-geschehen**
gering	groß	turbulent (stürmisch)
groß	gering	ruhig (geringer Wind)

Rechnerisch wird der Druckunterschied dadurch erfasst, dass man den »Gradienten« bestimmt. Er ist das Luftdruckgefälle in Hektopascal (Millibar) auf einer Strecke von 60 Seemeilen, gemessen senkrecht zu den Isobaren. Beispiel: der Abstand zwischen einer 1005-hPa- und einer 1010-hPa-Isobare beträgt 50 Seemeilen. Die Rechnung lautet:

$$50 : 60 = 5 : x, x = \frac{5 \cdot 60}{50} = 6$$

Der Gradient beträgt in diesem Fall 6 hPa auf 60 Seemeilen.
Entscheidend in die Strömungsvorgänge bei den großräumigen Luftbewegungen greift die Rotation der Erde ein. Die aus der Luftdruckverteilung hervorgegangenen Luftströmungen können nur

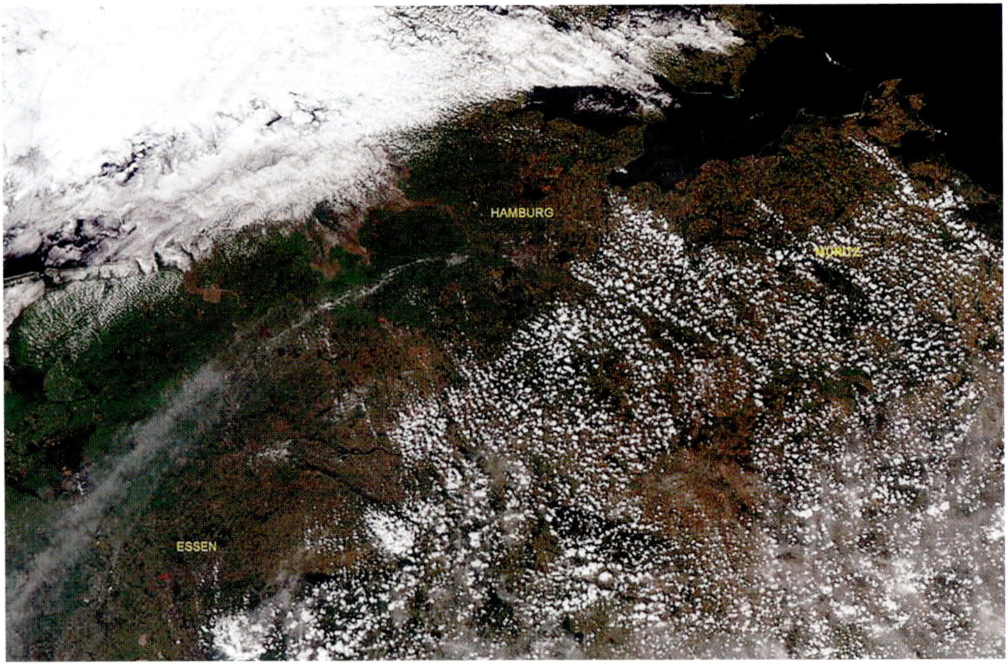

Cumuluskonvektion aus der Satellitenperspektive. Aufnahme im visuellen Spektralbereich vom 13. Juli 2005. Konvektion bezeichnet Vertikalbewegungen von Luftblasen, die der erwärmte Erdboden auslöst. Bei Erreichung des Kondensationsniveaus bilden sich Wolken. Häufig auch wenn kalte Luft warme Wasserflächen überströmt.

unter Berücksichtigung der sogenannten »Corioliskraft« (siehe Seite 157) erklärt werden.

Lufttemperatur

Die im Handel erhältlichen Thermometer sind Flüssigkeitsthermometer mit Alkohol- oder Quecksilberfüllung oder Bimetall-Thermometer. Letztere besitzen zum Teil Justierschrauben. Das Prinzip der Flüssigkeitsthermometer beruht auf der Ausdehnung bei Erwärmung und Zusammenziehen bei Abkühlung, denen die Alkohol- oder Quecksilberfüllung unterworfen ist. Beim Bimetall-Thermometer sind es zwei aufeinandergeschweißte, gekrümmte Metallstreifen von unterschiedlichem Wärmeausdehnungsvermögen. Bimetall-Thermometer finden vor allem in Lufttemperaturschreibern (»Thermographen«) Verwendung. Sie registrieren den Temperaturverlauf schriftlich genauso wie der Barograph (siehe Seite 128 und 143).
Sehr nützlich für Zwecke der Wetterbeobachtung ist das Maximum-Minimum-Thermometer, das die Höchst- und die Niedrigsttemperatur einer Beobachtungsepoche (Tag, Nacht) mithilfe von Metallstiften fixiert, die die Alkohol- oder Quecksilberfüllung bewegt.
Bei der Gradeinteilung der Temperatur geht man vom Gefrierpunkt und vom Siedepunkt des Wassers aus. Die zwischen beiden Punkten liegende Strecke, die die Flüssigkeit im Thermometer zurücklegt, wird gleichmäßig in Grade eingeteilt. Bei der Celsius-Skala, benannt nach dem schwedischen Astronomen Anders Celsius (1701–1744), sind es 100 Grade. Bei der Fahrenheit-Skala, benannt nach dem in Danzig geborenen Physiker Daniel Gabriel Fahrenheit (1686–1736), 180 Grade, und bei der Réaumur-Skala, benannt nach dem französischen Biologen und Technologen René-Antoine Réaumur (1683–1757), 80 Grade. Während die Fahrenheit-Skala noch in angelsächsischen Staaten verwendet wird, setzt sich international die Celsius-Skala immer mehr durch, weil ihre Einteilung in das Zehnersystem passt.

Vergleichstabelle der Thermometer-Skalen

Celsius	*Fahrenheit*	*Réaumur*
–25°	–13°	–20°
–15	+ 5	–12
– 5	+23	– 4
0	+32	0
+ 5	+41	+ 4
+10	+50	+ 8
+15	+59	+12
+20	+68	+16
+25	+77	+20

Fixpunkte der Thermometer-Skalen

	Celsius	*Fahrenheit*	*Réaumur*
Gefrierpunkt	0°	+ 32°	0°
Siedepunkt	+100°	+212°	+80°

Die absolute Temperaturskala hat die Temperatureinheit Kelvin (K). Ihre Unterteilung entspricht der Dezimaleinteilung der Celsius-Skala. Ihrem Nullpunkt entspricht der absolute Nullpunkt mit T = 273,15 K. Es gilt: T (K) = t (°C) +273,15 oder t (°C) = T (K) –273,15.
In den Veröffentlichungen des Deutschen Wetterdienstes werden Temperaturdifferenzen, z. B. zwischen Maximum und Minimum bei Tagesschwankungen, in K angegeben.

Um zu kontrollieren, ob die Angaben eines Thermometers stimmen, füllt man ein Glas mit Eis und taucht das Thermometer so tief wie möglich ein. Der Nullpunkt entspricht der Temperatur von schmelzendem Eis: Das Thermometer muss 0 °C anzeigen. Anschließend ein Versuch in war-

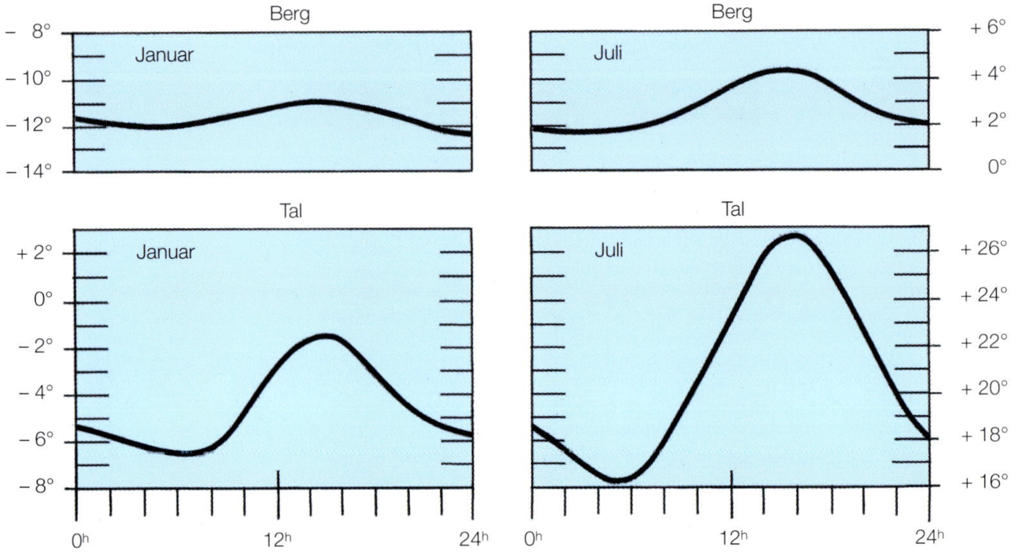

Tagesgang der Lufttemperatur auf dem Berg und im Tal.

mem Wasser (ca. 35 °C). Hier liefert ein Vergleich mit einem Fieberthermometer, das sehr sorgfältig geeicht ist, die Bestätigung, ob die Skala in Ordnung ist.

Um auch tatsächlich die **Lufttemperatur** zu messen, ist neben der Eichung des Thermometers vor allem darauf zu achten, dass das Thermometer an einem gut durchlüfteten und nicht der Sonneneinstrahlung ausgesetzten Ort aufgestellt wird. Fenster- oder Hausnähe führen zu verfälschten Werten. Nicht ohne Grund stellen die Meteorologen das Thermometer, zusammen mit anderen Instrumenten, in luftdurchlässigen, weiß lackierten Holzhäuschen zwei Meter über grasbewachsenem Boden auf.

Zu beobachten ist bei der Lufttemperatur der

Mittlere tägliche Schwankungen der lufttemperatur an der Küste und im Binnenland.

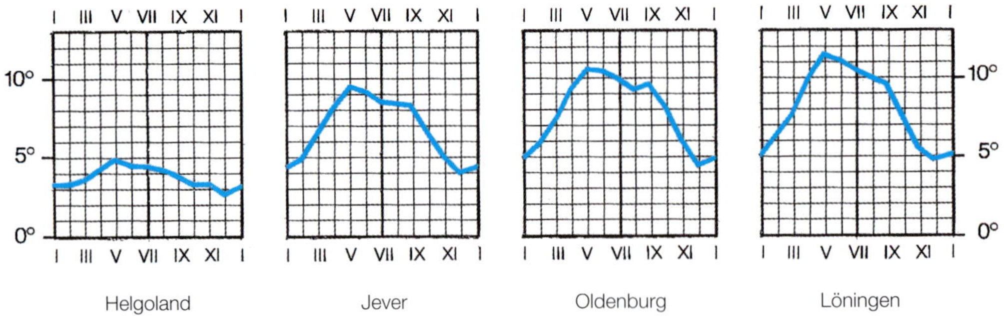

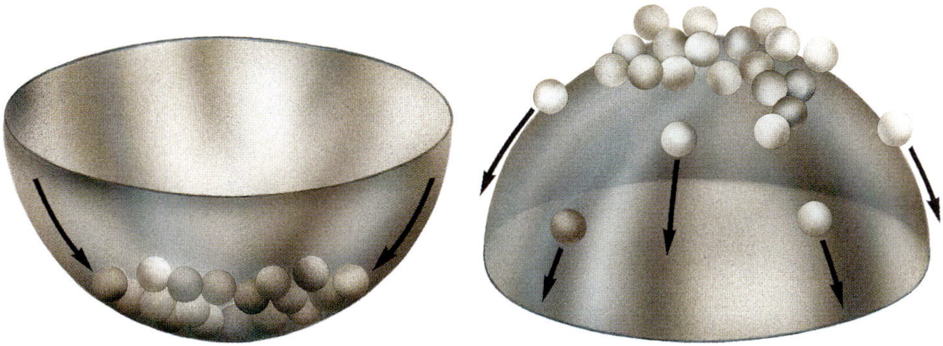

Stabil heißt, einen Zustand erhalten (Bild links: die Kugeln in der Schale rollen zusammen). Labil markiert einen zur Veränderung neigenden Zustand (Bild rechts: die Kugeln auf der Schale rollen in verschiedenen Richtungen auseinander). Stabile und labile Schichtungen der Luft spielen im Wettergeschehen eine große Rolle. Labil ist eine Lage z.B., wenn in höheren Schichten Kaltluft heranströmt und darunter erwärmte Luftmassen lagern. Umgekehrt stabilisiert bodennahe Kaltluft die Lage. Verschieden temperierte Luftmassen können einen sehr raschen Wechsel zwischen labilen und stabilen Lagen schaffen. Vom Wolkenbild her sind die geschlossenen, strukturlosen Wolkendecken ein Anzeichen für eine stabile Lage, während aufgetürmte Wolken mit Lücken, die den blauen Himmel zeigen, die labile Lage (Gewitter, Schauertätigkeit!) kennzeichnen.

tägliche Ablauf, der über Festland stärkere Schwankungen zeigt als über Meer. In beiden Fällen liegt das Minimum kurz vor Sonnenaufgang und das Maximum um 14 Uhr. Während aber bei ungestörter Ein- und Ausstrahlung über Kontinentaleuropa Schwankungen (zwischen Minimum und Maximum) zwischen 5 und 10 °C auftreten können, liegen die Unterschiede auf offenem Meer in der Regel nur bei einigen °C. Das hat seine Ursache in der verschiedenen Erwärmung von Festland und Meer (siehe Seite 205).
Zu beobachten ist bei der Lufttemperatur auch ein jährlicher Ablauf. Wieder sind Unterschiede zwischen Festland und Meer vorhanden:

Beobachtungsort	**Durchschnittliche**	
	Januar-temperatur	**Juli-temperatur**
Jakutsk in Sibirien	–42,9 °C	18,8 °C
Thorshaven, Färöer-Inseln	3,2 °C	10,8 °C

Innerhalb Europas bestätigen das die heißen Sommer und kalten Winter unter dem Einfluss des Kontinentalklimas (Osteuropa) und die kühlen Sommer und milden Winter unter dem Einfluss des Seeklimas (England).
Grundsätzlich gilt, dass die Temperatur mit der Höhe abnimmt. Ohne dieses wäre zum Beispiel das Vorhandensein von Schnee und Eis auf Ber-

Die von der Sonne erwärmte Erdoberfläche heizt bei der Rückstrahlung der Wärme die bodennahen Luftschichten auf. Diese Luftschichten werden labil. Warmluftblasen steigen auf. Der Grad der Erwärmung der bodennahen Luftschichten und damit die Thermik hängt sehr von der Oberflächenbeschaffenheit ab (Felder, Siedlungen, Wald usw.).

Die Oberflächenbeschaffenheit einer Landschaft beeinflusst die Ablösung der Warmluftblasen, z. B. wenn erhitzte Bodenluft gegen einen Wald getrieben wird. Die Warmluftblasen kühlen beim Aufsteigen ab. Bei entsprechend feuchter Luft bilden sich dann die bekannten Quellwolken (Cumuluswolken, Haufenwolken).

An Berghängen, die der Sonnenbestrahlung ausgesetzt sind, bilden sich ebenfalls überhitzte Luftschichten, die als Hangaufwind aufsteigen. Die Bewegung nach oben setzt sich fort und führt bei entsprechender Feuchte der Luft zur Entstehung von Quellwolken. Der durch Bodenthermik verursachte Aufwind spielt für Motor- und Segelflieger, Drachensegler, ja auch für den Flug von Modellflugzeugen und Drachen eine wichtige Rolle.

gen in warmen Gegenden (Kilimandscharo – 5895 m – in Ostafrika) unbegreiflich.
Freilich kommt es im Verlauf des Wettergeschehens immer wieder zum Eindringen von Warmluft in höhere Luftschichten. Aber die Beobachtungen, dass die Temperatur in der unteren und mittleren Troposphäre (also bis etwa 10 km Höhe) pro 100 Meter Höhe um 0,65 °C abnimmt, gelten trotzdem. Erst in der oberen Troposphäre und in der Stratosphäre (siehe Seite 22) bleibt die Temperatur konstant bzw. nimmt mit der Höhe sogar wieder zu. Nimmt die Temperatur in irgendeiner Höhe sprunghaft zu, sprechen die Meteorologen von einer Inversion. Bei der Bodeninversion steigt die Temperatur, beginnend am Boden, nach oben bis zu einer bestimmten Höhe. Darüber nimmt die Temperatur wieder ab. Bodeninversionen beginnen in der Nacht und setzen eine die Ausstrahlung begünstigende Wetterlage voraus. Die Höheninversion ist gekennzeichnet durch Abnahme der Temperatur am Boden bis in eine bestimmte Höhe. Dort nimmt die Temperatur dann wieder zu (Untergrenze der Inversion). Die Zunahme reicht weiter in die Höhe und endet an der Obergrenze der Inversion. Ab hier setzt dann wieder die gesetzmäßige Temperaturabnahme mit zunehmender Höhe ein. Für das Wettergeschehen höchst bedeutsam ist die unterschiedliche Erwärmung benachbarter Luftmassen. Temperaturunterschiede der Luft über dem Festland und dem Meer lassen einen Luftdruckunterschied entstehen (siehe Seite 64). Die Luftmassen geraten in Bewegung, es bilden sich Luftströmungen (Wind). Wegen des Wasserdampfgehalts der Luft und ihrer Fähigkeit, bei einer gegebenen Temperatur nur eine bestimmte Menge an Wasserdampf aufnehmen zu können, besteht nicht nur eine Wechselwirkung zwischen Luftdruck und Lufttemperatur, sondern auch zwischen Lufttemperatur und Luftfeuchte (siehe Seite 139).

So sind Beurteilungen des Wettergeschehens, die sich allein auf Temperaturmessungen stützen, von beschränktem Aussagewert. Man kann zwar im Sommer bei abnehmender Temperatur Regenwetter erwarten, während dieses Verhalten der Temperatur im Winter schönes Wetter verspricht. Bei steigender Temperatur ist es jahreszeitlich gerade umgekehrt. Generell sind deutliche Abweichungen vom täglichen Gang der Temperatur, z. B. rasche Erwärmung am Morgen als Folge eines Warmluftzustroms, Anhaltspunkte für Veränderungen im Wettergeschehen. Aber es spielt schon eine Rolle, ob die zuströmende Warmluft feucht oder trocken ist.
Ähnlich wie bei der Darstellung des Luftdruckverlaufs (siehe Seite 130) bedient sich die Wissenschaft vom Wetter bei der Darstellung des Lufttemperaturverlaufs Linien, die alle Orte gleicher Lufttemperatur verbinden (»Isothermen«). Eine Wiedergabe der mittleren Werte macht neben der Abhängigkeit von der geographischen Breite den Einfluss der Verteilung von Festland und Meer deutlich.

Luftfeuchtigkeit

Zur Messung der relativen Luftfeuchtigkeit machen sich die Meteorologen zwei Prinzipien zunutzen:
1. Das Haar-Hygrometer Hier wird die Eigenschaft von Menschenhaaren, aber auch von Kunstfasern genutzt, sich in feuchter Luft auszudehnen und in trockener zusammenzuziehen. Die Bewegungen der Haare oder Fasern werden auf einen Zeiger übertragen. Das Haar-Hygrometer wickelt man eine halbe Stunde vor Inbetriebnahme in ein feuchtes Tuch ein und justiert anschließend den Zeiger sofort auf 95 % relative Luftfeuchtigkeit. Bei dichtem Nebel müsste ein richtig geeichtes Haar-Hygrometer 100 % relative Luftfeuchtigkeit anzeigen.

Ist die Erwärmung der bodennahen Luftschichten gering, erreichen die aufsteigenden Warmluftblasen nicht ihr Kondensationsniveau (linke Abbildung). Erreicht aufsteigende feucht-warme Luft eine Luftschicht, in der es zur Quellwolkenbildung kommt, ist dies ihr Kondensationsniveau (rechte Abbildung). Entscheidend dafür sind Temperatur und relative Luftfeuchtigkeit. Unter »Auslösetemperatur« – wichtig für alle Flugwetterberichte – versteht man die Temperatur, die nötig ist, um die Luft bis zu ihrem Kondensationsniveau steigen zu lassen.

2. Das Psychrometer Hier wird die Tatsache genutzt, dass trockene Luft die Verdunstung fördert, feuchte Luft hingegen hemmt sie. Das Gerät besteht aus zwei gleichen, identisch geeichten Thermometern. Die Kugel des einen ist mit einer saugfähigen Baumwollbinde umwickelt, die weiter unten mit einem Ende in einen Wasserbehälter eintaucht. So bleibt die Binde ständig feucht. An der Thermometerkugel, die dem Luftstrom offen ausgesetzt sein muss, verdunstet permanent Wasser. Dazu wird Wärme benötigt, die der Thermometerfüllung abgeht. Also zeigt das »feuchte« Thermometer gegenüber dem »trockenen« eine niedrigere Temperatur an. Dieser Temperaturunterschied erlaubt die Berechnung der relativen Feuchte mit recht guter Genauigkeit. Der Unterschied sinkt auf 0 °C, wenn die relative Luftfeuchte 100 % erreicht hat. Mithilfe der sogenannten »Psychometertafel« ist die Zuordnung Temperaturunterschied – relative Feuchte sofort möglich.

Je nach Beschaffenheit der Erdoberfläche sind der Auftrieb und die Feuchtigkeit der Warmluftblasen verschieden. Entsprechend unterschiedlich ist das Kondensationsniveau: Es kommt zur Quellwolkenbildung in unterschiedlicher Höhe. Diese Stufenthermik beobachtet man besonders in Gebirgsgegenden (Alpen!).

Man unterscheidet zwischen absoluter und relativer Feuchtigkeit (siehe Seite 106). Jeder spürt zwar, wenn die Luft feucht wird, sich also mit Wasserdampf anreichert. Sichtbar indessen wird das Geschehen erst, wenn die Luft mit Wasserdampf gesättigt ist und es zur Kondensation kommt. Wolken- und Nebelbildung, Niederschläge sind jetzt sichtbare Folgen.
Dabei spielt die Temperatur ihre Rolle (siehe Seite 110). Die Abkühlung der Luft führt zur Kondensation, weil Luft einer bestimmten Temperatur nur eine bestimmte Menge Wasserdampf bilden kann. Dazu ein Beispiel:
Feuchte Warmluft steigt auf. Ihre Temperatur beträgt 25 °C und der Gehalt an Wasserdampf 15 Gramm je Kubikmeter. Das entspricht einer relativen Luftfeuchtigkeit von 65 % (siehe auch Tabelle und Formel auf Seite 106). Wird die Luft auf 20 °C abgekühlt, steigt die relative Luftfeuchtigkeit bereits auf rund 87 %. Die Wolkenbildung wird in einer Höhe einsetzen, in der die Temperatur nur noch zwischen 17 und 18 °C beträgt (»Kondensationsniveau«, »Taupunktebene«).
Aufsteigende Luft kühlt sich, solange kein Wasserdampf verflüssigt wird, um 1 °C je 100 Meter Anhebung ab (»ungesättigte Luft«). In unserem Beispiel würde demnach die Wolkenbildung etwa in 700–800 Meter Höhe einsetzen.
Bei sonnigem Wetter erwärmt sich im Laufe des Tages die bodennahe Luft immer mehr. Sie wird

Temperatur	Wasserdampfgehalt	Sättigungsfeuchte	Luftfeuchtigkei
Steigend	konstant	steigend	Luft relativ trocken
Fallend	konstant	fallend	Luft relativ feucht

allmählich leichter als die kalte Luft darüber und steigt auf. Ob sie dann auch in der Lage ist, bis in jene Höhe vorzustoßen, in der sich gerade das Kondensationsniveau für diese Luft befindet, hängt von der »Auslösetemperatur« ab. Die Bestimmung dieser Temperatur macht sehr genaue Kenntnisse über den Verlauf von Temperatur und Feuchte bis hinauf in höhere Luftschichten notwendig. Unentbehrlich z. B. für die Luftfahrt und die für sie notwendige Flugwettervorhersage.

Wie Luftdruck und Lufttemperatur unterliegt die Luftfeuchte auch ohne Veränderungen der über dem Beobachtungsplatz befindlichen Luftmassen einem »täglichen Gang«: Am Hygrometer registriert man an einem warmen Sommertag eine geringe relative Feuchte. Aber am Abend und in der Nacht nimmt sie ständig zu. Ja, sie erreicht dann nicht selten 100 % und es kommt zu Taubildung. Der Aufzug von Wolken kann das verhindern. Sie blockieren die nächtliche Ausstrahlung.

Die Temperatur, bei der sich eine relative Luftfeuchtigkeit von 100 % einstellt, ist der Taupunkt. Der Taupunkt markiert die zu erwartende Tiefsttemperatur einer Nacht. Vorausgesetzt, dass sich während der Nacht nicht die Zusammensetzung der Luftmassen, z. B. durch Zustrom von Kaltluft, verändert. Liegt der Taupunkt in der Nähe von 0 °C, steht Nachtfrost bevor (Reifpunkt). Hohe relative Luftfeuchtigkeit in einer sternklaren Nacht lässt Nebelbildung erwarten. Ist in einer sternklaren Nacht die relative Luftfeuchtigkeit gering, ist mit weiterer Abkühlung zu rechnen.

Bei der Beobachtung von Tiefsttemperaturen in Bodennähe ist zu beachten, dass sich Bodenfrost bereits bildet, während die Lufttemperatur in 1–2 Meter Höhe über dem Boden noch einige Grade über 0 °C beträgt. In Bodensenken ist die Frostgefahr am größten. Die Bestimmung des Taupunktes ist für die Vorhersage von Nachtfrösten (Bodenfrösten) sehr wichtig. Die dazu notwendigen Temperatur- und Feuchtemessungen beginnt man zweckmäßigerweise erst nach Sonnenuntergang.

Zum Verständnis vieler Vorgänge des Wettergeschehens ist die Beziehung zwischen Luftfeuchte und Lufttemperatur notwendig (siehe Tabelle oben).

Luftdichte

Vor allem mithilfe von Ballon- und Radiosonden wurde noch in der Zeit vor den Raketen und Erdsatelliten der Aufbau der Atmosphäre untersucht, um mehr über die Zusammensetzung und Dichteverhältnisse in größeren Höhen zu erfahren. Aufgrund physikalischer Gesetze ist anzunehmen, dass die Luftdichte mit zunehmender Höhe abnimmt. Auch müssen in der Zusammensetzung Unterschiede da sein, da die Gase, aus denen die Atmosphäre besteht (siehe Seite 21), unterschiedlich schwer sind. Leichte Gase, zum Beispiel Helium und Wasserstoff, müssten mit zunehmender Höhe immer stärker vertreten sein, während Stickstoff und Sauerstoff die unteren Schichten beherrschen.

Der Zustand der Luftdichte spielt z. B. für den

Luftverkehr eine wichtige Rolle. Die Luftdichte ist proportional dem Luftdruck, aber umgekehrt proportional zur Temperatur. In heißen Gegenden oder bei hochsommerlichen Temperaturen und hoch gelegenen Start- und Landebahnen registriert man eine deutlich kleinere Luftdichte. Die Flugzeuge benötigen dann lange Startbahnen oder dürfen nicht voll beladen werden.

Berechnung der Luftdichte:

$$\text{Luftdichte in kg/m}^3 = \frac{0{,}349 \cdot \text{Luftdruck in hPa}}{273 \pm \text{Temperatur in °C}}$$

Heute wissen wir, dass bis in eine Höhe von fast 100 Kilometer die Zusammensetzung der Luft nicht sonderlich abweicht. Hierfür sind offenbar großräumige Durchmischungsvorgänge verantwortlich, die einen Austausch der Gase ermöglichen. So wird auch ein Absetzen der Gase nach dem spezifischen Gewicht verhindert. Eine Abnahme der Luftdichte mit der Höhe ist zu beobachten, etwa vergleichbar mit der Abnahme des Luftdrucks. In 17 Kilometer Höhe macht die Luftdichte nur noch etwa ein Zehntel des ursprünglichen Betrags aus. Die Abnahme der Luftdichte erfolgt oberhalb 100 Kilometer, ähnlich wie die Abnahme des Luftdrucks auch, langsamer.

Die Luftdichte unterliegt systematischen Schwankungen mit der Tages- und Jahreszeit. Veränderungen treten außerdem in Abhängigkeit von der Sonnenaktivität ein.

Die in den bodennahen Luftschichten vorhandenen Fremdkörper, z. B. aufgewirbelter Staub, Verbrennungsprodukte und andere Beimengungen, verändern die Luftdichte nicht. Auf wichtige Erscheinungen des Wettergeschehens, z. B. Niederschläge, Dunst- und Nebelbildung, nehmen diese festen Schwebeteilchen allerdings zunehmend Einfluss.

Luftströmung (Wind)

Es gibt bessere Verfahren als den feuchten Finger, den man hoch hält, um die Windrichtung zu bestimmen. Zum Beispiel den selbst gebastelten Windsack. Er besteht aus einer Stoffröhre, die konisch geformt ist. Vorne ist sie an einem senkrecht drehbaren Ring befestigt und hinten offen. Auch das kleinere konische Ende lässt man zweckmäßigerweise offen, um das Flattern im Wind zu verhindern. Einen Windsack montiert man am besten auf einer hohen Stange, die im Freien oder auf einem Dach steht. Die Windrichtung ist die Richtung, aus der der Wind kommt. Seit altersher bekannt ist auch die Windfahne als Anzeiger der Windrichtung. Es gibt elektrische und mechanische Übertragungseinrichtungen, um die angezeigte Windrichtung automatisch zu notieren.

Für die Messung der Windgeschwindigkeit stehen mehrere Systeme von Windmessern zur Verfügung. Am bekanntesten ist der Schalenkreuzanemometer, den es als Handgerät zu kaufen gibt, den man sich aber auch selbst anfertigen kann. Das Prinzip besteht darin, dass sich Schalen aus Kunststoff oder Metall im Uhrzeigersinn um eine Achse drehen. Sie drehen sich umso schneller, je stärker der Wind weht. Zählt man die Zahl der Umdrehungen je Sekunde, hat man ein Maß für die Windstärke. Industriell gefertigte Geräte haben eine Skala, auf der die Windgeschwindigkeit in Metern pro Sekunde abzulesen ist. Üblicherweise beträgt der Messbereich bei Handgeräten 0 bis 25 Meter pro Sekunde. Das entspricht nach der Beaufort-Skala den Windstärken 0 bis 9 (Windstille bis Sturm).

Es gibt eine Reihe von Möglichkeiten, mittels mechanischer und elektrischer Übertragungs- und Anzeigesysteme die Messungen eines Anemometers aus der Ferne zu kontrollieren und aufzuzeichnen.

Instrumente zur Wettermessung

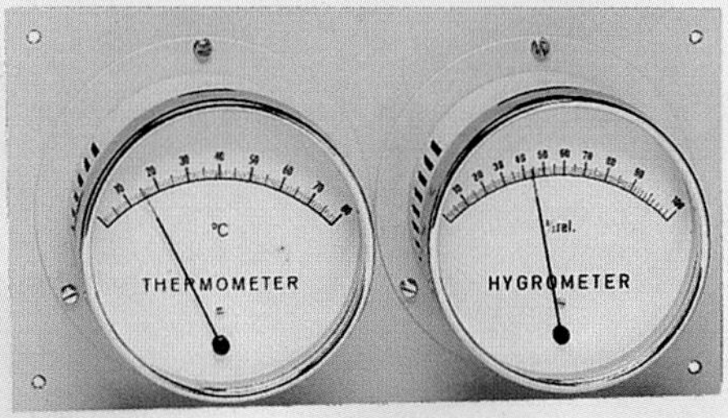

Anzeigekombination aus Thermometer und Hygrometer

Präzisionsbarometer

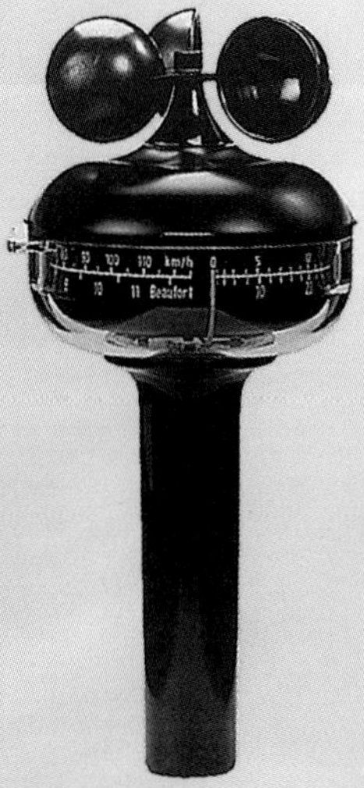

Schalen-Anemometer

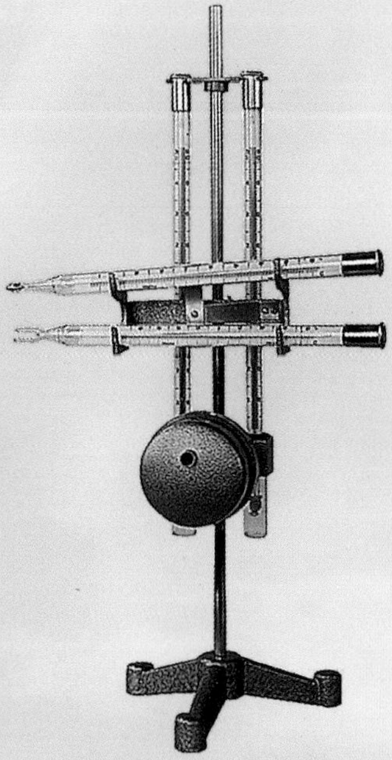

Normal-Psychrometer

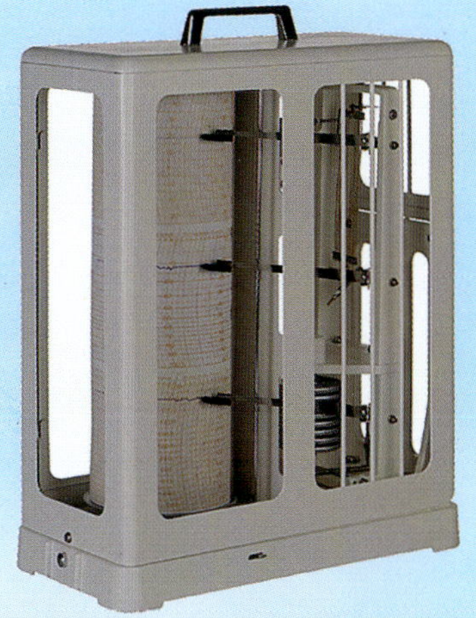

Meteoropraph für relative Feuchte, Luftemperatur und barometrischen Luftdruck

Sonnenschein-Schreiber

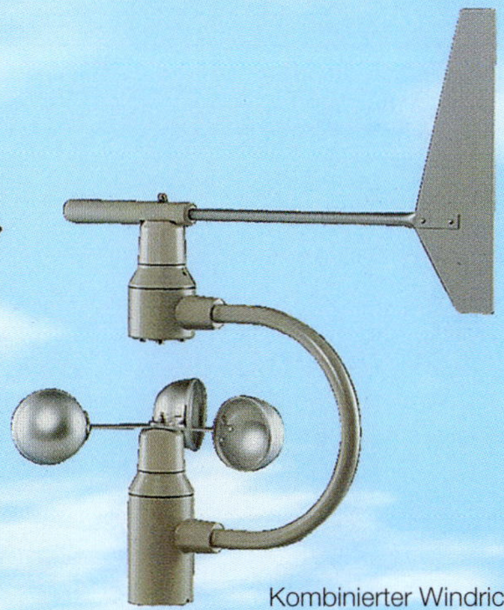

Kombinierter Windrichtungs- und Windgeschwindigkeitsmesser zur elektrischen Messwertübertragung

Automatische Wetterstation Thies Meteo LOG TDL 14 zur computergestützen Datenerfassung und -aufzeichnung von Windgeschwindigkeit und -richtung, Niederschlag, Lufttemperatur, Luftfeuchte, Globalstrahlung, Luftdruck und anderen Messwerten

Um eine Luftströmung zu charakterisieren, ist es notwendig, ihre Richtung und ihre Stärke anzugeben. Es ist die Regel, die Windrichtung in Winkelgraden des Kreises von Nord nach Ost anzugeben:

Nordwind = 0°	Südwind = 180°
Ostwind = 90°	Westwind = 270°

Siehe dazu auch die Abbildung »Windrose« auf Seite 145 oben.
In der Seefahrt spielt immer noch die Strichteilung eine gewisse Rolle. Ein Strich ist der 32. Teil des Kompasskreises (= 11,25°). Jeder Strich hat seine eigene Bezeichnung. Dazu als Beispiel die ersten 45 Grad der Vollkreisteilung (»erster halber Quadrant«):

Nord	(= 0°)
Nord zu Ost	(= 11,25°)
Nordnordost	(= 22,50°)
Nordost zu Nord	(= 33,75°)
Nordost	(= 45°)

Für die Angabe der Windstärke ist es üblich – neben der Angabe in Metern pro Sekunde – auch Angaben in Kilometern pro Stunde und in Seemeilen (Knoten) pro Stunde zu machen.

1 Seemeile/Stunde = 1,852 Kilometer/Stunde = 0,515 Meter/Sekunde

Die Bezeichnung der Windstärke in den 12 Graden der **Beaufort-Skala** ist noch weit verbreitet (siehe Seite 146). Für Starkwinde gibt es neue Skalen (siehe Seite 155).
Beaufort-Skala ist eine Schätzungsskala der Windstärke für Beobachter ohne Messgerät. Sie wurde von dem englischen Admiral Sir Francis Beaufort (1774–1857) im Jahr 1806 eingeführt. Er nahm die Stärke des Seegangs als Basis. Ähnlich lassen sich Kennzeichen für die Auswirkungen des Windes im Binnenland angeben. Wegen der unterschiedlichen Böigkeit lassen sich in der Höhe (etwa ab 10 Meter) keine eindeutigen Windwerte zuordnen.
Windstärke 12 der Beaufort-Skala (»Orkan«) entspricht einer Windgeschwindigkeit von über 120 Kilometern pro Stunde. Tatsächlich werden z. B. in Taifunen noch höhere Geschwindigkeiten (über 200 km/h!) erreicht.
Dabei handelt es sich bei allen diesen Messungen der Windstärken bzw. Windgeschwindigkeiten um Messungen in Bodennähe. Mit zunehmender Höhe erreichen Luftströmungen zum Teil noch höhere Werte. In den oberen Schichten der Troposphäre (ca. 6000–15000 Meter Höhe) wurden »Starkwindbänder« (»Jet-Streams«) entdeckt, die Windgeschwindigkeiten um 400 Kilometer pro Stunde entwickeln und sich im internationalen Flugverkehr sehr unangenehm bemerkbar machen können.
Luft strömt von einem Punkt mit höherem Luftdruck zu einem Punkt mit niedrigerem. Die Windstärke steht offensichtlich in Zusammenhang mit dem auszugleichenden Druckunterschied. Der Wind weht umso stärker, je größer der Druckunterschied ist und je geringer die Entfernung zwischen den beiden Punkten mit unterschiedlichem Luftdruck. Je größer also der »Gradient« (siehe Seite 132) ist, umso größer wird auch die Windgeschwindigkeit sein. Im täglichen Wettergeschehen begründen verschieden temperierte Luftmassen den Druckunterschied. Zu beachten ist dabei, dass Luft über dem Festland schneller erwärmt wird als Luft über dem Meer (siehe Seite 205). Nur bei lokalen Luftströmungen bestimmt der Druckunterschied allein Windstärke und Windrichtung. Für alle großräumigeren Luftströmungen ist die auf die unterschiedliche Erwärmung der Luftmassen nachfolgende Ablenkung der Luftströmung als Folge der Erdrotation zu berücksichtigen.

Wenn von Windrichtung die Rede ist, dann ist die Himmelsrichtung gemeint, aus der die Luftströmung kommt: der Westwind weht von West nach Ost. Die »Windrose« zeigt die Windrichtungen in Winkelgraden von Nord über Ost nach Süd und West. In der Meteorologie ist die Volkreisteilung von 360 Graden üblich. In der Schifffahrt gibt es auch noch die alte Strichteilung. Windstärke siehe Seite 146.

Auf der Nordhalbkugel werden alle Winde nach rechts abgelenkt.
Auf der Südhalbkugel werden alle Winde nach links abgelenkt.

Am größten ist diese Ablenkung in hohen Breiten (Polnähe!). Sie ist am Äquator 0 und nimmt mit der geographischen Breite zu. Weiter verstärkt sich der Ablenkungseffekt mit der Windgeschwindigkeit.
(Fortsetzung des Fließtextes auf Seite 154)

Beaufortskala und Windgeschwindigkeit (siehe auch Fotos Seite 147–153) International gültig seit 1. 1. 1949

Beaufort-grad	Bezeichnung	Auswirkungen des Windes im Binnenland	Auswirkungen des Windes auf der See	Staudruck in kg/m^2
0	still	Windstille, Rauch steigt gerade empor.	Spiegelglatte See.	0
1	leiser Zug	Windrichtung nur angezeigt durch Zug des Rauches, aber nicht durch Windfahne.	Kleine schuppenförmig aussehende Kräuselwellen ohne Schaumkämme.	0–0,1
2	leichte Brise	Wind am Gesicht fühlbar, Blätter säuseln, Windfahne bewegt sich.	Kleine Wellen, noch kurz, aber ausgeprägter. Kämme sehen glasig aus und brechen sich nicht.	0,2–0,6
3	schwache Brise	Blätter und dünne Zweige bewegen sich, Wind streckt einen Wimpel.	Kämme beginnen sich zu brechen, Schaum überwiegend glasig, ganz vereinzelt können kleine weiße Schaumköpfe auftreten.	0,7–1,8
4	mäßige Brise	Hebt Staub und loses Papier, bewegt Zweige und dünnere Äste.	Wellen noch klein, werden aber länger, weiße Schaumköpfe treten aber schon ziemlich verbreitet auf.	1,9–3,9
5	frische Brise	Kleine Laubbäume beginnen zu schwanken. Schaumköpfe bilden sich auf Seen.	Mäßige Wellen, die eine ausgeprägte lange Form annehmen. Überall weiße Schaumkämme. Ganz vereinzelt kann schon Gischt vorkommen.	4,0–7,2
6	starker Wind	Starke Äste in Bewegung, Pfeifen in Telegrafen-Leitungen, Regenschirme schwierig zu benutzen.	Bildung großer Wellen beginnt. Kämme brechen und hinterlassen größere weiße Schaumflächen. Etwas Gischt.	7,3–11,9
7	steifer Wind	Ganze Bäume in Bewegung, fühlbare Hemmung beim Gehen gegen den Wind.	See türmt sich. Der beim Brechen entstehende weiße Schaum beginnt sich in Streifen gegen die Windrichtung zu legen.	12,0–18,3
8	stürmischer Wind	Bricht Zweige von den Bäumen, erschwert erheblich das Gehen im Freien.	Mäßig hohe Wellenberge mit Kämmen von beträchtlicher Länge. Von den Kanten der Kämme beginnt Gischt abzuwehen. Schaum legt sich in gut ausgeprägten Streifen in die Windrichtung.	18,4–26,8

9	Sturm	Kleinere Schäden an Häusern (Rauchhauben und Dachziegel werden abgeworfen).	Hohe Wellenberge, dichte Schaumstreifen in Windrichtung. »Rollen« der See beginnt, Gischt kann die Sicht schon beeinträchtigen.	26,9–37,3
10	schwerer Sturm	Entwurzelt Bäume, bedeutende Schäden an Häusern.	Sehr hohe Wellenberge mit langen überbrechenden Kämmen. See weiß durch Schaum. Schweres stoßartiges »Rollen« der See. Sichtbeeinträchtigung durch Gischt.	37,4–50,5
11	orkanartiger Sturm	Verbreitete Sturmschäden (sehr selten im Binnenlande).	Außergewöhnlich hohe Wellen berge. Durch Gischt herabgesetzte Sicht.	50,6–66,5
12	Orkan	Schwerste Verwüstungen.	Luft mit Schaum und Gischt angefüllt. See vollständig weiß. Sicht sehr stark herabgesetzt. Jede Fernsicht hört auf.	66,6 und mehr

Windstärke 0 (Windstille): Im Bild Reste sehr niedriger Dünung.

Windstärke 1 (Leiser Zug): Kräuselwellen ohne Schaumkämme.

Windstärke 2 (Leichte Brise): Kurze kleine Wellen. Die Kämme brechen nicht.

Windstärke 3 (Schwache Brise): Allmählich beginnen die Kämme zu brechen.

Windstärke 4 (Mäßige Brise): Auftreten weißer Schaumköpfe. Die Wellen werden länger.

Windstärke 5 (Frische Brise): Überall weiße Schaumkronen. Längere Wellen.

Windstärke 6 (Starker Wind): Beim Brechen der Kämme bilden sich weiße Schaumflächen. Große Wellen entstehen.

Windstärke 7 (Steifer Wind): Die Schaumflächen bilden Streifen in die Windrichtung.

Windstärke 8 (Stürmischer Wind): Die Streifenbildung des Wasserschaums ist in die Windrichtung kräftig entwickelt. Von den Schaumkronen weht Gischt ab.

Windstärke 9 (Sturm): Sichtbehinderung durch Gischt. Hohe Wellenberge. See »stampft«.

Windstärke 10 (Schwerer Sturm): See »schäumt«. Sehr hohe Wellenberge mit langen überbrechenden Kämmen. Gischt erschwert die Sicht stärker.

Windstärke 11 (Orkanartiger Sturm): Die überbrechenden Kämme werden überall zu Gischt zerblasen. Wellenberge außergewöhnlich hoch. Erhebliche Sichtbehinderung.

Windstärke 12 (Orkan): Alles weiß von Gischt und Schaum.

Untere und obere Grenze der Geschwindigkeits- und Druckstufen im Vergleich zu Beaufortgraden

Beaufort-grad	m/s	km/h	m. p. h.	Knoten	Staudruck in kg/m²
0	0– 0,2	1	1	1	0
1	0,3–1,5	1–5	1–3	1–3	0– 0,1
2	1,6–3,3	6–11	4–7	4–6	0,2– 0,6
3	3,4–5,4	12–19	8–12	7–10	0,7– 1,8
4	5,5–7,9	20–28	13–18	11–15	1,9– 3,9
5	8,0–10,7	29–38	19–24	16–21	4,0– 7,2
6	10,8–13,8	39–49	25–31	22–27	7,3–11,9
7	13,9–17,1	50–61	32–38	28–33	12,0–18,3
8	17,2–20,7	62–74	39–46	34–40	18,4–26,8
9	20,8–24,4	75–88	47–54	41–47	26,9–37,3
10	24,5–28,4	89–102	55–63	48–55	37,4–50,5
11	28,5–32,6	103–117	64–72	56–63	50,6–66,5
12	32,7 u. mehr	118 u. mehr	73 u. mehr	64 u. mehr	66,6 und mehr

m/s = Meter pro Sekunde
km/h = Kilometer pro Stunde
m.p.h. = Meilen pro Stunde (1 Meile = 1609 Meter)
Knoten = Seemeilen pro Stunde (1 Seemeile = 1852 Meter)
Staudruck = Druck des Windes in Kilogramm pro Quadratmeter auf einer ebenen, senkrechten zum Winde stehenden Fläche (entsprechend der Normen im Bauwesen DIN 1055)

»Die obigen vergleichenden Angaben über Geschwindigkeit und Stärke des Bodenwindes in Beaufortgraden beziehen sich auf die international festgelegte Messhöhe von 10 m über Grund im freien Gelände. Bei gleichen Beaufortgraden kann man entsprechend der durchschnittlichen Änderung der Windgeschwindigkeit mit der Höhe zum Beispiel in 4 m über Grund mit einer um etwa 20 % kleineren, in 30 m Höhe über Grund mit einer um etwa 20 % größeren Geschwindigkeit als den in 10 m gemessenen Werten rechnen. (Die Unterschiede gegenüber den vor dem 1. 1. 49 gültigen Vergleichsskalen erklären sich aus der Erhöhung des Bezugsniveaus von 6 m auf 10 m). Bei Geschwindigkeitsangaben für einzelne Böenstöße sind die tatsächlich gemessenen Werte maßgeblich; eine Umrechnung auf eine andere Bezugshöhe ist dabei nicht statthaft.«(Deutscher Wetterdienst, Seewetteramt Hamburg)

Die Ablenkung der Luftströmungen ist ein Beispiel für die nach dem französischen Physiker C. G. de Coriolis (1792–1843) benannte »Coriolisbeschleunigung«: ein bewegter Körper wird von seiner Bahn abgelenkt, wenn seine Bewegung durch Trägheitskräfte (»Corioliskraft«) an die Drehbewegung eines Bezugskörpers gebunden ist. Corioliskräfte sind verantwortlich für die Entstehung der Passatwinde.

Eine weitere Ablenkung (und Abbremsung) erfahren bodennahe Winde wegen der Reibung zwischen Luft und Erdoberfläche. Gebirge stauen den Luftstrom, heben ihn an oder lenken ihn um. (Fortsetzung des Fließtextes auf Seite 158)

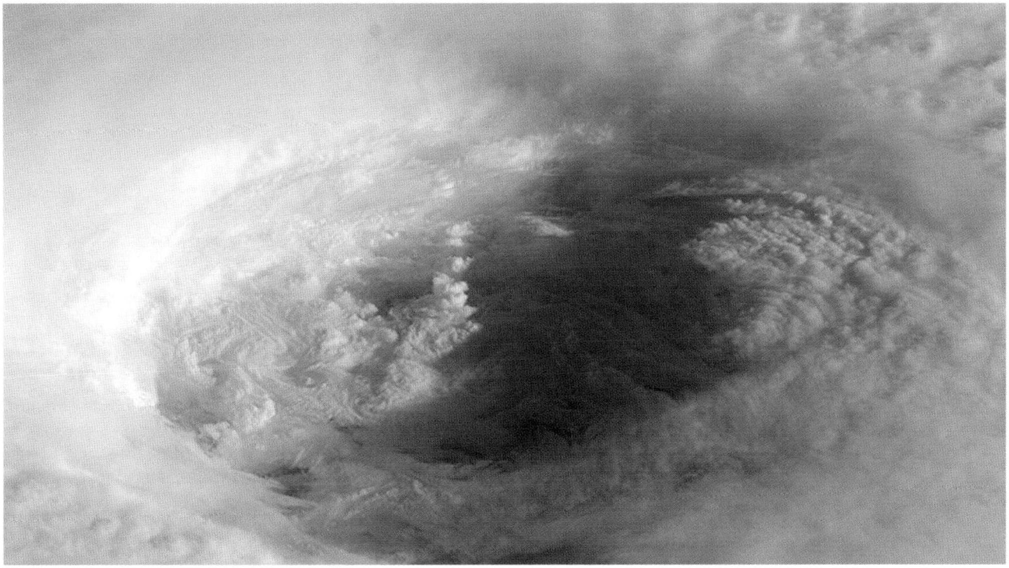

Satellitenbild des Hurrikans »Isabel« am 12. September 2003. Sehr auffällig ist die Struktur des Auges.

Saffir-Simpson-Hurrikan-Skala

SS	Bezeichnung	Mittlere Windgeschwindigkeit			
		m/s	km/h	Landmeilen/h	Knoten
1	schwach	32,7–42,6	118–153	73–95	64–82
2	mäßig	32,7–49,5	154–177	96–110	83–96
3	stark	49,6–58,5	178–209	111–130	97–113
4	sehr stark	58,6–69,4	210–249	131–155	114–134
5	verwüstend	69,5–	250–	156–	135–

Fujita-Tornado-Skala

F	Bezeichnung	Windgeschwindigkeit			
		m/s	km/h	Landmeilen/h	Knoten
0	leicht	17,2–32,6	62–117	39–72	34–63
1	mäßig	32,7–50,1	118–180	73–112	64–97
2	stark	50,2–70,2	181–253	113–157	98–136
3	verwüstend	70,3–92,1	254–332	158–206	137–179
4	vernichtend	92,2–116,2	333–418	207–260	180–226
5	katastrophal	116,3–	419	261–	227–

Luftwirbel entstehen nicht nur als Folge der Aufheizung bodennaher Luftschichten. Auch dann, wenn die Luftströmung in ihrem Fluss gestört wird (Widerstand in Form von Bäumen, Häusern usw.), entsteht Turbulenz. Mit zunehmender Geschwindigkeit der horizontal auf das Hindernis zuströmenden Luft steigert sich diese Turbulenz und führt u.a. zu kräftigen vertikalen Strömungen.

Die ablenkende Kraft der Erdrotation (Corioliskraft)

Bei gleichem Isobarenabstand weht in antizyklonal gekrümmten Isobaren ein heftigerer Wind als in zyklonal gekrümmten Isobaren. Die Rechtsablenkung der Luftströmung durch die Corioliskraft auf der Nordhalbkugel verursacht so lange eine Rechtsdrehung der Luftströmung, bis ein Kräftegleichgewicht zwischen der Gradientkraft (Kraft des Gefälles von hohem zu tiefem Druck) und der Corioliskraft eingetreten ist. Im Fall des Kräftegleichgewichts (siehe Zeichnungen!) ist der Isobarenabstand im Hochdruckgebiet größer und die Krümmung der Isobaren geringer als im Tiefdruckgebiet. Das gilt nur unter Voraussetzung gleicher geografischer Breite und Windgeschwindigkeit.

G = Gradientkraft, C = Corioliskraft, V = Windvektor, T = Tief, H = Hoch.

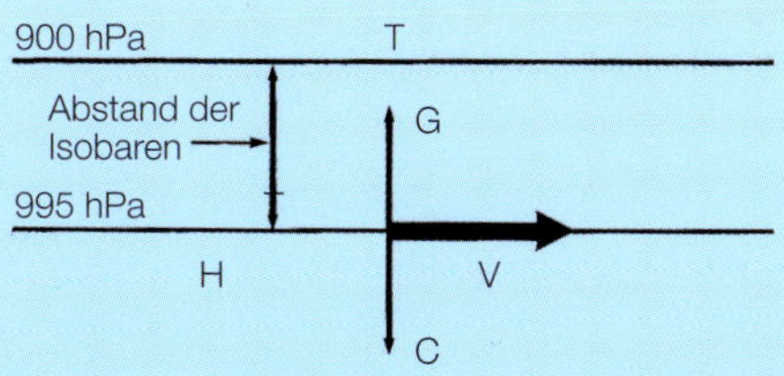

Luftströmung, bei der ein Kräftegleichgewicht herrscht zwischen der sie erzeugenden Gradientkraft und der Corioliskraft (Grenzzone zwischen Tief und Hoch).

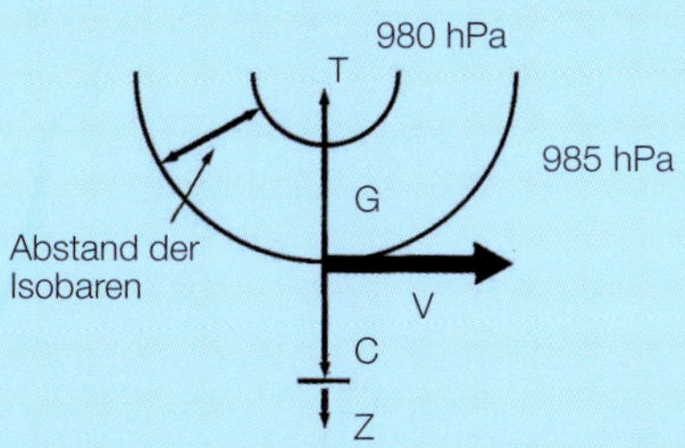

Kräftegleichgewicht zwischen Gradientkraft und Corioliskraft bei zyklonal gekrümmten Isobaren (Tiefdruckgebiet). Als dritte Kraft kommt die Zentrifugalkraft Z hinzu.

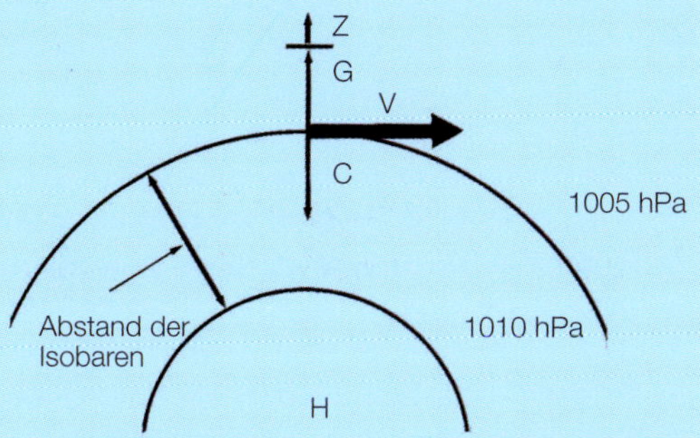

Kräftegleichgewicht zwischen Gradientkraft und Corioliskraft bei antizyklonal gekrümmten Isobaren (Hochdruckgebiet). Als dritte Kraft kommt die Zentrifugalkraft Z hinzu.

Auch über dem Mittelgebirge treten Föhnwolken auf, ausgelöst von Wellenbildung am Gebirge, Kondensation im Wellenkamm und Abtrocknung im Wellental. Im Bild Föhnwolken im Lee des Thüringer Waldes.

Zusammenfassend hängt die Windstärke von folgenden Faktoren ab:

1. vom Luftdruckgefälle (Größe des Gradienten!)
2. von der geografischen Breite (Corioliskraft)
3. von der Größe des Reibungsverlusts an der Erdoberfläche
4. von der Krümmung der Windbahn.

Es gibt auf der Erde eine Reihe von typischen Winden und Windsystemen, die in der Regel auf die Ablenkung durch die Erddrehung (Passatwinde), die unterschiedliche Erwärmung von Luft über Festland und Meer (Monsune) und geografische Gegebenheiten, z. B. Gebirge

Die oft extrem klare Luft begünstigt an Föhntagen in den Bergen eine hervorragende Fernsicht. Mit der Föhnlage verbunden ist oft eine Winddrehung in der Höhe auf West. Dann erscheinen die Föhnwolken mehr parallel zum Alpenhauptkamm.

(Föhn), zurückzuführen sind (siehe auch Tabelle auf Seite 224).
Luftströmungen werden in Wetterkarten mit Pfeilen markiert. Die Lage des Pfeils entspricht der Windrichtung. Bei Windstille bekommt der Stationskreis noch einen Kreis außen herum. Die Windstärke geben »ganze« und »halbe« Federn an. Eine ganze Feder entspricht zwei Graden der Beaufort-Skala, eine halbe einem Grad. Windstärke 10 nach der Beaufort-Skala wird mit einem schwarz ausgefüllten Dreieck am Pfeil angegeben. Siehe Musterwetterkarte auf Seite 165 und Wetterkartensymbole auf Seite 166.

Sicht

Die Entfernung, in der eine Sichtmarke noch einwandfrei von ihrem Umfeld abgehoben und begrenzt wahrgenommen wird, kennzeichnet die Sichtweite. Diese Entfernung wird entweder geschätzt oder messtechnisch erfasst. Sichtmarken im Gelände, z. B. Berge, Türme, Sendemasten, deren Abstand zum Beobachtungsort ausgemessen ist, dienen für Schätzungen. In der Nacht benützt man Lichtquellen als Sichtmarken. Die messtechnische Erfassung der Sichtweite geschieht mit Hilfe von verschiedenen optisch-

elektrischen Verfahren. Bei der Transmissometermessung zum Beispiel, wie sie der Deutsche Wetterdienst zum Einsatz bringt, wird ein Lichtimpuls von einem Sender ausgestrahlt und von einem in einer bestimmten Entfernung befindlichen Empfänger aufgefangen. Der von dem zwischen beiden Geräten befindlichen Luftvolumen durchgelassene Lichtstrom ist das Maß für die Sichtweite.
Die Sichtweite wird in Meter und Kilometer angegeben. Siehe dazu auch die Ausführungen Seite 58.

Bewölkung

Alle sichtbaren, in der Luft schwebenden Ansammlungen kondensierten Wassers oder sublimierten Eises ohne Kontakt zum Erdboden zählen als Bewölkung. Ihre ständige Veränderung ist nicht zu übersehen. In ihr befinden sich erhebliche Teile des Weltvorrats an Süßwasser in einem permanenten Kreislauf und Wechsel des Aggregatzustands (gasförmig, flüssig, fest). Die Bewölkung streut und absorbiert die kurzwellige Strahlung der Sonne. Bezüglich der Kategorien der Wolken siehe Seite 84 (Cirruswolken), Seite 88 (Stratuswolken) und Seite 86 (Cumuluswolken) sowie die 10 international klassifizierten Wolkenarten (ab Seite 90).
Der Bewölkungsgrad (Bedeckungsgrad) wird in Achteln des Himmels angegeben. Siehe dazu den Abschnitt »Alles über Wetterkarten« (Seite 163) sowie die Wetterkartensymbole (Seite 166). Als verbale Bezeichnungen sind festgelegt (Deutscher Wetterdienst):

Bewölkungsgrad	**tiefe und mittelhohe Wolken**	**hohe Wolken**
wolkenlos, sonnig (nachts: klar)	0/8	0/8
leicht bewölkt, heiter (nur tags)	1/8 bis 3/8	bis 8/8 möglich
wolkig	4/8 bis 6/8	bis 8/8 möglich
stark bewölkt	7/8	bis 8/8 möglich
bedeckt und trüb	8/8	8/8
wechselnd bewölkt	bei wiederholt deutlicher Änderung des Bedeckungsgrades	

Der Beobachter kann Wolkenhöhen schätzen oder messen. Laser-Ceilographen, das sind Registriergeräte zur Messung der Wolkenhöhe, messen Wolken bis 1500 Meter Höhe.

Gewitter mit Mammatuswolken, die kräftige Regenschauer erwarten lassen.

Niederschlag

Wird Wasser in flüssiger oder fester Form aus der Atmosphäre ausgeschieden, spricht man von Niederschlag. Es gibt zwei Niederschlagsarten, fallenden und abgesetzten Niederschlag. Beide Arten werden nach dem Aggregatzustand flüssig und fest unterschieden.

Flüssig fallender Niederschlag:
Regen, Sprühregen (Nieseln), unterkühlter Sprühregen und unterkühlter Regen (Siehe Seite 110).

Fest fallender Niederschlag:
Schnee, Eiskörner, Schneegrieseln, Eisnadeln, Graupel und Hagel (Siehe Seite 112 und Seite 108).

Flüssig abgesetzter Niederschlag:
Tau und Reif.

Bezüglich der Messung von Niederschlagsmengen siehe Seite 143. Es gibt Niederschlagsschreiber, die Anfang, Intensität und Ende eines fallenden flüssigen Niederschlags messen. Schnee wird mit einem Schneeausstecher in Form eines Zylinders ausgestochen und geschmolzen.

Oslo
Stockholm
Glasgow
985
Dublin
5°
Kopenhagen
4°
Hamburg
London
Berlin
Brüssel
13°
Paris
München
Bern
Bordeaux
Venedig
Nizza
Madrid
Barcelona
14°
Rom
1025
Palma
15°
alaga
Algier
T
Tunis
16°

Alles über Wetterkarten

Das Kursbuch für die Wettervorhersage ist die Wetterkarte. Sie wird nach einem bestimmten Schema angefertigt. Dabei werden eine Reihe von Symbolen verwendet, die man kennen muss, um zur Aussage der Wetterkarte vorzustoßen. Die Wetterstationen in aller Welt tragen Mess- und Beobachtungsdaten bei, um die »tägliche Wetterkarte« möglich zu machen. Während das Zeichnen der Wetterkarte früher ein mühsames Geschäft für die Wetterdiensttechniker war, geschieht das heute automatisch.
Zuerst interessiert, welche Mess- und Beobachtungsdaten für die Gestaltung der Wetterkarten herangezogen werden. Die einzelnen Wetterwarten und Beobachtungsstationen geben ihre sogenannten »Stationsmeldungen« zu folgenden Wettererscheinungen ab:

Gesamtbedeckung (0/8 bis 8/8)
Wolkenart
Wolkenhöhe (Wolkenuntergrenze)
Luftdruck
Druckänderung in den letzten 3 Stunden
Drucktendenz (steigend/fallend)
Lufttemperatur
Windrichtung
Windgeschwindigkeit
Sichtweite
Taupunkt
Niederschlagsmenge seit 6 Stunden
Wetter seit 1 Stunde
Wetter seit 6 Stunden

Beispiel für die farbig gestaltete Wetterkarte einer Tageszeitung (»Abendzeitung«, München).

Die hereinkommenden Stationsmeldungen werden in Form von *Symbolen* in ein Stationsschema eingetragen (siehe Abb. Seite 164). Jede Station liefert ihren Beitrag zu einer Bestandsaufnahme des Wettergeschehens zu einem bestimmten Zeitpunkt. Die Beobachtungen und Messungen der einzelnen Stationen gelangen meist im Abstand von 60 Minuten per Telefon oder Internet an die zentrale meteorologische Sammelstelle, die es heute in fast jedem Land gibt (z.B. in der Bundesrepublik Deutschland, »Deutscher Wetterdienst«, Offenbach). Es ist üblich, für Wettermeldungen einen internationalen Wettercode zu verwenden, bei dem die Mitteilung durch Ziffern verschlüsselt wird. Diese Ziffern werden zu Fünfergruppen zusammengefasst.
Diese Art der Codierung von Wetternachrichten ermöglicht eine verhältnismäßig rasche Anfertigung von Wetterkarten (z.B. auch von Bordwetterkarten), zudem können die Meldungen weltweit sofort verstanden werden. Die Wetterkarte, in die alle diese Beobachtungen eingetragen sind, sieht recht chaotisch aus: eine Menge von Zeichen und Ziffern, Windpfeile, Symbole für den Grad der Bewölkung und die Wolkenarten. Zwar lassen sich mithilfe der Symbole die Meldungen der Stationen entschlüsseln (siehe Abb. Seite 166), aber von einer Wettervorhersage ist man noch ein Stück entfernt. Zunächst machen sich die Meteorologen daran, das Datenmaterial zu analysieren. Aufgabe der Analyse ist es, einen leicht überschaubaren Überblick zu schaffen:

1. Der Isobarenverlauf beschreibt das Druckfeld.
2. Frontenverlauf bzw. Abgrenzung der Luftmassen markieren das Temperaturfeld.

Zu dieser formalen Ordnung der einlaufenden Daten gehört noch die physikalische Erläuterung, die die Zusammenhänge zwischen den einzelnen Erscheinungen erklärt.

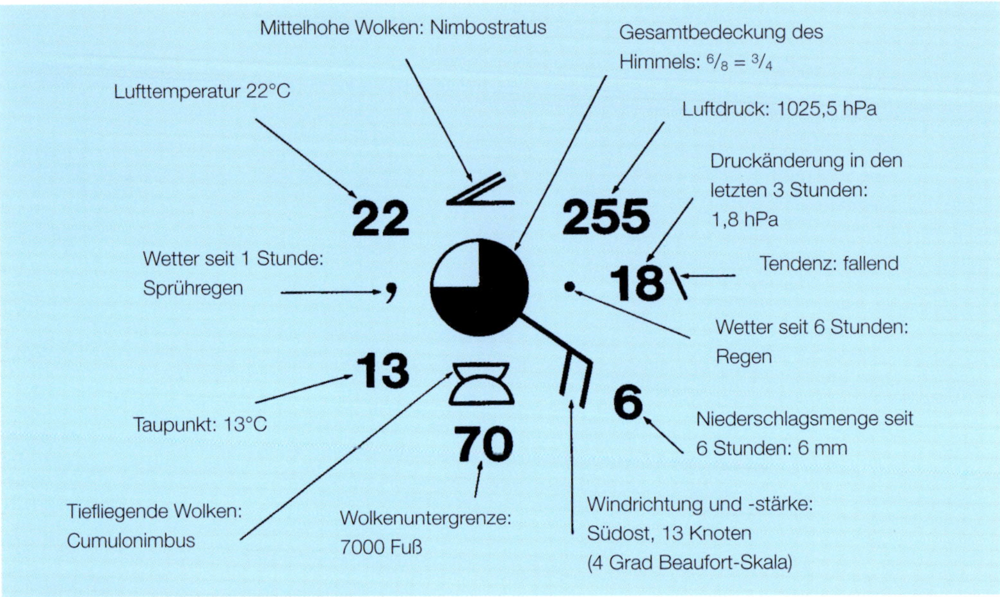

Beispiel für eine Stationsmeldung.

Die von den Beobachtungsstationen gewonnenen Daten bilden die Grundlage für *Bodenwetterkarten.* Die Messergebnisse für die wichtigen *Höhenwetterkarten* liefern die Radiosonden. Die Analyse der Höhenwetterkarten geschieht in Form der topografischen Darstellung von Druckflächen (z.B. durch Einzeichnen der Höhenlinien der 500-hPa-Fläche). Die Höhenwetterkarte gibt Einblick in das Druck- und Strömungsfeld der freien Atmosphäre. Bei der Analyse der Bodenwetterkarte verdienen die Fronten und Luftmassen besondere Aufmerksamkeit. Siehe dazu auch Seite 173.
Die »analysierte Wetterkarte« ist eine Momentaufnahme eines bestimmten Zeitpunktes. Aber das Wettergeschehen geht weiter. Mit Hilfe der analysierten Wetterkarte stellen die Meteorologen die für einen bestimmten Vorhersagezeitraum zu erwartenden Veränderungen fest. Aufgrund dieser erwarteten Veränderungen wird die »Vorhersagekarte« erstellt, zusammen mit der Formulierung der Wettervorhersage. Die Meteorologen schlagen zwei Wege ein: 1. Vorhersage mit Hilfe der synoptischen Regeln, 2. Vorhersage mit Hilfe mathematischer Gleichungen.
Synoptik heißt so viel wie Zusammenschau. Die synoptischen Regeln beinhalten praktische Erfahrungen und einfache theoretische Beziehungen betreffend die Feldverteilungen der meteorologischen Elemente (siehe Seite 127), so z.B. die Luftdruckverteilung und die Bewegung der Hoch- und Tiefdruckgebiete. Hinzu kommen Angaben über die Verlagerung der Fronten und die dominierende Luftströmung. Informationen über den Höhenwind (siehe Seite 62) spielen dabei eine nicht unerhebliche Rolle. Schwierig ist das alles deshalb, weil Veränderungen des Druckfeldes wieder zu Veränderungen der Luftströmung führen und damit sofort auch Temperaturänderungen und

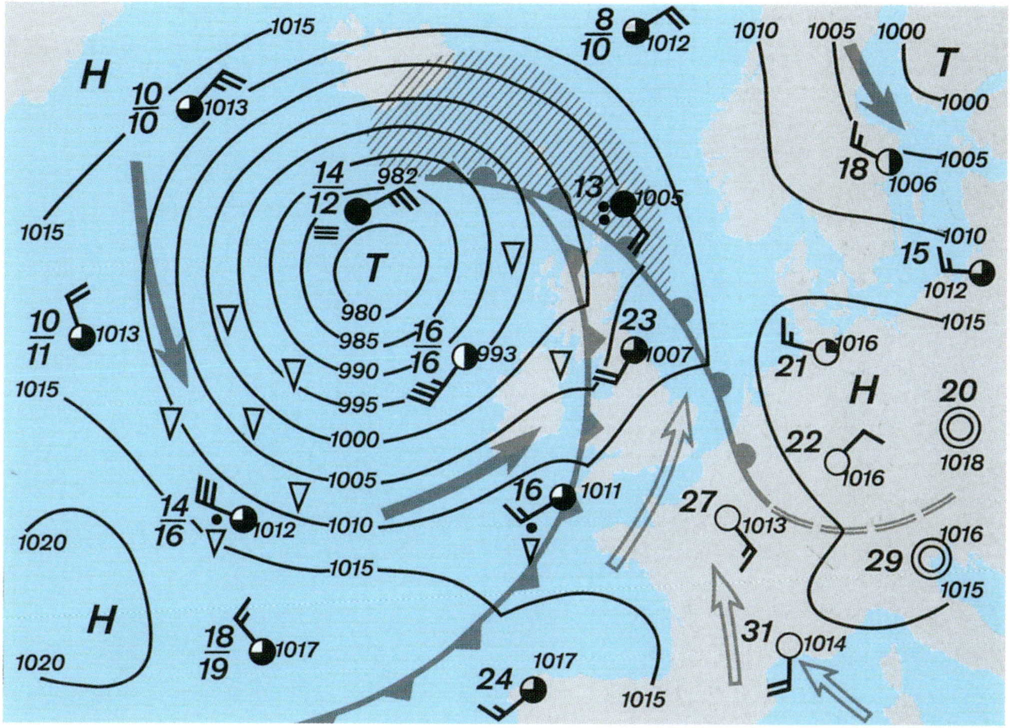

Musterwetterkarte (gezeichnet nach einer Vorlage des Deutschen Wetterdienstes, Wetterkundliche Lehrmittel Nr. 5. Zur Erläuterung der Wetterkartensymbole siehe Abbildung auf Seite 164 und Seite 166. Schraffierte Flächen = Niederschlagsgebiete (auf farbigen Karten: schraffiert grün). Vollgetönte Pfeile = Kaltluft (auf farbigen Karten: blaue Pfeile). Weiße Pfeile = Warmluft (auf farbigen Karten: rote Pfeile). Auf farbigen Karten wird das Symbol für Kaltfront blau, für Warmfront rot und für Okklusion violett gedruckt.

Bewegungen von Luftmassen auslösen. Da das Netz der Beobachtungsstationen nicht gleichmäßig verteilt ist, können Datenhäufung und Datenlücken zu Fehleinschätzungen des künftigen Wettergeschehens führen. So muss immer wieder festgestellt werden, dass die Vorhersage mit rein synoptischen Hilfsmitteln einen Prognoseerfolg von 80 Prozent im besten Fall nicht übertrifft. Ändert sich das, wenn an die Stelle von Erfahrungen mathematische Gleichungen treten? Da die physikalischen Prozesse gesetzmäßig ablaufen, ist es möglich, für die Wettervorhersage Gleichungen aufzustellen. Aber erst der Einsatz von Großrechnern hat ökonomische Rechenzeiten gestattet. Besonders gute Ergebnisse haben die Meteorologen mit dem numerischen Verfahren bei der Vorhersage von Strömungsfeldern in der freien Atmosphäre (Höhenströmung!) erzielt. Die Prognose von Strömungsfeldern in der freien Atmosphäre ist für die moderne Wettervorhersage unentbehrlich geworden und hat zu einer Erhöhung der Prognosegenauigkeit beigetragen. Für Höhen-

Typische Wetterkartensymbole

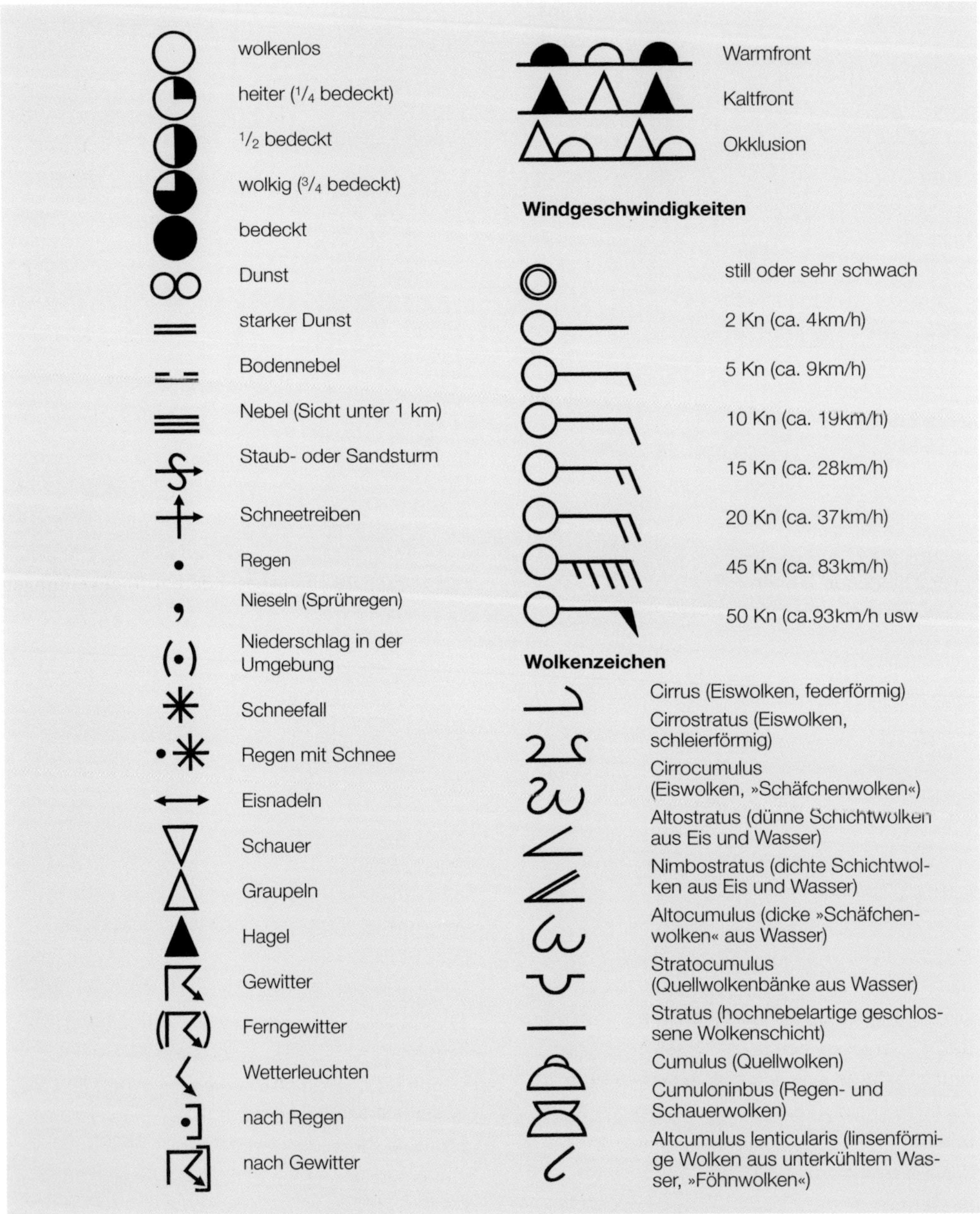

windmessungen wichtig sind die Radiosonden, die täglich mindestens zweimal gestartet werden. Weltweit gibt es etwa 900 Aufstiegsstellen, die Mehrzahl auf der Nordhemisphäre. In der Bundesrepublik Deutschland starten Radiosonden an 13 Standorten regelmäßig um 00 h und 12 h UTC, an einigen Stellen zusätzlich auch um 06 h und 18 h UTC. Die Radiosonden bringen Daten über Höhenwind, Luftdruck, Lufttemperatur und Luftfeuchtigkeit. Im Einzelnen lassen sich daraus folgende Informationen gewinnen:

Höhe der Nullgradgrenze
Höhe des Auftretens von Haufenwolken (Kondensationsniveau)
Bodentemperatur, die notwendig ist für die Bildung von Haufenwolken (Auslösetemperatur)
Ober- und Untergrenzen der Wolken
Boden- und Höheninversionen
Windgeschwindigkeit und Windrichtung in verschiedenen Höhen
Grenze zwischen Troposphäre und Stratosphäre (Tropopause)

Was Großrechner für die numerische Wettervorhersage bedeuten, das sind die Wettersatelliten für die Verbesserung der Mess- und Beobachtungsdaten der einzelnen Erscheinungen des Wettergeschehens. Die großräumige Erfassung von Wolkenstrukturen z. B. an Wetterfronten oder im Einzugsgebiet eines Tiefs ist nur mit Hilfe der Wettersatelliten möglich.
Die moderne Wettervorhersage ist eine Synthese aus Synoptik und Mathematik. Dabei muss man sich stets vor Augen halten, dass die Vorgänge, die das Wettergeschehen beeinflussen, sehr komplex sind. Die Meteorologen sprechen in diesem Zusammenhang von einem physikalisch »chaotischem System«. Trotz steigendem technischen Aufwand beträgt das Plus an Prognoseerfolg immer nur wenige Prozent. Und eine 100 Prozent sichere Wettervorhersage dürfte nach dem derzeitigen Stand der Kenntnisse utopisch sein. Aber mit einer Trefferquote von über 90 Prozent für die nächsten zwei Tage darf man auch zufrieden sein!
Wetterkarten werden heute, zusammen mit Wettervorhersagen, täglich von verschiedenen Stellen veröffentlicht (Fernsehen, Hörfunk, Zeitungen, im Internet), siehe dazu auch Seite 290. Diese Vorhersagekarten sind in der Regel Bodenwetterkarten. Auch diese Karten enthalten typische meteorologische Symbole und Darstellungsformen für die Verteilung des Luftdrucks und des Verlaufs der Fronten (auf einfachsten Darstellungen) bis hin zu Angaben über die Windrichtung und -geschwindigkeit, der Bewölkung, des Niederschlags und der Temperaturen.
Die »verschlüsselten« Wetterkarten der Meteorologen sind heute meist einprägsam aufbereitet. Feld-Darstellungen der Wetterelemente haben sich durchgesetzt. Sie sind häufig farbig und meist recht anschaulich. Insbesondere in Tageszeitungen (Beispiel Seite 162 und 172) und in den Fernsehwetterberichten werden einfache, möglichst farbig gestaltete Symbole angeboten. Dabei gehen in der Regel genauere meteorologische Informationen verloren, da z. B. Druckverteilung und Lage der Fronten nicht mehr genau auszumachen sind.
Über den Erwerb bzw. regelmäßigen Bezug von Wetterkarten siehe Seite 272.
Die praktische Auswertung dieser Wetterkarten setzt voraus, dass der Leser die Elemente und den Aufbau kennt. Dazu eine Übersicht der benutzten Symbole und Zeichen auf Seite 166.
Ein Wort noch zur eigenen Wetterbeobachtung anhand der Wetterkarten: Je vielfältiger die Strömungsbewegungen zwischen Warm- und Kaltluft sind, umso wechselhafter ist das Wettergeschehen und entsprechend schwierig eine verbindliche Wettervorhersage. Die in allen Jahreszeiten auftretenden Westwetterlagen mit einer raschen Folge von Tiefdruckgebieten (siehe Seite

78) sind für weite Gebiete Europas dafür charakteristisch, auch wenn eingeschobene Hochdruckkeile (siehe Seite 70) und Rückseitenwetter (siehe Seite 76) vermeintlich Schönwetter zu signalisieren scheinen. Am sichersten für die Prognose sind die kräftigen stationären Hochdruckgebiete, die in die oberen Schichten der Troposphäre reichen und manchmal weite Teile des Kontinents beherrschen (z.B. im Herbst und Winter über Skandinavien und Osteuropa).
Mitteleuropa ist Luftmassenimporteur: Der Zustrom verschiedener Luftmassen bestimmt wesentlich das Wettergeschehen. Die Bewegung der Luftmassen ist Grundlage für jede Wetterbeobachtung und Wettervorhersage. Bodenwetterkarte und Höhenwetterkarte liefern die unentbehrlichen Informationen über die Bewegung kalter und warmer Luftmassen. Eine Übersicht über die am Wetter beteiligten Luftmassen in Europa gibt untenstehende Tabelle. Etwa die Hälfte der Luftmassen sind maritimen Ursprungs, damit in der Regel feucht und niederschlagsverdächtig. Liegt der Ursprung in der Antarktis oder Grönland, ist diese Luft auch kalt bis sehr kalt.

Für Europa wetterwirksame Luftmassen

Luftmasse	**Herkunft**	**Weg**	**Eigenschaft**
Nordsibirische Polarluft kontinental	Sibirien	Russland	sehr kalt/trocken
Arktische Polarluft maritim	Arktis	Nordmeer	sehr kalt/feucht
Russische Polarluft kontinental	Russland	Osteuropa	kalt/trocken
Grönländische Polarluft maritim	Arktis	Nordatlantik	kalt/feucht
Gealterte Polarluft maritim	Arktis	Atlantik/Azoren	kühl/ feucht
Gealterte Polarluft kontinental	Arktis	Südosteuropa	kühl/ trocken
Festlandluft kontinental/maritim	Zentraleuropa	stationär	warm/kalt, überwiegend trocken
Meeresluft maritim	Nordatlantik	Britische Inseln	mild/feucht
Atlantische Tropikluft	Azoren	Westeuropa	warm feucht
Subtropische Warmluft maritim	Afrika	Mittelmeer	schwül
Afrikanische Tropikluft kontinental	Sahara	Nordafrika/ Mittelmeer	heiß/trocken

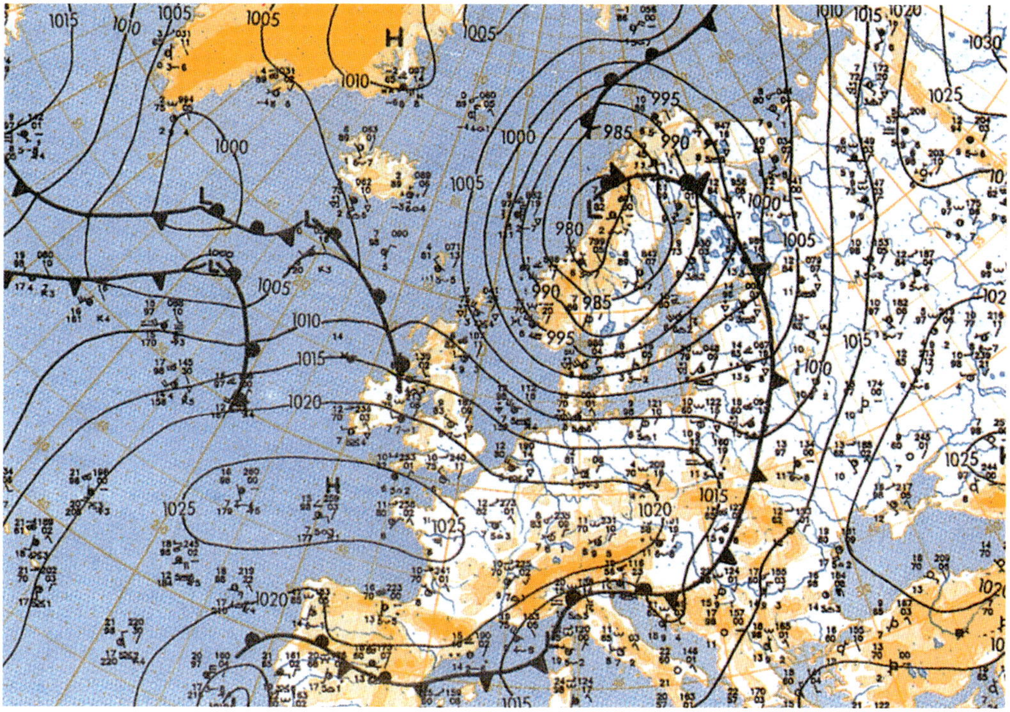

Bodenwetterkarte vom 14.09.1997, 00 h UTC (Weltzeit) des Deutschen Wetterdienstes.

Diese Wetterkarte ist das Ergebnis aller dem Deutschen Wetterdienst zu diesem Zeitpunkt zur Verfügung stehenden Wetterbeobachtungen, also der Stationsmeldungen. Sie werden mit Hilfe eines international üblichen Zahlenschlüssels über ein weltweites, meteorologisches Netzwerk der Zentrale gemeldet. Die Meldungen werden automatisch entschlüsselt und in die Karte eingetragen. Die Symbole der Wetterkarte sind auf Seite 164, 165 und 166 erläutert. Werden in Wetterkarten farbige Markierungen vorgenommen, so gelten folgende Zuordnungen: rote Linie = Warmfront, blaue Linie = Kaltfront, violette Linie = Okklusion, schwarze Linie = Isobare, gestrichelte schwarze Linie = Troglinie oder Konvergenz, hellgrün schraffiert (oder gepunktetes Feld) = Regen, dunkelgrün schraffiert (oder Sternchenfeld) = Schnee, gelb schraffiert (oder gestricheltes Feld) = Nebel. Die mithilfe der Stationsmeldungen konstruierte Wetterkarte ist eine Momentaufnahme des Wettergeschehens. Wetterkarten vom DWD und FU Berlin als Druckausgabe bzw. Internetausgabe können über den Berliner Wetterkarte e.V. bezogen werden: Tel.: 030 838 711 97, Fax: 030 7919002, Internet: wkserv:met.fu-berlin.de

H = Hoch (deutsch), High (englisch), Haut (französisch).

A = Anticyclone = Hoch.

T = Tief (deutsch).

L = Low (englisch) = Tief.

D = Dépression (französisch) = Tief.

C = Cyclone = Tief.

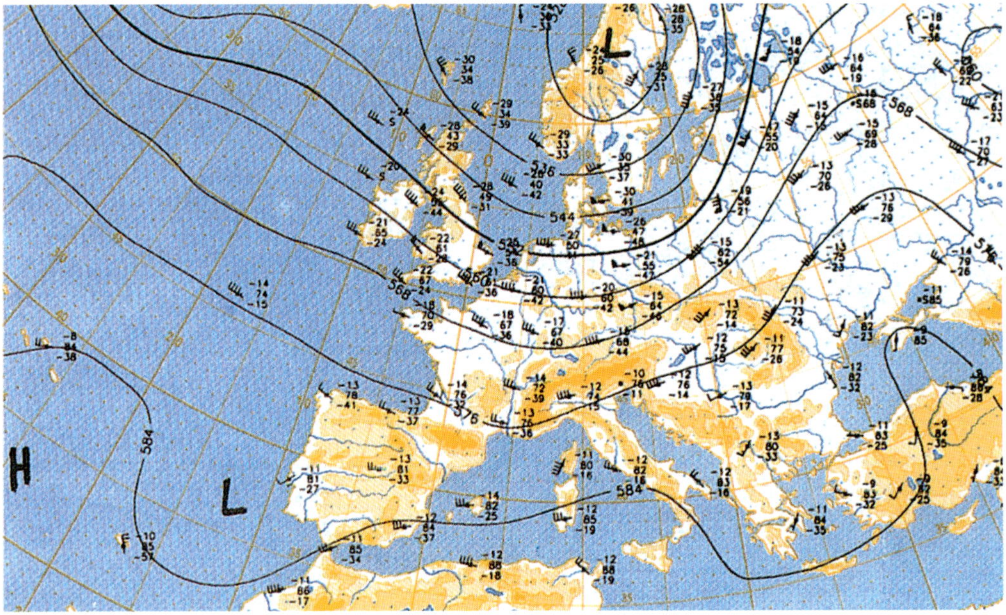

Höhenwetterkarte (500 hPa-Karte) vom 14.09.1997, 00h UTC (= Weltzeit) des Deutschen Wetterdienstes. Die Karte beschreibt den Zustand in ca. 5500 m Höhe.

Im Gegensatz zur Wetterkarte auf Seite 169, die als Bodenwetterkarte bevorzugt der Luftmassen- und Frontenbeurteilung dient, bringt die Höhenwetterkarte die unentbehrliche Ergänzung auf das Geschehen in der freien Atmosphäre, insbesondere was das Druck- und Strömungsfeld hier anbelangt. In der Höhenwetterkarte werden die Messdaten der Radiosonden verarbeitet.

Störende Einflüsse durch Gebirge etc. fehlen hier und so haben die Isohypsen (= Höhenschichtlinien einer bestimmten Luftdruckfläche) in der Regel einen glatteren Verlauf als die Isobaren der Bodenwetterkarte. Es darf aber nicht übersehen werden, dass das Wettergeschehen am Boden und in der Höhe nicht nebeneinanderher verläuft. Das Wettergeschehen am Boden bleibt nicht ohne Einfluss auf größere Höhen, und umgekehrt.

Die Höhenwetterkarte ist keineswegs eine Fortsetzung der Bodenwetterkarte. Das Bild der Höhenwetterkarte kann ganz anders sein als dasjenige der Bodenwetterkarte. Die Entwicklung von Tiefdruckgebieten am Boden zeigt, dass sich die Entwicklung in der Höhe erst allmählich auf das Wettergeschehen am Boden reagiert. So stellt man oft über einem Tiefdruckgebiet am Boden mit einem kräftigen Warmluftsektor in der Höhe einen Hochdruckkeil fest. Die Federwolken (Cirren) über der Warmfront verraten die Strömung in der Höhe.

Bei der Beurteilung von Höhenwetterkarten spielen sogenannte Höhentiefs mit oft extremen Kaltlufteinschlüssen (»Kaltlufttropfen«) eine große Rolle. Niedrige Temperaturen in der Höhe führen vor allem im Sommer bei gleichzeitig warmer, bodennaher Luft zu starker Labilität des vertikalen Aufbaus der Troposphäre. In der Folge entstehen starke Regenschauer und Gewitter.

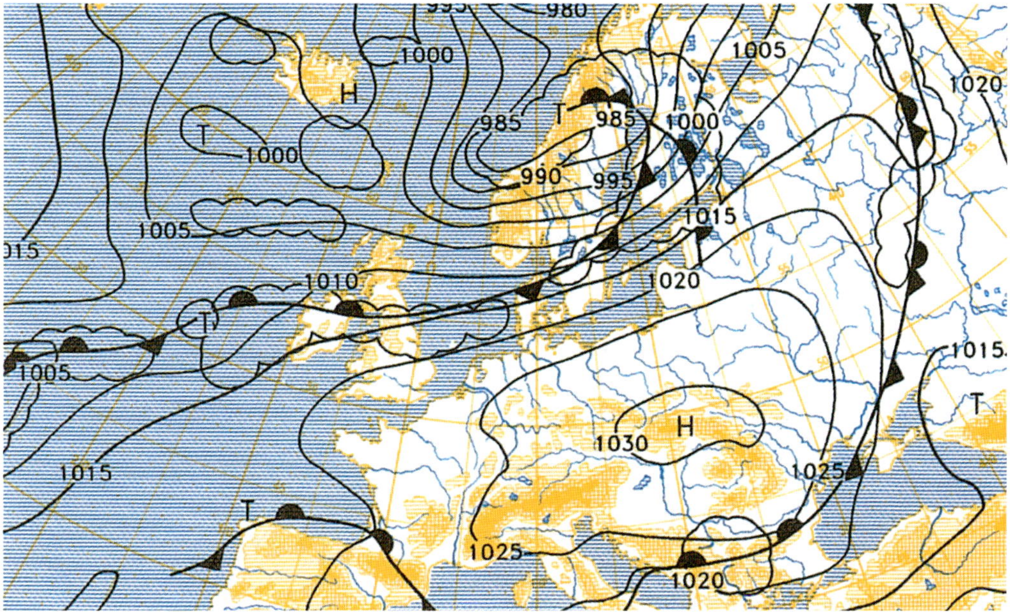

Ausschnitt aus der Bodenvorhersagekarte für Dienstag, 16.09.1997, 00 UTC des Deutschen Wetterdienstes

Im Vergleich zur Ausgangslage, der Bodenwetterkarte auf Seite 169 vom 14.09.1997, 00 h UTC, zeigt die Prognosekarte das Luftdruckfeld, das nach 48 Stunden erwartet wird. Außer dem Bodendruckfeld im Meeresniveau mit Isobarenabständen von 5 zu 5 hPa und Fronten enthalten die Vorhersagekarten oft Angaben über Gebiete mit starker Bewölkung. Diese Gebiete werden durch eine Wellenlinie umgrenzt. Sie markieren die Bereiche, in denen 6/8 bis 8/8 der Himmelsbedeckung mit mittelhoher Schichtbevölkung (Altocumulus- und Altostratuswolken, siehe Seite 82) erwartet wird. Diese Wolken treten in Höhen zwischen 2000 und 7000 Meter auf. Je nach dem Grad ihrer Verdichtung und Ausdehnung ihrer vertikalen Erstreckung lassen sie Niederschläge erwarten. Die Vorhersagekarten sind das Resultat nummerischer Modellrechnung. Das nummerische Prognosemodell ist ein geschlossenes Gleichungssystem.

Der Vorhersagetext zur Prognosekarte vom 16.09.1997 lautete:

»Ein Hoch, das sich zonal von Westfrankreich nach Polen erstreckt, wandert langsam ostwärts und bestimmt mit Absinken das Wetter in Deutschland. Lediglich der äußerste Norden Deutschlands wird von einem Frontensystem beeinflusst, das von den Britischen Inseln nach Skandinavien verläuft.

Nach recht frischer Nacht und Auflösung von örtlichen Dunst- oder Nebelfeldern ist es heiter, gebietsweise auch sonnig. Lediglich im äußersten Norden tritt Bewölkung auf und mit geringem Niederschlag ist zu rechnen. Dort ist der Wind mäßig bis frisch, nach Süden zu bis zur Mainlinie schwach und kommt aus Südwest. In der Südhälfte weht er schwach aus Ost. Die Tageshöchsttemperaturen liegen in der Nordhälfte zwischen 18 und 20 °C, in der Südhälfte zwischen 19 und 23 °C.«

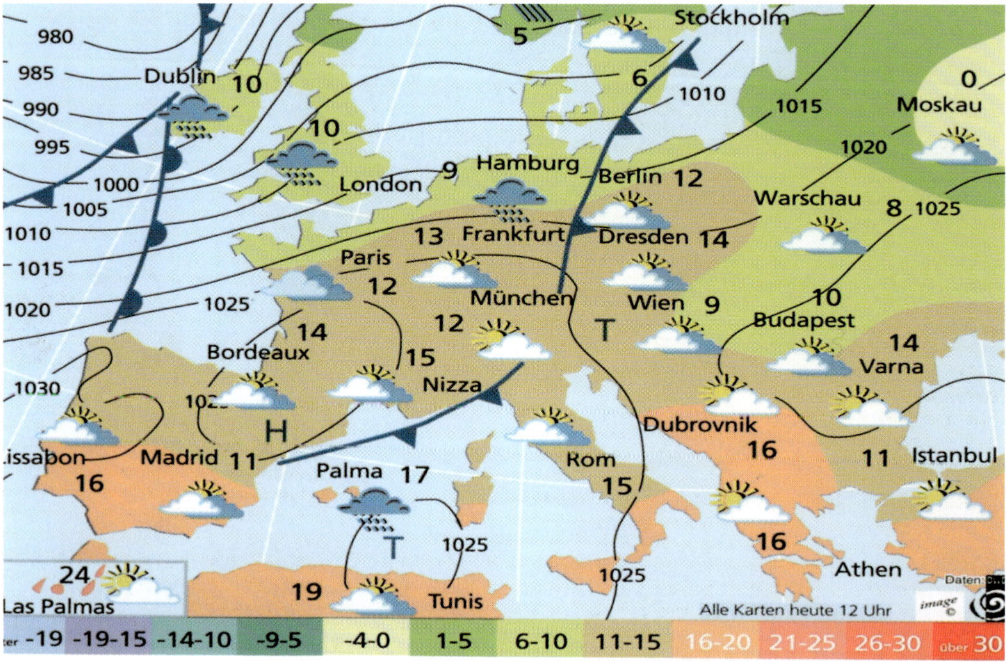

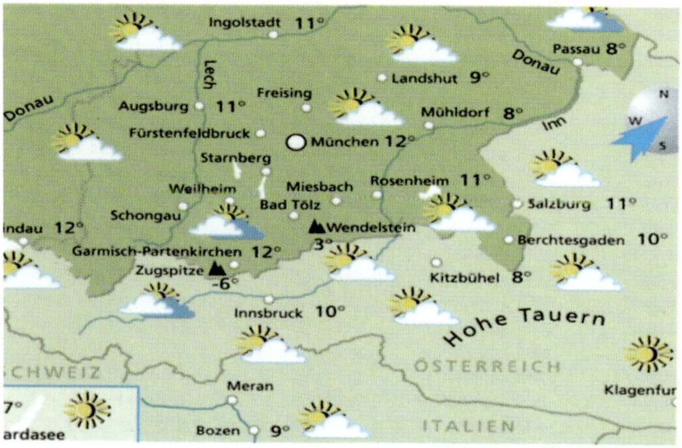

Das Wetter heute

Symbol-Karten als Beispiel für die übersichtliche und wenig erklärungsbedürftige Wetterinformation, wie sie in Tageszeitungen und im Fernsehen üblich geworden ist.
Die obere Karte zeigt das Europa-Wetter, die mittlere Karte das regionale Wetter (Südbayern). Außerdem wird eine Vorhersage für die folgenden Tage gegeben. Zu den Wetterinformationen gehören auch Hinweise auf die Auf- und Untergangszeiten von Sonne und Mond sowie die Mondphasen.
Im Text gibt es Angaben zum Berg-, Reise- und Biowetter.

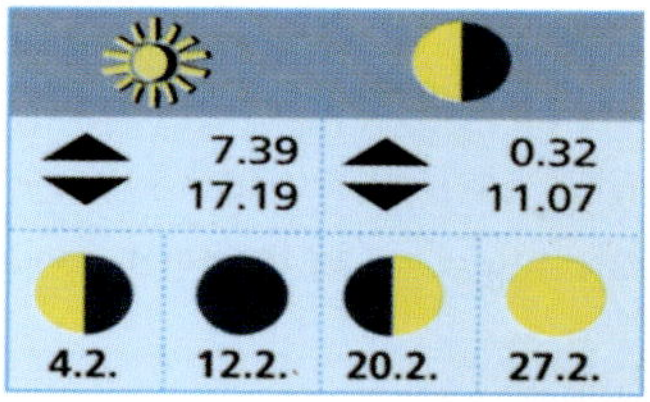

Typische Großwetterlagen in Europa

Jahrzehntelange Beobachtungserfahrungen, speziell in Mitteleuropa, haben dazu geführt, die Zusammenhänge zwischen Druckverteilung und Wettergeschehen recht gut zu erkennen. Keine Wettersituation gleicht genau einer früher bereits aufgetretenen. Es bilden sich jedoch immer wieder sogenannte ähnliche oder auch »typische Wetterlagen«, die natürlich für die tägliche Wettervorhersage eine Hilfe darstellen können.
Typische Wetterlagen halten über mehrere Tage an und definieren sich über das Auftreten und die großräumige Lage von Hochs und Tiefs, Warm- und Kaltfronten sowie die Zufuhr von kalten oder warmen Luftmassen. Diese rund 30 typischen Wetterlagen werden auch Großwetterlagen genannt. Sie lassen sich zu 10 Großwettertypen zusammenfassen, die meist beschreiben, aus welcher Himmelsrichtung die jeweils dominierende Luftmasse kommt. Man spricht dann vom »Westwettertyp«, »Nordwettertyp«, »Ostwettertyp« etc. oder auch von Hochdrucktypen.
Im nachfolgenden Abschnitt dieses Buches sind einige für Europa typische und häufiger auftretende Wetterlagen erklärt (siehe dazu im Einzelnen P. Hess und H. Brezowsky, Katalog der Großwetterlagen Europas. Berichte des Deutschen Wetterdienstes Nr. 113. Offenbach a. M., 5. Auflage 1999). Dazu gehören jeweils drei Wetterkarten vom gleichen Tag:
Auf der linken Seite unten die **Höhenwetterkarte** für die 500-hPa-Fläche. Im Gegensatz zur **Bodenwetterkarte** (rechts unten), die den Luftdruck durch Linien gleichen Luftdrucks, den Isobaren, markiert, gibt die Höhenwetterkarte die Luftdruckverteilung durch Höhenschichtlinien einer bestimmten Luftdruckfläche (Isohypsen) an. Die 500-hPa-Fläche entspricht einer Höhe von etwa 5500 m. Damit befindet sich unter dieser Fläche ungefähr die Hälfte der wetterwirksamen Luftmassen. Die Situation im 500-hPa-Niveau liefert wichtige Hinweise zur Art der Zirkulation und zur Bewegung kalter und warmer Luftmassen, die direkten Einfluss auf die Bewegung der Hochs und Tiefs am Boden haben. Das zugehörige **Satellitenbild** (visueller Kanal) zeigt aus 36 000 km Höhe das entsprechende Bild niedriger, mittelhoher und hoher Wolken.
Antizyklonal geprägte Großwetterlagen signalisieren typischerweise den überwiegenden Einfluss hohen Luftdrucks (Hoch) und damit einer eher stabilen Wettersituation für uns. Zyklonal geprägte Lagen weisen dagegen auf niedrigen Luftdruck (Tief) und Labilität in der Atmosphäre hin.

Zeichenerklärung für die Wetterkarten Seite 174–203

- Regengebiet
- Schneefallgebiet
- Warmluftzufuhr
- Kaltluftzufuhr
- Warmfront
- Kaltfront
- Okklusion
- Die 1015-hPa-Isobare ist jeweils besonders hervorgehoben.

Temperaturen in der Höhenwetterkarte (500 hPa)

- 0 bis -5°C
- -5 bis -10°C
- -10 bis -15°C
- -15 bis -20°C
- -20 bis -25°C
- -25 bis -30°C
- -30 bis -35°C
- -35 bis -40°C

WA – Westlage, über Mitteleuropa überwiegend antizyklonal

Großwettertyp West.

Zirkulationsform Zonal, d. h. West-Ost-Strömung meist zwischen einem Subtropenhoch über den Nordostatlantik oder Südeuropa und tiefem Luftdruck über dem subpolaren Raum. In dieser Strömung bewegen sich eine Reihe von Tiefdruckgebieten mit ihren Fronten west-östlich vom Nordatlantik kommend hin zum europäischen Festland.

Lage Sie ist gekennzeichnet durch Einzelstörungen, die vom Nordatlantik über Schottland und Südskandinavien nach Nordwestrussland wandern. Frontausläufer werden für Mitteleuropa nur temporär und abgeschwächt wirksam. Das zentrale Tiefdruckgebiet befindet sich in der Regel weit im Norden. Über Südeuropa dominiert hoher Luftdruck. Oft liegt auch ein Subtropenhoch nördlich der Azoren (»Azorenhoch«). Ein Keil dieses Hochs erstreckt sich dann über Spanien bis zum südlichen Mitteleuropa.

Wettergeschehen Über der Nordsee, in Südskandinavien und im Bereich der norddeutschen Tiefebene im Sommer wie im Winter unbeständige, aber verhältnismäßig milde Witterung. Niederschläge auch im Winter als Regen. Dabei allerdings im Winter die Gefahr von Glatteisbildung. Kräftige Winde aus südwestlicher Richtung. Im Bereich der deutschen Mittelgebirge im Winter zum Teil Schneefälle. Im Sommer kommt es dort zur Bildung von Frontgewittern. Im Bereich der Mittelgebirge treten im Winter Strahlungsfröste auf. Im Sommer verhältnismäßig warm. Die Gesamttendenz weist für den Bereich der Mittelgebirge auf freundliches Wetter hin, in der Frühe gelegentlich auch Dunst oder zeitweise etwas Nebel. Im südlichen Mitteleuropa ist das Wettergeschehen ähnlich. Dabei begünstigen die Alpen Stauregen und Gewitterbildung. Mäßige Winde wehen aus südwestlicher und westlicher Richtung. Südlich der Alpen, in Italien und Spanien überwiegend schönes Wetter.

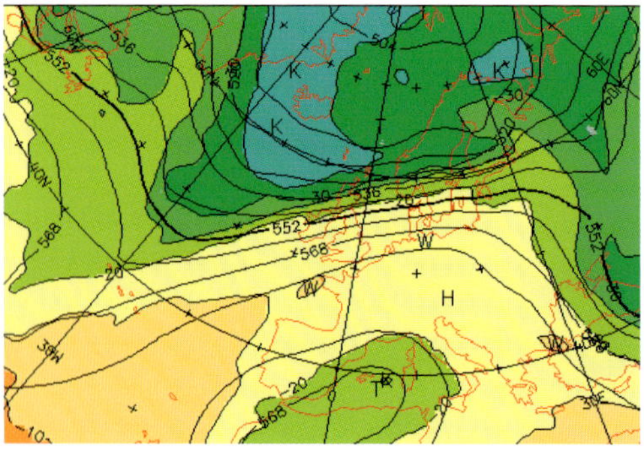

Häufigstes Auftreten in den Monaten August und September.

Geringstes Auftreten in den Monaten Mai und April.

Verwandte Großwetterlagen Zyklonale Westlage über Mitteleuropa (WZ, siehe Seite 176) und Hochdruckbrücke über Mitteleuropa (BM, siehe Seite 184), eine Verbindung zwischen dem »Azorenhoch« und einem über Osteuropa befindlichen Hochdruckgebiet (HNFA, Hoch Nordmeer-Fennoskandien, antizyklonal, auf Seite 200).

Beispiel vom 15. Dezember 2006.

Oben rechts: Satellitenbild
Unten rechts: Bodenwetterkarte
Links: Höhenwetterkarte
Legende Seite 173

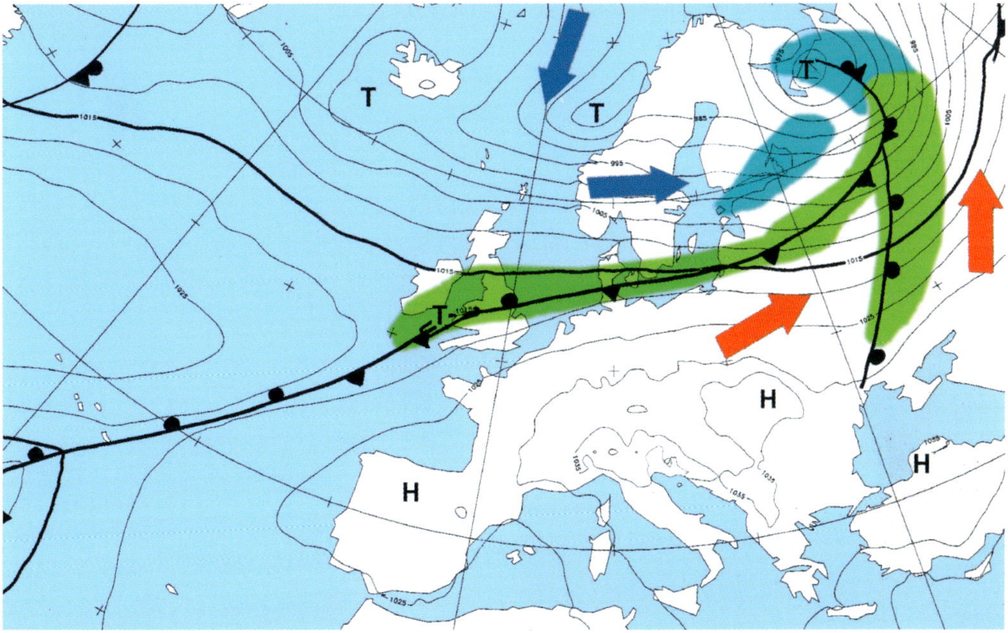
T
T
T
T
H
H
H
1015
1025

WZ – Westlage, über Mitteleuropa überwiegend zyklonal

Großwettertyp West.

Zirkulationsform Zonal, d. h. West-Ost-Strömung zwischen einem Subtropenhoch über dem Nordostatlantik und einem Tief im subpolaren Raum. In dieser Strömung bewegen sich eine Reihe von Tiefdruckgebieten mit ihren Fronten west-östlich vom Nordatlantik hin zum europäischen Festland.

Lage In einer Frontalzone zwischen 50 und 60 Grad nördlicher Breite wandern einzelne Tiefs und Gebiete mit etwas höherem Luftdruck (Zwischenhocheinfluss) vom nördlichen Nordatlantik über die Britischen Inseln, die Nord- und Ostsee nach Osteuropa. Hauptsächlich im Winter schwenken die Fronten über Osteuropa in nordöstliche Richtung ein. Das zentrale Tiefdruckgebiet befindet sich oft über dem Nordatlantik in der Höhe von Island. Ein Keil hohen Luftdrucks reicht von den Azoren oft bis Spanien und Südfrankreich, gelegentlich auch bis zu den Alpen.

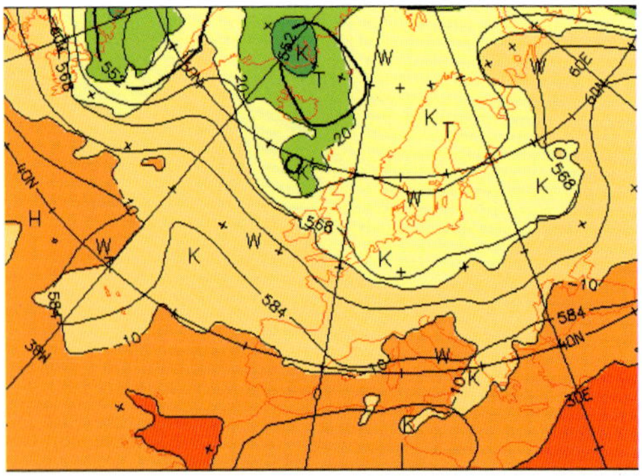

Wettergeschehen Die Witterung in Nord-, West- und Mitteleuropa ist recht unbeständig. Das Wettergeschehen wechselt ab zwischen Schauern und länger anhaltenden Niederschlägen (auch im Winter nur anfangs als Schnee) und mehrstündigen bis eintägigen Aufheiterungen, die den Einfluss eines Zwischenhochs anzeigen. Dabei wehen kräftige bis stürmische Winde aus westlicher Richtung. Im Winter ist es relativ mild, im Sommer kühl, manchmal mit Auftreten von frontalen Gewittern. In Mitteleuropa nimmt die Niederschlagstätigkeit gegen Süden und Osten hin ab. Im Mittelmeerraum und über dem Balkan herrscht in der Regel schönes, trockenes Wetter mit wenig Wind.

Häufigstes Auftreten in den Monaten Juli und August.

Geringstes Auftreten in den Monaten Mai und April.

Verwandte Großwetterlagen Antizyklonale Westlage über Mitteleuropa (WA, siehe Seite 174) und Südliche Westlage (WS, siehe Seite 178).

Beispiel vom 13. August 2005.

Oben rechts: Satellitenbild
Unten rechts: Bodenwetterkarte
Links: Höhenwetterkarte
Legende Seite 173

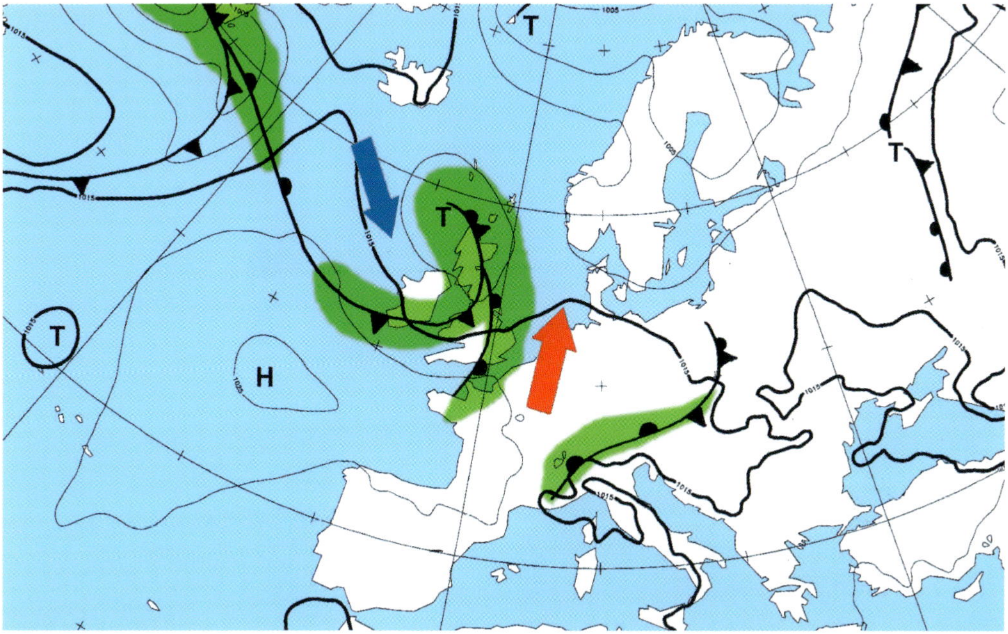
T
T
T
T
H

WS – Südliche Westlage

Großwettertyp West.

Zirkulationsform Zonal, d. h. West-Ost-Strömung zwischen einem Subtropenhoch über dem Atlantik und einem Tief im subpolaren Raum. In dieser Strömung bewegen sich eine Reihe von Tiefdruckgebieten mit ihren Fronten west-östlich vom Nordatlantik kommend hin zum europäischen Festland.

Lage Die Frontalzone ist hier auffallend weit nach Süden verschoben. Die Fronten einzelner kleiner Tiefs (Störungen) wandern südlich der Britischen Inseln über Frankreich und Deutschland nach Osteuropa. Dort biegen sie in nordöstlicher Richtung ab. Zyklonale Einflüsse sind zum Teil bis nach Oberitalien und die nördlichen Zonen des Mittelmeers zu beobachten. Das zentrale, steuernde Tiefdruckgebiet befindet sich in der Regel nahe der Britischen Inseln, südlich 60 Grad nördlicher Breite. Auf diese Weise gelangen Teile des Nordatlantiks und des Nordmeers unter den Einfluss eines Polarhochs mit östlicher Strömung. Das Azorenhoch erstreckt seine Wirksamkeit kaum weiter als bis über nordwestliche Teile von Afrika.

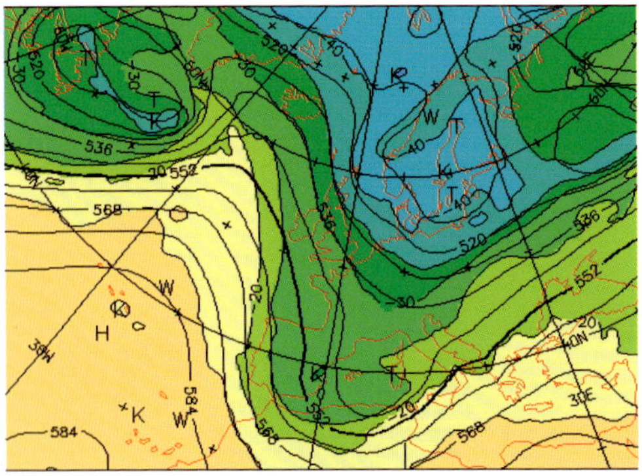

Wettergeschehen In Mittel- und Westeuropa überwiegend wolkenreich und ergiebige Niederschläge. Im Frühjahr ist es warm bis schwül, im Sommer hingegen kühl. In Norddeutschland und den Küstengebieten der Ostsee besteht im Winter und auch noch im Frühjahr verstärkt die Möglichkeit von Schneefällen als Folge einer Kaltluftzufuhr aus nordöstlicher Richtung. Niederschläge in Form von Regen treten auch in Südfrankreich und Oberitalien auf. Schönes, trockenes Wetter herrscht in Spanien und Nordafrika. Über West- und Mitteleuropa wehen mäßige, zeitweise frische Winde aus südwestlicher Richtung.

Häufigstes Auftreten in den Monaten Dezember und Februar.

Geringstes Auftreten in den Monaten Mai, Juli und September.

Verwandte Großwetterlagen Zyklonale Westlage über Mitteleuropa (WZ, siehe Seite 176), Hoch Fennoskandien, zyklonal (HFZ, siehe Seite 196) und Hoch Nordmeer-Fennoskandien, zyklonal (HNFZ, siehe Seite 200).

Beispiel vom 6. März 2006.

Oben rechts: Satellitenbild
Unten rechts: Bodenwetterkarte
Links: Höhenwetterkarte
Legende Seite 173

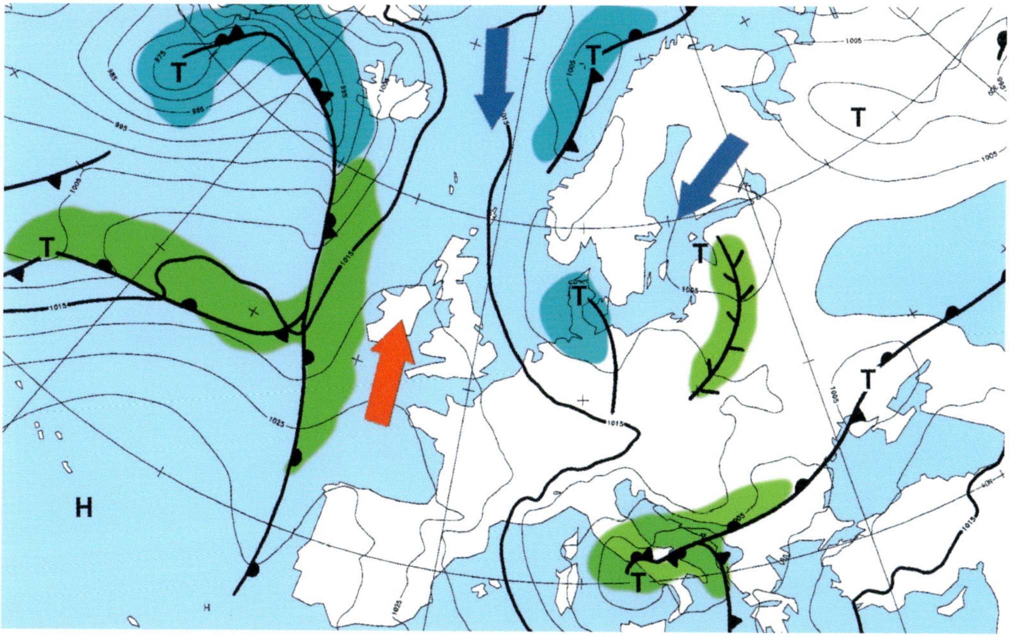
T
T
T
T
T
T
T
T
H

WW – Winkelförmige Wetterlage

Großwettertyp West.

Zirkulationsform Zonal, d. h. West-Ost-Strömung zwischen einem Subtropenhoch über dem Nordatlantik und einem Tief im subpolaren Raum. In dieser Strömung bewegen sich eine Reihe von Tiefdruckgebieten mit ihren Fronten west-östlich vom Nordatlantik kommend hin zum europäischen Festland.

Lage Eine kräftige Frontzone, oft im Raum Island/Britische Inseln, wird nach Erreichen des europäischen Festlands scharf nach Norden abgelenkt. Ursache dafür ist ein kräftiges Hochdruckgebiet über Russland. Die vom Atlantik kommenden Schlechtwetterlagen dringen über Westeuropa nur bis in das östliche Mitteleuropa vor. Dort werden diese Störungen manchmal stationär. Das russische Hochdruckgebiet beherrscht ganz Osteuropa und den Balkan.

Wettergeschehen In Nord-, West- und weiten Teilen Mitteleuropas unbeständiges Wetter mit Niederschlägen. Teilweise ergiebige Regenfälle in Frankreich und Westdeutschland. Im Winter Schneefälle in Skandinavien und Mitteleuropa. Keine Niederschläge in Osteuropa, das unter dem Einfluss des russischen Hochs steht. Vor allem im Winter ist es dabei in Osteuropa kalt. Bewölkt und nicht niederschlagsfrei sind Südfrankreich, Oberitalien und Teile des westlichen Mittelmeers. Im Sommer ist die Wetterlage in West- und Mitteleuropa mit nur mäßigen Tagestemperaturen verbunden. Es wehen lebhafte Winde aus westlicher Richtung.

Häufigstes Auftreten in den Monaten November und Dezember.

Geringstes Auftreten in den Monaten Mai und Juli.

Verwandte Großwetterlagen Eine in Mitteleuropa überwiegend zyklonale Südostlage (SEZ), die ein Hoch über Mittel- und Südrussland auslöst. In Mitteleuropa kommt besonders in den Monaten März und Oktober eine antizyklonale Südostlage (SEA) vor, mit trockenem Wetter und Frühnebeln im Frühjahr und im Herbst. Eine verwandte Großwetterlage ist auch das Hoch Fennoskandien, antizyklonal (HFA).

Beispiel vom 17. Februar 2006.

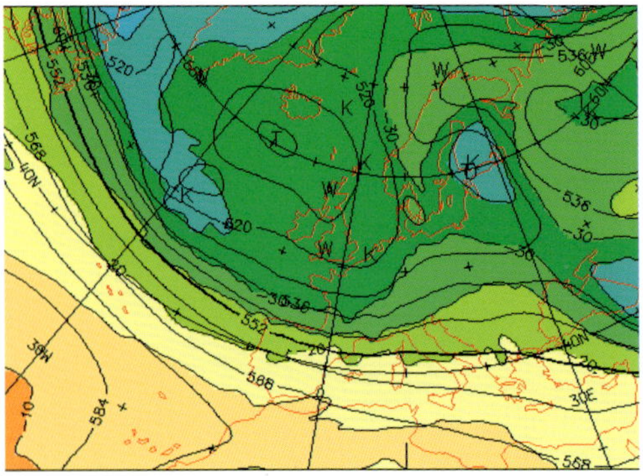

Oben rechts: Satellitenbild
Unten rechts: Bodenwetterkarte
Links: Höhenwetterkarte
Legende Seite 173

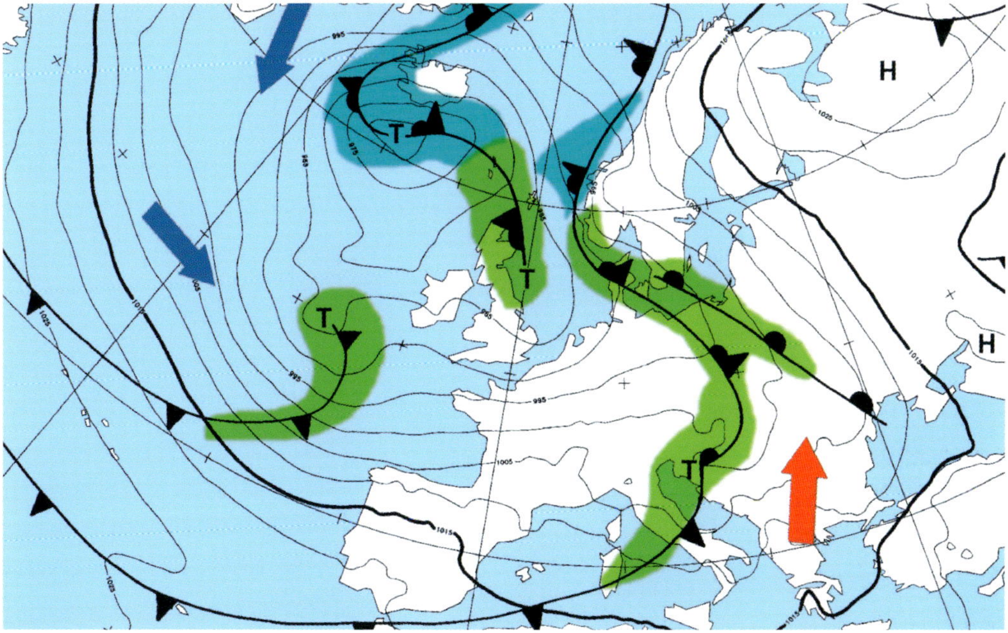
H
H
T
T
T
T
995
995
1005
1015

HM – Hoch Mitteleuropa

Großwettertyp Hoch Mitteleuropa.

Zirkulationsform Gemischt, d. h. zonale und meridionale Strömungskomponenten sind etwa gleich groß. Dabei erfolgt der Austausch von Luftmassen verschiedener geografischer Breiten nicht auf dem kürzesten (meridionalen) Weg, sondern mit einem deutlich zonalen Strömungsanteil. Frontalzonen sind oft lang gestreckt. Steuernde Hochdruckgebiete sind etwa zwischen 50 und 60 Grad nördlicher Breite anzutreffen.

Lage Über ganz Mitteleuropa liegt in der Regel ein ausgedehntes Hochdruckgebiet, das sich auch in der Höhe zumindest mit einem stabilen Hochkeil, manchmal auch mit einem abgeschlossenen Kern zeigt. Die atlantische Frontalzone verläuft über Mitteleuropa in einem antizyklonal gekrümmten Bogen (Omega-Lage) meist nördlich von 60 Grad nördlicher Breite. An der West- und Ostflanke des blockierenden mitteleuropäischen Hochs befinden sich Tröge tiefen Drucks mit kalter Luft über dem Ostatlantik und über Russland. Die Luftdruckgradienten über Mitteleuropa sind oft schwach. Manchmal erstreckt sich auch eine meridional verlaufende Hochdruckzone über Mitteleuropa.

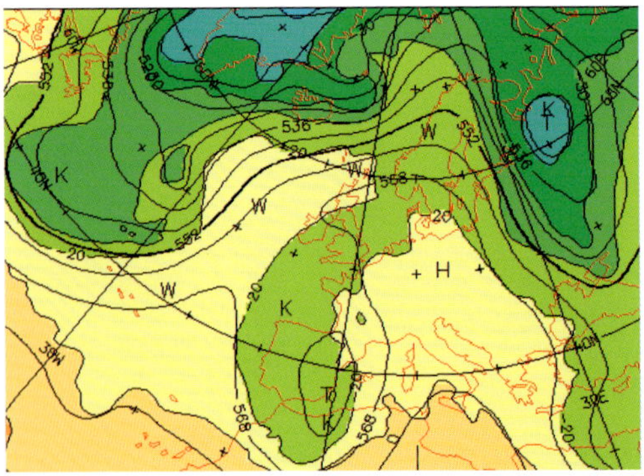

Wettergeschehen Diese Wetterlage kann sehr beständig sein, manchmal über Wochen anhalten. Tiefdruckgebiete werden dann in einem weiten Bogen über Westeuropa, Skandinavien und Osteuropa um Deutschland herumgeführt. Es fällt kaum oder nur im Westen und Norden Deutschlands etwas Niederschlag. Im Sommer oft sonnig und trocken mit zunehmend ansteigenden Temperaturmaxima (siehe »Jahrhundertsommer« 2003). Im Winter ebenfalls trocken, aber nachts oft sehr kalt. Insgesamt schwachwindig. Eine Omega-Lage wird oft nur langsam und dann oftmals von mehreren gewittrigen Tiefausläufern von Westen her abgebaut.

Häufigstes Auftreten in den Monaten Januar und September.

Geringstes Auftreten in den Monaten April und November.

Verwandte Großwetterlagen Lagen mit einer Hochdruckbrücke über Mitteleuropa (BM, siehe Seite 184) sowie antizyklonale Lagen aus Süden (SA, siehe Seite 202) oder Südosten SEA. Letztere ist verbunden mit trockenem Wetter und Frühnebel im Frühjahr und im Herbst.

Beispiel vom 13. April 2007.

Oben rechts: Satellitenbild
Unten rechts: Bodenwetterkarte
Links: Höhenwetterkarte
Legende Seite 173

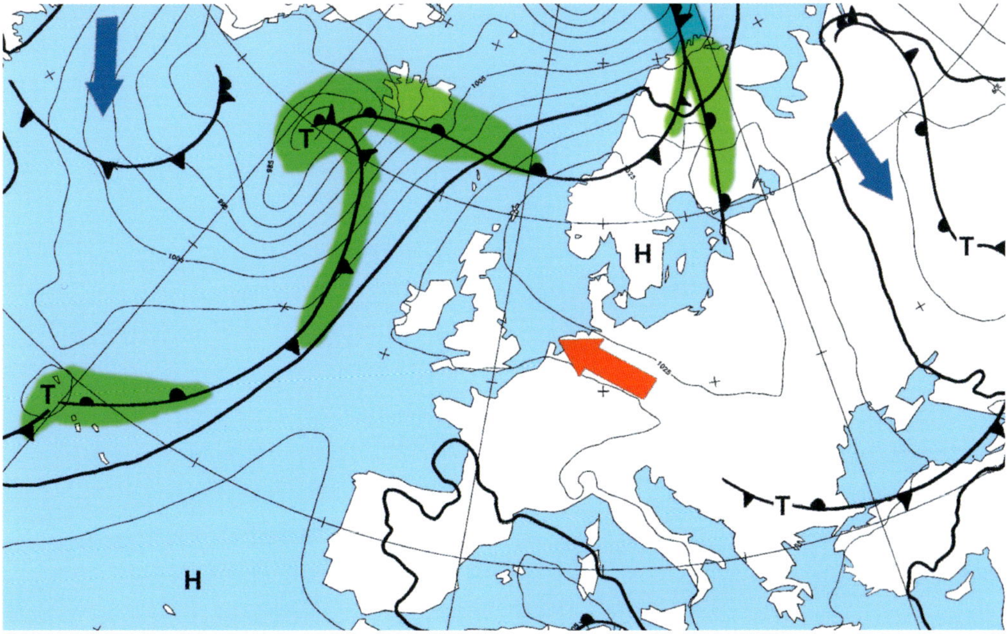
T
T
H
T
T
H
1025
1005

BM – Hochdruckbrücke über Mitteleuropa

Großwettertyp Hoch Mitteleuropa.

Zirkulationsform Gemischt, d. h. zonale und meridionale Strömungskomponenten sind etwa gleich groß. Dabei erfolgt der Austausch von Luftmassen verschiedener geografischer Breiten nicht auf dem kürzesten (meridionalen) Weg, sondern mit einem deutlich zonalen Strömungsanteil. Frontalzonen sind oft lang gestreckt. Steuernde Hochdruckgebiete sind etwa zwischen 50 und 60 Grad nördlicher Breite anzutreffen.

Lage Zwischen einem nördlich der Azoren liegenden Subtropenhoch und hohem Luftdruck über Osteuropa besteht über Mitteleuropa hinweg eine brückenförmige Verbindung. In manchen Fällen erstreckt sich eine lang gestreckte, von West nach Ost gerichtete Hochdruckzone. Nordwärts der Hochdruckbrücke verläuft eine Frontalzone, in der einzelne Tiefausläufer ostwärts wandern und mit ihren Kaltfronten zeitweise die Brücke durchbrechen.
Über dem östlichen Mittelmeer herrscht bis in die Höhe tiefer Luftdruck. In selteneren Fällen liegt die Achse der Brücke nördlich von 50 Grad nördlicher Breite, sodass dann über ganz Mitteleuropa eine nordöstliche bis östliche Strömung beobachtet wird.

Wettergeschehen Es überwiegt der Einfluss hohen Luftdrucks. Schwenkt nicht gerade ein Tiefausläufer durch, ist es eher sonnig und trocken. Die Luftdruckgegensätze sind gering, es wehen vor allem schwache Winde. Meist ist es etwas wärmer als normal. Im Winter dagegen bewirken die klaren Nächte eine starke Auskühlung und niedrige Temperaturminima.

Häufigstes Auftreten in den Monaten November und Dezember.

Geringstes Auftreten in den Monaten März und Mai.

Verwandte Großwetterlagen Lagen mit hohem Luftdruck über Mitteleuropa (HM, siehe Seite 182). Daneben westliche Wetterlagen mit starker antizyklonaler Ausprägung (WA, siehe Seite 174).

Beispiel vom 16. September 2005.

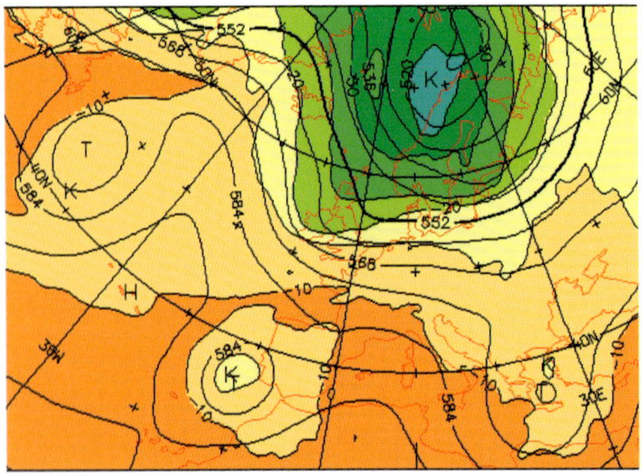

Oben rechts: Satellitenbild
Unten rechts: Bodenwetterkarte
Links: Höhenwetterkarte
Legende Seite 173

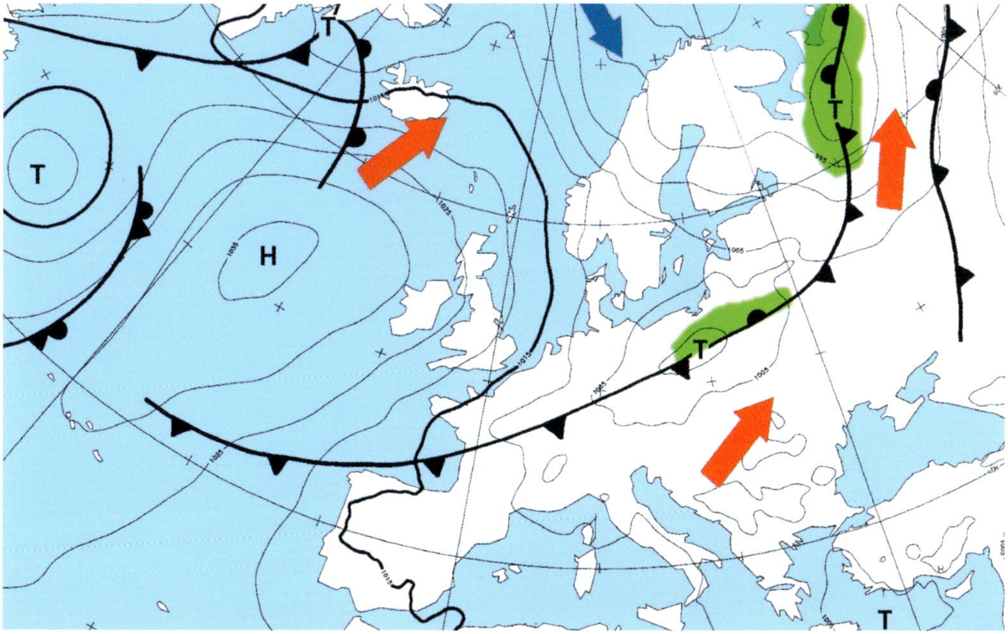
T
T
H
T
T
T

TM – Tief Mitteleuropa

Großwettertyp Tief Mitteleuropa.

Zirkulationsform Gemischt, d. h. zonale und meridionale Strömungskomponenten sind etwa gleich groß oder uneinheitlich. Wegen der recht wechselnden Strömungskomponenten wird auch die Großwetterlage »Tief Mitteleuropa« zur gemischten Zirkulationsform gerechnet.

Lage Am Boden und vor allem in der Höhe liegt ein abgeschlossener Tiefdruckkern über Mitteleuropa. Zur Lage kommt es häufig durch einen Abschnürungsvorgang eines weit nach Süden reichenden kräftigen Trogs mit kalter Luft in der Höhe (»Kaltlufttropfen«). Die atlantische Frontalzone spaltet sich dabei häufig bereits über dem Westatlantik in einen über Grönland nach Osten gerichteten und einen über dem Mittelatlantik und die Iberische Halbinsel zum Mittelmeer gerichteten Zweig. Über Zentral-Mitteleuropa selbst herrscht eine zyklonale Steuerung, d. h. in diesem Fall bewegen sich kleine Tiefdruckgebiete über Norddeutschland oder Südskandinavien mit ihren Ausläufern anders als sonst, nämlich von Ost nach West.

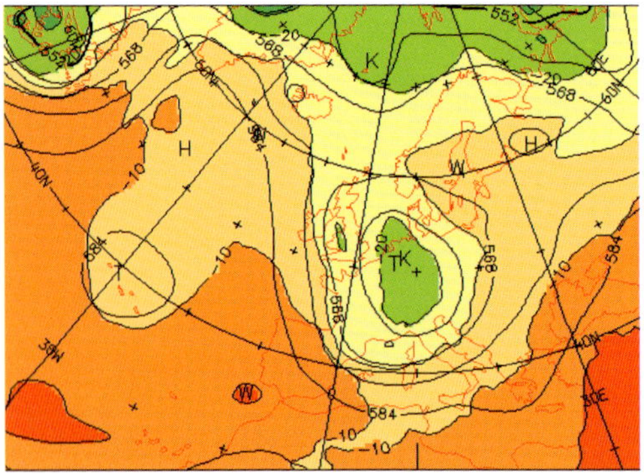

Wettergeschehen Starke, zeitweise aufgelockerte Bewölkung oder trübe und entlang der Tiefausläufer immer wieder Niederschläge, gelegentlich anhaltend, gelegentlich auch gewittrig. Die Luftdruckgegensätze sind oft gering, es wehen meist schwache oder mäßige, häufig wechselnde Winde. Die Temperaturen sind zu jeder Jahreszeit unternormal.

Häufigstes Auftreten in den Monaten April und Mai.

Geringstes Auftreten in den Monaten August und Dezember.

Verwandte Großwetterlagen Lagen mit hohem Luftdruck über Skandinavien oder dem Baltikum, zyklonal über Mitteleuropa (HFZ, siehe Seite 196).

Beispiel vom 13. August 2006.

Oben rechts: Satellitenbild
Unten rechts: Bodenwetterkarte
Links: Höhenwetterkarte
Legende Seite 173

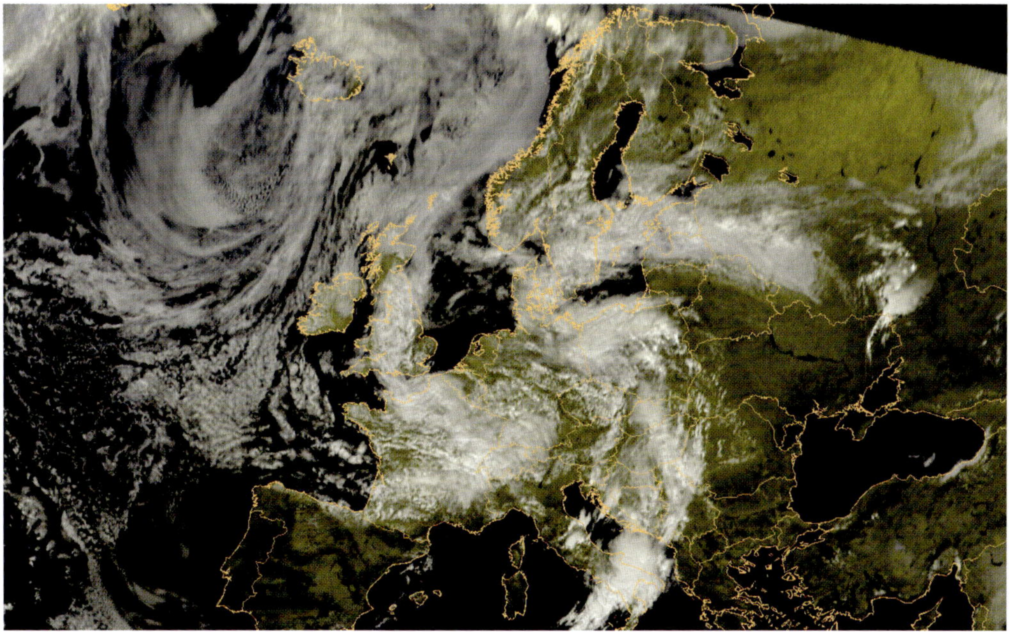

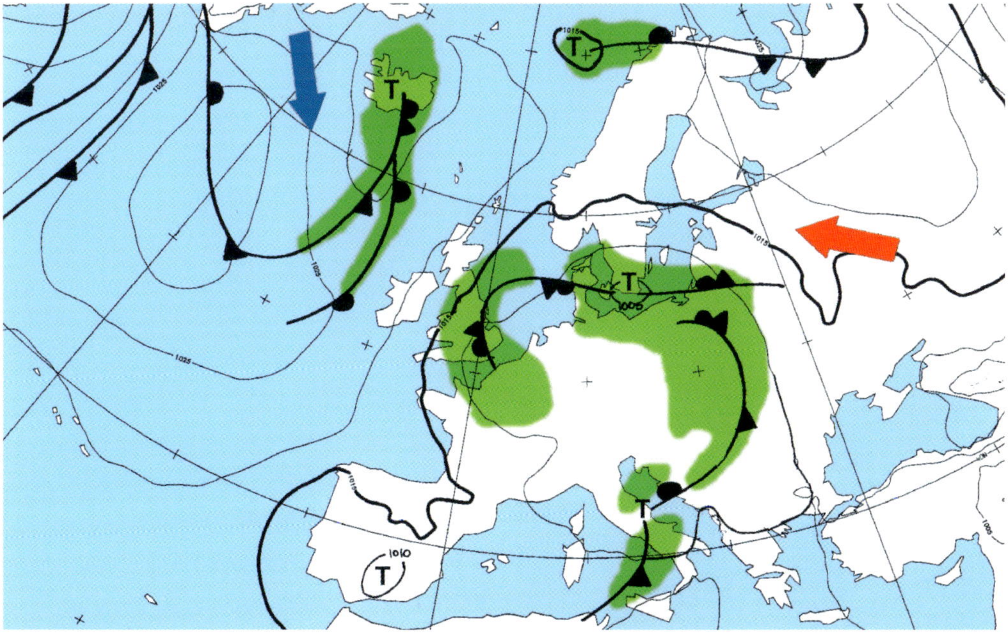
T
T
T
T
T
1010

HNA – Hoch über dem Nordmeer und Island, über Mitteleuropa überwiegend antizyklonal

Großwettertyp Nord.

Zirkulationsform Meridional, d. h. besonders wirksam für den Verlauf der Strömung sind stationäre Hochdruckgebiete, die eine »blockierende« Wirkung ausüben. Diese Hochdruckgebiete treten zwischen 50 und 65 Grad nördlicher Breite auf. Bei den Nordlagen befindet sich dieses Hoch über den Britischen Inseln, während ein Zentraltief die Ostsee oder das nordwestliche Russland beherrscht.

Lage In diesem Fall liegt das blockierende Hochdruckgebiet besonders weit nördlich, im Raum des Nordmeeres und nach Süden bis über Schottland. Ein Hochdruckkeil mit abgeschlossener Hochzelle über der Nordsee reicht sogar bis zum westlichen Mitteleuropa. Die über dem nordwestlichen Russland in südliche Richtung wandernden Tiefausläufer werden nur für Osteuropa wirksam. Über dem östlichen und mittleren Mittelmeergebiet herrscht meist tiefer Luftdruck.

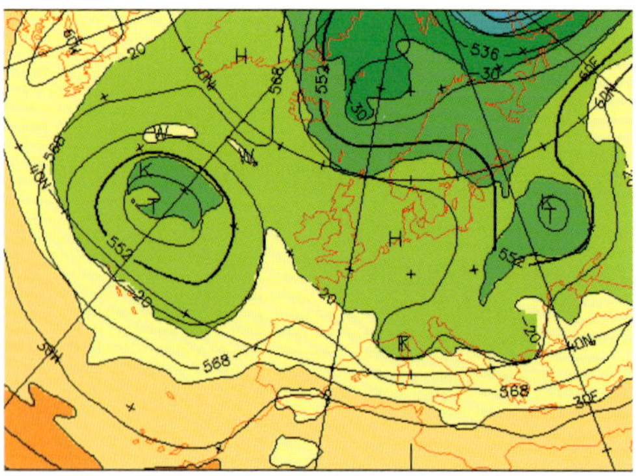

Wettergeschehen Über West- und Mitteleuropa herrscht meist heiteres bis wolkiges Wetter. Die Niederschlagssummen sind unternormal. Im Winter bringt diese Lage in Mitteleuropa zum Teil strengen Frost (»Strahlungslage«). Auch im Frühjahr sind noch Bodenfröste möglich. Die Aufheiterungen bringen im Sommer zwar schönes, warmes Wetter, aber durch die Zufuhr von Luftmassen aus Nord kommt es nicht zu hochsommerlicher Hitze. Im Mittelmeerraum, vor allem in seinen östlichen und mittleren Teilen, sind bei niedrigem Luftdruck entlang der eingewanderten Störungen Gewitter und Niederschläge möglich. Die Winde im Binnenland sind eher mäßig, an der Nordsee treten jedoch oft frische bis starke Winde aus nördlicher bis nordöstlicher Richtung auf.

Häufigstes Auftreten in den Monaten Mai und Juni.

Geringstes Auftreten in den Monaten Januar und November.

Verwandte Großwetterlagen Hoch über dem Nordmeer und Island, über Mitteleuropa zyklonal (HNZ, siehe Seite 190) oder auch Hoch über den Britischen Inseln (HB, siehe Seite 192).

Beispiel vom 11. Mai 2006.

Oben rechts: Satellitenbild
Unten rechts: Bodenwetterkarte
Links: Höhenwetterkarte
Legende Seite 173

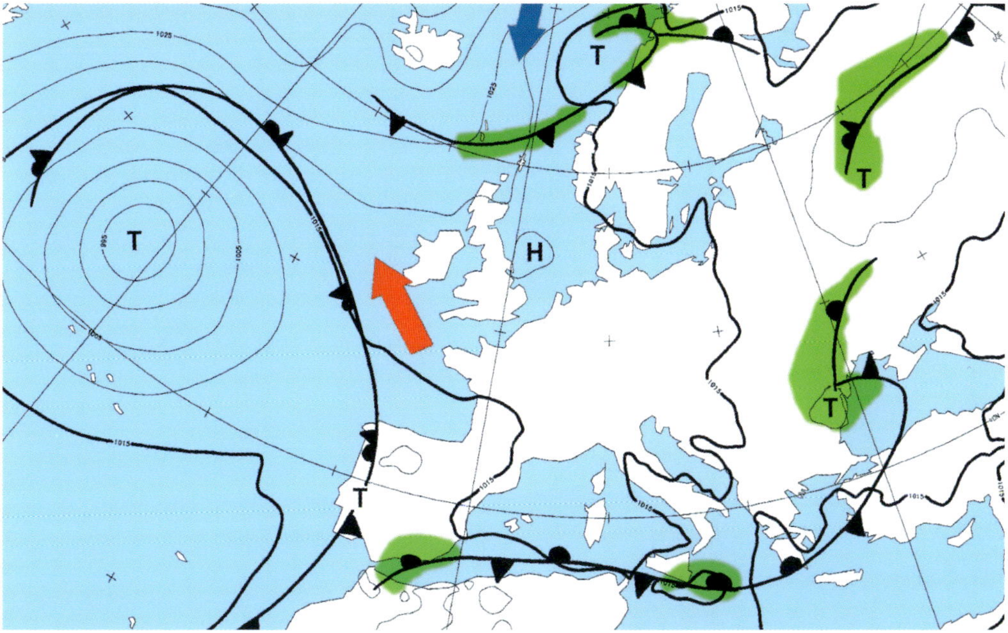
T
T
H
T
T
T

HNZ – Hoch über dem Nordmeer und Island, über Mitteleuropa überwiegend zyklonal

Großwettertyp Nord.

Zirkulationsform Meridional, d. h. besonders wirksam für den Verlauf der Strömung sind stationäre Hochdruckgebiete, die eine »blockierende« Wirkung ausüben. Diese Hochdruckgebiete treten zwischen 50 und 65 Grad nördlicher Breite auf. Bei den Nordlagen befindet sich dieses Hoch über den Britischen Inseln, während ein Zentraltief die Ostsee oder das nordwestliche Russland beherrscht.

Lage Die Strömungsverhältnisse und die Luftdruckverteilung sind vergleichbar mit dem auf Seite 188 beschriebenen Hoch über dem Nordmeer und Island antizyklonaler Form. Was fehlt, ist der Hochdruckkeil über der Nordsee bis zum westlichen Mitteleuropa. Dadurch bekommen die nach Südwesteuropa und das Mittelmeer abgelenkten Teile der Frontalzone Gelegenheit, auf das Wetter in Mitteleuropa oder Südeuropa stärker Einfluss zu nehmen. Abgeschnürte Kaltluft findet sich in der Höhe oft über dem Mittelmeer, aber auch kalte Luft aus dem Ostseeraum kann Störungen über Mitteleuropa auslösen.

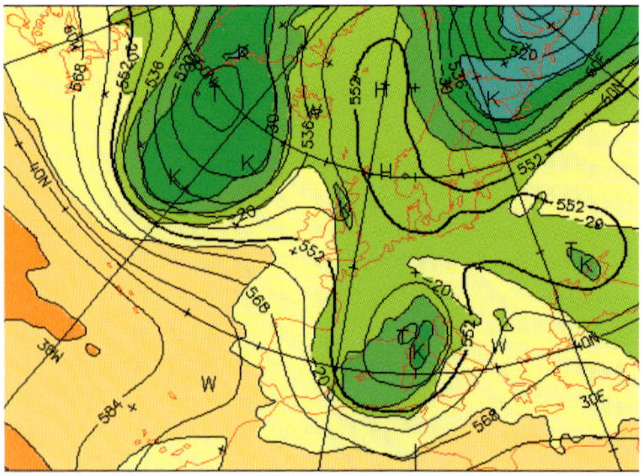

Wettergeschehen Niederschläge vor allem in Westeuropa, im Alpenraum und im südlichen Mitteleuropa. Im Sommer Gewitter, zum Teil mit schauerartigen, sehr ergiebigen Niederschlägen, im Winter Schneefälle. Während es in Westeuropa und im südlichen Mitteleuropa im Winter verhältnismäßig mild sein kann, sind Tage mit dieser Wetterlage in den nördlichen Teilen von Mitteleuropa, also in Osteuropa und Skandinavien im Winter sehr kalt und auch im Sommer noch als kühl zu bezeichnen. Überwiegend heiteres Wetter herrscht dagegen in England und Irland sowie in Spanien und Portugal. Wechselnd bewölkt und nicht niederschlagsfrei in Südfrankreich und Italien.

Häufigstes Auftreten in den Monaten April und Mai.

Geringstes Auftreten in den Monaten September und November.

Verwandte Großwetterlagen Zyklonale geprägte Nordlage über Mitteleuropa (NZ), südliche Westlage (WS, siehe Seite 178), Tief über Mitteleuropa (TM, siehe Seite 186) oder Hoch über Nordmeer und Island, über Mitteleuropa antizyklonal (HNA, siehe Seite 188).

Beispiel vom 17. April 2005.

Oben rechts: Satellitenbild
Unten rechts: Bodenwetterkarte
Links: Höhenwetterkarte
Legende Seite 173

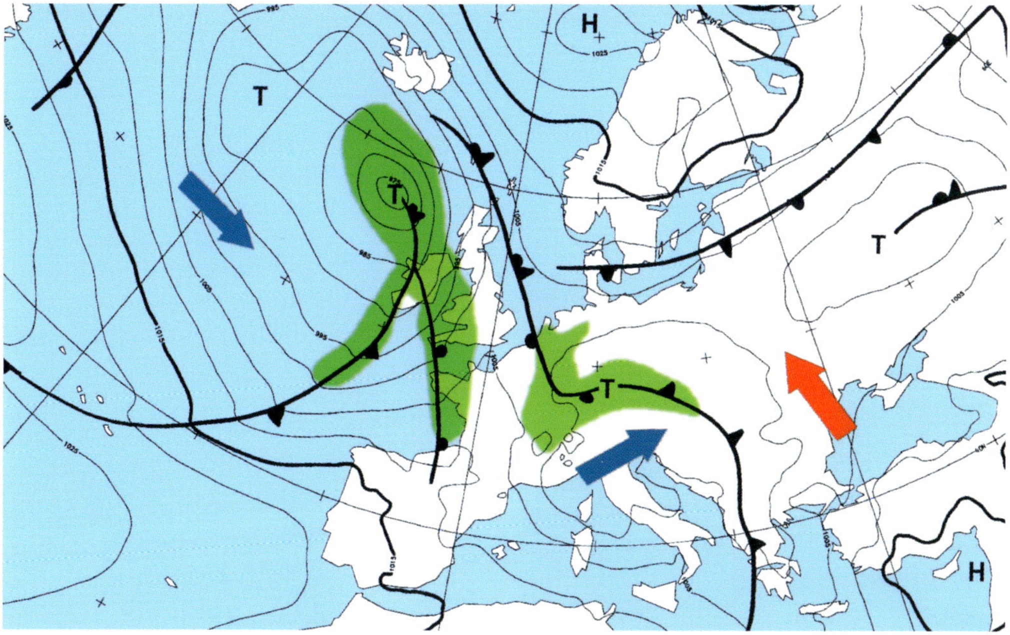
H
T
T
T
T
H

HB – Hoch über den Britischen Inseln

Großwettertyp Nord.

Zirkulationsform Meridional, d. h. besonders wirksam für den Verlauf der Strömung sind stationäre Hochdruckgebiete, die eine »blockierende« Wirkung ausüben. Diese Hochdruckgebiete treten zwischen 50 und 65 Grad nördlicher Breite auf. Bei den Nordlagen befindet sich das Hoch über den Britischen Inseln, während ein Zentraltief die Ostsee und das nordwestliche Russland beherrscht.

Lage Über den Britischen Inseln oder der unmittelbar angrenzenden Nordsee bzw. dem unmittelbar angrenzenden atlantischen Ozean befindet sich ein »blockierendes« Hoch. Manchmal ist es mit einem Hochdruckgebiet verbunden, das über Grönland und Island lagert. Das zugehörige Tief befindet sich über dem Ostseeraum, häufig weit nach Südosten reichend. Randstörungen, d. h. kleine Luftmassengrenzen am Rande des beherrschenden Tiefs über Osteuropa, ziehen von Norden her über Mitteleuropa und beeinflussen dort das Wetter. Mit dieser Wetterlage ist gleichzeitig oft auch tiefer Luftdruck über dem westlichen Mittelmeer verbunden.

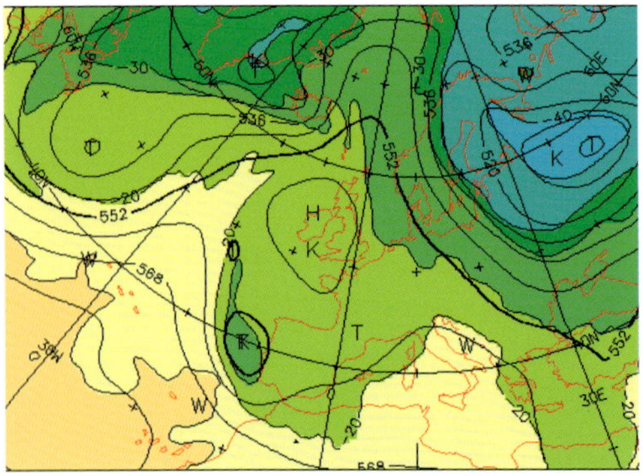

Wettergeschehen Vergleichsweise kühle Luft strömt über Mittel- und Westeuropa, vorwiegend aus nördlicher Richtung. Das Wetter ist im Sommer meist trocken und sonnig. Im Winter hingegen bildet sich je nach Lage des Hochkerns durch die herangeführte feuchte Nordseeluft eine kräftige Hochnebelschicht, die tagelang anhalten kann und aus der es oft auch nieselt. Die Bewölkung nimmt Richtung Osten zu. Dort kommt es auch zeitweise zu Niederschlägen, die besonders in den Ostalpen ergiebig werden können (»Stauregen«). In allen Jahreszeiten nur mäßig warm, in den Wintermonaten in klaren Nächten auch mäßiger bis strenger Frost. Südlich der Alpen wechselhaftes Wetter, vor allem in Spanien oder Italien.

Häufigstes Auftreten in den Monaten Februar und September.

Geringstes Auftreten in den Monaten Dezember und Januar.

Verwandte Großwetterlagen Hoch über dem Nordmeer und Island, über Mitteleuropa antizyklonal (HNA, siehe Seite 188), Hoch über dem Nordmeer und Island, über Mitteleuropa zyklonal (HNZ, siehe Seite 190) sowie antizyklonale und zyklonale Nordwestlagen mit unbeständiger Witterung, zum Teil mit »Stauregen«

Beispiel vom 3. Februar 2006.

Oben rechts: Satellitenbild
Unten rechts: Bodenwetterkarte
Links: Höhenwetterkarte
Legende Seite 173

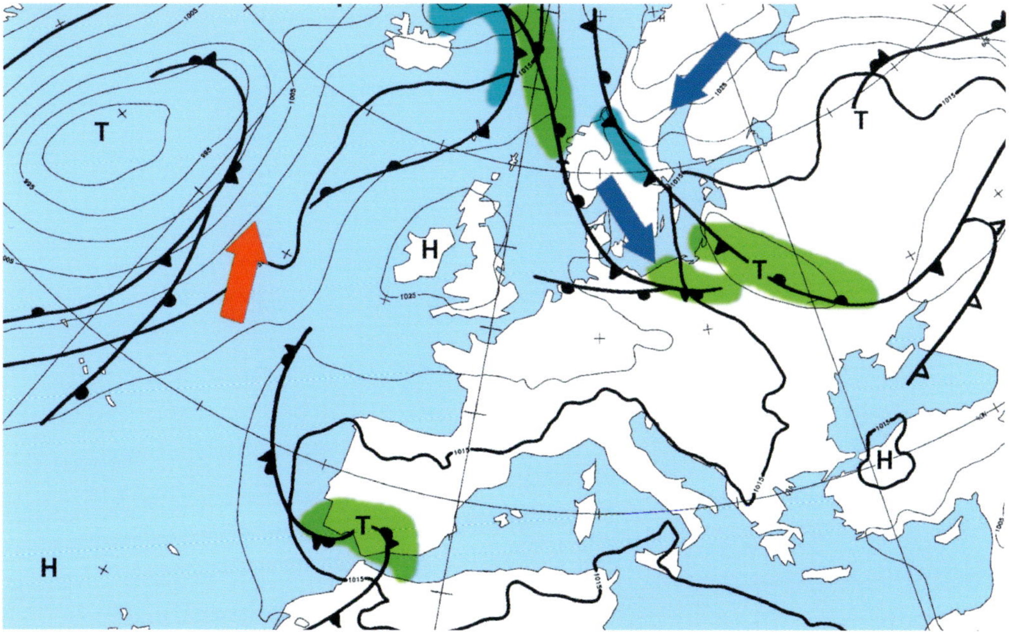
T
H
T
T
T
H
H

TRM – Trog über Mitteleuropa

Großwettertyp Nord.

Zirkulationsform Meridional, d. h. besonders wirksam für den Verlauf der Strömung sind stationäre Hochdruckgebiete oder Hochdruckkeile, wie hier über Westeuropa bzw. der Biskaya, die eine »blockierende« Wirkung ausüben. Tiefer Luftdruck dominiert dabei über Osteuropa.

Lage Besonders tiefer Luftdruck weit hinter der Kaltfront eines Tiefs kennzeichnet in der Regel die Troglage. In der Höhe hat sich kalte Luft abgeschnürt. Nordwest- und Mitteleuropa stehen unter dem Einfluss der Troglage. Hochdruckeinfluss dominiert über dem östlichen Nordatlantik, manchmal mit einer Brücke bis zum Ostseeraum. Im Verlauf der Frontalzone ziehen über Mitteleuropa Störungen, die auch den Mittelmeerraum tangieren können.

Wettergeschehen Bei frischen Winden aus westlichen und nördlichen Richtungen ist das Wetter in West- und Mitteleuropa gekennzeichnet von großer Unbeständigkeit. Häufiges Auftreten von schauerartigen Niederschlägen, die im Winter als Schnee fallen. In West- und Mitteleuropa ist diese Wetterlage mit niedrigen Temperaturen in allen Jahreszeiten verbunden. Anders in Osteuropa, wo milde Mittelmeerluft weit nach Norden vorstößt und vor allem im Winter die Temperaturen nur um den Gefrierpunkt oder sogar darüber liegen. Dafür sind dort die Niederschläge, Regen oder Schnee, durch das Übermaß an Feuchtigkeit ausgesprochen ergiebig. Der Mittelmeerraum steht oft unter dem Einfluss der Tiefausläufer, die von Westeuropa aus heranzogen.

Häufigstes Auftreten in den Monaten April und November.

Geringstes Auftreten in den Monaten Mai und Juni.

Verwandte Großwetterlagen Zyklonale Nordlage über Mitteleuropa (NZ) und die Nordwestlage, über Mitteleuropa zyklonal, mit kalter Witterung, schauerartigen Niederschlägen und im Winter mit ergiebigen Schneefällen! (NWZ).

Beispiel vom 11. April 2006.

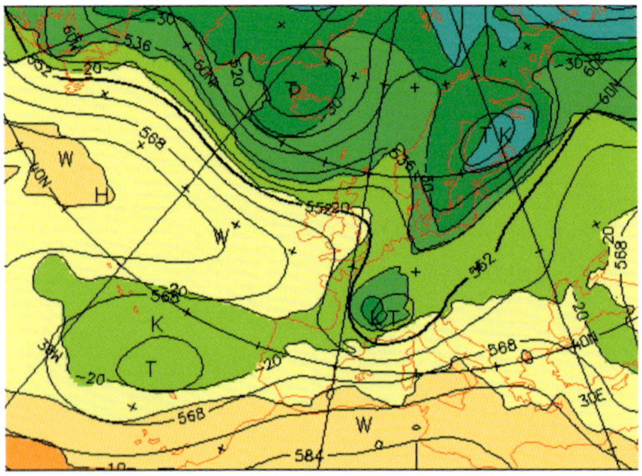

Oben rechts: Satellitenbild
Unten rechts: Bodenwetterkarte
Links: Höhenwetterkarte
Legende Seite 173

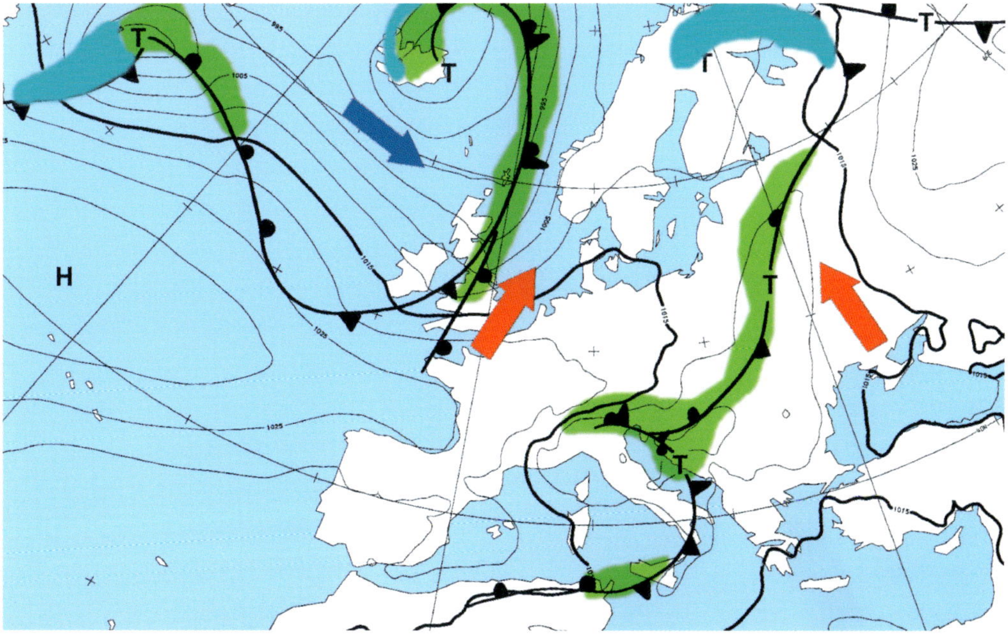
T
T
T
T
T
T
H

HFZ – Hoch Fennoskandien, über Mitteleuropa überwiegend zyklonal

Großwettertyp Ost.

Zirkulationsform Meridional, d. h. besonders wirksam für den Verlauf der Strömung sind stationäre Hochdruckgebiete, die eine »blockierende« Wirkung ausüben. Diese Hochdruckgebiete treten zwischen 50 und 65 Grad nördlicher Breite auf. Bei Ostlagen befindet sich das Hoch über Nordeuropa, während tiefer Luftdruck den Mittelmeerraum beherrscht.

Lage Über Finnland bzw. dem Baltikum befindet sich ein Hochdruckgebiet und über dem Mittelmeerraum oder dem südlichen Mitteleuropa ein Tiefdrucksystem. Dazwischen strömt Luft aus östlichen Richtungen nach Mitteleuropa ein. Auch abgeschnürte Kaltluft in der Höhe (Kaltlufttropfen) können so nach Mitteleuropa gelangen. Vom Westen über dem Atlantik anrückende Störungen (Tiefdruckgebiete) werden geteilt: Ein Teil strömt nordostwärts an Island vorbei zum Eismeer hin. Ein anderer Teil strömt südöstlich über die Biskaya ins Mittelmeer. Von hier aus reichen deren Wolkenfelder oft bis zum Alpenvorland.

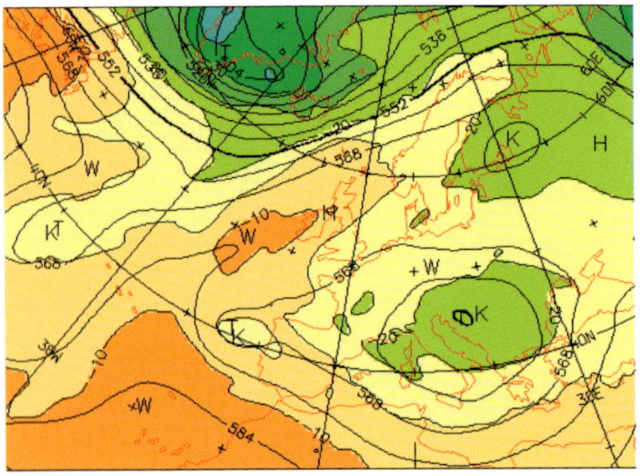

Wettergeschehen Ruhiges, oft heiteres und trockenes Wetter in Skandinavien. Dagegen unbeständiges, teilweise trübes Wetter, mit Niederschlägen durchsetzt, in Mittel- und Westeuropa sowie im Mittelmeerraum. Im Sommer sind damit Gewitter verbunden. Die Niederschläge fallen im Winter überwiegend als Schnee. Im Sommer ist es ausgesprochen schwül, aber nicht heiß! Im Winter dagegen durchweg kalt und frostig. Der Wind weht in Mitteleuropa, aber auch in Westeuropa und im Mittelmeerraum meist aus östlichen Richtungen.

Häufigstes Auftreten in den Monaten März und Mai.

Geringstes Auftreten in den Monaten Juni und Juli.

Verwandte Großwetterlagen Hoch Nordmeer-Fennoskandien, über Mitteleuropa zyklonal (HNFZ, siehe Seite 200), Hoch Nordmeer-Fennoskandien, über Mitteleuropa antizyklonal (HNFA, siehe Seite 198), Tief Mitteleuropa (TM, siehe Seite 186).

Beispiel vom 11. April 2006.

Oben rechts: Satellitenbild
Unten rechts: Bodenwetterkarte
Links: Höhenwetterkarte
Legende Seite 173

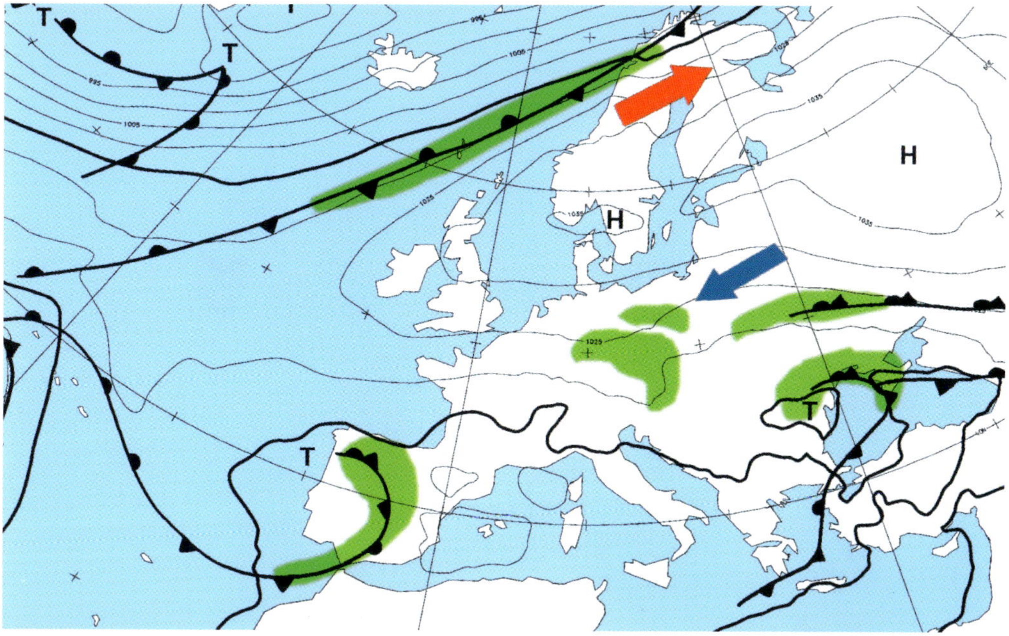
T
T
H
H
T
T
1035
1025

HNFA – Hoch Nordmeer-Fennoskandien, über Mitteleuropa überwiegend antizyklonal

Großwettertyp Ost.

Zirkulationsform Meridional, d. h. besonders wirksam für den Verlauf der Strömung sind stationäre Hochdruckgebiete, die eine »blockierende« Wirkung ausüben. Diese Hochdruckgebiete treten zwischen 50 und 65 Grad nördlicher Breite auf. Bei Ostlagen befindet sich das Hoch über Nordeuropa, während über dem Mittelmeerraum tiefer Luftdruck vorherrscht.

Lage Eine ausgedehnte Hochdruckzone befindet sich nahe Island. Auch das nördliche Mitteleuropa wird von diesem Hochdruckgebiet erreicht. Tiefer Luftdruck wird über dem Nordatlantik, Westeuropa und dem westlichen Mittelmeer registriert. Aus Ost bis Nordost sickert kühle Luft nach Mitteleuropa ein.

Wettergeschehen Nordeuropa sowie weite Teile des nördlichen und östlichen Mitteleuropas zeigen überwiegend heiteres Wetter und keine Niederschläge. Zunehmende Bewölkung Richtung Balkan sowie über dem Westen Europas. Im Sommer ist es in der Regel recht warm. Im Winter ist es bei dieser Wetterlage kalt, in nördlichen Gebieten Mitteleuropas, in Nord- und Osteuropas kommt es zu strengem Frost.

Häufigstes Auftreten in den Monaten Februar und Mai.

Geringstes Auftreten in den Monaten August und Dezember.

Verwandte Großwetterlagen Hoch Nordmeer-Fennoskandien, über Mitteleuropa zyklonal (HNFZ, siehe Seite 200), Hoch über Nordmeer und Island, über Mitteleuropa antizyklonal (HNA, siehe Seite 188), Hoch über Nordmeer und Island, über Mitteleuropa zyklonal (HNZ, siehe Seite 190). Sowie Südostlagen, über Mitteleuropa antizyklonal oder zyklonal, mit überwiegend heiterem und trockenem Wetter, an den Nordalpen föhnig (antizyklonal: SEA) oder unbeständig mit Niederschlägen, im Sommer schwül und gewittrig (zyklonal: SEZ).

Beispiel vom 8. Mai 2006.

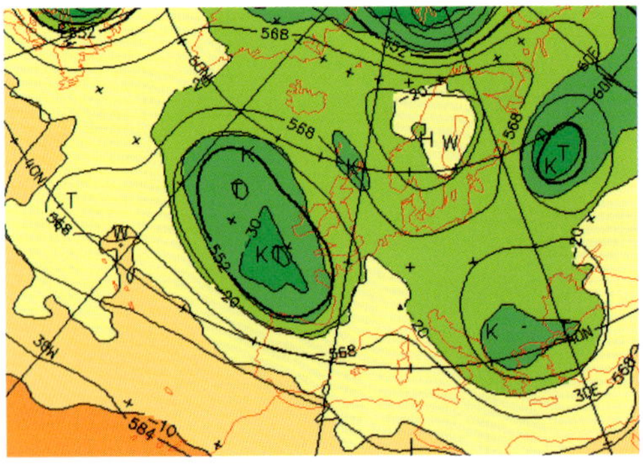

Oben rechts: Satellitenbild
Unten rechts: Bodenwetterkarte
Links: Höhenwetterkarte
Legende Seite 173

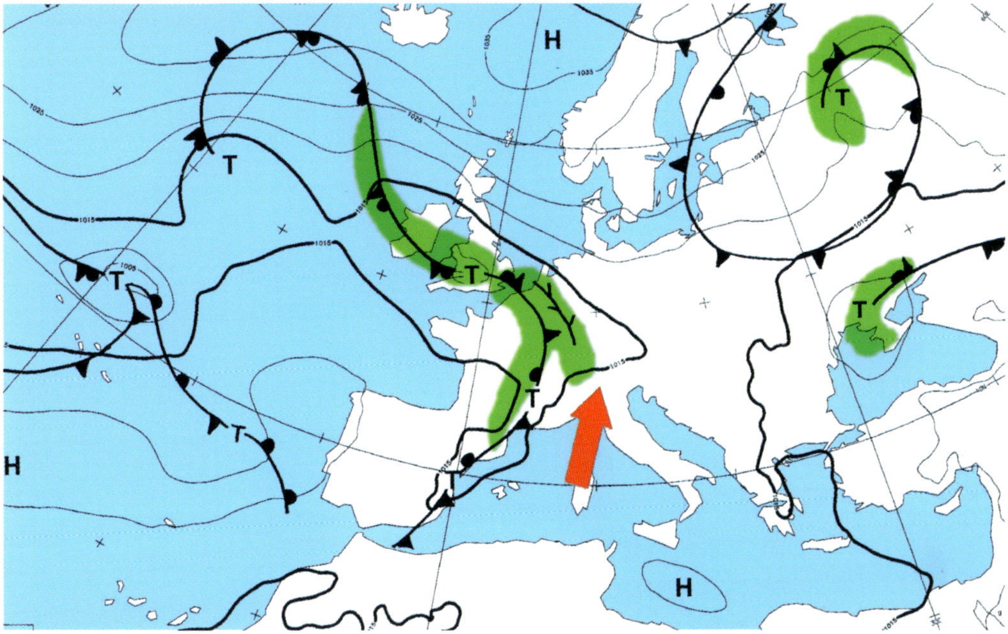
H
T

HNFZ – Hoch Nordmeer-Fennoskandien, über Mitteleuropa überwiegend zyklonal

Großwettertyp Ost.

Zirkulationsform Meridional, d. h. besonders wirksam für den Verlauf der Strömung sind stationäre Hochdruckgebiete, die eine »blockierende« Wirkung ausüben. Diese Hochdruckgebiete treten zwischen 50 und 65 Grad nördlicher Breite auf. Bei Ostlagen befindet sich das Hoch über Nordeuropa, während südlich davon, Richtung Mittelmeer, tiefer Luftdruck vorherrscht.

Lage Ähnlich wie beim Hoch Nordmeer-Fennoskandien, antizyklonal (HNFA, siehe Seite 198), liegt über Nordeuropa, genauer Schweden, eine ausgedehnte Zone hohen Luftdrucks, die eine »blockierende« Wirkung ausübt. Ein Keil des Hochs reicht weit nach Osteuropa hinein. Ausgeprägte Tiefdrucktätigkeit dagegen über dem westlichen Mittelmeer und über Westeuropa, teilweise auch noch über Deutschland und dem Alpenraum. Von Westen über den Atlantik heranziehende Tiefdruckgebiete werden südostwarts in Richtung Mittelmeer abgelenkt.

Wettergeschehen Meist bedeckt in West- und Mitteleuropa, mit recht ergiebigen Niederschlägen im Sommer und intensiven Schneefällen im Winter! Im Sommer auch häufig Gewitterbildung mit Starkniederschlägen. Dabei ist es in den genannten europäischen Zonen schwülwarm. Ausgesprochen kalt wird es bei dieser Lage dagegen im Winter in Nord- und Osteuropa, mit zum Teil strengem Frost. Ausgeprägte Frostlagen treten dann auch im nördlichen Mitteleuropa auf. Die abgelenkten Störungen machen sich vor allem im westlichen Mittelmeerraum in Form von starker Bewölkung und Niederschlägen bemerkbar.

Häufigstes Auftreten in den Monaten März und April.

Geringstes Auftreten in den Monaten September und Oktober.

Verwandte Großwetterlagen Hoch Fennoskandien, über Mitteleuropa zyklonal (HFZ, siehe Seite 196), Tief über Mitteleuropa (TM, siehe Seite 186), südliche Westlage (WS, siehe Seite 178), Hoch Nordmeer-Fennoskandien, über Mitteleuropa antizyklonal (HNFA, siehe Seite 198), Südostlage, über Mitteleuropa antizyklonal (SEA).

Beispiel vom 29. März 2005.

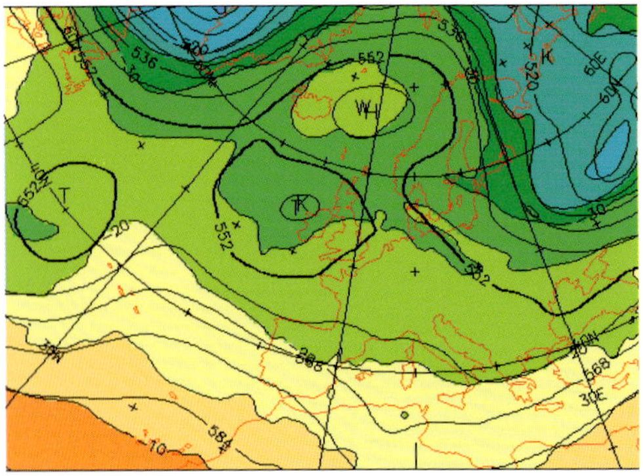

Oben rechts: Satellitenbild
Unten rechts: Bodenwetterkarte
Links: Höhenwetterkarte
Legende Seite 173

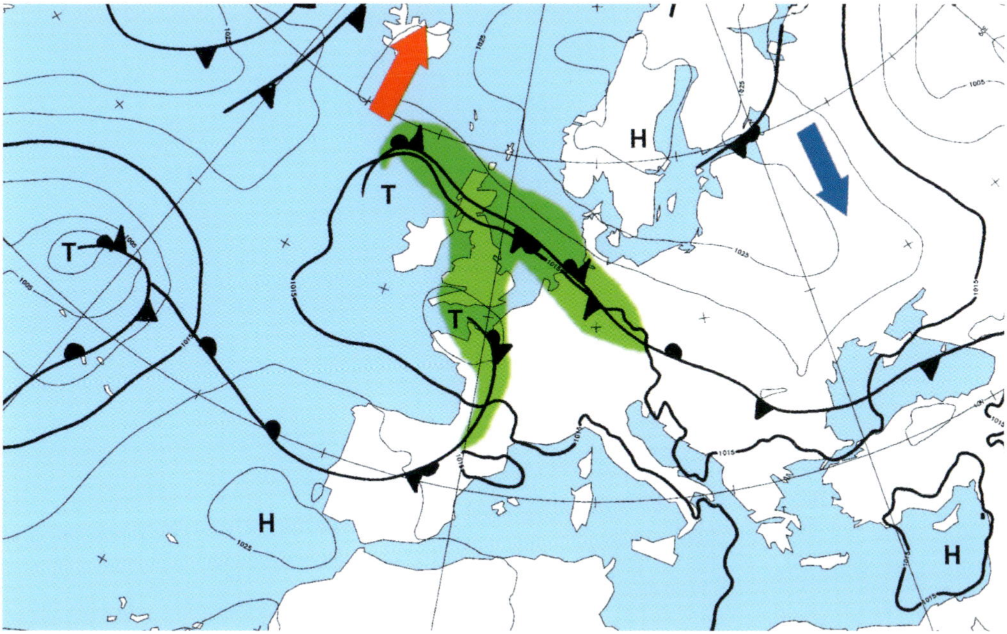
H
T
T
T
H
H

SA – Südlage, über Mitteleuropa überwiegend antizyklonal

Großwettertyp Süd.

Zirkulationsform Meridional, d. h. besonders wirksam für die Strömung sind stationäre Hochdruckgebiete, die eine »blockierende« Wirkung ausüben. Diese Hochdruckgebiete treten zwischen 50 und 65 Grad nördlicher Breite auf. Bei Südlagen befindet sich das Hoch über Osteuropa, während das Zentraltief im Westen Europas wirksam wird.

Lage Ein kräftiges Hochdruckgebiet liegt über Osteuropa. Westeuropa wird dagegen von einem umfangreichen Tief über dem Atlantik beeinflusst. Wie die Höhenkarte zeigt, verläuft die atlantische Frontalzone von den Azoren über die Britischen Inseln weit nach Nordosten. Die Tiefausläufer tangieren mehr oder weniger nur die Küstenbereiche und Nordwesteuropa. Von wenigen Nebelfeldern (Nord- und Ostbayern, entlang der Adria) abgesehen, ist Mittel- und Osteuropa weitgehend frei von Wolken. Von Süden dringen warme Luftmassen vor.

Wettergeschehen In Nordwest- und Westeuropa zum Teil ausgedehnte Niederschlagszonen. Es überwiegt im übrigen Mitteleuropa heiteres, niederschlagsfreies Wetter. Das gilt auch für Osteuropa. Bei dieser Wetterlage können in Mitteleuropa Morgennebel auftreten, im Winter auch Hochnebel. Im Alpenvorland tritt häufig Föhn auf. Die Wetterlage führt im Sommer zu heißem Wetter, weniger zu schwül-warmer Witterung. Auch im Frühjahr und Herbst recht mild. Im Winter jedoch in Osteuropa und in den östlichen Teilen Mitteleuropas strenge Fröste durch starke nächtliche Ausstrahlung (»Strahlungsfrost«).

Häufigstes Auftreten in den Monaten Januar und November.

Geringstes Auftreten in den Monaten Juni und Juli.

Verwandte Großwetterlagen Südlage, über Mitteleuropa zyklonal (SZ), Hoch über Mitteleuropa (HM, siehe Seite 182), Südostlagen (SEA, SEZ).

Beispiel vom 29. Oktober 2005.

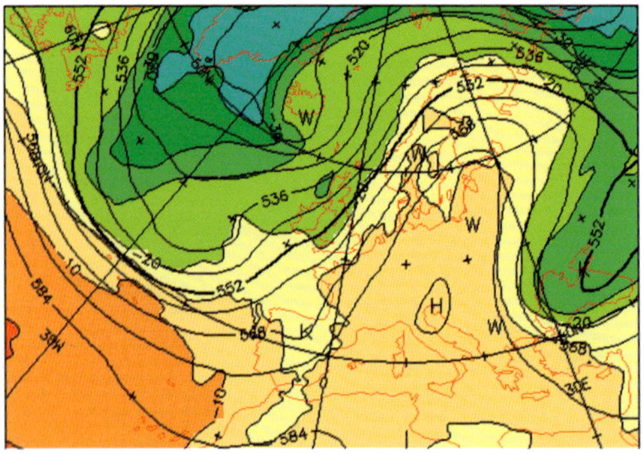

Oben rechts: Satellitenbild
Unten rechts: Bodenwetterkarte
Links: Höhenwetterkarte
Legende Seite 173

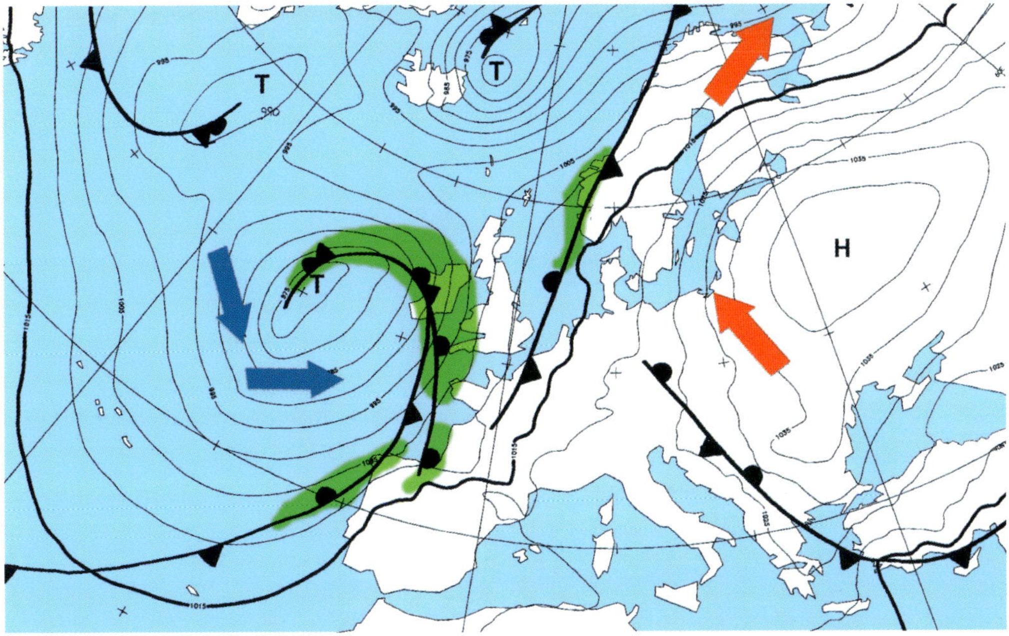
T
T
T
H

Vertiefung der Wetterkunde

Auf Seite 21 bis 35 wurden die grundsätzlichen Kräfte beschrieben, die für das Wettergeschehen verantwortlich sind. Davon gehen wir jetzt aus und lernen nun die wichtigsten Erscheinungen näher kennen, die die Witterung charakterisieren.

Erwärmung von Land, Wasser und Luft

Weniger als die Hälfte der Sonnenstrahlung gelangt bis auf die Erdoberfläche. Das meiste davon gibt die Erdoberfläche wieder an die Atmosphäre ab. Die auf die Erdoberfläche auftreffende Strahlung ist dort am stärksten, wo sie senkrecht einfällt (Äquatornähe, Tropen!). Entsprechend schwächer wird die Strahlung, wenn sie sehr schräg einfällt (Polarregionen!). Die Strahlung, die von der Erdoberfläche in die Atmosphäre zurückgestrahlt wird, ist langwellig. Sie wird von der wasserdampfhaltigen Atmosphäre überwiegend absorbiert. Ganze 8 Prozent gelangen durch die Lufthülle der Erde hindurch in den Weltraum. Wolken hindern die Rückstrahlung von der Erdoberfläche. Es kommt zu jener Glashauswirkung der Atmosphäre, die vergleichbar ist mit dem Vorgang im Glashaus des Gärtners. Nur treten an die Stelle des Glases in der Atmosphäre der Wasserdampf, das Wasser in den Wolken und auch das Kohlendioxid.
Die »Erwärmung von unten« ist es, die eine wichtige Rolle im Wettergeschehen spielt. Sie löst starke, nach oben gerichtete Luftströmungen aus. Es ist nicht nur die unmittelbare Wärmeabgabe an die Luft über dem Erdboden, zumal die Luft kein guter Wärmeleiter ist. Es ist vielmehr die erwärmte Luft über dem Erdboden, die Wärme in größere Höhen bringt. Andererseits sinkt kühlere Luft aus der Höhe auf die Erdoberfläche. Diese Turbulenzerscheinungen unterstützen den Temperaturausgleich und mischen verschieden temperierte Luftmassen.
Zu beachten ist außerdem die unterschiedliche Erwärmung von Festland und Meer. Das Wasser reflektiert mehr Strahlung und erwärmt sich langsamer. Die Strahlung dringt bis zu 20 Meter tief in Wasser ein und erwärmt dadurch eine größere Masse als auf dem Festland. Die Strahlung dringt aber nur ganz wenig tief in den Erdboden ein. Da dieser aber weniger stark reflektiert als das Wasser, erfolgt die Erwärmung rascher, jedoch auch die Wärmeabgabe. Für Verdunstung wird über Wasser Wärme verzehrt. Die unterschiedliche Erwärmung von Festland und Meer macht sich sowohl im täglichen als auch im jährlichen Gang der Lufttemperatur bemerkbar (siehe auch Seite 133). Die grundsätzlichen Erfahrungen von Erwärmung und Auskühlung des Bodens und der Meere im Verlauf von Tag und Nacht und im Jahresgang finden sich auch in volkstümlichen Wetterregeln wieder. Dazu gehören die Erfahrungen mit dem Land- und Seewind an Küsten und größeren Binnenseen und dem Berg- und Talwind im Gebirge (siehe Seite 64). Der tägliche Seewind tritt nicht nur an den Küsten, sondern z. B. auch am Bodensee und am Genfer See auf. Übers Jahr gesehen, führt die unterschiedliche Erwärmung bzw. Abkühlung von Festland und Meer zu periodischen Luftströmungen (»Monsun«). So gibt es auch in Europa im Juni Sommermonsunlagen mit böigen nordwestlichen Winden und regnerischem Wetter und ab Oktober »Wintermonsunlagen« mit südöstlichen Winden und trockenem Wetter. Bei allen Wetterregeln ist zu beachten, dass örtliche Ver-

Aufzug mittelhoher Haufenwolken vor Cirruswolken bei Großbrembach in Thüringen.

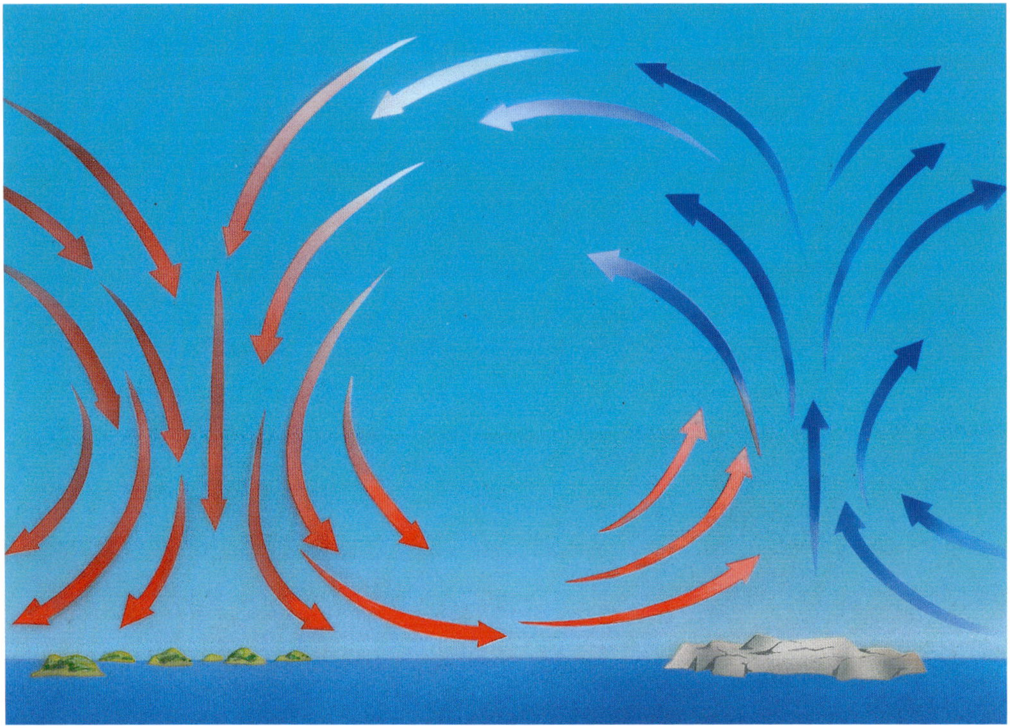

Das Wettergeschehen in Europa wird stark beeinflusst vom Azorenhoch und vom Islandtief. Aus dem Azorenhoch fließt warme Luft nach Norden. Im Einflussgebiet des Islandtiefs wird diese Luft angehoben und dabei abgekühlt. Die Warm- und Kaltluftmassen zwischen diesen beiden Luftdruckgebilden lösen Störungen aus, die vom Atlantischen Ozean nach Europa wandern.

hältnisse einen sehr großen Einfluss ausüben können. In gebirgigen Gegenden ist der Ablauf anders als im Flachland und unter dem Einfluss des Seeklimas wieder anders als unter Einfluss des Kontinentalklimas (siehe Seite 214 und Seite 220).

Im Lauf der Zeiten ist so manche Bauernregel »ausgewandert« und stimmt nun in einem anderen Gebiet nicht mehr richtig. Es erklären sich so Widersprüche und Fehlprognosen. Das gilt auch für die mit den Lostagen verbundenen Wetterperioden, z. B. »Eisheilige«.

Steigende und geschichtete Luft

Aufsteigende Luft kühlt sich ab. Dabei ist es nicht gleichgültig, ob es sich um trockene oder feuchte Luft handelt. Denn aufsteigende trockene Luft kühlt sich gleichmäßig nach je 100 Metern um 1 °C ab. Die feuchte Luft hingegen kühlt sich nur solange um 1 °C je 100 Meter ab, bis sie ihren Sättigungszustand erreicht hat. Steigt sie weiter, kondensiert der Wasserdampf und die dabei freiwerdende Wärme bremst die Abkühlung, etwa auf 0,5 °C pro 100 Meter. Anders ist es

Mit der täglichen Erwärmung im Tal und an den Hängen gelangt warme Luft in die Höhe und kühlt sich ab (pro 100 Meter um 1 °C). Dabei nimmt die relative Feuchtigkeit zu. In einer bestimmten Höhe erreicht die Luft ihren Sättigungspunkt. Es kommt dann in dieser Höhe zur Kondensation des überschüssigen Wasserdampfs, es bilden sich Wolken. Bei der Kondensation wird Wärme frei. Die Luft in der Wolke bekommt weiter Auftrieb, die Wolke wächst, wobei die weitere Abkühlung nur noch 0,5 °C je 100 Meter ausmacht.

bei herabsinkender Luft. Sowohl trockene als auch feuchte Luft erwärmt sich um 1 °C je 100 Meter. Es handelt sich hier um Vorgänge, die ohne Wärmezufuhr von außen (bzw. Wärmeabgabe) ablaufen (»adiabatischer Prozess«) und für das tägliche Wettergeschehen äußerst wirksam sind. Allein die Tatsache, dass der Luftdruck mit steigender Höhe abnimmt, führt zu dem erwähnten Abkühlungsvorgang. Der Luftdruck nimmt mit der Höhe verhältnismäßig schnell ab. Ist die Aufstiegsgeschwindigkeit der Luft entsprechend groß, wird die Abkühlung rasch wirksam. Bei bestimmten Wetterlagen, z. B. bei Föhn (siehe Seite 60), sind Aufstiegsgeschwindigkeiten von

10 Metern pro Sekunde keine Seltenheit. Ein anderes Beispiel ist die Bildung von sogenannter Thermikbewölkung, bei der die Luft in wenigen Minuten um einige hundert Meter angehoben wird. Besonders rasant sind die Aufstiegsgeschwindigkeiten in Gewittern. Auch werden hier beträchtliche Aufstiegshöhen der Luftmassen erreicht (bis 10000 Meter!). Die mit dem Aufstieg verbundene Abkühlung feuchter Luft führt also früher oder später zur Wolkenbildung. Umgekehrt erwärmt sich mit der Senkung die Luft, sie wird trockener, und das führt zur Wolkenauflösung.

Das Auf und Ab der Luftbewegung ist nicht zu jeder Zeit gleich und ungestört. Die Erwärmung der Luft geschieht in erster Linie von unten: die von der Sonnenstrahlung erwärmte Erdoberfläche gibt Wärme an die darüber lagernde Luft ab. Da aber ein Teil der ankommenden Sonnenstrahlung von der Luft absorbiert wird, erwärmt sie sich auch auf diese Weise. Das gilt hauptsächlich für höhere Schichten der Atmosphäre. Die Beobachtung, dass mit zunehmender Höhe die Temperatur der Luft abnimmt, kann man jedoch nicht immer machen. Da gibt es Luftschichtungen, die nach oben eine Zunahme der Temperatur erkennen lassen. Mit anderen Worten: Warme Luft lagert über kalter Luft. Diese »besondere Temperaturschichtung« stört das Aufsteigen und Absinken der Luft. Ihre Grenzschicht (zwischen höherer Warmluft und tieferer Kaltluft) heißt Inversion (siehe Seite 74).

Diese Sperrschicht erkennt man sofort daran, dass sich aufsteigende Wolken (Haufenwolken) auffällig in die Breite ziehen. Manchen wird es überraschen, dass er eine derartige Bewölkung ausgerechnet an Tagen mit hohem Luftdruck feststellen muss, z. B. im Herbst und im Winter. Es bleibt dann trotz Hochdrucklage den ganzen Tag über wolkig und neblig trüb. Seinen Ruf als Schönwetterlage verdankt das Hoch ausschließlich dem Umstand, dass die nach außen abfließende und von oben nach unten nachströmende Luft Wolken auflöst. Wird nun diese Senkung der Luft gebremst oder gar unterbrochen, macht sich die Wirkung der Inversion bemerkbar. Die vertikalen Luftströmungen kommen zum Stillstand. Die Erwärmung tagsüber ist nicht fähig, eine Aufwärtsströmung anzuregen, die die Sperrschicht auflöst. Dabei ist die Kaltluftschicht in der Regel nur einige 100 m stark. Das Wetter hier am Boden ist feuchtkalt und neblig. Eine Änderung der Wetterlage tritt erst ein, wenn die Inversion bzw. die herrschende Hochdrucklage durch den Zustrom labiler Luftmassen zerstört wird. Über der Inversion ist das Wetter wolkenlos und die Fernsicht erstaunlich gut.

Eine Luftschichtung mit schwerer Kaltluft unten und leichter Warmluft darüber ist verhältnismäßig stabil. Ausgesprochen labil hingegen sind Schichtungen, bei denen schwere Kaltluft über leichte Warmluft zu liegen kommt. Hierbei ist die Neigung zu turbulentem Wettergeschehen sehr groß, da die kalte Luft den Weg nach unten und die warme Luft den Weg nach oben sucht. Gewitter und Sturm kennzeichnen labile Luftschichtungen.

Hoch und Tief

Die unterschiedliche Erwärmung von Festland und Meer sowie das Verhalten aufsteigender und sinkender Luft machen interessante Aussagen über das Strömen der Luft möglich, insbesondere auch über die in jeder Wettervorhersage vorkommenden Begriffe »Hoch« und »Tief«.

Bei Sonneneinstrahlung im Verlauf eines Tages ist die Erwärmung des Festlands kräftiger als die einer anliegenden Wasserfläche. Das bedeutet, dass sich die Luft über Land auch erwärmt und ausdehnt, hauptsächlich in die Höhe. Die aufgestiegene Luft strömt nach allen Seiten ab.

Im Hochdruckgebiet fließt die Luft nach unten ab in das Tiefdruckgebiet. Bodenwinde führen die Luft aus den unteren Schichten des Hochs weg. Neue Luft kommt aus höheren Luftschichten nach. Die absinkende Luftbewegung bewirkt Temperaturzunahme und Abnahme der relativen Feuchtigkeit der Luft, verbunden mit Wolkenauflösung. Kräftige Sonneneinstrahlung führt zu vorübergehender Quellwolkenbildung (»Schönwetter-Cumuli«).

Dadurch wird der Luftdruck über Land geringer. Es herrscht Tiefdruck. In dieses Tief fließt Luft von allen Seiten ein. Sehen wir das Ganze einmal als isoliertes Modell, haben wir einen Kreislauf der Luftströmungen vor uns:

1. Aufsteigende Luft über dem erwärmten Land.
2. In der Höhe wegströmende Luft, die wieder absinkt.
3. In Bodennähe Zustrom von Luft, die über der kühleren Wasserfläche lagert.
4. Die aus der Höhe absinkende Luft füllt den Luftbestand über der Wasserfläche wieder auf und strömt erneut auf das erwärmte Festland.

Siehe dazu auch die Abbildung auf Seite 212.
Der Kreislauf wird spätestens mit dem Nachlassen der Sonneneinstrahlung gestoppt. In der Nacht strahlt das Land die Wärme rascher ab als das Wasser. Die Luft über Land wird kühl und zieht sich zusammen. In der Höhe strömt jetzt neue Luft ein und erhöht dadurch insgesamt den Luftdruck über Land. Es herrscht Hochdruck. Wieder bildet sich ein Kreislauf der Luftströmungen:

1. Absinkende Luft über dem abgekühlten Land.
2. Am Boden wegströmende Luft, die über dem wärmeren Wasser wieder aufsteigt.

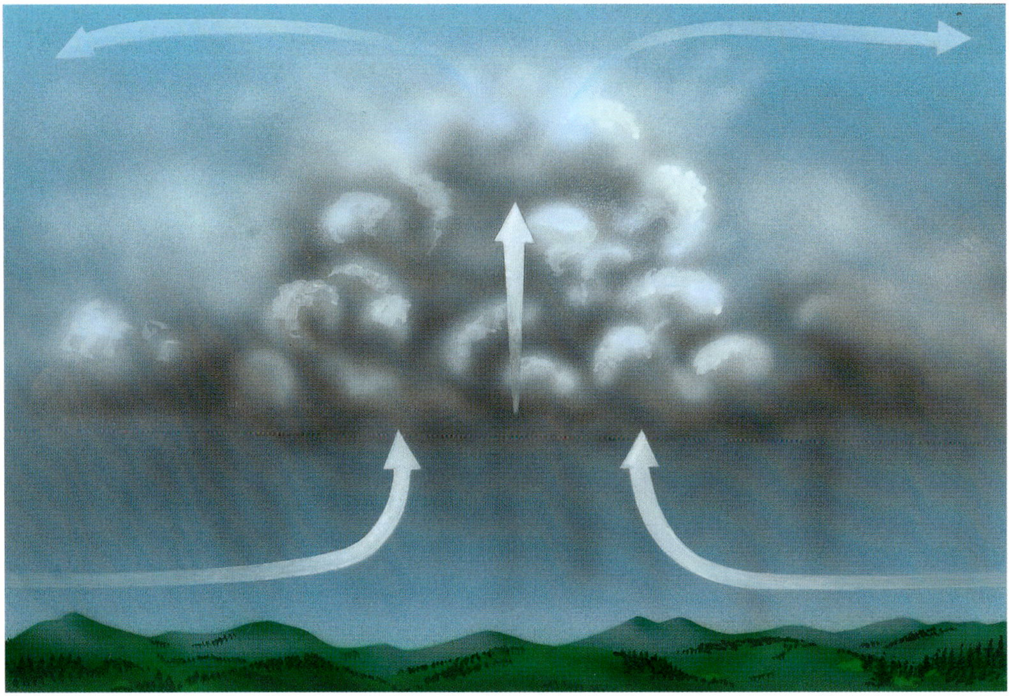

Im Tiefdruckgebiet steigt Luft, die von einem Hochdruckgebiet abgeflossen ist und erwärmt wurde sowie an der Erdoberfläche Feuchtigkeit aufgenommen hat, wieder nach oben. Mit dem Aufsteigen sind Abkühlung der Luft, Wolkenbildung und Niederschlag verbunden.

3. In der Höhe Zustrom von Luft, die über der wärmeren Wasserfläche lagert.
4. Die am Boden wegströmende Luft steigt über der Wasserfläche wieder auf und strömt in der Höhe erneut in das Hoch über Land ein.

Auslösendes Moment ist in beiden Fällen der Temperaturunterschied der verschiedenen Luftmassen, wodurch ein Druckunterschied entsteht. Das Vorhandensein eines Druckgefälles markiert auch das Einwirken von Kraft auf die Luft. So kommt die Luftströmung in Gang. Mit anderen Worten: Es weht ein Wind.
Das Verhalten verschieden temperierter Luft kann jeder mithilfe eines kleinen Experiments selbst studieren. Man benötigt dazu eine Kerze und zwei Zimmer, eines warm (geheizt), das andere kalt (ungeheizt). Öffnet man die Verbindungstür zwischen beiden Zimmern und stellt die brennende Kerze auf die Schwelle, so stellt man am Flackern des Kerzenlichts schnell den sich anbahnenden Austausch der Luft zwischen beiden Zimmern fest. Es ist die Kaltluft aus dem ungeheizten Zimmer, die in Bodennähe in den Raum mit der Warmluft einfließt. Die Kaltluft schiebt sich unter die Warmluft. Diese wird dadurch angehoben und strömt in der Höhe in den Raum mit Kaltluft. Allmählich sinkt sie dort nieder und nimmt den durch das Abfließen der Kaltluft frei gewordenen Raum ein. Am Verhal-

ten des Kerzenlichts lässt sich die Strömungsrichtung deutlich erkennen. Die Luftumwälzung kommt dann zur Ruhe, wenn die kalte Luft den bodennahen Raum in beiden Zimmern ausfüllt und die warme Luft den oberen Raum. Im »Idealfall« sind beide Luftmassen durch eine waagrecht verlaufende Grenzfläche getrennt. Wie verhält es sich dabei mit dem Luftdruck? Während der Luftumwälzung ist in Bodennähe der Luftdruck unter der Kaltluft, weil sie die schwerere ist, höher. Unter der Warmluft herrscht niedrigerer Luftdruck. Die Strömung folgt dem Druckgefälle: Die kalte Luft fließt am Boden zur warmen Luft. Ist die Luftumwälzung zum Stillstand gekommen, haben wir am Boden einheitlich höheren Luftdruck als im Warmluftsektor darüber.
Obwohl nur ein Modell (in der freien Atmosphäre gibt es keine Zimmerwände), lenkt dieses Beispiel die Aufmerksamkeit auf eine für das Wettergeschehen wichtige Erscheinung: die Zirkulation mit Bodenströmung (»Strömung bei hohem Luftdruck«) und Höhenströmung (»Strömung bei niedrigem Luftdruck«). Dabei ist die Strömungsrichtung der Höhenströmung entgegengesetzt der Richtung der Bodenströmung.

1. Am Boden strömt Kaltluft zur Warmluft.
2. In der Höhe strömt Warmluft zur Kaltluft.

Das gilt für eine Zirkulation, die durch Temperaturunterschiede ausgelöst worden ist. Bei der Beobachtung des Wetters folgt aber rasch die Feststellung, dass in der Nähe des Erdbodens keineswegs Luft immer von Kalt nach Warm strömt.

Wirkung der Erddrehung auf das Wetter

Die Strömungsverhältnisse wären wesentlich einfacher ohne die tägliche Drehung der Erde. Luftdruckunterschiede würden sich schnell ausgleichen, die Luft aus dem Hoch in das Tief einfließen. Nun ist da aber die Erddrehung und die dadurch verursachte Zentrifugalkraft mit einer ablenkenden Wirkung auf die strömende Luft. Es gelang erstmals dem französischen Physiker C. G. de Coriolis (1792–1843), diese ablenkende Wirkung in Form einer scheinbaren Beschleunigung, die einen bewegten Körper von seiner Bahn ablenkt, wenn seine Bewegungen durch Trägheitskräfte an die Drehbewegung eines Bezugskörpers gebunden ist, nachzuweisen (»Coriolisbeschleunigung«, »Corioliskraft«).
Die Erddrehung zeigt Wirkung sowohl in vertikaler wie in horizontaler Richtung. Ein Körper bewegt sich in Bezug auf die Erde ostwärts. Er bewegt sich schneller um die Erdachse als die Erde, die Zentrifugalkraft ist stärker als die Ruhe und die Erdanziehung scheinbar schwächer. Ein Körper bewegt sich in Bezug auf die Erde westwärts. Er bewegt sich langsamer um die Erdachse als die Erde, die Zentrifugalkraft ist schwächer als die Ruhe und die Erdanziehung scheinbar stärker. Der sich ostwärts bewegende Körper ist scheinbar leichter, der westwärts gerichtete schwerer. Das ist eine Komponente der Coriolisbeschleunigung, die vertikale. Sie ist bei geringen Geschwindigkeiten unbedeutend. Bei Geschossen, Flugzeugen und Raumfahrzeugen hingegen macht sie sich kräftig bemerkbar. Bei den in der Troposphäre üblichen Windgeschwindigkeiten spielt sie eine untergeordnete Rolle.
Zur horizontalen Komponente. Während am Erdäquator nur die vertikale Coriolisbeschleunigung wirkt, ist mit zunehmender geografischer

Die Luftströmungen finden auf der Erde statt, die sich dreht. Dies löst eine Ablenkung aus (»Corioliskraft«). Die Luft umströmt den Kern von Hoch- und Tiefdruckgebieten in Kreisbahnen. Die Corioliskraft gibt den Anstoß zur Rechtsdrehung im Hoch und zur Linksdrehung im Tief. In den untersten Luftschichten (unterhalb 2000 Metern Höhe) macht sich die Bremswirkung der »rauen« Erdoberfläche bemerkbar. So findet ein Austausch zwischen Luft aus dem Hoch und dem Tief statt: Luft strömt aus dem Hoch in das Tief ein.

Breite eine horizontale Kraft wirksam. Sie bewirkt, dass beispielsweise eine von West nach Ost gerichtete Strömung abgelenkt wird:

auf der Nordhemisphäre nach rechts,
auf der Südhemisphäre nach links.

Die Ablenkung trifft nicht nur eine Strömung, die parallel zu den Breitenkreisen verläuft. Die horizontale Komponente der Coriolisbeschleunigung gilt für jede Luftströmung auf der Erde, wie auch immer sie gerichtet ist, z. B. von Nord nach Süd. Schließlich ist immer wieder eine Ablenkung nach rechts (Nordhemisphäre) bzw. nach links (Südhemisphäre) die Folge. Einzige Ausnahme: eine Bewegung unmittelbar auf dem Äquator.

Was bisher über die vertikale und horizontale Coriolisbeschleunigung erwähnt wurde, bezieht sich auf eine gerade verlaufende Strömung. Bei Luftströmungen sind aber gekrümmte Strömungsbahnen die Regel. Die hier auftretende Zentrifugalkraft wird nicht von der Rotation der Erde beeinflusst. Vielmehr sind es der Grad der

Krümmung und die Strömungsgeschwindigkeit, die die Stärke der nach außen gerichteten Zentrifugalkraft bestimmen.
Und noch eine dritte Kraft wirkt auf die durch den Mechanismus des Druckgefälles bewegte Luftströmung ein. Gemeint ist die Reibung, die an der Erdoberfläche entsteht, wenn die Strömung darüber fließt. Besonders rau ist die Oberfläche des Festlands. Die hier erzeugte Reibung ist größer als über dem offenen Meer. Diese Reibung zu überwinden, kostet die Strömungsbewegung Energie (»Bremswirkung«).
Der Einfluss der Erddrehung auf die großräumigen Luftströmungen ist sehr groß: »Ohne Verständnis für die Corioliskraft sind die aus der Luftdruckverteilung resultierenden Windströmungen, wie wir sie täglich auf den Wetterkarten ablesen können, schlechthin unerklärlich« (Prof. Heinz Reuter in »Die Wissenschaft vom Wetter«).
Der Abstand der Isobaren (siehe Seite 132) markiert auf der Wetterkarte die Stärke des Druckgefälles (und damit auch die Windstärke!), dessen Kraft vom höheren Druck zum niedrigeren gerichtet ist. Die Corioliskraft bewirkt nun die Ablenkung der Druckkraft vom höheren Druck zum niedrigeren. Mit steigender Strömungsgeschwindigkeit (= Windgeschwindigkeit) fällt auch diese Ablenkung immer stärker aus. Erst wenn der Gleichgewichtszustand zwischen Druckkraft und Coriolisbeschleunigung hergestellt ist, kommt es zu einem »quasistationären Zustand«.
Wie verhält es sich mit der Luftströmung um ein Tiefdruck- bzw. Hochdruckgebiet? Dabei muss vor allem noch die Wirkung der Reibung berücksichtigt werden. Sie ist nämlich die »Bremse« für die Luftströmung. Dadurch kommt es, dass die Luft spiralförmig in das Tiefdruckgebiet einströmt. Die Spiralen weisen auf der Nordhemisphäre der Erde eine Linksorientierung und auf der Südhemisphäre eine Rechtsorientierung ihrer Krümmung auf. Im Tiefdruckgebiet strömt die Luft nach oben, gerät so unter niedrigeren Druck und kühlt ab. Werden 100 Prozent relative Feuchte (siehe Seite 106) erreicht, kommt es zur Wolkenbildung (Kondensation von Wasserdampf in der Luft) und gegebenenfalls zu Niederschlägen. Die Zentrifugalkraft, die in der spiralförmigen Luftbahn auftritt, führt Luft nach außen. So entstehen Luftwirbel, die kreisförmige Bahnen um den Mittelpunkt des Tiefs beschreiben. Solche Luftwirbel, mit senkrechten Achsen, prägen sich besonders kräftig im Orkan aus. Dabei ist bemerkenswert, dass im Mittelpunkt des Tiefs kaum Luftströmungen zu beobachten sind (Windstille im Orkanzentrum).
Aus dem Hochdruckgebiet strömt die Luft spiralförmig heraus. Die Spiralen weisen dabei eine rechtsorientierte (Nordhemisphäre) bzw. linksorientierte (Südhemisphäre) Krümmung auf. Im Hochdruckgebiet strömt die Luft nach unten, kommt unter höheren Druck und erwärmt sich. Da die Luft mehr Wasserdampf aufnehmen kann, lösen sich die Wolken auf und es klart wieder auf.
Auf der Wetterkarte ist der Isobarenverlauf für Tiefdruck- bzw. Hochdruckgebiete kreisförmig oder elliptisch (siehe Seite 130). Der Isobarenverlauf markiert die Strömungsrichtung:

Hoher Druck rechts, tiefer Druck links der Strömungsrichtung (Nordhemisphäre).
Hoher Druck links, tiefer Druck rechts der Strömungsrichtung (Südhemisphäre).

Eng beieinanderstehende Isobaren auf der Wetterkarte weisen auf ein großes Druckgefälle und damit hohe Windgeschwindigkeit hin. Wegen der geringeren Reibung ist die Windstärke auf dem Meer und in der Höhe größer.
Für europäische Verhältnisse kann man davon

ausgehen, dass sich die Windstärke ungefähr wie folgt darstellt:

Abstand der 5-hPa-Isobaren	Windstärke
600 km	Leichte Brise (Beaufortskala 2)
500 km	Mäßige Brise (Beaufortskala 4)
400 km	Frische Brise (Beaufortskala 5)
300 km	Starker Wind (Beaufortskala 6)
200 km	Steifer Wind (Beaufortskala 7)
100 km	Sturm (Beaufortskala 9)

Aus dem Vorstehenden wird auch erkennbar, dass die Luftdruckverteilung für die Beurteilung des Wettergeschehens sehr bedeutsam ist. Es wäre jedoch falsch, die Wettervorhersage ausschließlich davon abhängig zu machen.

Ablenkende Funktion der Gebirge

Die Oberflächengestaltung des Festlands beeinflusst nicht nur den energieverbrauchenden Prozess der Reibung. Gebirgige Küsten und Berge bzw. Gebirgszüge im Landesinneren stellen sich der bodennahen Luftströmung entgegen und zwingen sie, ihre Bahn zu ändern. Damit sind für das regionale Wettergeschehen oft recht wirksame und typische Erscheinungen verbunden. Die großen orografisch bedingten Barrieren in Europa sind:

1. In Skandinavien das nord-südlich ausgerichtete norwegische Gebirgsland mit Erhebungen bis zu 2500 Metern.
2. In Zentraleuropa das höchste Gebirge Europas, die Alpen. Sie reichen von Südostfrankreich bis nach Österreich. Gesamtlänge rund 1200 Kilometer. Mittlere Höhe 1400 Meter, höchste Erhebung 4807 Meter (Montblanc).
3. In Spanien die Pyrenäen (435 Kilometer lang, Pico de Aneto 3404 Meter hoch) mit der westlichen Fortsetzung im Kantabrischen Gebirge (bis 2600 Meter hoch).

Neben diesen großen Gebirgszügen sind mehrere Erhebungen von örtlicher Bedeutung, so z. B. die Mittelgebirgsschwelle in Deutschland, die Cevennen und Vogesen in Frankreich, das dalmatinische und albanische Küstengebirge oder der Apennin in Italien.
Die Oberflächen- und Küstengliederung Europas ist im Vergleich zu anderen Kontinenten stark entwickelt. Es gibt eine Vielzahl von Inseln und Halbinseln. Die größten Halbinseln sind:

Fennoskandia (Norwegen, Schweden, Finnland)	1240000 km²
Pyrenäenhalbinsel (Spanien, Portugal)	584000 km²
Balkanhalbinsel	468000 km²
Apenninhalbinsel (Italien)	149000 km²

Es gibt die verschiedensten Küstenformen: Fjordküsten in Norwegen, Schärenküsten in Skandinavien, Fördenküste in Schleswig-Holstein, Wattküste in Holland und Ostfriesland, Längsküsten mit parallelem Streichen zum Gebirge in Jugoslawien, u. a. Die Trichtermün-

Europäische Klimate

Geografische Breite, Höhe über dem Meer, Entfernung vom Meer, Einfluss von Gebirge, Bodenbeschaffenheit, Vegetation, durchschnittlicher Zustand der Atmosphäre sind wesentliche Elemente des Klimas eines bestimmten Gebiets. Das Klima markiert grundsätzliche Erscheinungen des Wettergeschehens. – Atlantisches Klima (Meeresklima): Feucht und kühl. Keine kalten Winter (Schneefall selten) und keine heißen Sommer. – Kontinentalklima: Trocken und extreme Temperaturen. Sehr kalte Winter. Heiße, trockene Sommer. – Mittelmeerklima: Warme, verhältnismäßig trockene Sommer. Winter regnerisch (Schneefall selten) und mild.

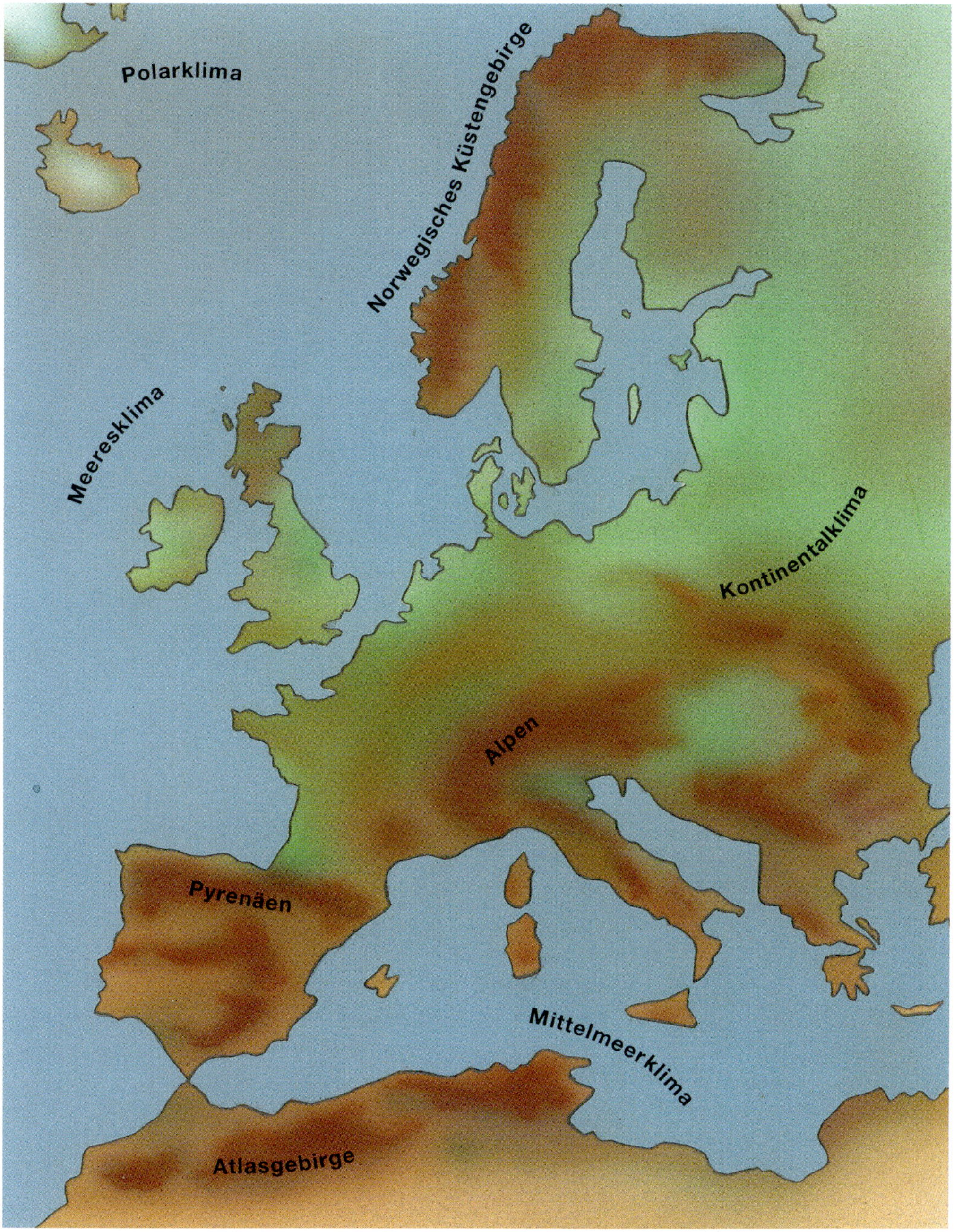
Polarklima
Norwegisches Küstengebirge
Meeresklima
Kontinentalklima
Alpen
Pyrenäen
Mittelmeerklima
Atlasgebirge

Sturmflut an der Strandpromenade von Wittdünen auf Amrum.

dungen (z. B. Elbe, Weser, Themse, Loire) und Deltamündungen (z. B. Rhône, Rhein, Weichsel, Donau, Po) der großen Flüsse tragen zur reichen Küstengliederung bei.

Diese Vielfalt der Gestaltung des geografischen Raums bringt Abwechslung zwischen Land- und Wasserflächen und dementsprechend vielfältige örtliche Wettergegebenheiten. An allen Gebirgen treten Stau- und Fallwinde (siehe Seite 220) auf, die für das Wettergeschehen von Bedeutung sind. Das gilt auch für die regelmäßigen Berg- und Talwinde (siehe Seite 64). Es herrschen zeitlich und örtlich stark unterschiedliche Feuchtigkeitsverhältnisse. Erhebungen zwingen Luftströmungen zum Ausweichen in die Höhe. Das führt zur Abkühlung der Luft und – je nach Feuchtigkeit in der Luft – zu Bewölkung und Niederschlägen. Geringere Erhebungen werden von der Luft umströmt. Täler können Luftströmungen in bestimmte Richtungen zwingen. Auch dabei kommt es zu Stauwirkungen, wenn Talrichtung und Strömungsrichtung der Luft gleich sind. Beispiel: der Mistral (siehe Seite 224) im Rhônetal. In solchen Engpässen wachsen die Windgeschwindigkeiten (durch die »Düsenwirkung«), und am Ausgang breitet sich die Luft halbkreisförmig aus.

Sehr viele alte Sprüche für Wetter, Ernte und menschliches Befinden beziehen sich auf ganz bestimmte lokale Wetterlagen, die in enger Beziehung zu den erwähnten geografischen Gegebenheiten stehen. So z. B. die Bezeichnung »Schönwetter-Wind« für den regelmäßigen Wechsel von Land- und Seewind an Küsten oder von Berg- und Talwind im Gebirge. Die Nichtbeachtung der herrschenden großräumigen Wetterlage kann dabei zu bösen Überraschungen führen!

Windsysteme

Die Windströmungen sind für das Wettergeschehen bestimmend. Von ihnen sind Temperaturveränderungen, Wolkenbildung und Niederschläge abhängig. Die Windströmungen auf der Erde sind unterschiedlich. Während ihre Veränderlichkeit in europäischen Breiten zeitlich und örtlich verhältnismäßig groß ist, zeigen Windsysteme beiderseits des Äquators eine erstaunliche Beständigkeit. Gemeint sind hier die Passatwinde, die früher für die Segelschifffahrt eine wichtige Rolle gespielt haben. Die Passatwinde gehören zum sogenannten planetarischen Windsystem, eine Bezeichnung, die unmittelbar Bezug nimmt auf die Erde als der Planet, der Energie aus der Sonneneinstrahlung bezieht.
Die Passatwinde beherrschen die niedrigen Breiten:

Nordostpassat auf der Nordhemisphäre,
Südostpassat auf der Südhemisphäre.

Nordost- und Südostpassat stoßen am Äquator aufeinander und bilden dort eine Zone des Zusammenströmens (»Konvergenzzone«) mit aufsteigender Luftströmung, starker Bewölkung und ergiebigen Niederschlägen. Wegen der geringen Windtätigkeit dort und der vielen Flauten sprechen Segler von Mallungen, Kalmen und Stilltengürtel.
An die Zone der Passatwinde schließt auf der Nord- und Südhemisphäre in je 30 bis 35° Breite der subtropische Hochdruckgürtel an, von den Seeleuten die »Rossbreiten« genannt. In diesen Breiten dominiert Schönwetter. Die Winde wehen schwach und auch die Niederschlagsmenge ist gering. Die Rossbreiten liegen unter einer Zone hohen Luftdrucks von großer Stabilität. Auch dieser subtropische Hochdruckgürtel gehört zum planetarischen Windsystem. Eine häufig auf dem mittleren Nordatlantik auftretende Zelle hohen Luftdrucks mit Kern südlich oder westlich der Azoren gehört zum subtropischen Hochdruckgürtel. Sie ist unter dem Namen »Azorenhoch« von manchem Wetterbericht her geläufig und beeinflusst das europäische Wettergeschehen zum Teil sehr stark. An der Nordseite dieser Hochdruckzelle strömt Meeresluft nach Europa ein. In den Sommermonaten reicht das

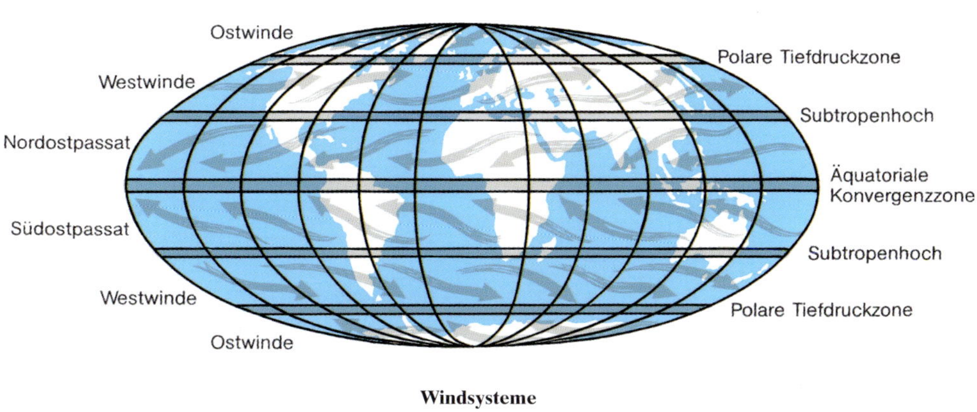

Windsysteme

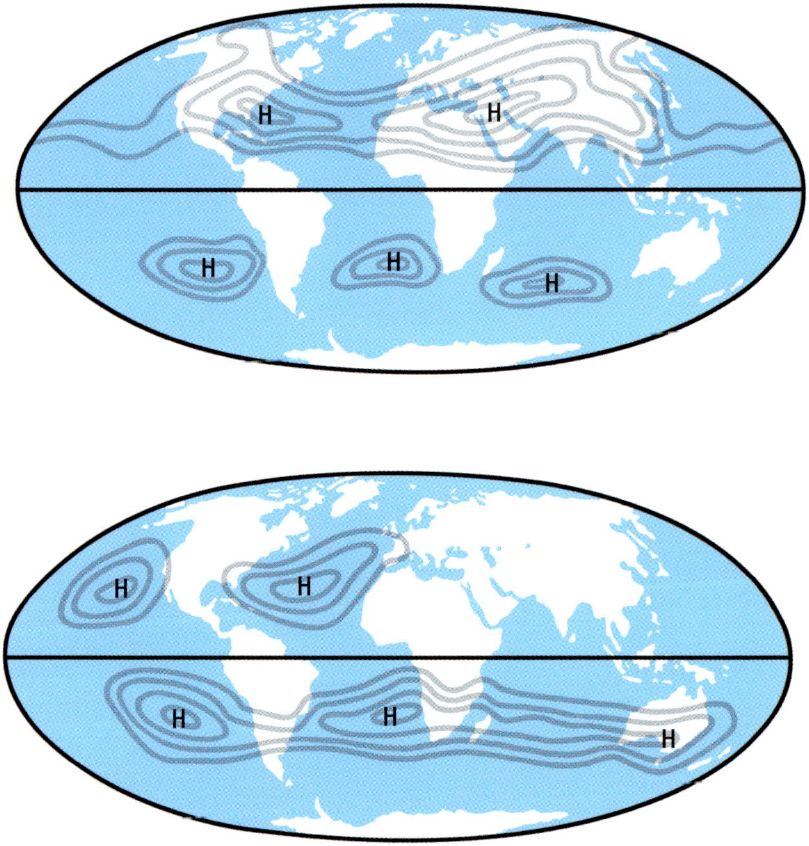

Luftdruck im Januar (oben) und im Juli (unten).

Azorenhoch oft bis nach Spanien und Südfrankreich. Im Winter liegt es dagegen meist in nur 30° nördlicher Breite. Die Lageverschiebungen sind besonders groß im Frühjahr und Herbst. Das Azorenhoch bringt nicht nur Schönwetter nach Europa, es ist häufig auch ein Regelzentrum für die typischen Westwetterlagen in Europa (siehe Seite 205).

Das planetarische Windsystem (= Konvergenzzone am Äquator, Passatwinde und subtropischer Hochdruckgürtel) verlagert sich mit den Jahreszeiten: entsprechend dem Sonnenstand im Sommer nach Norden und im Winter nach Süden, maximal etwa um 10°. Gegenüber dem Sonnenstand geschieht das mit einer zeitlichen Phasenverschiebung von einigen Monaten. So wird die nördlichste Breite erst im September, die südlichste erst im März erreicht. Für das Wettergeschehen in den Tropen ist diese Verlagerung sehr einschneidend und entscheidet über die Regen-

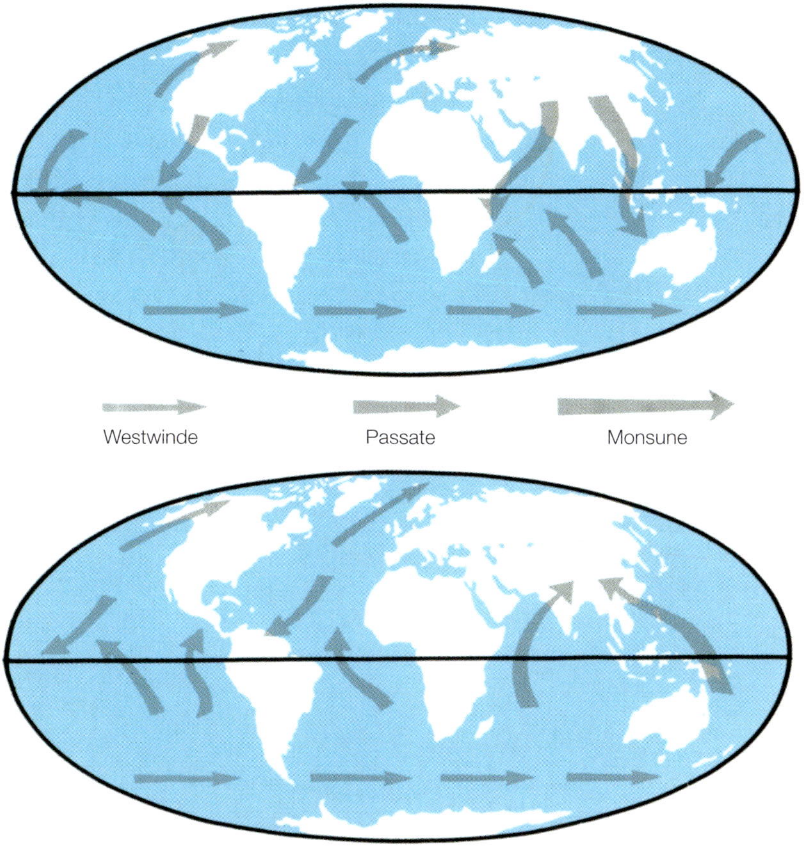

Wichtigste Windrichtungen im Januar (oben) und im Juli (unten).

zeit und die Bildung tropischer Wirbelstürme. Ein anderes großräumiges Windsystem ist dasjenige der periodischen Winde, die unter dem Sammelbegriff Monsun bekannt sind. Dieses System wird als terrestrisches Windsystem bezeichnet, weil es von der jahreszeitlich unterschiedlichen Erwärmung des Meeres und des Festlands ausgelöst wird. Seine Mechanik ist im Prinzip genauso wie beim Land-Seewind an der Küste (siehe Seite 64). Nur treten an die Stelle von Tag und Nacht Sommer und Winter. Die Monsunwinde bestimmen vor allem in Süd- und Südostasien das Wettergeschehen. Vom kühleren Meer fließen die Luftmassen im Sommer hin zum warmen Festland und bringen kräftige Niederschläge (»Sommermonsun«). Vom kühlen Festland strömen die Luftmassen im Winter hinaus auf das wärmere Meer. Im Gegensatz zum Sommermonsun ist dieser Wintermonsun trocken mit wenig Bewölkung. Über monsunartige Wetterlagen in Europa siehe Seite 64.
In den mittleren Breiten, in denen sich weite

Teile Europas befinden, ist der ständige Luftaustausch zwischen Strömungen aus den Subtropen und der Polarregion typisch. In der Regel ist die Strömung hier west-östlich orientiert. Die »polare Tiefdruckrinne« befindet sich in ungefähr 60° Breite, auf der Nordhemisphäre etwa auf der Linie Schottland-Südnorwegen-Südschweden-Finnischer Meerbusen. Diese Tiefdruckrinne ist verhältnismäßig schmal und wird von den außertropischen Tiefdruckgebieten gesucht (siehe Karte auf Seite 233).
Die Luftströmungen auf der Erde lassen sich recht gut mit der unterschiedlichen Erwärmung des Bodens und der Meere durch die Sonne und das aufgrund der Einstrahlung zu beobachtende Temperaturgefälle vom Äquator hin zu den Polen der Erde beschreiben. Auch die die Bodenströmung kompensierende Höhenströmung lässt sich in den einzelnen Zonen nachweisen. Die einzige Ausnahme machen ausgerechnet die mittleren Breiten mit Westwinden sowohl am Boden als auch in der Höhe. Eine Erklärung brachten die Forschungen zur Erkundung der oberen Schichten der Troposphäre. In den obersten Schichten der Troposphäre treten sogenannte »Starkwindbänder« (Jet-Streams, Strahlströmungen) mit Windstärken von mehreren hundert Kilometer in der Stunde auf. Oberhalb des subtropischen Hochdruckgürtels wurde eine solche Starkwindzone nachgewiesen, die von West nach Ost strömt.
Die Starkwindbänder sind Ausdruck einer großräumigen Turbulenz in der Troposphäre, die das Ergebnis des Zusammenwirkens der einzelnen die Luftströmungen in Gang setzenden, verstärkenden und bremsenden Kräfte ist (siehe Seite 62).

Von Fall- und Wirbelwinden

Außer den großen Windsystemen gibt es eine Reihe von Luftströmungen, die örtlich begrenzt entstehen und an örtliche Gegebenheiten gebunden sind, z. B. orographische Hindernisse in Form von Gebirgen und auch einzelnen Bergen.
Von den an Küsten zu beobachtenden **Land- und Seewinden** war bereits die Rede (siehe Seite 64), ebenso von den in Verbindung mit einem Gewitter (siehe Seite 72) auftretenden Winden. Dem bekanntesten unter den Fallwinden, dem **Föhn**, ist auf Seite 60 ein eigener Abschnitt gewidmet. Fallwinde treten weltweit auf, speziell in Gegenden, in denen orografische Hindernisse die Luftströmung anheben oder ablenken.
Übrigens gibt es nicht nur den von Süden nach Norden gerichteten Föhn, sondern auch einen **Nordföhn** an der Alpensüdseite. Er bringt Kaltluft in den Mittelmeerraum. Ein typischer Fallwind an der Adria ist die **Bora**, ein trockener, oft ziemlich kalter Wind, der von den kahlen Hängen des dalmatinischen und albanischen Küstengebirges auf das Meer weht. Die Bora ist ein böig-stürmischer Wind, der den Sportschiffern auf der Adria viel zu schaffen macht. Die Bora entsteht bei verschiedenen Wetterlagen. So im Winter bei einem Hoch über der Balkanhalbinsel und Osteuropa. Das Wetter ist schön, trocken und kalt. Auslösemechanismus ist die Temperaturdifferenz zwischen den Höhen des Küstengebirges und dem warmen Meer. Entsprechend der Stabilität dieser winterlichen Hochdrucklagen dauert die »Winterbora« unter Umständen einige Wochen lang. Eine Bora bildet sich aber auch, wenn über dem Adriatischen Meer ein kräftiges Tief herrscht und über der Balkanhalbinsel höherer bis hoher Luftdruck. Die »zyklonale Bora« bringt nicht nur Sturm, sondern auch teilweise heftige Niederschläge. Dafür dauert sie nie

Zahlreiche Windsysteme beruhen auf einer labilen Luftschichtung, die Voraussetzung ist für thermisch bedingte Luftströmungen (weitere Beispiele Seite 222 und Seite 223).

Seewind (Meeresküste)

Landwind (Meeresküste)

Hangaufwind (links)
Hangabwind (rechts)

Föhn

Sonneneinstrahlung (Erwärmung der Luft vom Erdboden her) oder Zufuhr von kalter Luft in höheren Luftschichten führen zur labilen Luftschichtung (weitere Beispiele rechte Seite).

Mistral

Bora

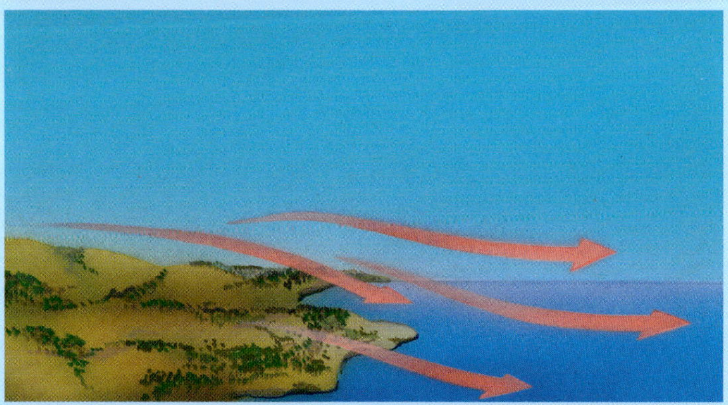

Schirokko

Talwind (links)
Bergwind (rechts)

Sonneneinstrahlung (Erwärmung der Luft vom Erdboden her) oder Zufuhr von kalter Luft in höheren Luftschichten führen zur labilen Luftschichtung (weitere Beispiele linke Seite).

Seewind (Gebirge)

Schauer

Gewitterwind

Wirbelwinde (Tromben)

Eine Reihe von regional wirksamen Winden haben Namen, die in Pressemeldungen und Wetterberichten gebraucht werden. Dazu nachfolgend eine Auswahl:

Name	**Land**	**Typ**
Baguio	Philippinen	tropischer Wirbelsturm
Bise	Schweiz, Frankreich	bei Hochdrucklage im Alpenvorland aus N bis O
Blizzard	Nordamerika	Schneesturm nach Kaltlufteinbruch
Bora	Kroatien	kalter Fallwind
Chamsin	Ägypten	heißer Wüstenwind aus SO
Chinook	USA	warmer Fallwind
Cordonazo	Mittelamerika	tropischer Wirbelsturm
Etesien	östliches Mittelmeer	regelmäßig im Sommer auftretende trockene Winde aus Nord bis Nordost
Föhn	Alpen	warmer Fallwind
Harmattan	Küste vor Oberguinea	trockener, staubführender N-Wind (Teil der Passatströmung)
Hurrikan	Westindien	tropischer Wirbelsturm
Mauritiusorkan	Indischer Ozean	tropischer Wirbelsturm
Mistral	Südfrankreich	kalter Fallwind
Monsun	Südasien	terrestrisches Windsystem
Norther (Nortes)	Nord- und Mittelamerika	Sturm als Folge von Kaltlufteinbrüchen aus Nord
Pampero	Südamerika	Sturm als Folge von Kaltlufteinbrüchen aus Süd
Passat	tropische Breiten	planetarisches Windsystem
Samum	Nordafrika	Sandsturm
Suestados	Argentinien	Sturm aus Südost
Sumatras	Straße von Malacca	Fallwind
Südseeorkan	Südpazifik	tropischer Wirbelsturm
Taifun	Nordpazifik	tropischer Wirbelsturm
Tornado (1)	Nordamerika	Große Trombe
Tornado (2)	Westafrika	Gewittersturm
Trombe	alle Erdteile	lokaler Wirbelwind
White squalls	Westindien	Fallwind
Williwaws	Argentinien	Fallwind
Willy-Willies	Australien	tropischer Wirbelwind
Zonda	Anden	Fallwind
Zyklon	Indischer Ozean	tropischer Wirbelsturm

länger als einen Tag, vielfach sogar nur ein paar Stunden. Obwohl ein Fallwind, ist die Bora kalt, weil die Temperaturen in den Bergen kalt sind und die Erwärmung während des Absinkens nicht ausreicht, um den Kontrast zur warmen Luft über der Adria auszugleichen. Das Absinken der kühlen Luft aus der Höhe kühlt hingegen die feuchtwarme Meeresluft sogar ab. Typisches Zeichen einer beginnenden Bora: Wolkenbildung an den Bergen des Küstengebirges.

Der **Mistral** ist der Fallwind an der südfranzösischen Küste, ein kalter, trockener Nordwind im Rhônemündungsgebiet zwischen Avignon und Marseille. Entstehungsursache: tiefer Druck über dem warmen Meer und hoher Druck über den Cevennen und den französischen Alpen, mit kal-

ter, trockener Luft im Winter. Das Tief saugt die Luft aus dem Land geradezu an, da die Strömung im Rhônetal düsenartig verstärkt wird.
Der **Schirokko** ist ein Fallwind an der nordafrikanischen Küste, ein heißer, trockener Südwind. Entstehungsursache ist ein Tief über dem Meer. Das Tief saugt die Luft von den Höhen des Atlasgebirges ab. Von der Sahara her führt der Schirokko oft Staub und Sand mit sich. Seine Ausläufer erreichen gelegentlich auch Mitteleuropa. Im westlichen Mittelmeer erzeugt der Schirokko böige Wirbelstürme. Auch im östlichen Mittelmeer wird ein böiger Wind Schirokko genannt. Es handelt sich hierbei aber um keinen Fallwind, sondern um eine turbulente Luftströmung in Verbindung mit einem aus dem Westen kommenden Tiefdruckgebiet.
Die Grenzflächen zwischen Warm- und Kaltluftmassen sind das bevorzugte Entstehungsgebiet für Luftwirbel, vor allem in der warmen Jahreszeit. Solche Luftwirbel reichen von kleinen Staubwirbeln, Wind- und Wasserhosen (Tromben) bis zu **Tornados** und tropischen **Wirbelstürmen** mit verheerender zerstörender Wirkung. Während aber die tropischen Wirbelstürme (Hurrikane, Taifune) eine Art Tiefdruckwirbel darstellen und eine Flächenausdehnung von 100 bis 600 Kilometer Durchmesser erreichen, sind Tornados nur wenige Kilometer wirksam und verdanken ihre Heftigkeit der Sogwirkung des niedrigen Luftdrucks.
Große Luftwirbel mit einer vertikalen Achse, die vom Rand einer Gewitterwolke in der Regel bis zum Erdboden reichen, heißen über Land Tornados, über Wasser Wasserhosen. Man spricht auch von Tromben und Windhosen. Weder mit Hinblick auf ihre Physik noch auf ihre zerstörerischen Kräfte besteht zwischen Tornados in Nordamerika, Europa oder einem anderen Erdteil ein Unterschied. Nur ihre Häufigkeit ist verschieden. »In Europa liegen die jährlichen Tornado-Beobachtungen heute bei 170, hinzu kommen etwa 160 Wasserhosen. Wissenschaftler vermuten eine ›Dunkelziffer‹ von jährlich rund 300 Tornados und 400 Wasserhosen in Europa« (Münchner Rück, Wetterrisiken in Mitteleuropa, 2007). Weltweit werden Tornados meistens nach der 6-stufigen Fujita-Tornado-Skala klassifiziert (siehe Seite 155). Sie wird über die maximalen Windgeschwindigkeiten definiert. Die 12-stufige Torro-Skala ist vor allem in Europa gebräuchlich. Hier wird die Stärke eines Tornados nach dem Schadensausmaß geschätzt. Ähnlich wie im Mittleren Westen der USA scheint es auch in Mitteleuropa Gebiete mit erhöhter Tornado-Häufigkeit zu geben. Erst seit es in Europa ein engmaschiges Wetterradarnetz gibt, aufgebaut in den letzten 20 Jahren, weiß man mehr über die Häufigkeit der meist schwachen bis mittelstarken Tornados. Aber es sind auch Tornados der Kategorie F4 und F5 (gemäß der Fujita-Tornado-Skala) außer in Deutschland in Nordfrankreich, den Beneluxstaaten und Norditalien dokumentiert. »Schäden bei Tornados verursachen vor allem Winddruck und – bei höheren Windgeschwindigkeiten – umherfliegende Trümmerteile. Ein plötzlicher starker Unterdruck innerhalb des Tornados kann zur Implosion von Gebäuden führen, insbesondere solcher mit luftdicht versiegelten Glasflächen« (Münchner Rück, Wetterrisiken in Mitteleuropa, 2007).
In diesem Jahrhundert ist es gängige Praxis geworden, den einzelnen tropischen Wirbelstürmen Namen zu geben. Dazu meinte Meinhard Giebel vom Deutschen Wetterdienst in Offenbach: »Als Erfinder der Namensgebung für Wirbelstürme darf Clement Wragge gelten, der als Leiter (1887–1902) des Queensland Government im gleichnamigen dortigen australischen Bundesstaat die tropischen Zyklone »taufte«, die man im australischen Bereich »Willy-Willies« zu nennen pflegt. Er begann mit dem griechischen

Schauerwolken über reifen Getreidefeldern.

Alphabet (Alpha, Beta, Gamma etc.) und tobte sich dann nach Herzenslust in der griechischen und römischen Mythologie aus, wo weibliche Namen (Göttinnen, Nymphen, Musen und dergleichen) herhalten mussten.«

Heute ist es üblich, abwechselnd männliche und weibliche Namen zu vergeben. Namen werden von den nationalen Wetterdiensten im Zusammenwirken mit der World Meteorological Organization (WMO) für eine Reihe von Jahren im Voraus bestimmt.

Auch in den deutschen Medien hat es sich eingebürgert, Namen für meteorologische Druckgebilde zu verwenden. Der Brauch kommt aus Berlin, wo Karla Wege, die später als Moderatorin der ZDF-Wetterkarte bekannt geworden ist, 1954 Meteorologie studierte. Sie und ihre Kommilitonen machten die Anregung, in den Berliner Zeitungswetterkarten Hochs und Tiefs mit Namen zu versehen, um diese Druckgebilde auf ihrem Weg z. B. von England über die Ostsee nach Russland besser verfolgen zu können. Tiefdruckgebiete bekamen anfangs stets weibliche, Hochdruckgebiete männliche Namen. Inzwischen wird dies im Jahresturnus abgewechselt. Die Druckzentren müssen jedoch jeweils für West- bzw. Mitteleuropa bedeutsam sein.

In anderen Ländern ist dies nicht üblich. Der Grund liegt in der noch fehlenden internationalen Abstimmung. Namen für tropische Wirbelstürme sind dagegen bereits seit Jahrzehnten weltweit üblich.

Luftmassen und Wetterfronten

Das Wettergeschehen in europäischen Breiten ist in erster Linie ein Ausgleichsprozess zwischen Kalt- und Warmluft. Unter denselben Luftdruckbedingungen ist Kaltluft schwerer als Warmluft. Die Kaltluft hat daher das Bestreben, sich in Bodennähe auszudehnen. Die Warmluft dagegen strebt in die Höhe. Dabei ist zu beachten, dass Null Grad in 4000 Meter Höhe anders zu beurteilen sind als im Flachland. Mit anderen Worten: Die Meteorologen müssen die Temperatur jeder einzelnen Luftmasse, die für eine Wettervorhersage infrage kommt, bewerten. Sehr interessant ist die Grenzfläche zwischen Kaltluft- und Warmluftmassen. Ja, man kann feststellen, dass sich hier die wichtigsten Erscheinungen des Wettergeschehens abspielen. Befindet sich Kaltluft im Vorrücken, spricht man von Kaltfront, kommt Warmluft voran, von Warmfront.

Welche Temperatur eine Luftmasse hat, entscheidet, großräumig gesehen, die geografische Breite, aus der sie herströmt. Es gibt bevorzugte Standorte derjenigen Luftmassen, die das Wetter in Europa bestimmen. Dazu gehören die Polargebiete und die Rossbreiten. Unten eine Übersicht wichtiger, wetterbestimmender Luftmassen, ihre Herkunft und ihre Eigenschaften.

Die horizontale Bewegung kalter und warmer Luftmassen über verhältnismäßig große Strecken, ihr Zusammentreffen und ihre Mischung sind für die Wetterentwicklung bestimmend. Diese Vorgänge finden alle in der Troposphäre, der untersten Schicht der Atmosphäre, statt.

Über die Warmfront und die Kaltfront (siehe Seite 80) wurden bereits Aussagen gemacht. Da beim Vormarsch einer Kaltfront die warme Luft angehoben wird und beim Vorrücken der Warmfront die warme Luft an der kalten aufgleitet, sind beide Wetterlagen mit der Bildung von Wolken und in den meisten Fällen mit dem Aufkommen von Niederschlägen verbunden.

Die Wetterentwicklung vor und in der Warmfront vollzieht sich verhältnismäßig ruhig. Die Regenfälle können länger dauern (mehrtägiger Landregen). Nach dem Durchzug der Front beginnt mit dem Anstieg der Lufttemperatur die Auflösung der Bewölkung. Erfahrungsgemäß ist die Wetterbesserung nach dem Durchzug einer Warmfront gelegentlich deutlicher als hinter der

(Fortsetzung Fließtext auf Seite 232)

Altostratus translucidus und Altostratus opacus. Mittelhohe durchscheinende Schichtwolken mit oft großer Ausdehnung (horizontal mehrere 100 Kilometer, vertikal mehrere 100 Meter). Entstehen bei der Hebung ausgedehnter Luftmassen.

Übersicht Warmfront

	Vor der Front	In der Front	Nach der Front
Wolken	Aufzug von Cirren. Schichtwolkenfelder folgend (Altostratus, Altocumulus)	Tiefe Regenwolken. Nimbostratus	Wolkenauflösung
Luftdruck	fallend	fallend	konstant, unter Umständen sogar noch fallend
Wind	Südost bis Süd, frisch und kühl	Süd, auffrischend	Südwest bis West, frisch und wärmer
Temperatur	sinkend (gelegentlich steigend)	steigend	steigend
Sicht	zunehmend schlechter	schlecht	meist weiterhin schlecht
Wetter	Himmel schließlich grau in grau, »leiser Regen«	Überall Wolken, Landregen	Teilweise Aufhellungen. Nachlassender Regen

Übersicht Kaltfront

	Vor der Front	In der Front	Nach der Front
Wolken	Cirren in der Höhe. Massive Ballung von Cumulonimbuswolken (»Walzen«) fallend	Regenbewölkung. Nimbostratus, Cumulonimbus	Aufklaren oft sehr rasch. Zeitweise wechselnd
Luftdruck	fallend	steigend, u. U. kräftig steigend	steigend
Wind	Südwest, kräftig und kühl	West bis Nordwest, stürmisch und kalt, auch böig	Nordwest, kräftig zum Teil und kühl
Temperatur	sinkend	sinkend	sinkend
Sicht	befriedigend	schlecht	gut
Wetter	»Drohende« Wolkenansammlung in West, auch Nordwest	Ganzer Himmel bedeckt mit rasch ziehenden Wolken und »Wolkenfetzen«, u. U. Gewitter	Neigung zu Regenschauern bleibt. Unbeständiges Rückseitenwetter

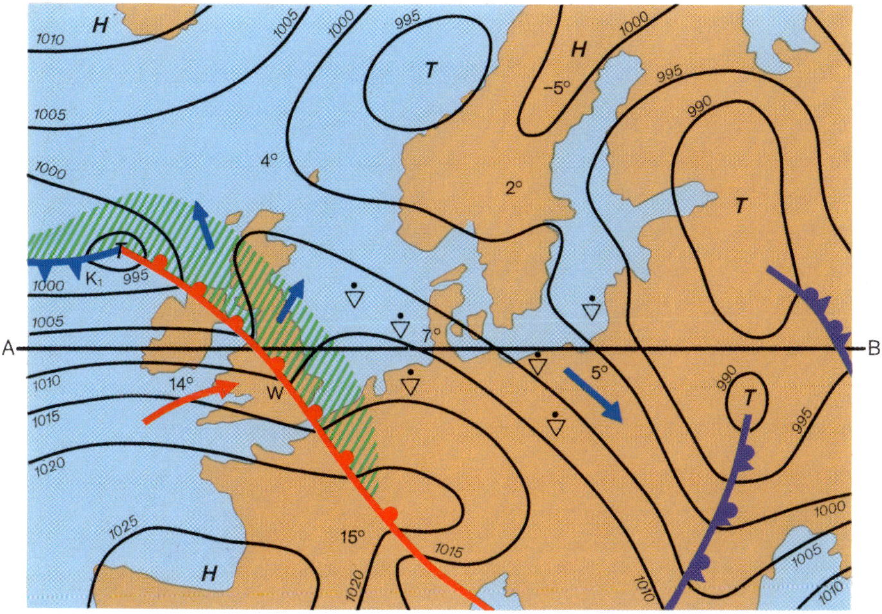

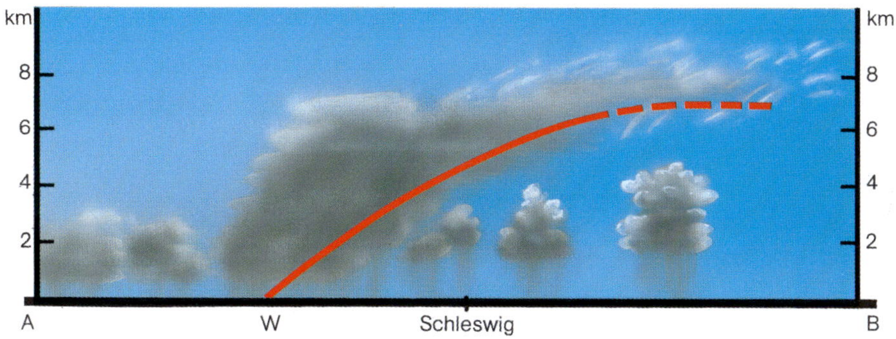

Wettererscheinungen beim Durchzug eines Tiefs I

Wetterkarte vom 11. November 1947 (oben). Wolkenansicht im Vertikalbild über der Schnittfläche A-B (unten) Beobachtungsort: Schleswig. Rückseitenwetter mit Schauertätigkeit als Folge eines Tiefs über Westrussland. Ein Tief über Irland. An seiner Südseite dringt warme Meeresluft nach Mitteleuropa vor. Diese warme Luft gleitet an der vorgelagerten Kaltluft auf. Vor der Warmfront W bildet sich deshalb eine Niederschlagszone (grün schraffiert in der Wetterkarte). Kräftige Quellwolken markieren das Rückseitenwetter, hohe und mittelhohe Schichtwolken die aufziehende Warmfront. W = Warmfront. (Gezeichnet nach einer Vorlage des Deutschen Wetterdienstes, Wetterkundliche Lehrmittel Nr. 10 »Kleine Wetterkunde«)

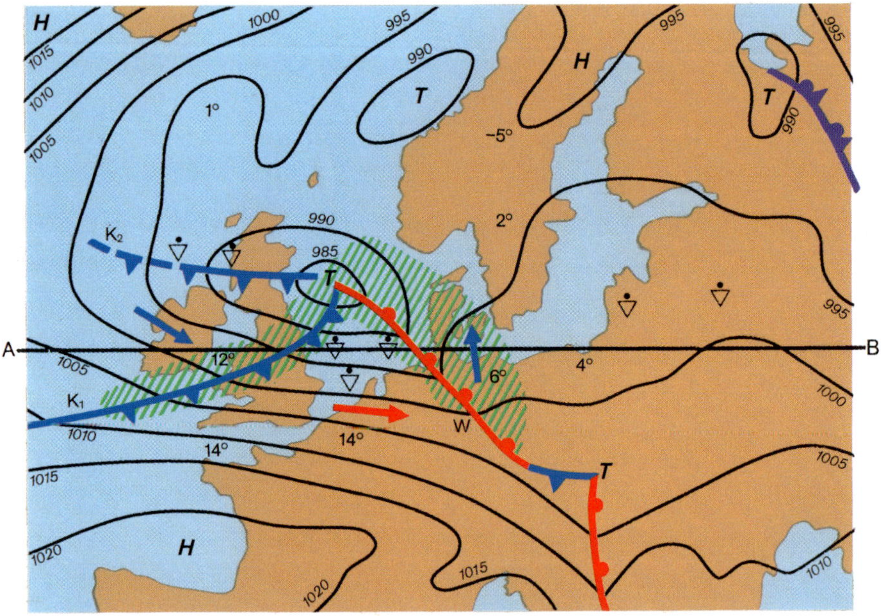

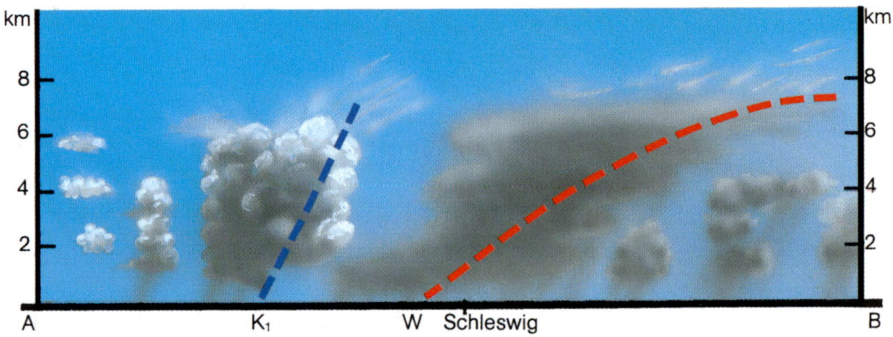

Wettererscheinungen beim Durchzug eines Tiefs II

Wetterkarte vom 12. November 1947 (oben). Wolkenansicht im Vertikalbild über der Schnittfläche A-B (unten) Beobachtungsort: Schleswig. Das Tief über Irland hat inzwischen die mittlere Nordsee erreicht. Die Warmfront ist an der Westküste von Schleswig-Holstein angelangt. Die Kaltfront befindet sich über der westlichen Nordsee und dringt rasch gegen die Warmfront vor. Dichte Bewölkung und Niederschlag über Schleswig. Die rasch folgende Kaltfront verhindert eine Auflockerung der Bewölkung. Sie bringt Schauerwetter. Nach Durchzug der Kaltfront langsame Auflockerung der Bewölkung. W = Warmfront; K1 = Kaltfront1. (Gezeichnet nach einer Vorlage des Deutschen Wetterdienstes, Wetterkundliche Lehrmittel Nr. 10 »Kleine Wetterkunde«).

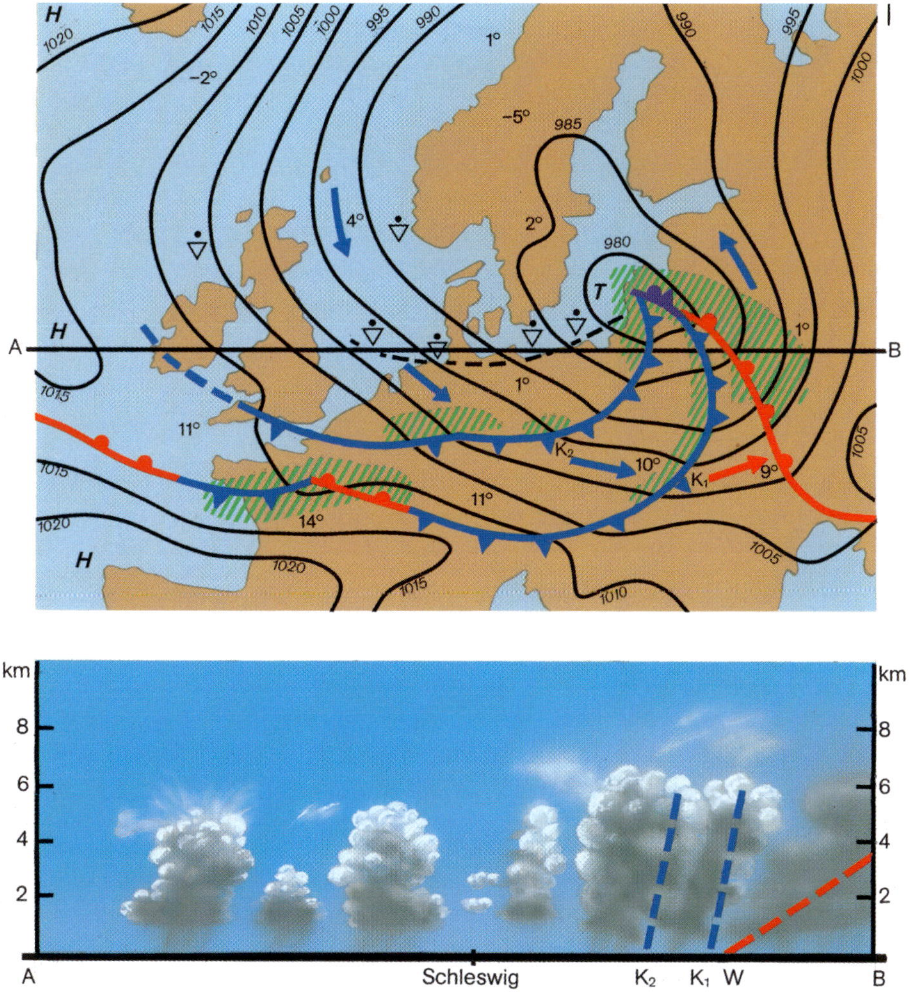

Wettererscheinungen beim Durchzug eines Tiefs III

Wetterkarte vom 13. November 1947 (oben). Wolkenansicht im Vertikalbild über der Schnittfläche A-B (unten) Beobachtungsort: Schleswig. Das von Irland über die Nordsee nach Schleswig-Holstein gezogene Tief hat inzwischen den südöstlichen Raum der Ostsee und Westrussland erreicht. Hochreichende Kaltluft hat ganz Norddeutschland überflutet. Schauertätigkeit über dem norddeutschen Küstengebiet. Kräftige Quellbewölkung und viel blauer Himmel. Außerhalb der Schauer klare Luft und gute Fernsicht. W = Warmfront; K1, K2 = Kaltfront1, 2. (Gezeichnet nach einer Vorlage des Deutschen Wetterdienstes, Wetterkundliche Lehrmittel Nr. 10 »Kleine Wetterkunde«).

Übersicht Okklusion			
	Vor der Front	**In der Front**	**Nach der Front**
Wolken	Regenwolken Nimbostratus	Starke Bewölkung Nimbostratus Cumulonimbus	Zeitweise Wolkenauflösung
Luftdruck	fallend	fallend	steigend
Wind	auffrischend Südwest	West zunehmend	Nordost nachlassend kühl
Temperatur	sinkend, manchmal gleichbleibend	sinkend bis gleichbleibend kühl	sinkend
Sicht	mäßig	schlecht	gut
Wetter	Stark bewölkt und Niederschläge	Stark bewölkt und Niederschläge	Auflockerung der Bewölkung, noch Regenschauer

Kaltfront. Daran ändert auch der nur zögernde Druckanstieg nichts; teilweise fällt sogar das Barometer noch.
Die Wetterentwicklung vor und in der Kaltfront vollzieht sich im wahren Sinn des Wortes stürmisch. Der Kaltlufteinbruch ist auch in der wärmeren Jahreszeit von schauerartigen Schneefällen oder von Hagel und Graupel begleitet. Dabei kommt es oft zu Frontgewittern. Obwohl das eigentliche Wolken- und Niederschlagsfeld verhältnismäßig schmal ist und die Aufheiterung nach Durchzug der Front oft verblüffend schnell folgt, lässt beständiges Wetter auf sich warten. Daran ändert auch nichts der zum Teil kräftige Luftdruckanstieg.
Der Kampf zwischen Kalt- und Warmluftmassen ist besonders eindrucksvoll im Tiefdruckgebiet. In den europäischen Breiten sind die Zyklonen (= Tiefdruckgebiete) oft von flächenmäßig großer Ausdehnung und sie vereinigen mindestens zwei unterschiedlich temperierte Luftmassen. Obwohl im Frühjahr und im Herbst zahlreicher,

Zugstraßen der Tiefdruckgebiete (Zyklonen) über Mitteleuropa

I Die Zyklone bewegt sich von Südwesten nach Nordosten westlich der britischen Inseln und Norwegen. Für den Kontinent nur in Form von Randtiefs wirksam.

II Die Zyklone bewegt sich west-östlich nördlich der britischen Inseln nach Skandinavien.

III Die Zyklone bewegt sich west-östlich über den nördlichen Teilen der britischen Inseln nach Südskandinavien und in den Ostseeraum.

IV Die Zyklone bewegt sich von Südwesten nach Nordosten zwischen England und der französischen Küste über Dänemark in den Ostseeraum.

V Die Zyklone bewegt sich von Westen über Südfrankreich ins westliche Mittelmeer und nach Italien. Eine Bahn führt am Süd- und Ostrand der Alpen nach Osteuropa (Vb) eine andere mehr südlich über den Balkan.

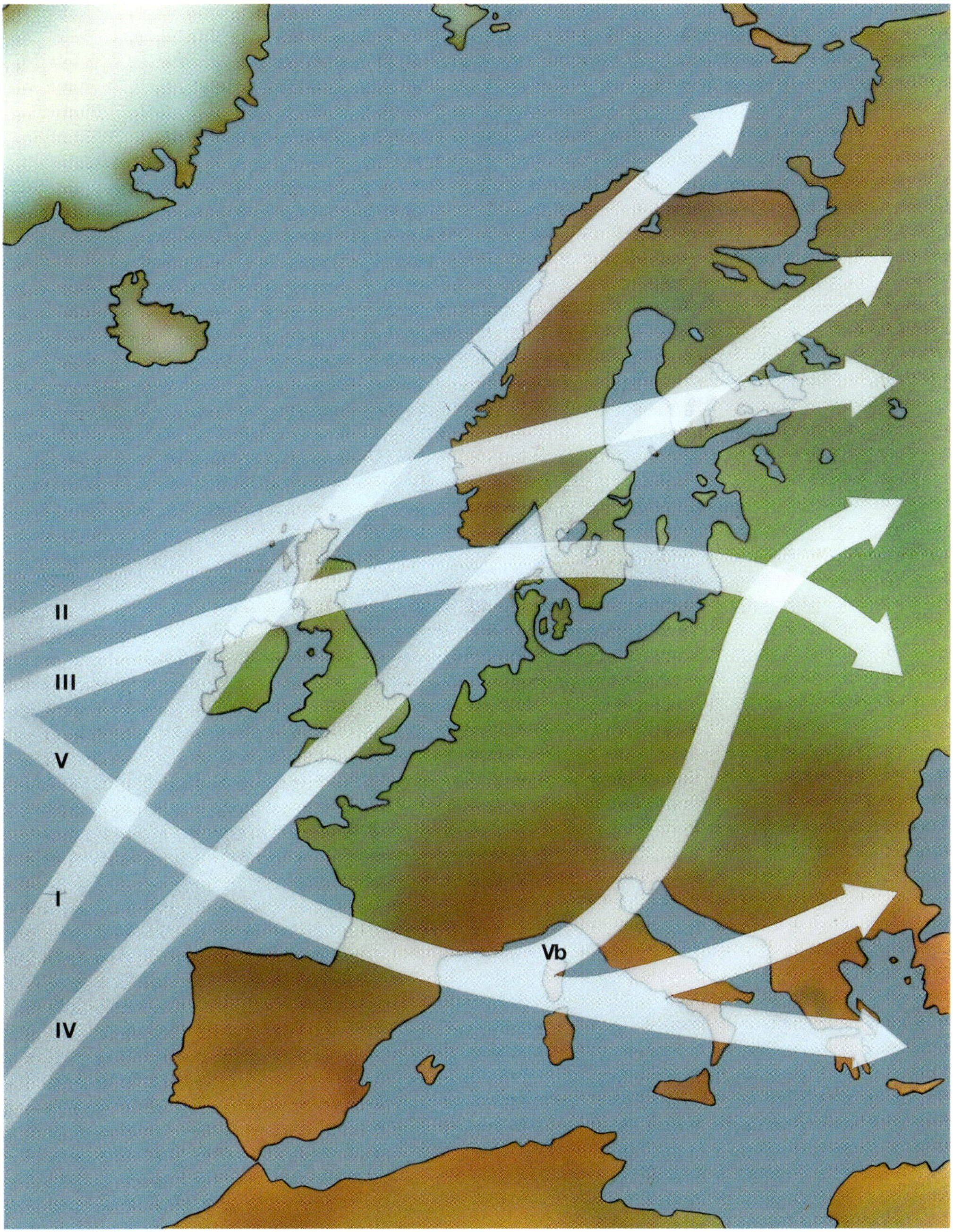
II
III
V
I
IV
Vb

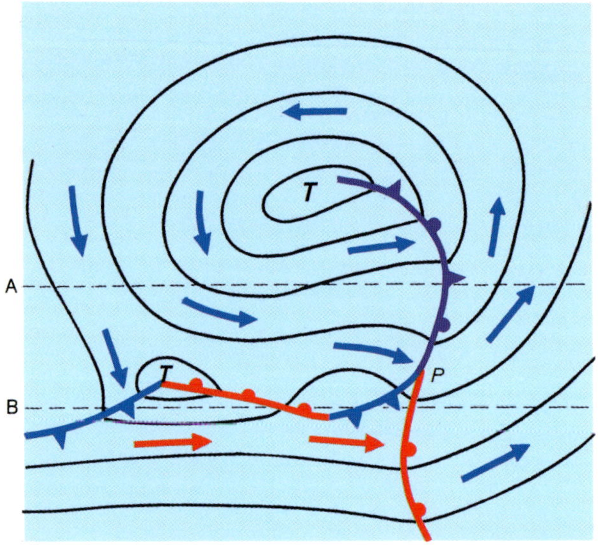

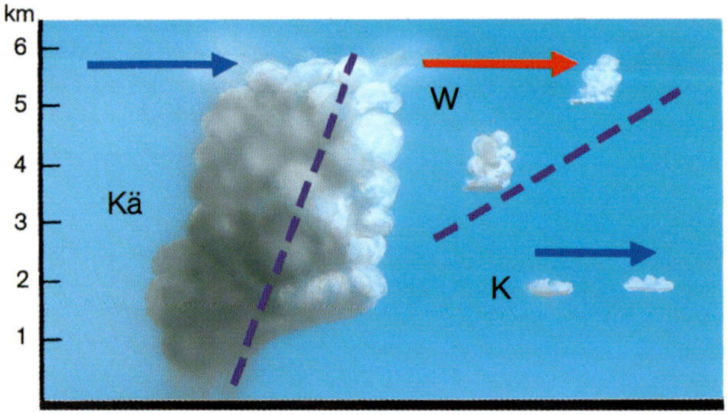

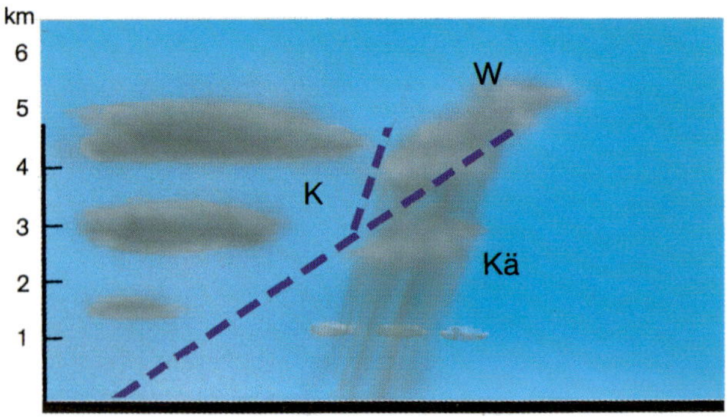

Okklusion eines Tiefdruckgebietes

Tiefdruckgebiete wandern von West nach Ost. Dabei sind sie nach Form und Intensität deutlichen Veränderungen unterworfen. Die **nebenstehende Wetterkarte** zeigt ein für Mitteleuropa typisches Tiefdruckgebiet. Die schneller west-östlich vordringende Kaltluft engt den Warmluftsektor ein und verdrängt schließlich die Warmluft vom Boden. Hat die Kaltluft die Warmluft erreicht (P), okkludiert die Zyklone. In der Wetterkarte erscheint das Symbol der Okklusionsfront, bestehend aus den wechselnden Symbolen für Kalt- und Warmfront. In der Okklusionsfront sind die ursprünglich getrennten Luftmassen beisammen. Die **mittlere Abbildung** zeigt im Aufriss eine »Kalte Okklusion« (sehr kalte Kaltluft ist am Werk und bringt sehr unbeständige Witterung mit kräftiger Schauertätigkeit).

Die **untere Abbildung** zeigt im Aufriss eine »Warme Okklusion«. (Der Kontrast zwischen Kalt- und Warmluft ist weniger groß, das Abheben der Warmluft vom Boden vollzieht sich »ruhig« unter Bildung von Schichtbewölkung. Landregenartige Niederschläge überwiegen.) Mit der Okklusion ist die Wirksamkeit eines Tiefs beendet. Der Kampf zwischen kalter und warmer Luft ist wieder einmal zum Abschluss gekommen. Durchziehende Wolken markieren das Geschehen für den Beobachter. (Gezeichnet nach einer Vorlage des Deutschen Wetterdienstes, Wetterkundliche Lehrmittel Nr. 10 »Kleine Wetterkunde«).

A = Kaltluftsektor
B = Warmluftsektor
Blauer Pfeil = Kaltluft
Roter Pfeil = Warmluft
K = Kaltluft
Kä = Besonders kalte Luft
W = Warmluft

treten Zyklonen in Europa das ganze Jahr auf. Die in mittleren Breiten ostwärts strömende Warmluft kann nicht ungestört an der westwärts driftenden Kaltluft der Polarregion vorbeifließen. Allein schon orografische Hindernisse, wie z. B. die Gebirge Kanadas, Grönlands, Norwegens oder Russlands (Ural!), stauen die Luftströmung und lenken sie ab. Die Ablenkung der Kaltluft nach Süden führt zu großräumigen Einbrüchen in die warmen Luftmassen. Es kommt zu Wirbelbildungen, die im Fall der Zyklone eine spiralförmige Wolkenstruktur deutlich macht – sehr gut zu sehen auf Satellitenfotos (siehe Seite 122). Im Tiefdruckgebiet treten die vorstehend beschriebenen Fronten auf, unter Umständen mehrmals hintereinander. Im Anfangsstadium erfasst eine Zyklone nur untere Luftschichten, im weiteren Verlauf wächst sie nach oben.
Kalt- und Warmfronten zeigen oft erhebliche Abweichungen vom Üblichen. Es gibt Kaltfronten, die anfangs eine Bewölkung zeigen, wie sie bei der Warmfront herrscht. Erst nach und nach wird das Bewölkungsbild typisch für die Kaltfront. Umgekehrt ist vor allem im Sommer die aufgleitende Warmluft häufig labil geschichtet. Die Schichtbewölkung ist dann mit kräftigen Quellwolken durchsetzt. Nicht selten ist der Warmfrontregen von Gewittern begleitet. Auch kann z. B. ein Zwischenhoch das Aussehen einer Warmfront verändern und nur noch eine Ansammlung von Federwolken markiert die Warmfront.

Entwicklungsabschnitte einer Zyklone

1. Eine Warmluftzunge schiebt sich in Kaltluft.
2. Die Warmluft gleitet an der östlichen Kaltluft auf (Warmfront).
3. Die westliche Kaltluft bricht in die Warmluft ein (Kaltfront).
4. Die Zone der Warmluft wird immer kleiner.
5. Die westliche Kaltluft holt die Warmfront ein.
6. Die restliche Warmluft entweicht in die Höhe und die Zyklone okkludiert (»bricht zusammen«).

Das Tiefdruckgebiet wandert von West nach Ost. Der Zeitraum der beschriebenen Entwicklungsabschnitte umfasst ungefähr 48 Stunden. Wandergeschwindigkeit und Struktur können im Einzelnen sehr verschieden sein. Zum Zeitpunkt der Okklusion hört die Bewegung fast ganz auf (»stationäres Tief«).
Das Wettergeschehen in einer Zyklone entspricht weitgehend den in »Übersicht Warmfront« und »Übersicht Kaltfront« (siehe Seite 228) beschriebenen Zuständen. Die Okklusion hat, was das Wettergeschehen anbetrifft, Frontcharakter: Zusammentreffen von zwei Kaltluftmassen mit verschiedenen Temperaturen.
Zwei besondere Erscheinungen machen sich im zyklonalen Wettergeschehen immer wieder bemerkbar:

1. Die Troglage. Sie ist charakterisiert durch sehr tiefen Luftdruck nach dem Durchgang der Kaltfront der Zyklone. Es ist praktisch eine neuerliche Vertiefung des Luftdruckwirbels infolge kräftiger Aufgleitvorgänge. Auffällig vor der Troglage ist das Nachlassen des Windes hinter der Kaltfront – vorübergehend. Denn im Trog kommt es in der Regel zu den schwersten Stürmen.

Eine Variation stellt der »Kaltluft-Tropfen« vor. Dieses Gebilde lässt sich bis fast in die Stratosphäre hinauf nachweisen. Ausgesprochene »Starkregen« sind damit verbunden: »Am mittleren Zürichsee, in Horgen, regnete es ununterbrochen während 42 Stunden. In dieser Zeit fielen 79 Liter pro Quadratmeter, und zwar innert sechs Stunden jeweils etwa 11 bis 12 Liter. Der Regen begann plötzlich, dauerte 42 Stunden und fiel in gleichbleibender Intensität« (Bericht in der »Neuen Züricher Zeitung« über eine von einem Kaltluft-Tropfen im Raum von Genua am 23./24. August 1975 ausgelöste Wetterlage, die sowohl auf der Alpensüdseite als auch auf der Alpennordseite Starkregen auslöste).

2. Das Zwischenhoch. Ein schmaler Keil hohen Luftdrucks zwischen zwei Zyklonen bringt eine nur vorübergehende Wetterbesserung.

Die Tiefdruckgebiete treten in Europa häufig in Serien nacheinander auf, ausgelöst von den sich wiederholenden Störungen der Grenzlinie zwischen Warm- und Kaltluft (»Polarfront«). Auf ihrer Wanderung von West nach Ost halten die Tiefdruckgebiete bestimmte Routen ein. Dabei bevorzugen sie wegen der fehlenden orografischen Hindernisse den Meerweg. Das Festland und vor allem die Gebirge beschleunigen das Zusammenklappen (Okkludieren) der Zyklone.

Wettereinflüsse auf den Menschen (Biowetter)

Seit Jahrzehnten schon beschäftigen sich Mediziner und Meteorologen mit den Auswirkungen von Wetter und Klima auf den Menschen. Wichtig ist der von meteorologischen Bedingungen ausgehende Reiz und eine darauf folgende physische oder psychische Reaktion. Der gesunde Mensch verfügt über eine erstaunlich große Anpassungsfähigkeit. Auch gegenüber lange andauernden Reizen. Es ist von der Akklimatisation an ein bestimmtes Klima die Rede. Die Anpassungsfähigkeit hängt sehr stark ab von Alter, Geschlecht, Konstitution, Typ und nicht zuletzt Gesundheitszustand des Einzelnen.
Sind Reize sehr schwach, entwöhnt sich der Organismus (»Verwöhnung«). Eine gewisse Reizstärke regt an und härtet ab (z. B. Reizklima in der Klimatherapie). Schließlich gefährdet die Überdosierung von Reizen den Organismus und ruft Schädigungen hervor (z. B. zu viel Sonne kann Hautkrebs auslösen, zu viel Kälte führt zu Erfrierungen).
Eine wichtige Rolle spielt das Temperaturempfinden für das menschliche Wohlbefinden. Nicht immer stimmt die am Thermometer abgelesene Temperatur mit der sogenannten »gefühlten Temperatur« überein: »Ein scharfer Wind bläst im Winter, minus 5 Grad werden viel kälter gefühlt als bei Windstille; im Windschatten sonnt sich mancher Skifahrer in der Märzsonne mit bloßem Oberkörper ohne zu frieren, obwohl leichte Frostgrade herrschen« (DWD Geschäftsfeld Medizin-Meteorologie). Dazu diese Tabelle:

Gefühlte Temperatur °C	Thermisches Empfinden	Belastungsstufe	Physiologische Wirkung
≤ –30	sehr kalt	extreme Belastung	
–20 bis –30	kalt	starke Belastung	
–5 bis –20	kühl	mäßige Belastung	Kältestress
+5 bis –5	leicht kühl	schwache Belastung	
+5 bis +17	behaglich	keine Belastung	Komfort
+17 bis +20	leicht warm	schwache Belastung	
+20 bis +26	warm	mäßige Belastung	Wärmebelastung
+26 bis +34	heiß	starke Belastung	
≥ +34	sehr heiß	extreme Belastung	

Sowohl Wärmebelastung als auch Kältestress können sich zur Belastung für den Kreislauf und die peripheren Gefäße entwickeln. So muss das Herz bei Wärmebelastung eine höhere Leistung bringen. Das auf der Haut durch Schweißverdunstung abgekühlte Blut muss umgepumpt werden, damit die für alle Körperfunktionen nötige Temperatur von 37 °C eingehalten werden kann.
Wetterbedingungen, die biologisch günstig sind, treten während Schönwetter auf und während der Wetterberuhigung nach dem Durchzug eines Schlechtwettergebiets (frontale Störungen). Hochdruckeinfluss herrscht vor und der Zustrom fremder Luftmassen (Advektion) fehlt. Schönwetter kann freilich Wärmebelastung auslösen. Im Winter treten dazu Inversionswetterlagen mit gesteigerter Luftverschmutzung auf. Biologisch ungünstige Wetterlagen: extremes Schönwetter im abziehenden Hochdruckgebiet, der Wetterumschlag (dazu gehört der gesamte Witterungsablauf an der Vorderseite eines aufziehenden Tiefdruckgebiets mit verstärktem Zustrom fremder Luftmassen). Kritisch ist auch der Zeitpunkt unmittelbar an der Rückseite der Warm- und Kaltfront. Besonders Kranke leiden, z. B. Migräne-Patienten rufen den Arzt, entzündete Gelenke von Rheumatikern schmerzen stärker, Gallen- und Nierensteine machen sich bemerkbar (Koliken), Menschen mit niedrigem Blutdruck klagen über Schwindelanfälle.
So lebensbeschützend die Ozonschicht in der Stratosphäre als Schutzschild vor UV-Strahlen ist, so belastend kann das bodennahe Ozon in der Atemluft sein. Ozon ist für die Lunge ein starker Reizstoff. Je nach Wetterlage kann sich der ozonhaltige Smog über einer Gegend tage- und wochenlang halten (siehe Seite 249). Dabei können bei empfindlichen Menschen (Asthmatiker) entzündliche Reaktionen in der Lunge auftreten, die nicht in allen Fällen rückbildungsfähig sind.
Extremwetterlagen können, vor allem in tropischen Regionen, Krankheitsausbrüche fördern. Überschwemmungen als Folge von starken Niederschlägen bringen erhöhte Seuchengefahr (Cholera). Aber auch extreme Trockenheit schadet der Gesundheit. Durchfallerkrankungen treten auf, weil Wassermangel hygienische Maßnahmen behindert. Malaria-Epidemien treten sowohl nach heftigem Regen als auch bei anhaltender Dürre auf. Starkregen in sonst nicht feuchten Gegenden lassen kleine Wasserstellen zurück – ideale Brutstätten für Anopheles-Mücken, die den Malaria-Erreger übertragen. Anhaltende Trockenheit in sonst feuchten Gebieten führt gleichermaßen zur Bildung von Tümpeln, die für den Mückennachwuchs bestens geeignet sind.
Humanbiometeorologische Vorhersagen beschäftigen sich auch mit der Luftqualität, gegen die sich der Mensch schwerer abschirmen kann als gegen thermische und Strahlungseinflüsse. Auch im Rauminneren wirkt die Luftqualität, beeinflusst von der wetterabhängigen Außenluft. Bei Hochdruckwetterlagen ist die Luftqualität von der Dauer des Druckgebiets anhängig. Ab fünf Tagen Dauer ist mit schlechter Luftqualität zu rechnen. Diese zeitliche Abhängigkeit entfällt bei Tiefdruckwetterlagen.
Mit Regenwetter ist nicht automatisch sehr gute Luftqualität verbunden. Bei hoher Luftfeuchtigkeit steigt die Größe der Aerosolpartikel. Die beste Luftqualität bringt der Kaltfrontdurchgang bzw. das Rückseitenwetter. Auch Warmfronten können nach mehreren Tagen Hochdruck den menschlichen Organismus entlasten. Wie weiter oben schon ausgeführt wurde, hat der zeitliche Wetterablauf unterschiedliche Auswirkungen auf die Befindlichkeit des einzelnen Menschen. Von der Luftqualität unabhängigere Beschwerden treten auf. Ein Beispiel dafür ist auch das Föhnwetter mit sehr guten bis guten Luftqualitäten,

Wetterwechsel und Wetterfühligkeit

1. Zyklonale Wetterlagen verstärken die Wetterfühligkeit.
2. Sinkender Luftdruck auf der Vorderseite eines in der Westdrift nach Osten ziehenden Tiefdruckgebiets steigert Beschwerden.
3. Inversionswetterlagen wirken ungünstig auf den menschlichen Organismus.
4. Kühles Rückseitenwetter nach dem Durchzug eines Tiefs bessert das Befinden.
5. Kalt- und Warmfronten lösen in der Regel keine unterschiedlichen Reaktionen aus. Doch gibt es von Mensch zu Mensch Unterschiede in der biotropen Wirkung je nach der augenblicklichen Befindlichkeit der/des Betroffenen.
6. Neue atmosphärische Bedingungen (Wetterwechsel) können Anpassungsschwierigkeiten auslösen. Der nicht wetterfühlige Mensch steuert die vom Wetter ausgehenden Reize unbewusst.

da ständig frische Höhenluft einströmt. Aber abgesehen von der Tendenz zur Ozonbildung leiden unter Föhnwetter viele Patienten.

Nachgewiesen sind Änderungen der Hirnstromaktivität, ausgelöst durch sogenannte sferics oder atmospherics. Sferics sind durch Blitze kurzfristig hervorgerufene elektromagnetische Signale. Sie können noch in Entfernungen bis zu etwa 1500 Kilometern registriert werden. Wahrscheinlich ist eine gewisse persönliche Veranlagung Voraussetzung für die Wirkung dieser Signale. Übrigens weiß man auch, dass bestimmte Tiere sehr sensibel auf elektrische Vorgänge in der Atmosphäre reagieren.

Nicht einfach zu erklären, ist ein Zusammenhang zwischen der Wirkung von Luftschadstoffen und Allergien beim Menschen. Luftschadstoffe können die Schleimhäute der Atemwege schädigen. Dadurch ist der Schutz vor dem Eindringen allergener Substanzen (z. B. Hausstaub, Pollen) nicht mehr gewährleistet. So kann es bei Allergikern bereits bei geringer Schadstoffkonzentration zu Krankheitssymptomen kommen.

Öffentlichkeit und Medien haben großes Interesse an medizin-meteorologischen Informationen. Mit Hilfe der elektronischen Medien (Internet) ist es möglich geworden, in kürzester Zeit Vorhersagen, Warnungen, vielseitige grafisch gut ausgearbeitete Informationen der Bevölkerung und den Institutionen des Gesundheitswesens

Verschiedene meteorologische Elemente bilden Wirkungsbereiche

1. Lufttemperatur, Luftfeuchtigkeit, Luftströmung (Wind), extraterrestrische Strahlung, Umgebungsstrahlung bilden einen thermischen Wirkungsbereich.
2. Fotochemische Einwirkungen im UV-Bereich und im sichtbaren Licht der Sonne bilden einen fotoaktinischen Wirkungsbereich. UV-Strahlung tötet Viren und Bakterien.
3. Luftschadstoffe, Staub, Aerosole bilden einen luftchemischen Wirkungsbereich. Die Wirkung wird stark vom Luftaustausch (Luftreinheitsgrad) und von Niederschlägen beeinflusst.
4. Luftelektrische Felder (Gewitter), solare Radiofrequenzstrahlung, Radioaktivität und Luftionen bilden einen luftelektrischen Wirkungsbereich. Davon sind auch Innenräume betroffen.

Die Intensität der UV-Strahlung bzw. der sonnenbrandwirksamen UV-B-Strahlung ist vom Wetter und von der geografischen Lage abhängig. Der Deutsche Wetterdienst gibt im Sommer täglich eine UV-Index-Vorhersage heraus:

UV-Index	Belastung	Sonnenbrand möglich	Schutzmaßnahme
8 und höher	sehr hoch	in weniger als 20 Minuten	unbedingt erforderlich
5 bis 7	hoch	ab 20 Minuten	erforderlich
2 bis 4	mittel	ab 20 Minuten	empfohlen
0 bis 1	niedrig	unwahrscheinlich	nicht erforderlich

Der Schutzfaktor bei Sonnenschutzmitteln sollte mindestens das Doppelte des UV-Index betragen (in Deutschland 15, im Mittelmeergebiet 20). Für Kinder sollte der Schutzfaktor nicht unter 20 liegen (Information DWD).

zugänglich zu machen. Das Angebot des Deutschen Wetterdienstes (DWD) reicht von Hitzewarnungen, Pollenflugvorhersagen bis zu Informationen zum Kurklima.

Die Hitzewelle im Jahr 2003 in Westeuropa hat deutlich gemacht, wie stark eine länger andauernde extreme Wärmebelastung die menschliche Gesundheit angreift. Allein in Frankreich registrierte die amtliche Statistik 15 000 Todesfälle, die auf Belastungseinwirkungen während dieser Hitzewelle zurückzuführen sind. In Deutschland hat im August 2003 die extreme Wärmebelastung über 7000 Menschenleben gefordert. Man muss davon ausgehen, dass die thermische Belastung Ursache für das Sterben war und nicht erhöhte Ozonwerte.

Was man heute über das Klima weiß, lässt für kommende Jahre und Jahrzehnte eine Zunahme und Intensivierung dieser Hitzewellen erwarten. Aus diesem Grund hat Deutschland ein Hitzewarnsystem eingerichtet, das beim Überschreiten von Schwellenwerten der »Gefühlten Temperatur« aktiv wird: bei 32 °C Warnstufe »starke Wärmebelastung«, bei 38 °C Warnstufe »extreme Wärmebelastung«. Die Hitzewarnungen des Deutschen Wetterdienstes sind unter www.wettergefahren.de und unter www.dwd.de abrufbar.

Auf die Gefahren der UV-Strahlung machen Vorhersagen und Warnungen der Wetterdienste aufmerksam. Über den UV-Index informiert weltweit die Webseite des Deutschen Wetterdienstes www.uv-index.de. Für die Darstellung des UV-Index gibt es eine Empfehlung der Weltgesundheitsorganisation (WHO). Ein Grafikpaket mit Möglichkeiten der Darstellung zum Herunterladen gibt es auf der Website des WHO-Projekts »Intersun« http://www.who.int/uv/

Im Frühjahr und Frühsommer weist das stratosphärische Ozon von Tag zu Tag eine erhebliche Variabilität auf. Da der Organismus um diese Zeit noch nicht an die zunehmende Strahlung angepasst ist, macht der UV-Warndienst des DWD besonders auf die jahreszeitlich erhöhte UV-Strahlung aufmerksam.

Klimawandel

Das griechische Wort »klinein«, das so viel wie neigen bedeutet, führt zum Wort Klima. Gemeint ist mit neigen dabei der Einfallwinkel der Sonnenstrahlen auf die Erde, der sich im Jahresverlauf und mit der geografischen Breite ändert. Das ist die Basis für das Klima. Elemente, die das Klima vor Ort prägen, sind Luft- und Bodentemperatur, Niederschläge und Luftfeuchtigkeit, Wolken und Wind. Dazu kommen die großräumigen Zirkulationsvorgänge in der Atmosphäre und den Weltmeeren. Fasst man zusammen, sind es drei Faktoren, die das Klima charakterisieren: Leuchtkraft der Sonne und der Energiefluss in der Atmosphäre (meteorologischer Faktor); Verteilung Festland-Ozean und Beschaffenheit der Bodenoberflächen sowie deren Höhe über dem Meeresspiegel (geografischer Faktor); drittens die Meeresströmungen (Tiefsee!) und die Verteilung des Meereises (ozeanischer Faktor).
Das Klima ist die Statistik des Wetters. Darunter sind der langjährige Mittelwert des Wetters an einem Ort (in der Regel 30-jährig) und langjährige Abweichungen davon (Variabilität) zu verstehen. Die statistischen Kenngrößen sind die Klimaelemente, die z. B. im Jahres- oder Monatsmittel angegeben werden. Einzelne zufällige Extremereignisse bedeuten noch keine Änderung der statistischen Eigenschaften der Gesamtheit der betreffenden Ereignisse (z. B. Niederschlag). Was für Messreihen gilt, muss auch bei der Bewertung von räumlichen Mittelwerten und an verschiedenen Orten gemessenen einzelnen Zeitreihen beachtet werden. Das Auftreten einer einzelnen Extremwetterlage (z. B. Orkan) kann nicht ohne Weiteres als Signal für einen Klimawandel gedeutet werden.
Verschiedene Untersysteme bilden das Klimasystem (siehe Tabelle Seite 243). Zwischen diesen Untersystemen besteht über Energie-, Massen- und Impulsflüsse eine enge Kopplung. Es fällt auf, dass die Zeitskalen für die Prozesse, die in den einzelnen Untersystemen stattfinden, deutliche Unterschiede aufweisen. Das wirkt sich auf Klimaänderungen aus und macht direkte Vergleiche schwierig.

Ein Hauptverursacher von Abgasen und Feinstaub in den Städten ist der Straßenverkehr. CO_2 aus dem Auspuff, Reifenabrieb und aufgewirbelter Staub belasten die Atemluft der Menschen.

Der Einfluss der Sonne

Der Motor unseres Klimasystems ist die Sonne (siehe Seite 40). Fast auf allen Zeitskalen ändert sich die Strahlungsintensität der Sonne. Im Laufe von Milliarden Jahren nimmt der Energiefluss zur Erde stetig zu (pro Milliarde Jahre 10 Prozent). Erst seit 30 Jahren ist es möglich, den Energiefluss von der Sonne von Satelliten aus zu messen. Vorher war die Wissenschaft auf Beobachtungen der Sonnenflecken angewiesen. Auch Konzentrationsänderungen kosmogener Isotope erlauben Rückschlüsse auf die solare Aktivität. Unstrittig ist, dass Schwankungen des Energieflusses von der Sonne Klimavariabilität hervorrufen. Nur wie kräftig dieser Effekt ausfällt, darüber herrscht Uneinigkeit. Ständigen Änderungen unterworfen ist die Erdbahn um die Sonne. Das führt zu spürbaren Verschiebungen der solaren Einstrahlung in der regionalen Verteilung auf Zeitskalen von 19000 bis 413000 Jahren. Es sind zyklische Schwankungen, die deutliche Klimaschwankungen auslösen.
In der Klimageschichte ist der solare Energiefluss dominant. Für lang- bis mittelfristige Klimawechsel ist neben geologischen Vorgängen die Stellung der Erde zur Sonne verantwortlich. Die Warmzeit, in der wir seit etwa 11600 Jahren leben, haben sie ausgelöst. Sogar die Temperatur-

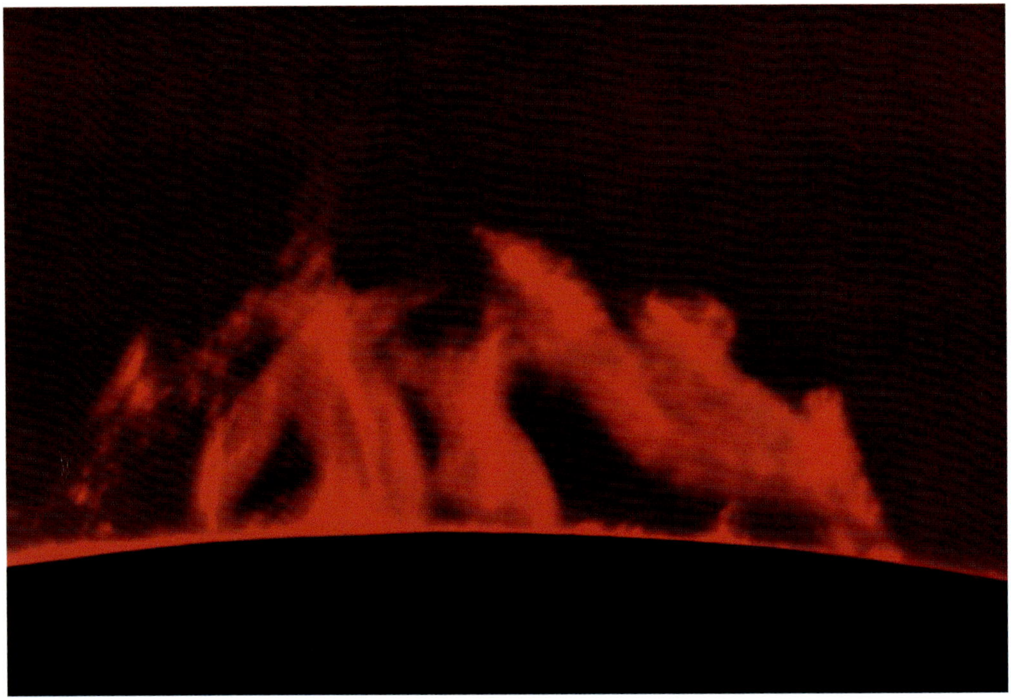

Die Protuberanzen, Ausbrüche glühender Gasmassen auf der Sonne, sind eine Erscheinungsform der Sonnenaktivität.

zunahme der letzten 100 Jahre ist trotz der unübersehbaren Mitwirkung des Menschen ganz ohne Einfluss der Sonne nicht erklärbar. Es gibt statistische Untersuchungen, die einen Zusammenhang zwischen der von der Sonne gesteuerten kosmischen Strahlung und der Wolkenbildung vermuten. Das wäre eine indirekte Einflussnahme der Sonne auf das Erdklima.

Tektonische und vulkanische Geschehnisse

Auf der Suche nach weiteren natürlichen Einflüssen auf das Klima fallen die Konvektionsbewegungen im Erdmantel auf. Dazu gehören Kontinentaldrift und Auffaltung von Gebirgen, aber auch verstärktes Ausgasen von CO_2 aus dem Erdinnern. Es sind Vorgänge, die in Millionen von Jahren ihre große Rolle spielen. Im Gegensatz dazu kurzfristige Ereignisse im tektonischen Geschehen sind die Vulkaneruptionen, die Gase und Partikel bis in die Troposphäre und Stratosphäre schleudern. Aus schwefelhaltigen Gasen bilden sich Sulfatpartikel, die mehrere Jahre in der Stratosphäre verweilen können. Die Partikel werden als Ablagerung in Eisbohrkernen und Sedimenten gefunden. Die vulkanische Aktivität verstärkt die optische Dicke der Stratosphäre. Das wiederum bremst die Solarstrahlung. Das kann zu kurzfristigen Temperaturänderungen

Klimauntersysteme und typische Zeitskalen ihrer Prozesse		
Komponente	**Prozess**	**Zeitskala**
Atmosphäre	Wetterdynamik in der Troposphäre (etwa 0–10 km) Wellenbewegung in der Stratosphäre (etwa 10–50 km)	1–10 Tage 100 Tage bis etwa 2 Jahre
Hydrosphäre (nur Ozeane)	Wärmeausbreitung im oberen Ozean (0–100 m) Durchmischung des tiefen Ozeans	Monate Jahrhunderte bis Jahrtausende
Kryosphäre	Ausdehnung des Meereises Aufbau und Schmelzen von Talgletschern Eisströme im Inlandeis Aufbau und Zerfall von Permafrost und Inlandeismassen	Jahre bis Jahrzehnte Jahrzehnte bis Jahrhunderte Jahrhunderte Jahrtausende bis (vermutlich) Jahrmillionen
Biosphäre	Aktivität der Photosynthese Mineralisation von Biomasse Änderung in der Zusammensetzung eines Bestandes Wandern von Vegetationszonen	Minuten Monate bis Jahrhunderte Jahrzehnte Jahrhunderte
Pedosphäre	Erwärmung des Bodens Grundwasserneubildung	Tage bis Jahre Jahre bis Jahrtausende
Lithosphäre	Vertikale Ausgleichsbewegung, Entgasen von Co_2, Wasser etc.	kontinuierlich

Quelle: BMBF-Studie, Herausforderung Klimawandel, Berlin (2003)

führen, die merklich intensiver ausfallen können als die durch solare Aktivität ausgelösten.

Der Treibhauseffekt

Der am meisten diskutierte Mechanismus des Klimaantriebs ist der Treibhauseffekt. Die mit ihm verbundenen Vorgänge spielen sich in der Atmosphäre ab als etwas ganz Natürliches und zunächst nicht etwas Menschengemachtes. Ohne den natürlichen Treibhauseffekt wäre Leben auf dem Planeten Erde nicht möglich. Der Treibhauseffekt funktioniert so:
Die langwellige Wärmestrahlung der erwärmten Erdoberfläche verlässt die Atmosphäre größtenteils nicht auf dem direkten Weg. Sie wird vielmehr von den natürlichen Treibhausgasen (atmosphärische Spurengase) und auch von Wolken zunächst teilweise absorbiert. Spurengase und Wolken emittieren die Wärmestrahlung einerseits in den Weltraum, andererseits zurück zur Erdoberfläche, die zusätzlich aufgeheizt wird. In der unteren Atmosphäre entsteht ein Wärmestau mit einem Temperatureffekt von +33 °C (bei Annahme einer Atmosphäre ohne Spurengase und Wolken) bzw. eine Erwärmung auf +15 °C. Das Treibhaus des Gärtners ist der Namensgeber für den Treibhauseffekt, der den Wärmestau in der unteren Atmosphäre bezeichnet.
Atmosphärische Spurengase sind Auslöser für

Die wichtigsten Treibhausgase		Beitrag von natürlichen Spurengasen der Atmosphäre zum natürlichen Treibhauseffekt
Wasserdampf	H_2O	62 %
Kohlendioxid	CO_2 (*)	22 %
Methan	CH_4 (*)	2,5 %
Distickstoffoxid	N_2O (*)	4 %
Ozon	O_3	7 %
Kohlenmonoxid	CO	2,5 % (zusammen)
Fluorierte Kohlenwasserstoffe	HFC (*)	
Perfluorierte Kohlenwasserstoffe	PFC (*)	
Schwefelhexafluorid	SF_6 (*)	

(*) Diese Treibhausgase sind im sogenannten Kyoto-Korb zusammengefasst und Teil der im Kyoto-Protokoll vorgesehenen Reduktionsverpflichtungen der Industrieländer.

den Treibhauseffekt (siehe Tabelle oben). Sie lassen die kurzwellige Sonnenstrahlung durch, absorbieren aber die langwellige Wärmestrahlung der Erdoberfläche im Infrarotbereich ab Wellenlänge 3 µm. Die Aerosole sind neben den Treibhausgasen wichtig für das Klimasystem. Sie beeinflussen es direkt aufgrund ihrer Wechselwirkung mit der Strahlung und indirekt als Kondensationskerne bei der Wolkenbildung. Sandstürme und Vulkanausbrüche bringen Aerosole direkt in die Atmosphäre. Sie werden aber auch aus gasförmigen Substanzen in der Atmosphäre gebildet. Erhebliche Mengen stammen zudem aus der natürlichen Aufwirbelung von Böden, sogenannte Mineralaerosole. Wellenschlag und Meerschaum führen zur Bildung von Seesalzaerosolen.

Mit Beginn des Industriezeitalters verändern menschliche Aktivitäten die Menge der klimawirksamen Spurengase in der Atmosphäre und führen in der Folge zu einem zusätzlichen, anthropogenen Treibhauseffekt. Am deutlichsten hat die Verbrennung fossiler Energieträger zum heutigen Anstieg der CO_2-Konzentration beigetragen. Die CO_2-Zunahme beträgt in den letzten 20 Jahren über 30 Prozent. Die Vermischung des Gases in der Atmosphäre erfolgt schnell. Es ist räumlich sehr homogen verteilt. Die CO_2-Zunahme bewirkte im Vergleich zum Jahr 1000 eine Zunahme der gegenwärtigen bodennahen Lufttemperatur um 0,7 °C. An dem von den Treibhausgasen seit Beginn der Industrialisierung verursachten Strahlungsantrieb ist Kohlendioxid mit mehr als der Hälfte beteiligt.

Am besten erforscht sind bislang die Treibhausgase und ihre Wirksamkeit in der Atmosphäre. Vergleicht man den Strahlungsantrieb im Klimasystem der Erde, erscheinen gegenüber den Treibhausgasen alle anderen Faktoren klein, zumal sie sowohl positive als auch negative Vorzeichen haben. Der noch fehlende wissenschaftliche Kenntnisstand macht sich bemerkbar, beispielsweise bei der Erforschung der Wirksamkeit der Aerosole. Es ist nicht ausgeschlossen, dass es hier Überraschungen im Verhältnis zur anthropogenen Einwirkung auf die Treibhausgase gibt. An der Spitze stehen die langlebigen Treibhausgase mit zusammen einem Strahlungsantrieb von 2,45 Wm^2.

Zu den klimarelevanten Aktivitäten der Menschen gehört die Landnutzung. Holz- und Land-

Raubbau am Regenwald. Um Plantagen anzulegen, werden riesige Flächen gerodet. Hier Ananasplantage im Amazonas-Regenwald Brasiliens.

wirtschaft zerstören große Flächen Wald. Zugunsten von Viehweiden und Sojafeldern wird der Regenwald in Brasilien seit Jahrzehnten dezimiert. Sonne und Wind trocknen den Wald noch über die abgeholzten Flächen hinaus aus. Der Regenwald erzeugt nahezu die Hälfte seiner Niederschläge selbst. Darauf beruht die große, naturgegebene Feuchtigkeit. Durch die starken Waldverluste wird das verändert. Allein in den Jahren 2003 bis 2005 wurden an den Ufern des Amazonas 70 000 km^2 Regenwald abgeholzt. Und die Kahlschläge werden weiter wachsen, weil neue Felder gebraucht werden, zum Beispiel für den Anbau von Zuckerrohr, zur Gewinnung von Biodiesel und Ethanol. Ökologen befürchten, dass aus dem Regenwald einmal eine Savanne wird.

Die Verstädterung ist eine besondere Form der Landnutzung. Hier entstehen »Wärmeinseln« mit speziellen Wetterverhältnissen in Bezug auf Niederschläge und Luftströmungen. Örtlich beeinflussen Schadstoffemissionen die Umwelt. In den Entwicklungsländern entstehen in den Megacitys dramatische Versorgungsprobleme für die Bevölkerung, z. B. die Wasserversorgung und Müllbeseitigung betreffend. Mit Hilfe von Staubfiltern, modernen Feuerungsanlagen und Heizungssystemen wird seit dem letzten Viertel des

Lange Zeit unterschätzt: Die Abgasfahnen der Flugzeuge (»Kondensstreifen«) behindern die Wärmeabstrahlung und erhöhen so den Treibhauseffekt. Im Bild Kondensstreifen bzw. von ihnen erzeugte Dunstschleier. Aufnahme Institut für Physik der Atmosphäre, DLR in Oberpfaffenhofen.

vorigen Jahrhunderts versucht, die Schwebestaubemissionen (»Feinstaub«) in den industriellen Ballungsgebieten zu vermindern. Feinstaub ist für die Gesundheit deshalb gefährlich, weil er nicht in der Nase abgeschieden wird, sondern die sehr feinen Partikel gelangen in die Lunge, in den Blutkreislauf und in Organe. Das begünstigt Atemwegs- und Kreislauferkrankungen.

Auswirkungen des Verkehrs

Der Verkehr, LKW's und PKW's, in den Städten, insbesondere in den sogenannten »Straßenschluchten« der Großstädte, ist ein Hauptverursacher von Feinstaub. Etwa die Hälfte entfällt auf Auspuffgase, die andere Hälfte auf Abrieb und Aufwirbelung von Straßenstaub. Die Emissionen des Autoverkehrs werden in Bodennähe freigesetzt und wirken unmittelbar auf die Menschen ein. Die höhere Freisetzung, z. B. aus Schornsteinen, führt zur Verdünnung mit Luft und einer entsprechend geringeren Belastung für die Menschen. Von Einfluss ist auch die jeweilige Großwetterlage (siehe Seite 173). So ist bekannt, dass dauerhafte zentrale Hochdrucklagen und Ostlagen mit vermindertem Luftmassenaustausch Grenzwertüberschreitungen begünstigen.

Abgase entstehen aber auch im Flug- und Schiffsverkehr. Das Wachstum des Flugverkehrs ist ungebrochen. Weltweit hat die Branche zwischen den Jahren 1990 und 2002 um zwei Drittel zugenommen. Experten schätzen gegenwärtig eine jährliche Steigerung um 4 Prozent. Der Anteil der Luftflotten an der globalen Erwärmung ist strittig. Es gibt Untersuchungen, die andeuten, dass die bei der Verbrennung von Kerosin anfallenden Abgase in der Höhe eine bis zu viermal höhere Treibhauswirkung auslösen als am Boden. Das und die Wachstumsprognosen können in 10 Jahren das Flugzeug an die Spitze der Verkehrsträger bringen, die zum Klimawandel beitragen. Vor Auto und Schiff. Schon heute ist das CO_2, das allein die Touristenflieger erzeugen, gewaltig. Die UNO-Tourismusorganisation UNWTO schätzt, dass Urlaubsreisen mit dem Flugzeug 5 Prozent aller CO_2-Emissionen verursachen. Im Jahr 2006 registrierte die UNWTO weltweit 846 Millionen internationale Ankünfte. Die Prognose für 2020 lautet 1,6 Milliarden.

Mit dem europäischen Satelliten ENVISAT haben Wissenschaftler die Abgasspuren von Schiffen rund um den Globus untersucht. Die Schifffahrtsrouten lassen sich abseits der Küsten aus der Luft auch ohne Satellitenunterstützung

Anthropogene Treibhausgase: Die Emissionsmenge, das relative Tribhauspotenzial und die atmosphärische Verweilzeit bestimmen den Anteil der einzelnen Gase am gesamten zusätzlichen Treibhauseffekt.

	Kohlendioxid	Methan	Distickstoffoxid	FCKW-11
Vorindustrielle atmosphärische Konzentration	ca. 280 ppmv	ca. 700 ppbv	ca. 275 ppbv	0
Konzentration im Jahr 2000[1)]	369 ppmv	1753 ppbv	314 ppbv	265 pptv
Anthropogene Emissionen pro Jahr[2)]	26 Gt	600 Mt	16,4 Mt	[3)]
Konzentrationszunahme pro Jahr[4)]	1,5 ppmv	7,0 ppbv	0,8 ppbv	–1,4 pptv
Mittlere Verweilzeit in Jahren	50–200	12	114	45
Relatives Treibhauspotenzial[5)]	1	23	296	4600
Beitrag zum anthropogenen Treibhauseffekt in Prozent[6)]	60,2	19,8	6,2	2,9

1) Volumenmischungsverhältnisse in Einheiten von 10^{-6} (ppmv), 10^{-9} (ppbv) und 10^{-12} (pptv). Die Konzentration von FCKW-11 ist aufgrund des Montrealer Protokolls seit Mitte der neunziger Jahre rückläufig.
2) Zeitraum 1990–1999.
3) Die Emissionen von FCKW-11 sind aufgrund des Montrealer Protokolls seit 1990 stark rückläufig.
4) Für den Zeitraum von 1990–1999. Für FCKW-11 seit Mitte der neunziger Jahre.
5) Relatives molekulares Treibhauspotenzial gemessen an der Treibhauswirkung von CO_2 (=1) über 100 Jahre.
6) Der Rest entfällt auf anderes FCKW sowie auf das troposphärische Ozon.

Quelle: IPCC, Third Assessment Report (2001)

ausmachen. Die Abgasfahnen sind oft mehrere hundert Kilometer lang und bis zu zehn Kilometer breit. In Küstennähe hebt sich das Abgasgemisch aus Ruß, Schwefel und anderen Schadstoffen von der Umgebung kaum noch ab. Die Schiffsabgase bilden einen Dunstschleier. Drei Viertel von ihnen entstehen im Abstand von einigen hundert Kilometern zu den Küsten. Abgaswerte werden auch entlang der großen Binnenwasserstraßen gemessen. Dort ist die Luft häufig genauso schlecht wie entlang der Autobahn.
Die Schadstoffe aus den Bootsmotoren sind sehr klimawirksam. Berechnungen belegen, dass Schiffe genau so viel CO_2 in die Atmosphäre bringen wie Flugzeuge. Die letzte sichere Statistik stammt aus dem Jahr 2000. Damals betrug der Anteil der Schifffahrt an allen auf menschliche Aktivitäten zurückzuführenden CO_2-Emissionen 2,7 Prozent. Das sind etwa 800 Millionen Tonnen. Vorsichtig geschätzt hat sich diese Menge bis heute um ein Drittel erhöht. Trotzdem ist der Abgasanteil je transportierter Tonne bei Schiffen geringer als bei Flugzeugen und Autos.
Ursache ist der kühlende Effekt von Aerosolen-Wolken, die aus der Verbindung der Schwefelemissionen mit Wassertropfen entstehen. Ihr dünner Schleier wirkt wie ein Sonnensegel, das Teile der Sonnenstrahlung reflektiert. Der Aerosole-Effekt wird allerdings durch die geringe Verweildauer der Aerosolen-Wolken in der Atmosphäre gebremst. Nach 10 Tagen wäscht sie der Regen aus. Treibhausgase bleiben Jahre und Jahrzehnte in der Atmosphäre (siehe Tabelle Seite 247).

Wasserdampf und Wolken

Wechselwirkungen spielen im Klimasystem eine große Rolle. So ist die Zunahme des atmosphärischen Wasserdampfes (H_2O) mitverantwortlich für die Erwärmung, die durch den Anstieg der CO_2-Konzentration in der Atmosphäre beobachtet wird. Die Fähigkeit der Atmosphäre, Wasserdampf aufzunehmen, erhöht sich mit dem Temperaturanstieg. Da Wasserdampf gleichfalls ein Treibhausgas ist, kann es unabhängig von der Wolkenbildung zu einer verstärkten Erwärmung kommen (positive Rückkopplung). Bewölkung und Höhe der Wolken (siehe Seite 82) hängen ab von der Erwärmung der Atmosphäre. Die Rückkopplung bei Wolken ist komplex, weil sie positive und negative Vorzeichen annehmen kann:

1. Bei höheren Temperaturen trocknen Wolken aus und lösen sich teilweise auf. Der Weg für Infrarotstrahlung in den Weltraum ist frei. Eine Abkühlung findet statt (negative Rückkopplung).
2. Gleichzeitig nimmt die Sonneneinstrahlung zu, da weniger Wolken sie reflektieren. Es kommt zur Erwärmung (positive Rückkopplung).
3. Dabei kann es zu Verlagerungen einer Wolkenschicht in ein höheres, kälteres Stockwerk der Atmosphäre kommen. Kältere Wolken emittieren weniger langwellige Strahlung (Wärme). Es bleibt mehr Wärme im System (positive Rückkopplung).
4. Bei der globalen Erwärmung entsteht eine Cirrusschicht, an der die Sonneneinstrahlung reflektiert wird (negative Rückkopplung).
5. Wechselwirkung zwischen Aerosolen und Wolken. Aerosole bilden kleine Wolken mit Erhöhung der Albedo (negative Rückkopplung).

Nach dem gegenwärtigen Wissensstand bestätigt die Summe der genannten Effekte ein leichtes Übergewicht der positiven Rückkopplung bezüglich des Einflusses der Wolken auf das Klima. Das Beispiel macht Wechselwirkungen im Klimasystem deutlich. Das Verständnis von Prozessen und Wechselwirkungen, das für die Deutung der Klimaentwicklung notwendig ist, weist heute noch Lücken auf.

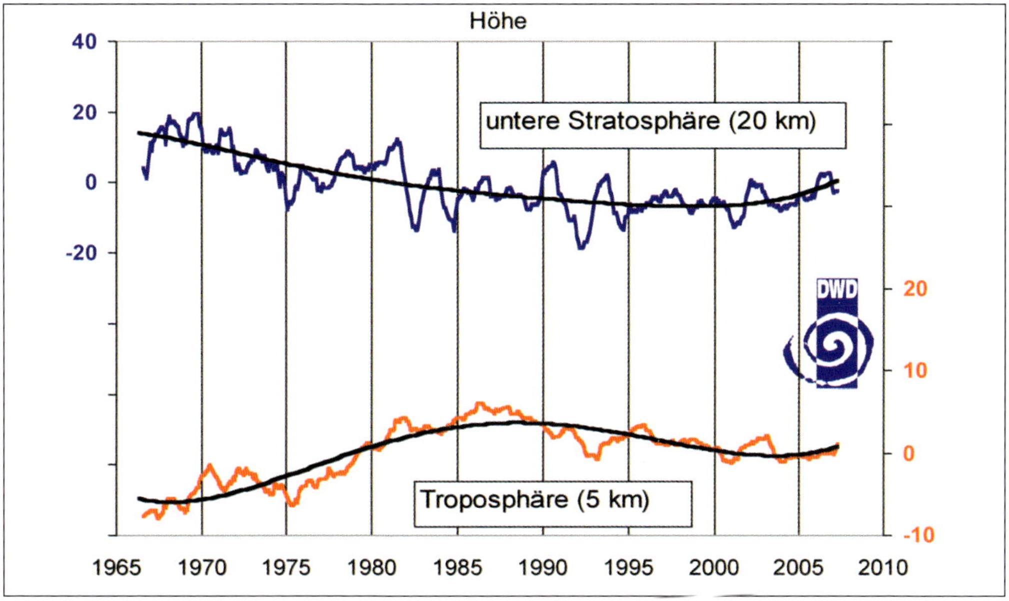

Abweichung der Ozonmonatsmittel (nbar) von den Langzeitmitteln in 20 und 5 km Höhe. Messungen des Meteorologischen Observatoriums Hohenpeißenberg.

Die Rolle des Ozons

Auch in der Stratosphäre treten chemische und strahlungsgebundene Vorgänge auf, die das Klimasystem berühren. Und umgekehrt. Seit mehr als zwei Jahrzehnten wird der Ozongehalt in der Stratosphäre geringer. Am stärksten über den Erdpolen. Diese Veränderungen im Ozonhaushalt bringen der Stratosphäre Abkühlung. Hier ist ein Ansatzpunkt für mögliche Änderungen im Strahlungsaustausch zwischen Stratosphäre und Troposphäre.
Welche Rolle spielt Ozon? Vor rund 200 Jahren bemerkte M. van Marum bei elektrischen Entladungen in Sauerstoff einen eigenartigen, starken Geruch. Mehr als ein halbes Jahrhundert später wies C. F. Schönbein nach, dass der Verursacher des Geruchs ein Gas ist. Er gab ihm den Namen Ozon (griech. = das Riechende). Schließlich gelang Forschern der Nachweis, dass Ozon eine dreiatomige Modifikation des Sauerstoffes ist. Das Gas kommt von Natur aus in der bodennahen Luft nur in sehr geringen Mengen vor. Wichtig wurde dann der Nachweis einer Ozonschicht in der oberen Atmosphäre und der Eigenschaft des Gases, kurzwellige Solarstrahlung zu absorbieren.
Bodennahes Ozon hat sich in diesem Jahrhundert vervielfacht. In Mitteleuropa kommen im Sommer maximale Ozon-Stundenwerte vor, die mehr als das 5-Fache der natürlichen Spitzenwerte von etwa 70 Mikrogramm Ozon je Kubikmeter Luft erreichen. Ozon ist eines der stärksten Oxidationsmittel und wirkt bei Mensch und Tier als Reizgas und Zellgift. Aber auch Bäume und Pflanzen werden angegriffen (Waldsterben!).

Bodenozon bewirkt nicht nur subjektive Beschwerden. Im Sommer verstärkt sich das Reizgas (»Sommersmog«) und verschlechtert die Lungenfunktion der betroffenen Menschen. Während der Ozonbildung in der Stratosphäre (90 Prozent Ozon befinden sich in 15 bis 50 Kilometer Höhe) durch die Aufspaltung des Sauerstoffmoleküls ausgelöst wird, ist es in der bodennahen Atmosphäre (hier befinden sich 10 Prozent) die Photolyse von Stickstoffdioxid (NO_2). Geringe Mengen von NO_2 genügen, um bei Vorhandensein von Sonnenlicht ein Gasgemisch zu erzeugen, das unter dem Namen Photosmog bekannt ist. Am Anfang des Prozesses steht u. a. Stickstoffmonoxid (NO) aus Kraftfahrzeugabgasen, das mit Hilfe von Ozon zu NO_2 oxidiert. Darüber hinaus hat die fotochemische Theorie Ozon die Rolle einer »zentralen Substanz« in einem sehr verzweigten System von Spurengasen zugewiesen, das Stratosphäre und Troposphäre umfasst. Hier finden chemische Prozesse statt, in denen mehr und mehr von Menschen gemachte Einflüsse erkennbar werden. Veränderungen dieser chemischen Prozesse aber können über Strömung und Strahlung in der Atmosphäre das Klima verändern.
In den unteren 10–15 km der Atmosphäre (Troposphäre) erhöht sich bei Anwesenheit von erhöhten Konzentrationen an Stickoxiden und Kohlenwasserstoffen und bei Sonnenlicht der Ozongehalt. Dagegen wird der Ozonanteil im Gebiet der maximalen Konzentration oberhalb 20 km (Stratosphäre) bei verstärkter Konzentration von Fluor-Chlor-Kohlenwasserstoffen und Stickoxiden geringer. Diese Abnahme gefährdet den Schutz vor der gefährlichen UV-Strahlung. Je nach vertikaler Verteilung (unten Zunahme, oben Abnahme) wirkt Ozon als Treibhausgas verschieden stark. Sowohl vertikal als auch horizontal ist die Ozonverteilung räumlich variabel.

Die Meeresströmungen

Im Klimageschehen spielen die Weltmeere eine überragende Rolle: Sie speichern anthropogenes CO_2, sie sind thermisch sehr träge und beherbergen ein komplexes Zirkulationssystem rund um den Erdball. So zirkuliert im Atlantischen Ozean, angetrieben von Temperatur- und Salzgehalteffekten, ein riesiger Strom, der warmes Wasser an der Oberfläche nach Norden und kaltes Wasser in der Tiefe nach Süden transportiert (Golfstrom). Es ist die sogenannte Thermohaline Zirkulation (THC). Bislang sah man auf diesem »Wassermassen-Förderband« die Süd-Nord-Transporte als entscheidend an. Insbesondere für die subtropischen Gebiete der Erde. Neue Untersuchungen mit Unterstützung von Satellitenmessungen machen jetzt auf die Bedeutung von west-östlichen Strömungen aufmerksam. Eine nach Osten gerichtete Meeresströmung im südlichen Indischen Ozean zwischen Afrika und Australien wurde entdeckt.
Es gibt Grund für die Annahme, dass der Golfstrom verschwindet. Heute bringt er Wärme aus der Karibik (eine Milliarde Megawatt jährlich) in den nördlichen Atlantik. Temperatur und Salzgehalt bestimmen den Weg, den die Meeresströmungen nehmen. Das salzreiche und kalte Wasser sinkt auf den Meeresboden ab, das weniger salzhaltige und wärmere Wasser steigt an die Meeresoberfläche. Diese sogenannte »Förderströmung« tritt z. B. als Golfstrom von Nordamerika nach Europa auf. Sie bewirkt die Erwärmung des europäischen Klimas. Nun könnte der Treibhauseffekt Polargletscher in stärkerem Umfang abschmelzen lassen. Kommen ergiebige Regenfälle hinzu, könnte das eine Entsalzung des Meerwassers begünstigen und die Richtung der Meeresströmungen ändern. Der Golfstrom würde dann möglicherweise dem europäischen Klima abgehen. Der amerikanische Klimafor-

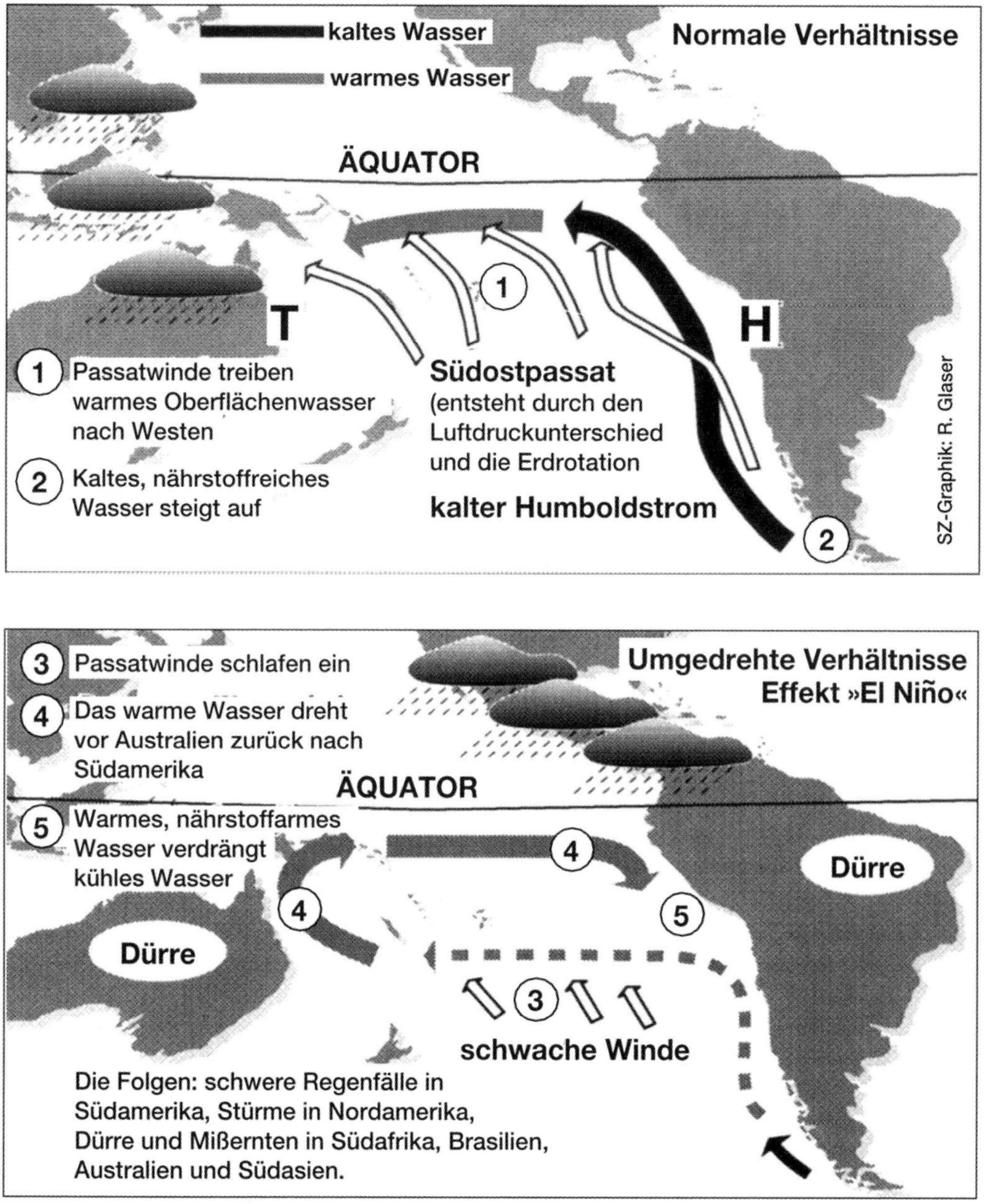

El Niño ist ein periodisch auftretendes Klimaphänomen mit starken Auswirkungen auf das Strömungs- und Temperaturfeld im Bereich des tropischen Pazifiks.

scher Wallace Broecker sieht bei diesem Modell Temperaturrückgänge bis zu 11 Grad im Jahresdurchschnitt. Arktische Temperaturen für Europa?

In den Ozeanen kann sich noch anderes abspielen. Der steigende Anteil von Kohlendioxid in der Atmosphäre scheint nach neuesten Forschungsergebnissen das Wachstum von Algen zu fördern. Wie andere Pflanzen auch, nehmen Algen Kohlendioxid auf und wandeln es mit Hilfe der Fotosynthese in Biomasse um. Mehr Algen verzehren mehr Kohlendioxid. Ob hier wirklich eine Bremse für die globale Erwärmung vorhanden ist, werden weitere Untersuchungen beweisen müssen.

Wechselwirkung von Ozean und Atmosphäre

1. Antarktischer Zirkumpolarstrom: Gekoppelt mit Hoch- und Tiefdruckgebieten strömen kalte und warme Wassermassen in einem 8-jährigen Zyklus um den Südpol.
2. Pazifische Oszillation: Langfristige Veränderung der Oberflächentemperatur des Meeres. Einer Abkühlung im Nordpazifik steht die Erwärmung vor der Westküste Nordamerikas gegenüber. Umkehr nach etwa 2 bis 3 Jahrzehnten.
3. El Niño und La Niña : Erwärmung des Südpazifiks vor der Küste Südamerikas um bis zu 5 °C (El Niño) in einer Periode von 3 bis 7 Jahren. Danach wieder Abkühlung des Meeres (La Niña). Gekoppelt sind Schwankungen des Luftdrucks zwischen dem östlichen Indischen Ozean und dem tropischen Südostpazifik (Southern Oszillation).
4. Nordatlantische Oszillation: Luftdruckwechsel über dem Nordatlantik beeinflusst die Temperatur des Oberflächenwassers. Besonders niedriger Luftdruck über dem Nordpol deutet auf milde Winter im Osten der USA und in Nordwesteuropa. Ist der Luftdruck höher als im Durchschnitt treten milde Winter in Kanada und Grönland auf.
5. Tropische Atlantische Oszillation: Kühles Oberflächenwasser nördlich des Äquators und wärmeres südlich bringt Regen für den Nordosten Brasiliens und Dürre in der Sahelzone. Sind die Wassertemperaturen umgekehrt, regnet es in Brasilien weniger und in Westafrika mehr.

Die endgültige Erklärung der Zusammenhänge ist gegenwärtig noch nicht möglich. Wir können nur die Erscheinungen beobachten, etwa die Temperaturverschiebungen im Pazifik. El Niño heißt eine Klima-Anomalie, die erstmals im Winter 1982/83 vehement auf sich aufmerksam gemacht hat. Damals blieben, wie übrigens 1997 wieder, die warmen Südostpassatwinde aus, die von Ost nach West wehen und erwärmtes Meerwasser gegen Australien, Indonesien und die Philippinen treiben. Die feuchte Wärme löst Regen aus. In normalen Zeiten fließt im ozeanischen Kreislauf kaltes Wasser an die amerikanische Pazifikküste zurück, insbesondere an die südamerikanische. Das kalte Wasser ist besonders nährstoffreich und es bilden sich große Fischschwärme. Und genau dieser Ablauf hat sich 1982/83 und 1997 umgekehrt: Dürre in Südostasien, Regen und verödete Fischgewässer an Amerikas Pazifikküsten.

Eisflächen und Permafrost

Als Kryosphäre werden Regionen bezeichnet, die jahreszeitlich oder ganzjährig von Schnee und Eis bedeckt sind (siehe Tabelle S. 243). Sonnenlicht wird von Meereis stärker reflektiert als von Meerwasser. Der unterschiedliche Salzgehalt von Meereis und Meerwasser fördert den Was-

Vernagtferner vom Hintergrasl mit Vernagthütte (Würzburger Haus) des DAV. Änderung der Gletschergröße im Vergleich 2001 mit 1926.

seraustausch zwischen Oberflächenwasser mit Wasser aus den Tiefen des Ozeans. Das hat Rückwirkungen auf die Zirkulation der Meere. Ein Viertel der Festlandsfläche der Erde ist unterlagert von Permafrost, der eine Mächtigkeit von bis zu 1500 m erreicht. Besonders in Nordamerika und Nordeurasien finden sich große zusammenhängende Flächen. Aber auch im Hochgebirge, z. B. in den Alpen, herrscht Permafrost, der Gestein, Fels und Schutt zementiert. Doch der Permafrost taut im Gebirge wie in den Permafrostgebieten des Nordens. Erosion entlang der Küsten, aufgeweichte Böden, Felsstürze und Steinlawinen in den Bergen sind die Folge. Im Oktober 2007 brach vom Gipfel des Einserkofel (Südtirol) eine ganze Zinne ab und donnerte mit 60 000 Kubikmeter Geröll ins Fischleintal.

Komplexe Wechselwirkungen

Mit Blick auf den Klimawandel verdient die Wechselwirkung der Atmosphäre mit der Bodenoberfläche aus zwei Gründen Aufmerksamkeit. Einmal wegen Prozessen, die die Vegetationsstruktur beeinflussen (biogeophysikalische Wechselwirkungen), zum anderen wegen der Prozesse zwischen Atmosphäre und Bodenoberfläche, die die chemische Zusammensetzung der Atmosphäre verändern (biogeochemische Wechselwirkungen). Zu Letzteren zählen der Austausch von Treibhausgasen, z. B. Kohlendioxid (CO_2) und Methan (CH_4). Diese Austauschprozesse sind sehr komplex und wirken in der Natur auf verschiedenste Art zusammen, z. B. ändert sich mit der Fotosynthese der CO_2-Austausch und der Wasserdampffluss von der Biosphäre in die Atmosphäre. Alles deutet darauf hin, dass Veränderungen der Bodenoberfläche erhebliche Rückwirkungen auf das Klimasystem haben.
Der Kohlenstoffkreislauf, an dem CO_2 und CH_4 beteiligt sind, wird bezüglich seines quantitativen Hintergrunds heute noch nicht ganz verstanden, z. B. was die aufgenommenen Mengen von anthropogenem Kohlendioxid in den Weltmeeren und Wäldern anbetrifft. Methanhydrate sind gefroren in der Tundra vorhanden und können bei einer genügend großen Erderwärmung freigesetzt werden. Gelangen Methanreste in die Atmosphäre, ist eine zusätzliche Temperaturerhöhung nicht ausgeschlossen. Diese Gefahr besteht auch, wenn ein gestiegener Meeresspiegel und tektonische Kräfte größere Mengen Methan in die Atmosphäre abgeben.
Diese Wechselwirkungen im Klimasystem schließen rasche, plötzliche Klimaänderungen nicht aus. Wir kennen schnelle Klimaänderungen in der Erdgeschichte. Bohrungen im Grönlandeis, die 100 000 Jahre abdecken, bestätigen vor 11 600 Jahren, dem Beginn der jetzigen Warmzeit, Temperatursprünge von mehreren Grad in wenigen Jahren. Vermutete Ursache sind kurzfristige Änderungen in Richtung und Stärke der Meeresströmungen.
Die Wissenschaft versucht, mit Hilfe von Klimamodellen mehr Verständnis für die Wechselwirkungen des Klimasystems und vor allen Dingen stabile Aussagen über das künftige Klima zu gewinnen. Klimamodelle stellen das Klimasystem in mathematischen Gleichungen dar. Ihre Grundlage sind die physikalischen Gesetze, aber auch Beobachtungsreihen und statistische Modelle, um die Wahrscheinlichkeitsdichte zu vergrößern.
Starkregen und Stürme für sich sind keine Anzeichen für einen Klimawandel. Es sind die differenzierten Änderungen verschiedenster meteorologischer Elemente, die aufgearbeitet werden müssen. Belastet sind diese Änderungen mit starken räumlichen und zeitlichen Variationen. Nur auf einer sehr breiten Beobachtungsgrundlage und leistungsfähigen Rechnersystemen ist es möglich, frühzeitig Trends zu

Wetterelement	erwartete Änderung	Verlässlichkeit	Auswirkungen
Temperatur	1,7 Grad wärmer als 1900, v. a. Winter und Nächte wärmer	sehr gut	früherer Pflanzenaustrieb, vermehrter Hitzestress, Rückgang des Permafrosts in den Alpen (mehr Felsstürze)
Hitzeperioden	häufiger, stärker	sehr gut	hohe Gesundheitsbelastung und Stress für die Biosphäre, mehr Waldbrände
Alpengletscher	60 % Flächen-/80 % Massenverlust gegenüber 1850	sehr gut	extreme Abflussschwankungen
Meeresspiegelanstieg	ca. 10 cm gegenüber heute	sehr gut	Gefährdung der Nord- und Ostseeküste
Niederschlag	Sommer trockener, Herbst und Winter nasser mit mehr Regen statt Schnee, Ergiebigkeit von Einzelereignissen deutlich höher als bekannt	gut	erhöhte Überschwemmungsgefahr (u. a. wegen unterdimensionierter Entwässerungssysteme)
Trocken- bzw. Dürreperioden	häufiger	befriedigend	Land- und Energiewirtschaft und Binnenschifffahrt betroffen, erhöhtes Waldbrandrisiko
Gewitter	intensiver	befriedigend	erhöhte Risiken durch Starkregen, Hagel, Sturmböen
Blitze	viel häufiger	gut	erhöhte Schäden
Tornados	häufiger	gering	erhöhte Schäden
Sturmfluten	bis zu 20 cm höher auflaufend	gut	stärkere Gefährdung der Nordseeküste
Ozonschicht	größte Ausdünnung um ca. 2010, nur langsame Erholung	gut	langfristig erhöhte UV-Belastung, erhöhtes Risiko von Hauterkrankungen
Außertropische (Winter-)Stürme	Tendenz zu heftigeren, evtl. weniger Stürmen bei veränderten Zugbahnen	unsicher	erhebliches Schadensrisiko
Lufttrübung Aerosole		unsicher	

Erwartete Veränderungen der Wetterelemente in den kommenden 30 Jahren und ihre Auswirkungen. Stellungnahme der Deutschen Meteorologischen Gesellschaft zur Klimaproblematik, Oktober 2007.

gewinnen. Sicher ist, dass sich das Klima wegen seiner Trägheit in den kommenden Jahrzehnten weiter erwärmt und wir mit mehr Extremwetter rechnen müssen. In der Tabelle auf Seite 255, vorgelegt von der Deutschen Meteorologischen Gesellschaft in ihrer Stellungnahme zur Klimaproblematik vom 9. Oktober 2007, werden die erwarteten Veränderungen und Auswirkungen innerhalb der kommenden 3 Jahrzehnte aufgelistet. Der Hinweis »Verlässlichkeit« in der Tabelle markiert die wissenschaftliche Absicherung der erwarteten Veränderung nach dem Stand der heutigen Forschung.

Szenarien des Klimawandels

Zum besseren Verständnis der verschiedenen Mechanismen des Klimamotors und zur Darstellung der zukünftigen Entwicklung des Klimas entwickeln die Meteorologen Klimamodelle. Sie sind wichtige wissenschaftliche Instrumente, um z. B. die Wirkung der Treibhausgasemissionen unter Berücksichtigung unterschiedlicher Voraussetzungen zu erläutern. Entwicklung der Bevölkerung, Lebensstandards, Energieverbrauch sind drei wichtige Größen in jedem Klimamodell. Diese Computermodelle sind Abbilder des Erd-

Auszug aus der Stellungnahme der Deutschen Meteorologischen Gesellschaft zur Klimaproblematik vom 9. Oktober 2007

Es ist wissenschaftlich gesichert, dass der Mensch in zunehmendem Maß das Klima beeinflusst. Hauptursache ist die Freisetzung langlebiger, klimawirksamer Spurengase (sog. Treibhausgase wie z. B. Kohlendioxid und Methan), u. a. durch die Verbrennung fossiler Brennstoffe zur Energiegewinnung, durch die Landwirtschaft und geänderte Landnutzung. Der Klimawandel führt zu Veränderungen der Wetterabläufe, insbesondere auch der Wetterextreme, welche schon heute Auswirkungen auf Gesellschaft, Kultur und Wirtschaft haben, die – auch bei uns in Mitteleuropa – noch an die bisherigen Wetter- und Klimaerfahrungen und die dazugehörigen Extreme angepasst sind. Zum Schutz von Bevölkerung und Wirtschaft vor hohen, mit selten auftretenden Wetterereignissen verbundenen Risiken wurden technische Maßnahmen ergriffen und müssen auch in Zukunft vorgesehen werden.

Deutsche Wissenschaftler haben in den letzten Jahrzehnten maßgeblich zu den Erkenntnissen über den Klimawandel beigetragen und an dem vom Intergovernmental Panel on Climate Change (IPCC) Anfang 2007 veröffentlichten 4. Sachstandsbericht mitgearbeitet, der den Klimawandel analysiert, interpretiert und Zukunftsszenarien vorstellt. Das Klima ist ein nichtlineares System mit kritischen Schwellen, deren Überschreitung unumkehrbare Folgen nach sich ziehen kann (wie etwa das komplette Abschmelzen des Grönlandeises, was einem weltweiten Meeresspiegelanstieg von 7 Meter entspräche). Der starke Konzentrationsanstieg der Treibhausgase hat in der Atmosphäre Veränderungen ausgelöst, wegen der großen Trägheit des gesamten Klimasystems hat sich ein neues Gleichgewicht aber noch nicht eingestellt. Da nur unzureichend bekannt ist, wo die kritischen Schwellen liegen, müssen wir den weltweiten Ausstoß von Treibhausgasen bis zum Ende des Jahrhunderts drastisch reduzieren.

Schwere Unwetter in Verbindung mit dem Klimaphänomen El Niño haben zum Jahresanfang 2007 in Bolivien zu verheerenden Überschwemmungen geführt. Das Bild zeigt eine Herde Rinder, die sich auf eine Anhöhe geflüchtet hat.

systems. Sie beschreiben die physikalischen und biochemischen Prozesse dieses Systems numerisch und berechnen sie unter den gegebenen Voraussetzungen so real wie möglich.

Zur Einschätzung der Qualität der Modelle benützt man sie zuerst zur Berechnung vergangener Perioden, von denen möglichst viele Daten weltweit zur Verfügung stehen. So gibt es gute Informationen über die Lufttemperatur in 2 Meter Höhe über dem Erdboden seit 1900. Genügend Messdaten über andere meteorologische Elemente gibt es indessen erst ab der Mitte des 20. Jahrhunderts.

Klimasimultationen sind teuer. Die internationalen Gremien haben sich deshalb auf 4 Emissions-Szenarien geeinigt, die sogenannten Special Report on Emission Scenarios (SRES) im Auftrag von UN und IPCC:

A1 Eine Welt mit schnellem Wirtschaftswachstum und schneller Einführung neuer und effizienter Technologien.

A2 Eine sehr heterogene Welt mit einem Schwerpunkt auf traditionellen Werten (»family values and local tradititons«).

B1 Eine sich vom Materialismus abkehrende Welt und die Einführung sauberer Technologien.

B2 Eine Welt mit dem Schwerpunkt auf lokalen Lösungen für ökonomische und ökologische Nachhaltigkeit.

Das A2-Szenarium entspricht am ehesten dem Kyoto-Protokoll. Klimamodellierungen zeigen bis 2050, dass die im Protokoll vorgesehenen Reduktionen der Treibhausgase einen sehr bescheidenen Beitrag zur Temperaturentwicklung liefern. Eine Nachfolgevereinbarung zum Kyoto-Protokoll mit verbindlichen Reduktionszielen ist unerlässlich. Alle Szenarien zeigen bis 2030 eine ähnliche Temperaturentwicklung, driften dann aber auseinander. Zwischen 1,4 und 5,8 °C bis zum Jahr 2100 bewegt sich der berechnete Temperaturanstieg. Die Erderwärmung kann nur noch begrenzt, aber in diesem Jahrhundert nicht mehr gestoppt oder gar rückgängig gemacht werden!

Jahrtausendelang wurde der Eisverlust der polaren Eisdecken durch Neuschnee ausgeglichen. In den Modellrechnungen wird davon ausgegangen, dass die Meeresspiegel in den kommenden 100 Jahren um 18–59 cm ansteigen. Wärmeausdehnung und Abschmelzen der Gletscher sind die Ursache. Da aber die Temperaturprognosen unterschiedlich sind, ist die Bandbreite groß. Sollte die Temperaturänderung auf 7 °C ansteigen und 1000 Jahre gleich bleiben, steigt der Meeresspiegel um 7 m. Kommt unter gleichen Bedingungen das Westantarktische Eisschild dazu, erhöht sich der Pegel der Weltmeere um weitere 3 m.

Es gibt eine Reihe von Szenarien der Möglichkeiten. Beschleunigt sich die Dynamik des Abschmelzens des Grönlandeises, könnte der Meeresspiegel schon bis 2050 um 20–60 cm gestiegen sein: »Die Folgen wären in den kommenden Jahrzehnten unter anderem eine stärkere Sturmflutgefahr für Städte wie London, Hamburg, New York, Schanghai, Tokio und viele andere Küstenregionen« (Münchner Rück, Topics Geo, 2006).

Die Natur hält noch eine Überraschung bereit: Das polare Eis wird von Schmelzwasser auf die Rutschbahn gebracht. Das Schmelzwasser unter dem Eis kann wie Schmierseife wirken. Erwärmen sich Luft und Meerwasser, beschleunigt sich der Abfluss des Eises in Richtung offenes Meer, was nicht ohne Folgen auf die Höhe des Meeresspiegels bleibt. In den Klimasimulationen wird dieses Szenarium noch nicht berücksichtigt.

Kieler Forscher haben jetzt nachgewiesen, dass klimatische Veränderungen an den Polen über die Atmosphäre Einfluss nehmen auf Temperatur und Niederschläge in den Tropen. In kürzester Zeit bewirkt Erwärmung im Norden mehr Feuchtigkeit in den Tropen. Dagegen herrscht in Afrika rasch Trockenheit, wenn die Temperatur am Nordpol stark sinkt. Es wurde der Nachweis erbracht, dass die Monsunniederschläge höchst empfindlich auf kurzfristige Entwicklungen der Eisschilde am Pol reagieren. Die Wissenschaftler an der Uni Kiel, Exzellenzcluster »Ozean der Zukunft«, fanden bei der Rekonstruktion des westafrikanischen Monsuns der vergangenen 155 000 Jahre extreme Niederschlagsänderungen in Westafrika innerhalb von 40–50 Jahren. Diese Niederschlagsumschwünge folgten unmittelbar Klimaänderungen im polaren Eis.

Professor Ralph Schneider, Co-Autor der Forschungsarbeit, sieht Konsequenzen für das künftige Erdklima: »Wenn sich das Klima so abrupt von sehr feucht zu sehr trocken oder umgekehrt wandelt, gibt es für die Ökosysteme kaum Zeit, sich anzupassen. So haben langfristige oder ortsgebundene Lebensformen, aber auch die Landwirtschaft, große Schwierigkeiten, mit derartigen Klimaumschwüngen Schritt zu halten.«

Ein Beispiel für globale Wirkungen und Rückwirkungen des Klimawandels, der in einem sich rasch erwärmenden Klima noch nicht vollständig verstanden ist. Ein anderes Beispiel sind die Kalt- und Warmphasen im Nordatlantik. Hier liegt ein Mechanismus zugrunde, der, vergleichbar mit einem gewaltigen Wasserförderband im

Blick auf Franklin Island (Antarktis) mit Gletscherabbruch (12.07.2007).

Ozean, Wasser aus dem tropischen Bereich abwechselnd stärker und schwächer in nördliche und östliche Gebiete des Nordatlantiks befördert. So sind die Oberflächentemperaturen des Meeres in bestimmten Regionen über einige Jahrzehnte hinweg ungewöhnlich hoch oder niedrig. Diese Wasserumwälzung, angetrieben von Temperatur und Salzgehalt, ist die Thermohaline Zirkulation (THC, »Golfstrom«). Sie trägt maßgeblich zum verhältnismäßig milden Klima in Europa bei.

Ein Abbruch dieser atlantischen Ozeanzirkulation hätte dramatische Folgen: »Der Meeresspiegel würde rasant um bis zu 1 Meter im Nordatlantik steigen, das marine Ökosystem massiv gestört und die weltweite Niederschlagsverteilung verändert« (Potsdam-Institut für Klimafolgenforschung). Schon wird eine Verlangsamung der Umwälzbewegung als Folge der Erwärmung und Abnahme des Salzgehalts in den oberen Schichten des Nordatlantiks beobachtet. Das Klima Europas kühlt sich etwas ab, eine Abkühlung, die durch die anthropogene Erwärmung überkompensiert wird. Bei einer weiteren globalen Erwärmung um 2 °C bis zum Jahr 2100 halten Experten den Abbruch der THC bis zum Jahrhundertende für unumkehrbar. Noch gilt ein Zusammenbruch der Atlantischen Ozeanzirkulation im 21. Jahrhundert als unwahrscheinlich.

Welche Auswirkungen des Klimawandels lassen die Klimamodelle für Mitteleuropa erkennen? Die Hauptgefahren sind Stürme, Überschwemmungen und Extremtemperaturen (1):

Auswirkungen im Winterhalbjahr

Viele Klimamodelle zeigen für die kommenden Jahrzehnte bis zum Ende des 21. Jahrhunderts, dass winterliche Sturmtiefs über dem Nordatlantik zwar abnehmen, schwere Stürme jedoch deutlich zunehmen werden. Folge: Die Wintersturmgefährdung in Europa wird insgesamt ansteigen. Zwischen dem Mittel 1961–1990 und der Periode 2071–2100 wird nach einer Klimamodell-Analyse des Hamburger Max-Planck-Instituts für Meteorologie ein Anstieg des saisonalen Winterniederschlags in Gesamtdeutschland von 10 bis 20 % erwartet, an den Nordseeküsten, in Schleswig-Holstein und in den Mittelgebirgsregionen von bis zu 30 %.

Bis zum Ende des 21. Jahrhunderts wird die bodennahe Temperatur im Winter in der Nordhälfte Deutschlands um 3–4 °C gegenüber 1961 bis 1990 steigen. In der Südhälfte Deutschlands, der Schweiz, Österreich, der Tschechischen Republik, der Slowakei, Ungarn sowie in Norditalien werden sich die Temperaturen um mehr als 4 °C erhöhen.

Intensität und Häufigkeit winterlicher Starkniederschläge werden substanziell zunehmen. Dieser Niederschlag wird häufiger nicht als Schnee, sondern als Regen fallen. Die Hochwassergefahr steigt.

Der Rückzug hoch gelegener Permafrostareale und die vermehrten Frost-Tau-Zyklen lösen Fels und Schutt, sodass sich Steinschläge und Murengänge häufen und intensiver ausfallen können. Da mehr Niederschläge im Winter als Regen fällt, werden aufgeweichte Hänge häufiger rutschen.

Auswirkungen im Sommerhalbjahr

Die Temperatur wird in den Sommerhalbjahren bis zum Ende des 21. Jahrhunderts weiter steigen: in der Nordhälfte Deutschlands um 2,5–3,5 °C gegenüber dem Mittel 1961–1990, in der Südhälfte sowie im Südwesten Tschechiens, in ganz Österreich, der Schweiz, Norditalien und Slowenien um mehr als 3,5 °C. Vielerorts werden Hitzewellen zunehmen. Für Oberösterreich zeigen Szenarien, dass Hitzeperioden von mindestens 20 Tagen (Temperaturen über oder knapp unter 30 °C), die zur Zeit im Schnitt etwa alle 20 Jahre vorkommen, etwa alle 2 Jahre auftreten.

Der Gesamtniederschlag im Sommerhalbjahr nimmt zwar ab, doch können einzelne Ereignisse deutlich intensiver ausfallen, weil sich die Regenmenge auf weniger Ereignisse verteilt. Umgekehrt ergibt sich eine Zunahme bei den 1 Prozent stärksten sommerlichen Fünftagesniederschlägen in Teilen Norditaliens und der nördlichen Schweiz sowie in einem Band, das Nordösterreich und weite Teile Tschechiens, Polens und den Osten Deutschlands umfasst.

Die Neigung zu Gewittern mit den Gefahren Hagel, Starkböen/Tornado, Sturzflut und Blitzschlag wird regional unterschiedlich zunehmen. Beobachtungen, die das bestätigen, liegen aus dem Schweizer Mittelland und dem Südwesten Deutschlands vor, wo sich dies seit 30 Jahren direkt messen lässt. In den von feuchten adriatischen Luftmassen bestimmten Regionen Norditaliens, Sloweniens und Südösterreichs werden sich die Menschen auf intensivere Gewitter mit Hagelschlag, Starkniederschlägen und Böen einstellen müssen.

Von September bis November wird die Mittelmeerküste von Südostspanien über Norditalien bis Slowenien immer wieder von extremen Starkniederschlagsereignissen mit Hochwasserfolge betroffen (Westeuropäische Troglage, Vb-Wetterlage). Zu erwarten ist, dass spätsommerliche bzw. herbstliche Starkniederschlagsereignisse in den Mittelmeerländern zukünftig noch häufiger und intensiver auftreten werden.

(1) Auszugsweise: Münchner Rück, Wetterrisiken in Mitteleuropa, 2007

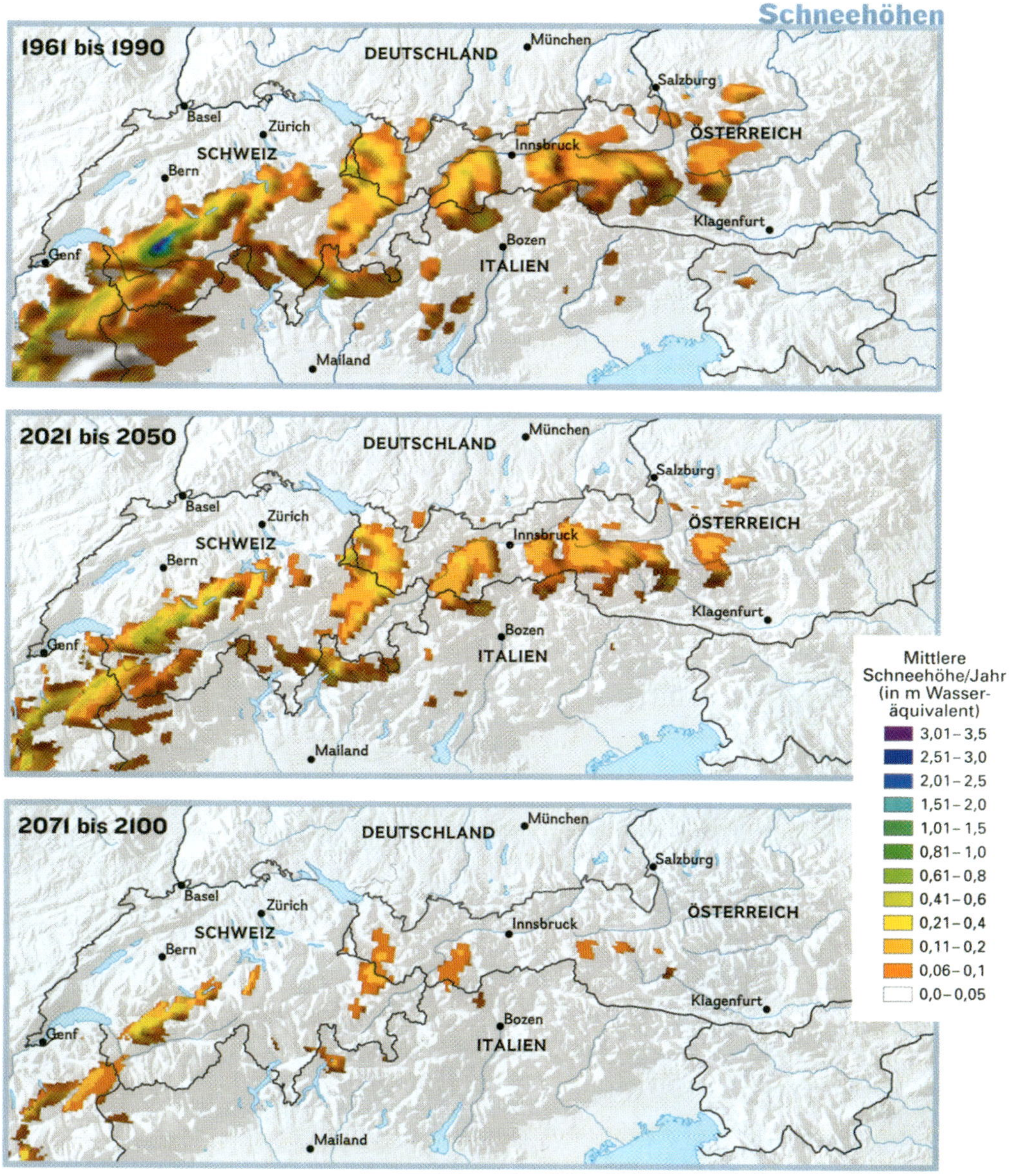

Auch in den Alpen hinterlässt die Klimaerwärmung ihre Spuren. Die Grafik zeigt, wie sich die mittlere Schneehöhe in den kommenden Jahren reduzieren wird, verglichen mit dem Zeitraum vom 1961–1990.

DEUTSCHER
WETTERDIENST

Wetterdienst und Wettervorhersage

Informationen über die Wetterentwicklung interessieren jeden Menschen. Es gibt eine Reihe von Berufen, bei denen der Erfolg der Arbeit auch vom Wetterablauf abhängig ist. Die in diesen Berufen Tätigen kommen ohne die Wettervorhersage nicht mehr aus. Die Aufgaben der nationalen Wetterdienste und der dort beschäftigten Meteorologen beschränken sich keineswegs nur auf die tägliche Wettervorhersage. Neben anderen Fachbereichen gibt es spezielle Forschungsgebiete, die das Wissen von Wetter und Klima vertiefen und in verschiedene gesellschaftliche und wissenschaftliche Zusammenhänge stellen. Beispiele für solche Spezialgebiete sind u. a.: Agrar- und Medizinmeteorologie, Flugmeteorologie, Maritimmeteorologie, Radarmeteorologie, Hydrometeorologie, Satellitenmeteorologie.

Von außergewöhnlichen Wetterereignissen wird bereits in alten Dokumenten der Menschheitsgeschichte berichtet. So findet man in den Geschichtsbüchern des Herodot (484–408 v. Chr.) Angaben über Stürme, die ganze Heere durcheinandergewirbelt haben. Im 1. Jahrhundert v. Chr. erwähnt Strabo im 7. Band der »Geographica« eine vehemente Sturmflut der Nordsee, die Ursache für die Wanderung der Kimbern und Teutonen gewesen sein soll.

Das Meteorologische Observatorium Hohenpeißenberg: Hauptgebäude mit Dach-Beobachtungsplattform und Turm mit Radarkuppel.

Die Bezeichnung Meteorologie (Lehre von den Vorgängen in der Lufthülle der Erde) geht auf den griechischen Philosophen Aristoteles (384–322 v. Chr.) zurück. Wetterbeobachtungen haben die Völker der Erde zu allen Zeiten gemacht. Dabei wurden vor allem regional Erfahrungen gesammelt, die sich teilweise bis heute in Volksweisheiten (»Bauernregeln«) erhalten haben. Nicht auszurotten scheint auch der »Echte 100-jährige Kalender«, der das Resultat der siebenjährigen Wetterbeobachtungen des Abtes Mauritius Knauer (1612–1644) darstellt bzw. das, was spätere Bearbeiter daraus gemacht haben. Knauer selbst nannte sein Werk »Calendarium oeconomicum practicum perpetuum«. Es enthielt, wie es damals üblich war, himmelskundliche und wetterkundliche Beobachtungen vermischt, außerdem eine Deutung, die, ebenfalls zeitbedingt, unter astrologischen Einflüssen stand. Anders als heutige Meteorologen war Knauer von langjährigen Perioden im Wettergeschehen überzeugt. Im Vorwort seines Calendariums hatte er auch gleich Trost für allfällige Fehlprognosen: »Trifft nicht alles auf ein Nägelein zu, so wird sich doch das Meiste befinden; doch ist dem Allmächtigen Gott hierin kein Ziel und Maß vorgeschrieben.«

Gereimte Bauernregeln liegen uns bereits aus babylonischer Zeit vor. Volkstümliche Spruchweisheiten aus dem südwestdeutschen Raum veröffentlichte Werner P. Heyd (Bauernweistümer, Wetterregeln und Lostagssprüche, Memmingen 1971. Siehe dort auch einschlägige Literaturhinweise!) Heyd macht berechtigterweise darauf aufmerksam, dass es wichtig ist, die Wetter- und Lostagssprüche zu lokalisieren: »Die Wetterlage ist vor dem Gebirge eine andere als im Flachland, die Reife- und Erntezeiten ebenso wie die Zeiten der Aussaat sind im Hochland andere als im fruchtbaren und klimatisch günstigeren Unterland. Deshalb lassen sich die hier

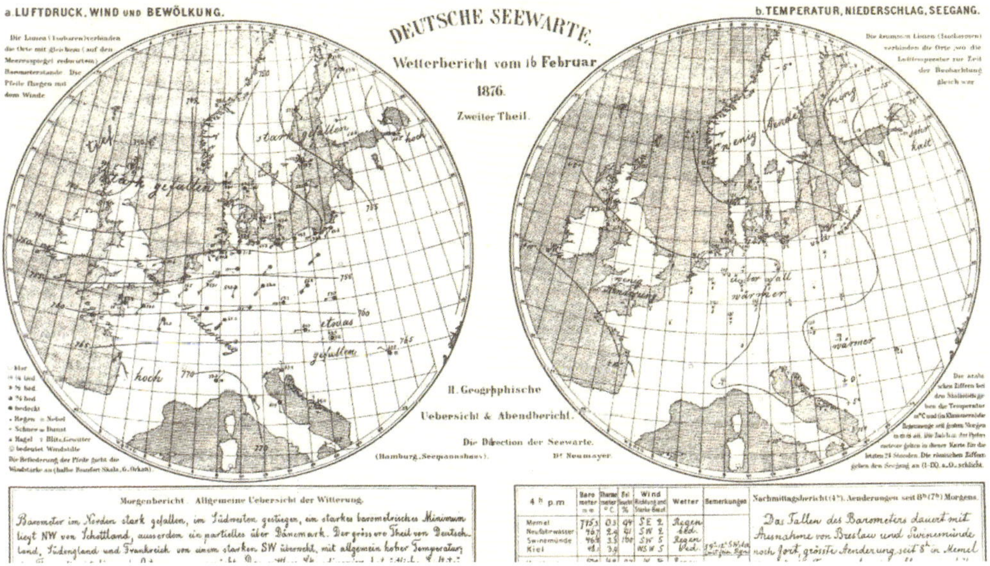

Erster Wetterbericht der Deutschen Seewarte mit Wetterkarten vom 18.02.1876.

gesammelten Sprüche nicht auf jeden beliebigen Ort anwenden, auch wenn heute, da Ursprungsort und Ursprungszeit nicht mehr bekannt sind, diese notwendigen Merkmale verwischt sind.« Historisch besonders interessant sind die Kometenflugblätter des 17. und 18. Jahrhunderts. Man betrachtete die Kometen, genauso wie im Altertum und im Mittelalter, als Bestandteil der Erde, sozusagen als eine Art Verwandtschaft zu den Wolken. Aus den Kometenflugblättern geht hervor, dass man damals atmosphärische Erscheinungen sehr aufmerksam beobachtet hat (mehr in der Veröffentlichung von J. Classen, 15 Kometenflugblätter des 17. und 18. Jahrhunderts. In: Die Sterne 52 (1976), Heft 2, S. 98–114).
Am Anfang der wissenschaftlichen Wetterkunde standen Barometer und Thermometer. Mit Hilfe von Einzelbeobachtungen wurde das Wettergeschehen aufgeschlüsselt. Regelmäßige Messreihen begannen im 18. Jahrhundert. Die älteste Bergwetterstation der Erde befindet sich auf dem Hohenpeißenberg (988 m N.N.) in Oberbayern. Seit 1781 werden auf diesem Berg systematische Wetterbeobachtungen durchgeführt. Kurfürst Karl Theodor gründete 1780 in Mannheim die Societas Meteorologica Palatina und ernannte Johann Jakob Hemmer (1733–1790) zu deren Sekretär. Der Landesherr war an langfristigen Wettervorhersagen interessiert, um die Landwirtschaft zu fördern. Hemmer baute ein Netzwerk von Wetterstationen auf und bezog Wetterbeobachtungen fast aus ganz Europa. Die meisten Meldungen lieferten Klöster in Italien und Deutschland. Hemmer normierte die täglichen Beobachtungszeiten 7, 14 und 21 Uhr, die sogenannten »Mannheimer Stunden«. Heute

steht dort ein Meteorologisches Observatorium des Deutschen Wetterdienstes (DWD) für Radarmeteorologie und Niederschlagsphysik. Unter Verwendung von Barometer- und Thermometerbeobachtungen sowie Beobachtungen der Windrichtung und der Windstärke fertigte der deutsche Astronom und Physiker Heinrich Wilhelm Brandes (1777–1834) 1820 die ersten synoptischen Wetterkarten an. Die einzelnen Staaten gingen nach und nach daran, meteorologische Stationen einzurichten (Württemberg 1821, Preußen 1847). Ein Haupthindernis für die Nutzung von Wetterbeobachtungen war die langsame Übermittlung von Beobachtungsergebnissen an andere Orte. Das änderte sich erst mit der Erfindung des Telegrafen (S. Morse 1837 u. a.) und des Telefons (G. Bell 1876 u. a.).
Einen telegrafischen Wetterbericht druckte erstmals 1848 die Londoner Zeitung Daily News ab, und drei Jahre später auf der Weltausstellung in London erlebte das Publikum die Herstellung von täglichen Wetterkarten, die das Wettergeschehen aus ganz Europa wiedergaben. Die Unterlagen dazu lieferten 22 Wetterstationen in verschiedenen Ländern. Wahrscheinlich unter dem Eindruck der Vernichtung einer französischen Kriegsflotte durch einen Sturm 1854 während des Krimkrieges beschleunigte man in Frankreich die Herausgabe täglicher Wetterkarten (ab 1855). 1876 erschien die erste »Tägliche Wetterkarte« in Deutschland auch zum Abdruck in den Zeitungen. Damit wurde eine synoptische (= gleichzeitige) Betrachtung des Wetters eingeführt als Basis für die Vorhersage. So ist der tägliche Wetterbericht auch eine Dokumentation für die Entwicklung der Synoptischen Meteorologie. Auch die Bedeutung regelmäßiger Wettervorhersagen für die Schifffahrt war erkannt worden. Ein Mittelpunkt für alle einlaufenden Wetterbeobachtungen wurde ab 1871 die »Deutsche Seewarte« in Hamburg, Vorläuferin des späteren Seewetteramtes des DWD in Hamburg. Von ähnlicher Bedeutung wie für die Schifffahrt entwickelten sich der Wetterdienst und die Wettervorhersage für das Flugwesen in unserem Jahrhundert. In den Jahren des 1. Weltkrieges entstand so der Flugwetterdienst, und die erste Flugwetterwarte in Mitteleuropa wurde 1921 in Nürnberg eingerichtet.
Die Verwendung von Freiballonen für meteorologische Messungen beschränkte die wissenschaftliche Arbeit nicht länger auf Erdbodennähe. Richard Assmann (1845–1918) erschloss mit Ballonfahrten der Meteorologie die dritte Dimension. Er gilt als der Vater der Aerologie, der Wissenschaft von der freien Atmosphäre. Assmanns Ballonfahrten begannen 1888 (»Berliner wissenschaftliche Luftfahrten«). Er schuf 1905 das aerologische Observatorium Lindenberg. Schon frühzeitig entwickelte sich in Bezug auf den Austausch von Wetterbeobachtungen eine gut funktionierende internationale Zusammenarbeit. Anlässlich des Internationalen Kongresses der Meteorologen 1873 in Wien wurde die »Internationale Meteorologische Organisation (IMO) ins Leben gerufen. Ihre Aufgabe übernahm 1948 die Weltorganisation für Meteorologie (World Meteorological Organization, WMO), eine Fachorganisation der Vereinigten Nationen mit Sitz in Genf. Der WMO sind heute fast alle Staaten angeschlossen, seit 1954 auch die Bundesrepublik Deutschland, vertreten durch den DWD. Die nach wie vor wichtigste Aufgabe der Weltorganisation ist es, das internationale Beobachtungsnetz der Erde zu optimieren, einheitliche und vergleichbare Beobachtungsmethoden durchzusetzen und die Messungen und Beobachtungen möglichst rasch der Auswertung zuzuführen. Die acht technischen Kommissionen der Weltorganisation markieren die Fachbereiche, die auch die bestimmenden Abteilungen der meisten nationalen Wetterdienste sind:

Mitarbeiter der DWD-Wetterwarte auf dem Hohenpeißenberg bereiten den Start eines Wetterballons vor.

1. Synoptische Meteorologie (»Synoptischer Dienst«) zur Erstellung und Veröffentlichung der Wettervorhersagen und Wetterwarnungen, wie sie auch von Fernsehen, Hörfunk, Tageszeitungen und Internet-Diensten übernommen werden.
2. Flugmeteorologie (»Flugwetterdienst«) für die Flugwetterberatung bei Start und Landung und auf den Flugstrecken sowie die statistische Aufbereitung der für die Flugwetterberatung wichtigen Wetterelemente.
3. Klimatologie (»Klimadienst«) für die Beobachtung, Auswertung und Archivierung der Klimaelemente, die für die Bedürfnisse des öffentlichen Lebens von wachsender Bedeutung sind (z. B. Landwirtschaft, Umweltschutz, Raumplanung, Bauwesen, Gesundheitswesen).
4. Physik der Atmosphäre. Hierher gehören Forschungsarbeiten über die freie Atmosphäre der Erde und Überwachungsaufgaben (z. B. Messung von Höhenwinden und Austauschvorgängen in der Atmosphäre, Überwachung der Radioaktivität in der Luft und im Niederschlag).
5. Agrarmeteorologie mit dem Ziel, wetter- und klimakundliche Erkenntnisse der Landwirtschaft dienstbar zu machen (mit Forstmeteorologie).

6. Hydrometeorologie für Untersuchungen zur Niederschlagsbildung, Überschwemmungsvorsorge oder dem Wasserhaushalt.
7. Maritime Meteorologie für Untersuchungen betreffend Wettergeschehen und Klima auf den Weltmeeren und an den Küsten.
8. Instrumente und Beobachtungsmethoden. Hier geht es um die Weiterentwicklung des meteorologischen Instrumentariums, der instrumentellen Planung und Ausstattung von Wetterstationen sowie Instrumenten der Fernerkundung.

Große und wichtige Programme der WMO sind u. a.:

● Das Welt-Wetter-Wacht-Programm WWW. Es ist das Rückgrat aller Programme der WMO und umfasst Datenverarbeitungszentren, Beobachtungs- und Telekommunikationssysteme, die von den einzelnen Wetterdiensten betrieben werden, um die meteorologischen und entsprechenden geophysikalischen Informationen, die für eine effiziente Arbeit der meteorologischen und hydrologischen Dienste der einzelnen Länder benötigt werden, weltweit verfügbar zu machen. Das WWW umfasst sowohl ein Programm zur Erforschung tropischer Wirbelstürme, in dem mehr als 60 Länder zusammenarbeiten, als auch Satellitenaktivitäten, die helfen sollen, Satellitendaten und -produkte für die meteorologischen Arbeiten sicherzustellen.

Das Netz besteht aus folgenden Wetterbeobachtungssystemen:

- Über 11000 Boden-Landstationen, bemannt oder automatisch
- 2800 Handelsschiffe
- 3000 Flugzeuge mit Wettermeldungen
- 900 Radiosondenstationen
- 750 Driftende Meeresbojen
- 500 Wetterradar-Stationen
- 8 Polarumlaufende Wettersatelliten
- 12 Geostationäre Wettersatelliten
- 3 World Meteorological Center: Washington, Moskau und Melbourne
- ca. 25 Regionalzentren (RSMC's), u. a. Offenbach, Bracknell, Toulouse, Prag, Rom und Sofia für Europa

● Ein Instrumenten- und Beobachtungsmethodenprogramm, um die Standardisierung und Entwicklung meteorologischer Beobachtungsmethoden (und der Beobachtungsmethoden in angrenzenden Fachgebieten) sicherzustellen.

● Das Welt-Klima-Programm WCP, das zu einem besseren Verständnis der Klimaprozesse durch koordinierte internationale Forschung, Überwachung von Klimavariationen oder -veränderungen führen soll. Damit können dann ökonomische und soziale Planung sowie Entwicklungen gefördert werden. Die Forschungskomponenten in diesem Programm stehen in gemeinsamer Verantwortung von WMO, dem International Council for Science und der Zwischenstaatlichen Ozeanografischen Kommission (IOC) der UNESCO. Die Bewertung des Klimaeinflusses und entsprechende Antwortstrategien werden durch das Umweltprogramm der Vereinten Nationen koordiniert.

● Das Atmosphärische Forschungs- und Entwicklungsprogramm AREP. Ein Teil ist das Global Atmosphere Watch (GAW), das Überwachungs- und Forschungsaktivitäten beinhaltet, wie das Globale Ozon Beobachtungssystem (GO3OS) und das Überwachungsnetz für Luftverunreinigung. Damit sollen Änderungen in der Zusammensetzung unserer Atmosphäre erforscht werden. Der Deutsche Wetterdienst ist in GAW an führender Stelle eingebunden. Weiterhin sind in dem Programm enthalten: Forschungen auf dem Sektor der Wettervorhersage, der tropischen Meteorologie, der Wolkenphysik und Wolkenchemie sowie der Wetterbeeinflussung.

- Das Hydrologie- und Wasservorratsprogramm HWRP. Es beschäftigt sich mit der Bestimmung der Quantität und Qualität von Wasserreserven und der Minderung wasserbedingter Schäden. Es beinhaltet die Standardisierung aller Aspekte der hydrologischen Beobachtungen und Vermittlung meteorologischer Techniken und Methoden. Das Programm ist sehr eng angelehnt an das internationale hydrologische Programm der UNESCO.

Der Deutsche Wetterdienst

Der Deutsche Wetterdienst (DWD) wurde im Jahr 1952 als Nachfolgeorganisation des »Reichswetterdienstes« gegründet. Als nationaler Wetterdienst vertritt er die Bundesrepublik Deutschland auch nach außen. Der DWD hat den Status einer Bundesoberbehörde. Der technisch-wissenschaftliche Dienstleister gehört aus historischen Gründen zum Bereich des Verkehrsministeriums. Im Oktober 1990 wurde mit der Wiedervereinigung Deutschlands der ehemalige Meteorologische Dienst der DDR in den DWD integriert. Im Gesetz über den Deutschen Wetterdienst, zuletzt geändert im Mai 2005 sowie im Oktober 2006, sind die Aufgaben und Befugnisse des DWD geregelt.

Die Zentrale des DWD befindet sich in Offenbach/Main. In den Städten Hamburg, Potsdam, Leipzig, Essen, Offenbach, Stuttgart und München besteht daneben je eine Regionalzentrale (RZ) zur Erarbeitung regionaler Vorhersagen und Wetterwarnungen und zur Versorgung der Nutzer in der Fläche. Insgesamt arbeiten an rund 120 Standorten in Deutschland 2600 Personen teilweise rund um die Uhr.

Wie alle der rund 190 nationalen meteorologischen Dienste auf der Welt misst und beobachtet der DWD die meteorologischen Parameter am Erdboden und in der Atmosphäre und tauscht die Ergebnisse weltweit mit den anderen Wetterdiensten aus. Dass die Daten überall nach gleichen Vorgaben erfasst, bearbeitet und weiterverteilt werden, dafür sorgt die Welt-Wetter-Wacht (WWW), als Teil der in Genf befindlichen Weltorganisation für Meteorologie (WMO). Der Deutsche Wetterdienst betreibt in Offenbach das Deutsche Meteorologische Rechenzentrum (DMRZ) mit einer der leistungsfähigsten Großrechenanlagen Europas. Die meteorologischen Daten aus aller Welt werden dort geprüft und vielfältig verarbeitet, sodass sie für die unterschiedlichsten Anforderungen nutzbringend verwendet werden können.

Der DWD ist in fünf Geschäftsbereiche gegliedert. Neben den intern orientierten Bereichen Personal und Betriebswirtschaft, Technische Infrastruktur sowie Forschung und Entwicklung sind dies die beiden nach außen wirkenden Bereiche Wettervorhersage sowie Klima und Umwelt.

Geschäftsbereich Personal und Betriebswirtschaft (PB)

Dieser Geschäftsbereich dient der administrativen und personellen Steuerung des DWD.

Geschäftsbereich Technische Infrastruktur und Betrieb (TI)

Der Geschäftsbereich schafft die technischen Voraussetzungen dafür, dass der DWD die ihm übertragenen Aufgaben erbringen kann. Unter Zuhilfenahme modernster Techniken für die Erfassung, Verarbeitung und Weiterleitung der Messdaten wird der Arbeitsablauf optimal gestaltet und die Weitergabe der Ergebnisse dem technischen Standard des Nutzers entsprechend vorgenommen. Schwerpunkt der Arbeiten liegen in den Bereichen Systeme und Betrieb, Messnetze und Daten sowie Service und Logistik.

Deutscher Wetterdienst
Standortkarte
- Stand: 01. Januar 2009 -

Schematische Darstellung: Standorte nicht maßstabsgetreu

Geschäftsbereich Meteorologische Forschung und Entwicklung (FE)

Dieser Bereich stärkt mit seinen Aktivitäten auf dem Gebiet der Meteorologie die Innovationskraft des DWD. Im Sinne einer engen Verzahnung von Forschung und Praxis werden die übrigen Abteilungen bei der Umsetzung von Neuerungen in nutzbare Dienstleistungen oder Produkte oder deren Verbesserung im Interesse der Versorgung der Öffentlichkeit und Volkswirtschaft unterstützt. Die Aktivitäten des Geschäftsbereiches konzentrieren sich auf die Gebiete:

- Numerische Modellierung atmosphärischer Prozesse als Grundlage zur Entwicklung von Verfahren für die Wettervorhersage und Klimagutachtenerstellung.
- Aufbereitung meteorologischer Daten für den Klima- und Umweltbereich, zur Klimaanalyse und -diagnose sowie zur Modellierung von umweltrelevanten Ausbreitungsvorgängen in der Atmosphäre.
- Überwachung der Atmosphäre durch Langzeitbeobachtungen ausgewählter physikalischer und luftchemischer Parameter sowie Entwicklung und Anpassung spezieller Messgeräte. Dazu unterhält der Geschäftsbereich zwei Meteorologische Observatorien auf dem Hohenpeißenberg und in Lindenberg.
- Übergreifende Koordinierung der Forschung und Entwicklung für den gesamten Wetterdienst.

Operateure im Deutschen Meteorologischen Rechenzentrum verarbeiten Daten aus aller Welt.

Geschäftsbereich Wettervorhersage (WV)

Hierzu gehören folgende Abteilungen und Referate:

- Basisvorhersagen

Dazu zählen die Vorhersage- und Beratungszentrale in Offenbach, die Regionalzentralen, die zentrale Fachleitung und der Vertrieb. Informationen für alle Bereiche der Volkswirtschaft.

- Flugmeteorologie

Die Abteilung versorgt u. a. die Zivilluftfahrt über die Regionalzentralen und die Flugwetterwarten an den internationalen Flughäfen mit allen für eine sichere Durchführung des Flugbetriebs notwendigen meteorologischen Unterlagen am Boden und in der Luft.

- Seeschifffahrt

Von Hamburg aus betreut diese Abteilung die Seeschifffahrt und die transkontinentale Transportindustrie. Dazu gehören der Seewetterdienst mit Seewetterberichten für Nord- und Ostsee, den Nordatlantik und das Mittelmeer, Sturm- und Orkanwarnungen für die deutschen Küstengebiete sowie Routen- und Törnberatungen für alle Meeresgebiete auf der Welt. Dem DWD in Hamburg steht für seine Arbeiten die größte maritim-meteorologische Datenbank der Welt zur Verfügung. Dazu gehören auch historische Daten in Form von Schiffstagebüchern aus den vorigen Jahrhunderten.

- Fernerkundung

Das Referat entwickelt, erprobt und pflegt Methoden und Verfahren zur Erfassung des physikalisch-chemischen Zustandes der Atmosphäre und zur Ableitung von Erdoberflächenparametern aus Satellitendaten. Dazu gehört auch die fachliche Betreuung bei der Nutzung der Satellitendaten im DWD.

- Datenservice

Über das Referat werden zum einen speziellen Nutzern Daten und Produkte, z. B. numerische Modellvorhersagen oder Radarprodukte, bereitgestellt, zum anderen wird im Datenservice auch die Datenpolitik des DWD entwickelt und umgesetzt. Der Datenservice versorgt vor allem die privaten Wetterfirmen mit allen notwendigen meteorologischen Informationen, wissenschaftliche Einrichtungen und Universitäten, Bundes- und Landesbehörden.

Geschäftsbereich Klima und Umwelt (KU)

Hierzu gehören fünf Abteilungen:

- Klima- und Umweltberatung

Hier werden alle umweltklimatologische Fragestellungen bearbeitet. Dazu gehören Witterungsreporte, Klimaauskünfte, Gutachten und Auskünfte zum Wetter im Schadensfall, Planungsgutachten, Simulation der Auswirkung von Flächennutzungsänderungen durch Modellrechnung, Klima-Kartierungen, Gutachten zur technischen Klimatologie, Beratung zum Wohnortklima sowie zur klimatischen Eignung von Kurorten.

- Klimaüberwachung

Die Abteilung ist zuständig für die Überwachung des Klimas in Deutschland. Ebenso für die maritime Klimaüberwachung. Sie ist eingebunden in viele Forschungsprojekte und Kooperationen. Dazu gehören auch internationale Aufgaben, beispielsweise das WMO-Programm CM–SAF, das globale Klimamonitoring per Satellit.

- Medizinmeteorologie

Hier geht es um die Wirkung von Wetter und Klima auf die Gesundheit. Zu den Aufgaben gehören Vorhersagen und Warnungen zu Wärmebelastung, Kältestress, gefühlte Temperatur,

UV-Index und Pollenflug sowie Hinweise für Wetterfühlige. Die Abteilung führt Luftqualitätsmessungen durch und erstellt Gutachten. Daneben entwickelt sie neue Bioklimamodelle für die Stadt- und Regionalplanung und arbeitet in Norm- und Richtlinienkommissionen mit.

- Hydrometeorologie

Die Abteilung kümmert sich um alle meteorologischen Entwicklungen und Anwendungen für die Wasserwirtschaft. Dazu gehören flächendeckende Analysen und Vorhersagen des Niederschlags, die Niederschlagsüberwachung in Deutschland, Zuarbeit für die Wasserschifffahrtsämter und Hochwasserzentralen. Hier beim DWD ist auch das WZN, das Weltzentrum für Niederschlagsklimatologie beheimatet, das Beiträge zur Ermittlung weltweiter Klimaänderungen erstellt.

- Agrarmeteorologie

Die Abteilung berät und informiert die Landwirtschaft in Deutschland mit speziellen Wettervorhersagen, aber auch Warnungen, beispielsweise vor Pflanzenkrankheiten und -schädlingen, vor Wald- und Flächenbrand oder extremer Wärmebelastung bei der Geflügelhaltung (www.agrowetter.de). Es werden Gutachten für Standortentscheidungen und Investitionsplanungen für Landwirte, Behörden und Verbände erstellt, aber auch Auswirkungen von Klimaänderungen auf die Landwirtschaft untersucht.

Für weitere Informationen zur Meteorologie oder zu den deutschsprachigen Wetterdiensten wenden Sie sich an

Deutscher Wetterdienst
Frankfurter Str. 135
63067 Offenbach/Main
Tel.: 0 69/80 62-0
Fax: 0 69/80 62-44 84
Oder die DWD-Hotline 0180-5 913 913
Im Internet: http://www.dwd.de
Per Mail: info@dwd.de

Wetterdienst in Österreich
Zuständig ist die
Zentralanstalt für Meteorologie und Geodynamik
Hohe Warte 38
A-1190 Wien
Tel.: +43 1 36 0 26, Fax: +43 1 369 12 33,
Internet: www.zamg.ac.at/

Regionalstellen:
Innsbruck (für Tirol und Vorarlberg)
Fürstenweg 180, A-6020 Innsbruck
Tel.: +43 512 285 598, Fax: +43 512 285 626

Salzburg (für Salzburg und Oberösterreich)
Freisaalweg 16, A-5020 Salzburg
Tel.: +43 662 626 301, Fax: +43 662 625 838

Klagenfurt (für Kärnten)
Flughafen Annabichl, A-9020 Klagenfurt
Tel.: +43 463 41 443, Fax: +43 463 42 633

Graz (für die Steiermark)
Flughafen Graz, A-8073 Feldkirchen
Tel.: +43 316 24 22 00, Fax: +43 316 24 23 00

Wetterdienst in der Schweiz
Zuständig ist die
Meteo Schweiz
Krähbühlstr. 58
CH-8044 Zürich
Tel.: +41 442 56 91 11
Fax: +41 442 56 92 78
E-Mail: info@meteoschweiz.ch
Internet: www.meteoschweiz.ch

Auf Internetseiten (www.dwd.de) hält der DWD weitere Informationen zum Thema Wetter und Klima bereit, speziell auch für Schulen: www.dwd.de/schule. Dazu gehört auch das umfangreichste Online-Lexikon zur Meteorologie in deutscher Sprache: www.dwd.de/lexikon. Aktuelle, landkreisbezogene Wetterwarnungen erhält man unter www.dwd.de/warnungen, allgemeine Wettervorhersagen unter www.dwd.de/wetter. Einen kostenlosen, täglichen Newsletter zum aktuellen Wetter kann man dort ebenfalls einrichten.

Kosten und Nutzen

Noch ein Wort zu den Kosten und dem Nutzen des Wetterdienstes. Der enorme technische Fortschritt in den letzten Jahrzehnten hat auf den Gebieten der Datenverarbeitung, der Datenübertragung, der Satellitentechnik und des Instrumentenwesens erhebliche Aufwendungen erfordert und wird sie auch in Zukunft erfordern. Um mit der technischen Entwicklung Schritt zu halten, müssen jährliche Haushaltsmittel in Millionenhöhe investiert werden. Trotzdem weisen die Kosten-Nutzen-Betrachtungen für den Wetterdienst ein Verhältnis von 1:20 auf. Der Nutzen liegt also ein Vielfaches über den Kosten und bestätigt damit, dass die für den Wetterdienst vom Staat aufgewendeten Haushalsmittel volkswirtschaftlich sehr gut angelegt sind – auch wenn sich dies nicht generell immer in den Einnahmen des Deutschen Wetterdienstes niederschlägt (Informationen Deutscher Wetterdienst).

Messnetze des Deutschen Wetterdienstes

Man unterscheidet Bodenbeobachtungsstationen, die Daten von der Erdoberfläche liefern und aerologische Stationen, die regelmäßig Sondierungen der Atmosphäre bis in etwa 30 km Höhe durchführen. Zur langfristigen Überwachung der Atmosphäre (physikalischer und chemischer Parameter) unterhält der DWD die meteorologischen Observatorien Hohenpeißenberg und Lindenberg zur Dauermessung insbesondere von klimarelevanten Größen, wie z. B. Ozon, Spurengasen, Aerosolen usw.
Der Betrieb solcher Messnetze ist eine Kernaufgabe des DWD. Gegenwärtig setzt sich sein Mess- und Beobachtungsnetz für Deutschland aus insgesamt rund 2200 Messstellen mit unterschiedlicher Ausstattung und Aufgabenstellung zusammen.

- 1900 Messstellen mit ehrenamtlichen Beobachtern
- 1360 phänologische Beobachtungsstellen
- 800 maritime nebenamtliche Wettermeldestellen auf Handelsschiffen
- 179 automatische Wetterstationen und bemannte Wetterwarten des hauptamtlichen Netzes, die kontinuierlich Messungen bzw. Augenbeobachtungen durchführen und weitermelden
- 52 Stationen des Sturmwarndienstes für Nord- und Ostsee, für den Bodensee, die oberbayerischen Seen und die mecklenburgischen Seen
- 41 Stationen, an denen die Radioaktivität der Luft und des Niederschlages gemessen wird
- 17 Wetterradarstandorte, die das Bundesgebiet vollständig abdecken und gefährliche Wettererscheinungen wie Hagel, Gewitter, Starkniederschläge usw. lokalisieren
- 9 aerologische Stationen für atmosphärische Sondierungen (plus 3 der Bundeswehr)

- 4 mobile aerologische Stationen auf Handelsschiffen
- 3 driftende Bojen im Nordatlantik
- 2 Bordwetterwarten auf Forschungsschiffen und Fischereischutzbooten
- 2 meteorologische Observatorien (Hohenpeißenberg und Lindenberg) zur Dauermessung von klimarelevanten Größen (z. B. von Ozon, Spurengasen usw.)

Der DWD nutzt selbstverständlich auch Daten aus Fremdnetzen, jedoch müssen dabei die strengen nationalen und internationalen Anforderungen der meteorologischen Organisationen bezüglich Repräsentativität der Messungen am Standort, Qualität, Kontinuität und Verfügbarkeit der Daten erfüllt sein.

Messnetz 2000 – Das Messnetz des DWD

In den letzten Jahren hat der DWD mit großem Aufwand die grundsätzliche Umgestaltung und Erneuerung seines Messnetzes im Projekt Messnetz 2000 durchgeführt. Ziel dabei war die Modernisierung und gleichzeitig die Rationalisierung der Datengewinnung, -übertragung und -bereitstellung in den gemeinsamen Beobachtungsnetzen des DWD und der Bundeswehr. Beide Dienste betreiben in Zukunft das sogenannte »Nationale Basismessnetz« (NABAM). Zum NABAM gehören vor allem das Grundmessnetz des DWD sowie ausgewählte Stationen der Bundeswehr. Damit sollen die Anforderungen der Nutzer der Leistungen des DWD durch schnellere Bereitstellung von meteorologischen Daten in erforderlicher zeitlicher und räumlicher Auflösung und Qualität erfüllt werden sowie in der gesamten Datengewinnungskette die gleichen automatisierten Prozesse stattfinden. Gerade im Bereich des Bodenmessnetzes und des aerologischen Netzes wurde durch Einsatz modernster Datenerfassungs- und Übertragungstechniken optimiert und gleichzeitig rationalisiert. Hintergrund ist, dass moderne Technik und vor allem die vielfältigen Fernerkundungssysteme, wie beispielsweise Wetterradar, es inzwischen möglich machen, die Zahl der Messstellen auf das realistische und notwendige Maß zu reduzieren. Tatsächlich benötigt man für die Erstellung einer modernen Wettervorhersage schon längst keine zusätzlichen Messstandorte mehr in Deutschland. Viel wichtiger wäre es zusätzliche Informationen von dort zu bekommen, wo unser Wetter entsteht, nämlich aus den Seegebieten des Nordatlantiks.

Der DWD verfügt nach Abschluss seines Projektes über eines der modernsten, gleichzeitig aber nach wie vor über eines der dichtesten Messnetze weltweit. Alle Messstellen entsprechen oder übertreffen die international geforderten fachlichen Anforderungen hinsichtlich Instrumentierung, Lage und Repräsentativität der jeweiligen Umgebung. Das Netz unterscheidet zwischen dem hauptamtlichen und dem nebenamtlichen Messnetz. Das hauptamtliche Netz besteht aus etwa 90 mit eigenem Personal besetzten »Wetterwarten« sowie 90 vollautomatischen Wetterstationen in Vollausrüstung. Die Messstellen (Wst I und Wst II) sind mit automatischen meteorologischen Datenerfassungsanlagen des Typs AMDA I und II ausgestattet. Das nebenamtliche Netz mit rund 800 Messstellen (Typ Wst III und Nst (A) wird von nebenamtlichen Beobachtern betreut, sodass auch dort trotz hohem Automationsgrad (AMDA III/S bzw. N) zusätzlich zu den konventionellen Messungen auch Augenbeobachtungen, wie Erdbodenzustand, Gewitter, Nebel, Höhe und Art der Schneedecke zur Verfügung stehen. Das Messnetz 2000 verfügt daneben über ein spezielles Windmessnetz, in dem an rund 85 Stellen ausschließlich der Wind gemessen wird. Dazu kommen weitere Spezialmessnetze des DWD auf die hier jedoch nicht näher eingegangen werden soll.

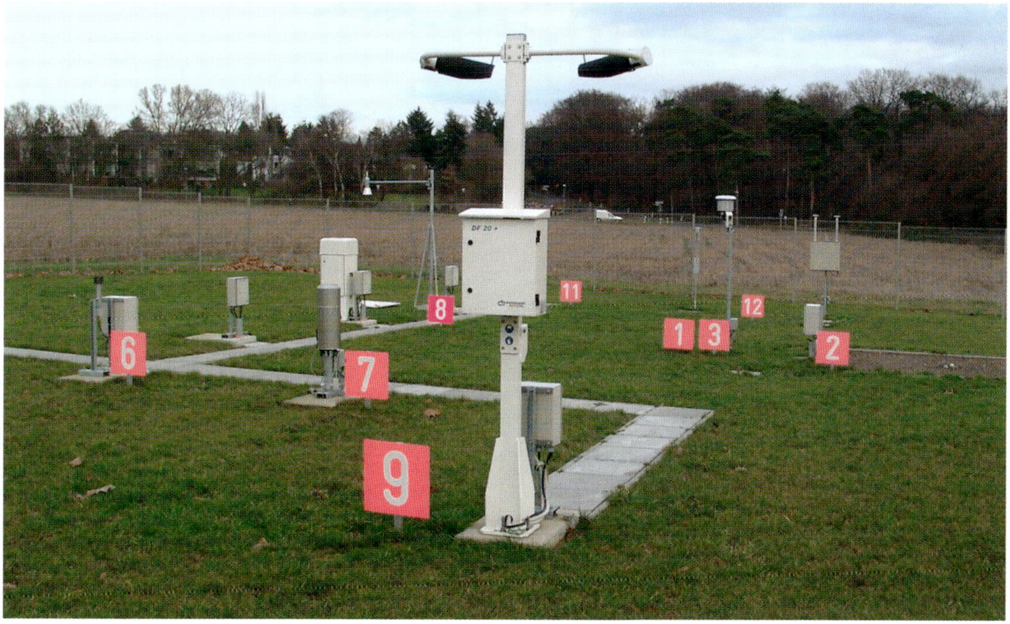

Oben: Messfeld der automatischen Messstation des DWD im »Wetterpark« in Offenbach/Main (www.wetterpark-offenbach.de). Im Vordergrund ein Sichtzeitensensor.

Rechts: Der Nachfolger der klassischen »Englischen Hütte« (siehe Seite 298): In einem belüfteten Lamellengehäuse aus Metall messen je 2 elektrische Sensoren die Lufttemperatur und -feuchte in 2 m über Grund.

Alle an einer nebenamtlichen Wetterstation gewonnenen Daten werden ebenso wie die Daten der hauptamtlichen Stationen in einem universellen Datenformat direkt zur Zentrale des DWD übertragen und stehen damit online für die weitere Routineverarbeitung und Produkterstellung zur Verfügung. Es handelt sich um modernste Datenerfassungssysteme auf PC-Basis mit Sensoren, die zum Teil die Augenbeobachtungen der Bediensteten an den Wetterstationen ersetzen können.

Wetterparameter wie Wolkenbedeckungsgrad, Höhe der Untergrenzen der verschiedenen Wolkenschichten, das sogenannte gegenwärtige Wetter werden automatisch gewonnen. So werden z.B. zur automatischen Erfassung der Niederschlagsarten wie Regen, Schnee, Hagel oder Mischniederschläge wie Schneeregen etc. Sensoren eingesetzt, die die Größe und Geschwindigkeit der Niederschlagsart berechnen. Die Höhe der einzelnen Wolkenschichten wird mittels Laserlaufzeitverfahren und der Wolkenbedeckungsgrad aus dem Wolkenzug durch zeitliche Integration ermittelt.

Die Arbeit eines nationalen Wetterdienstes ist von einer Vielzahl von Einzelbeobachtungen abhängig. Da sind einmal Tausende von Bodenstationen in den einzelnen Ländern, die in der Regel alle Stunde oder alle drei Stunden Wettermeldungen abgeben: über Luftdruck, Temperatur und Niederschläge am Beobachtungsort, über Windrichtung und Windgeschwindigkeit, über Wolken und Sonnenschein usw. Nun sind mehr als zwei Drittel der Erdoberfläche vom Meer bedeckt. Gerade das Wettergeschehen über dem Meer ist aber sehr wichtig. Deshalb sind die Wetterbeobachtungen an Bord von Schiffen unentbehrlich. Der Wetterdienst bekommt diese Wettermeldungen von Handelsschiffen übermittelt, die er mit spezieller Instrumentierung ausgestattet hat. Wetterschiffe, die an ganz bestimmten Orten auf den Weltmeeren fest stationiert sind, gibt es kaum noch. Von einigen Handelsschiffen können sogar Radiosonden gestartet werden, die den Meteorologen Angaben über die Wetterverhältnisse in Höhen bis 30 km liefern. Diese komplettieren insgesamt 900 Bodenstationen weltweit, an denen mehrmals täglich Ballons mit Radiosonden aufsteigen. Dazu kommen viele Linien-Flugzeuge, die kontinuierlich während des Flugs Daten sammeln und per Satellit weiterverbreiten, sowie die Daten aus anderen Fernerkundungssystemen wie Windprofiler, Wetterradar, Blitzortungssysteme und natürlich Wettersatelliten.

Die numerische Wettervorhersage im Deutschen Wetterdienst

Stationstyp	Benennung	Messsystem
Wetterstation mit DWD-Personal	Wst I	AMDA I
Automatische Wetterstation	Wst II	AMDA II
Wetterstation mit ehrenamtlichen Beobachtern	Wst III	AMDA III/S
Niederschlagsstation mit ehrenamtlichen Beobachtern	Wst III	AMDA III/N

(Aus: Meteorologische Datengewinnung im Deutschen Wetterdienst, Öffentlichkeitsarbeit/Pressesprecher, Offenbach)

Aerologische Messungen mit Hilfe von Drachengespannen am Standort Lindenberg bei Berlin um 1920.

Wettervorhersage war und ist ein schwieriges Geschäft. Gilt es doch mit einer riesigen Anzahl von Vorgängen fertig zu werden, die in jeder Sekunde in der Erdatmosphäre stattfinden. Dazu kommen Wirkungen von außerhalb der Atmosphäre oder den Meeren. Mindestvoraussetzungen für eine Wetterprognose sind ein funktionstüchtiges Netz von Beobachtungsstationen und ein schnelles Datenübermittlungssystem, das man im 19. Jahrhundert noch mit Telegraf und Telefon organisierte. Die Voraussetzungen für die gleichzeitige Überwachung der Atmosphäre vom Erdboden aus war damit geschaffen (»Synoptische Methode«).
Stand die Meteorologie des 19. Jahrhunderts zunächst ganz im Zeichen der Messungen vom Erdboden aus, eroberte sie mit einem neuen Instrumentarium im 20. Jahrhundert dann allmählich auch die »Dritte Dimension«.
Unbemannte Registrierballone, ausgerüstet mit Thermografen und Meteorografen (für Luftdruck, Temperatur und Feuchte), erreichten in den 90er-Jahren des 19. Jahrhunderts Höhen bis etwa 9000 m. Damals standen auch noch Fesselballone und Drachenaufstiege im Dienst der Wettervorhersage. Eine »Drachenstation der Deutschen Seewarte« in Hamburg-Großbrostel nahm am 1. April 1903 ihren Betrieb auf. Am Meteorologischen Observatorium Lindenberg bei Berlin gelang am 1. August 1919 sogar ein sensationeller Aufstieg, bei dem ein Drachengespann mit Sonde erstmals die Höhe von 9740 Metern erreichte – ein bis heute ungebrochener Weltrekord. Ab 1930 sind zunehmend Wetterballone regelmäßig im Einsatz und transportieren Radiosonden, die die regelmäßige Anfertigung von Höhenwetterkarten möglich machen. Etwa zu dieser Zeit beginnen auch erste Wettererkundungen per Flugzeug, die noch im 2. Weltkrieg eine große Rolle spielten.

Die Zentrale des Deutschen Wetterdienstes in Offenbach/Main.

Trotz Entwicklung neuer Messtechnik erreichte die synoptische Methode jedoch bald ihre Grenzen – einfach deshalb, weil die Vorgänge in der Atmosphäre zu komplex sind, um sie wirklich per Hand berechnen zu können. John von Neumann, ein amerikanischer Mathematiker, kam 1947 auf den Gedanken, den Computer in den Dienst der Wettervorhersage zu stellen. Dies war das Geburtsjahr der numerischen Wettervorhersage.
Der Deutsche Wetterdienst betreibt derzeit die siebte Generation seines numerischen Wettervorhersagesystems. Drei Modelle gehören zu diesem System:
Das Global-Modell GME simuliert das Wettergeschehen weltweit. Das Modellgitter ist so gewählt, dass Hoch- und Tiefdruckgebiete mit zugehörigen Frontensystemen gut erfasst werden können. Der horizontale Gitterpunktabstand beträgt ca. 40 km. Die Gitterpunkte sind die Mittelpunkte quasi regelmäßiger Sechsecke mit 1384 km^2 Flächengröße. Diese Sechseckform erlaubt es, die Modellkugeloberfläche aus annähernd gleich großen Teilflächen aufzubauen. Die Vertikalerstreckung der Atmosphäre wird mit 40 Schichten dargestellt. Damit hat das GME mehr als 14 Mio. Gitterpunkte zur Simulation der globalen Atmosphäre.
Das nicht-hydrostatische Modell COSMO-EU simuliert nur einen Ausschnitt der globalen Atmosphäre, nämlich das Gebiet von West- und Zentraleuropa. Das Gitternetz ist in der Horizontalen nahezu quadratisch ausgelegt mit ca. 7 km Gitterpunktsabstand und 665 x 657 Gitterpunkten.
In der Vertikalen sind ebenfalls 40 Schichten definiert – davon zehn in den untersten 1000 m der

Atmosphäre. So simuliert das Lokal-Modell seinen Atmosphärenausschnitt an ca. 17,5 Mio. Gitterpunkten. Wetterelemente wie Temperatur oder Bewölkung, die an einem bodennahen Modellgitterpunkt bestimmt werden, repräsentieren ein Teilvolumen der Atmosphäre von 7 km x 7 km Grundfläche und ca. 100 m Vertikalerstreckung. Die berechneten Werte sind Mittelwerte über das benannte Volumen von ca. fünf Milliarden Kubikmetern. Nur in dieser noch relativ groben Auflösung kann lokales Wetter in Europa operationell berechnet werden. Das dritte Glied der Modellkette des DWD heißt COSMO-DE und rechnet für Deutschland und die Anrainerstaaten nochmals feiner aufgelöst, mit einer horizontalen Maschenweite von 2,8 km und 50 Schichten.
Wurden in den Anfangsjahren der numerischen Wettervorhersage noch unabhängige Analysen der Wetterlage erstellt, so werden inzwischen die Prognosen des Modells für den Beobachtungstermin als erste Näherung der Analyse gewählt. Zu bestimmen bleiben dann die Abweichungen der Beobachtungen vom prognostizierten Zustand. Alle Kenntnisse vom Verhalten der Atmosphäre, die in das Modell eingearbeitet sind, werden somit auch für die Analyse genutzt. Durch Einbeziehung der Beobachtungsdaten wird die Modellsimulation an die Entwicklung der Atmosphäre angeglichen, deshalb heißt dieses Verfahren Assimilation.
Die Datenassimilation mit dem Global-Modell erfolgt alle drei Stunden für die synoptischen Beobachtungstermine. Beobachtungen aus dem europäischen Raum können vom Lokalmodell in dichterer zeitlicher Folge genutzt werden. Das Modell wird kontinuierlich an die verfügbaren Beobachtungswerte angepasst.
GME- und COSMO-EU-Vorhersagerechnungen werden im Meteorologischen Rechenzentrum in der Regel für die Termine 00, 06, 12 und 18 UTC gestartet. Rund zwei Stunden wird auf den Eingang von Wetterbeobachtungen aus aller Welt

Das Deutsche Meteorologische Rechenzentrum (DMRZ) im Erdgeschoss der DWD-Zentrale. Eine der leistungsfähigsten Rechenanlagen in Europa.

zum jeweiligen Termin gewartet. Dann starten die Analysen und nach deren Fertigstellung die Prognosen. Die Prognosen des Global-Modells steuert das Modell COSMO-EU, d. h. dem Ausschnittsmodell werden an seinem Rand die Wetterstrukturen aufgeprägt, die das Global-Modell simuliert und die möglicherweise in das geografische Gebiet von COSMO-EU »hineinwandern«. Der Großrechner des DWD mit mehr als 400 Prozessoren, benötigt für eine 48-Stunden-Vorhersage des GME etwa 30 Minuten Rechenzeit. Insgesamt wird dort bis 174 Stunden, also etwa eine Woche, in die Zukunft gerechnet.
Die Prognoseergebnisse aller DWD-Modelle werden selbstverständlich für die synoptische Interpretation bereitgestellt. Das geschieht in verschiedensten Formen der Präsentation wie Isolinien- und Rasterdarstellungen, Horizontal- und Vertikalschnitten sowie Überlagerungen und Animationen dieser Darstellungen. Aufwendige Visualisierungen der Modellprognosen werden sogar für die Fernsehmedien vorbereitet. Ein objektives Wetterinterpretationsschema kodiert die Modellvorhersagen nach dem Internationalen Wetterbeobachtungsschlüssel. Die Modellinterpretationen liefern insbesondere gute Hinweise auf extreme Wetterereignisse (Sturm, Starkniederschlag, Glatteis). Die Modellprognosen werden auch an Anschlussmodelle weitergeleitet, die teils routinemäßig, teils nach Bedarf arbeiten.

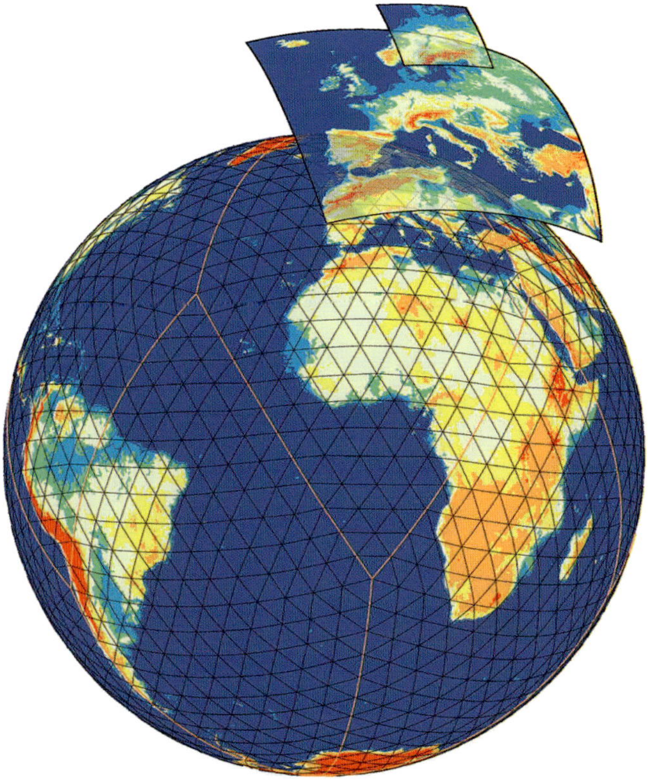

Die numerische Modellkette des DWD, bestehend aus dem globalen Vorhersagemodell GME und den Ausschnittsmodellen COSMO-EU und COSMO-DE.

Integriert sind beispielsweise ein lokales Seegangsmodell (LSM) sowie ein Windprognosemodell. Das Trajektorienmodell des DWD nutzt die Windprognosen, um Vorwärts- und Rückwärtstrajektorien zu berechnen, die beispielsweise ihren Ursprung an Kernkraftwerksstandorten oder bei Chemiewerken haben oder bei Radioaktivitätsmessstellen enden. Ein Partikelausbreitungsmodell (LPDM) benutzt ebenfalls die Windinformation der Wettervorhersage. Diese Modellanwendungen zielen schon in den Bereich der Daseins- und Gesundheitsvorsorge. In besonderem Maße gilt das für die Anschlussmodelle im Medizinmeteorologischen Arbeitsbereich: Prognoseergebnisse des Lokal-Modells werden genutzt, um »biosynoptische Wetterlagen« zu bestimmen, dazu gehört u. a. die Berechnung der Sonnenbrandgefährdung per UV-Index, des Pollenflugs und der gefühlten Temperatur, auf deren Basis bei Bedarf Hitzewarnungen herausgegeben werden.
Eine Vielzahl von Anschlussmodellen wird im Arbeitsbereich der Agrarmeteorologie eingesetzt. Die Wetterprognose markiert die Chancen der Pflanzenentwicklung, die Notwendigkeit künstlicher Beregnung bei Trockenheit und die Gefahr von Schädlingsbefall. Im Winterhalbjahr sind die Angebote des Straßenwetterinformationssystems (SWIS) des Deutschen Wetterdienstes ein wichtiger Beitrag zur Verkehrssicherheit. Mit diesen Beispielen der Anschlussrechnungen ist nur ein Teil der nutzbringenden Anwendung der Prognoseergebnisse charakterisiert. Ständig kommen weitere Anwendungsmöglichkeiten hinzu. Pro Jahr veröffentlicht der DWD etwa 90000 Wetterberichte und –vorhersagen, 20000 Wetter- und Unwetterwarnungen, 8000 Beratungen und Gutachten für öffentliche und private Kunden, 500000 allgemeine Vorhersagen und Warnungen für die Luftfahrt und 80000 individuelle Telefonberatungen für Piloten.

Wettersatelliten

Eine unverzichtbare Informationsquelle ist heute die Erdbeobachtung per Satellit geworden. Sowohl durch fotografische Aufnahmen im sichtbaren als auch im infraroten Spektralbereich wird die Erdoberfläche von unterschiedlichen Positionen aus dem Weltraum beobachtet. Spezielle Sensoren liefern Daten zur Temperatur- und Feuchteverteilung und zu Spurengasen in der Atmosphäre. Ströme digitaler Daten werden von den Satelliten zur Erde gesendet und dort zu brillanten Bildern, Grafiken oder Tabellen umgesetzt. Die Daten dieser Satelliten sind für zahlreiche praktische Anwendungsbereiche unverzichtbar. So dienen sie der Beobachtung der Atmosphäre und des Klimas. Wetterbeobachtung per Satellit bedeutet zum Beispiel die Veränderung von Wolken zu verfolgen. Gebiete mit Niederschlagstätigkeit zu erkennen und zu prognostizieren, Gebiete mit Schnee und Eis zu identifizieren, Windrichtung und Geschwindigkeit zu bestim-

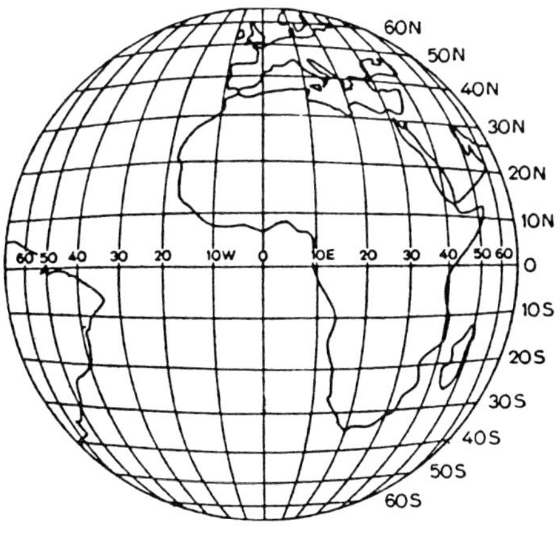

METEOSAT erfasst mit seinem Radiometer aus einer Höhe von 36 000 km etwa ein Drittel der Erdoberfläche. Die Abbildung gibt etwa das Blickfeld von METEOSAT wieder (vgl. Foto S. 10).

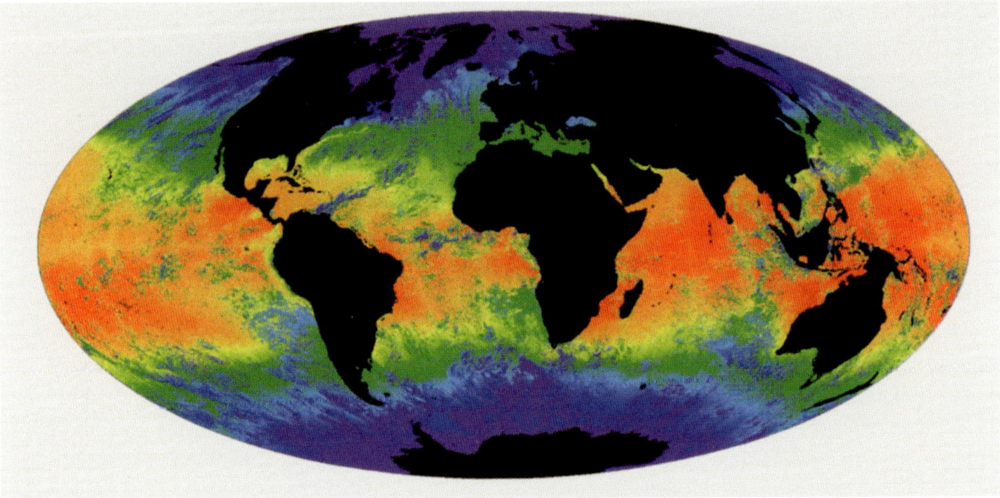

Messungen der globalen Verteilung der Meeresoberflächentemperatur sind durch moderne Satelliten möglich. Warme Gebiete sind in Rot- und Orangetönen gehalten, kalte in blauen und violetten.

men, Informationen von der Erdoberfläche zu gewinnen. Die Satellitendaten spielen eine wesentliche Rolle für die Warnung vor gefährlichen Wetterereignissen und das Unwetterwarnmanagement. Physikalische Zustandsgrößen wie die 3-dimensionale Temperatur- und Feuchteverteilung in der Atmosphäre oder der Wind gehen als Eingangsdaten mit in die numerischen Wettervorhersagemodelle ein und erlauben somit brauchbare Wetterprognosen bis ca. 10 Tage voraus. Die Wettersatelliten erkennen auch Störungen der Ozonschicht und messen die Ausbreitung von Schadstoffen. Sie zeigen uns Sandstürme, Waldbrände oder Vulkanaschewolken. Sie liefern uns Meeresoberflächentemperaturen, machen die Meeresströmungen sichtbar und zeigen die Ausdehnung von Eisfeldern. Somit kann mit Hilfe der Wettersatelliten das Abschmelzen der arktischen Polkappe beobachtet werden. Mit ihrer Hilfe erkennt man auch die Ausbreitung von Steppen und Wüstenregionen. Auch die Landwirtschaft profitiert, Umweltforschung und Umweltkontrolle, aber auch die Energiewirtschaft und der Tourismus. Der globale Aspekt der Erdbeobachtung und die Kosten der Satellitensysteme führen zu einer starken internationalen Zusammenarbeit. Die Bundesrepublik Deutschland beteiligt sich an einer Reihe wichtiger Satellitenprogramme, insbesondere durch ihre Mitgliedschaft in der europäischen Wettersatellitenorganisation EUMETSAT und die europäische Weltraumagentur ESA.

Der Einsatz von Satelliten begann in den Sechzigerjahren. Im April 1960 schickten die Amerikaner ihren ersten Wettersatelliten (TIROS I) auf seine Umlaufbahn. Weitere Wettersatelliten folgten, auch von Russland, Japan, Indien und China. Die Meteorologen erkannten sehr schnell die ungeheure Bedeutung dieser neuen technischen Hilfe für die Wettervorhersage. Anfangs der 60-er Jahre gründete die Weltorganisation für Meteorologie (WMO) die »Welt-Wetter-Wacht«:

Mit Unterstützung von Wettersatelliten sollten die Lücken im Beobachtungsnetz rund um die Erde geschlossen werden, insbesondere über den Meeren, die immerhin ca. 70 Prozent der Erdoberfläche ausmachen und für das Wettergeschehen besonders bedeutsam sind, sowie über den äquator- und polnahen Gebieten.
Die meisten Wettersatelliten haben in den Anfangsjahren die USA und Russland in den Orbit gebracht. Ein großer Teil dieser Satelliten haben polare Umlaufbahnen. Dabei bildet die Bahnebene des Satelliten mit der Äquatorebene einen Winkel zwischen 80 und 100 Grad. Die Satelliten bewegen sich in Höhen zwischen 800 und 1500 km. Ihre Umlaufzeiten liegen zwischen 90 und 120 Minuten. Pro Tag umkreisen diese Satelliten die Erde zwischen 12- und 16-mal. Bei einer Umlaufzeit von 120 Minuten überfliegt der Satellit täglich das gleiche Gebiet zweimal, einmal tagsüber, einmal nachts zur gleichen Zeit.
Geostationäre Wettersatelliten gibt es seit dem Jahr 1966. In einer Höhe von 36000 km haben sie eine Umlaufzeit von einem Tag. Sie bewegen sich auf ihrer Bahn mit der gleichen Winkelgeschwindigkeit mit der sich die Erde dreht. Der Satellit scheint daher über einem Punkt des Äquators still zu stehen.
Es gibt verschiedene Methoden, um Satelliten zu stabilisieren. Man unterscheidet 3-Achs-stabilisierte Satelliten und Spinstabilisierte Satelliten, die wie Kreisel um ihre Längsachse rotieren. Bei der ersten Gruppe muss die Lage des Satelliten im Raum stets so um alle drei Raumachsen korrigiert werden, dass die Messinstrumente ständig auf die Erde gerichtet sind. Spinstabilisierte Satelliten rotieren um eine Achse senkrecht zur Umlaufbahn. Die Messinstrumente zeigen nur während etwa 5 Prozent einer Rotation auf die Erde.
METEOSAT 1, der erste europäische geostationäre Satellit, wurde am 23. November 1977

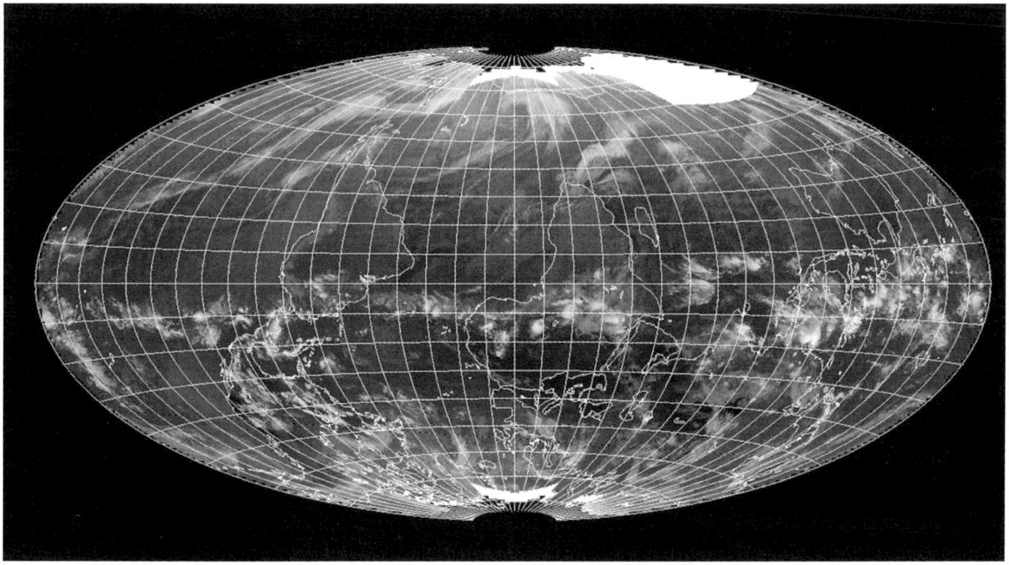

Das atmosphärische Geschehen auf der Erde. Aufnahmen von fünf geostationären Satelliten, die rund um den Globus positioniert sind, zusammengesetzt zu einem Bild. 10. August 2001 (DWD).

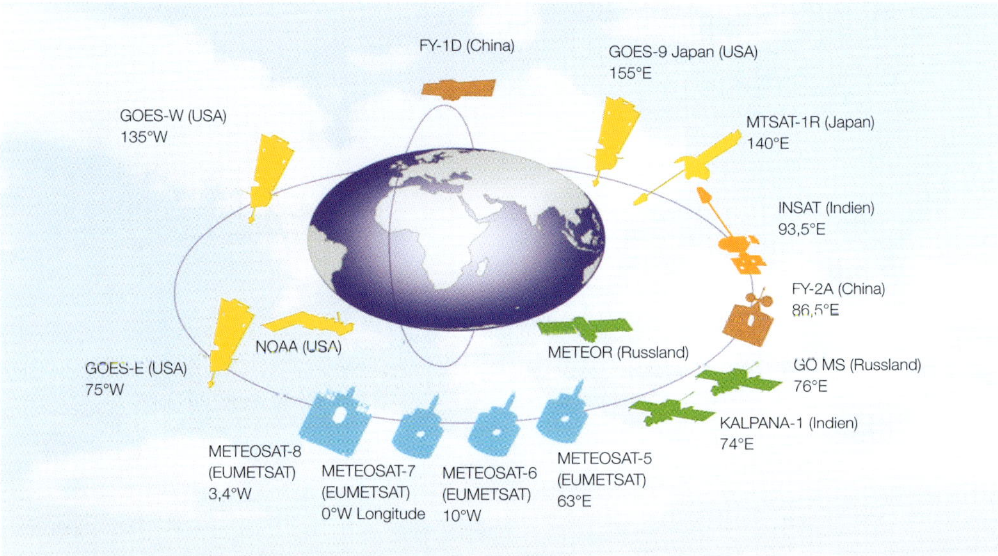

Die von verschiedenen Organisationen in der Welt betriebenen meteorologischen Satelliten werden in zwei Klassen unterteilt:
Die geostationären Satelliten sind rund um den Äquator in ungefähr 36 000 km Höhe positioniert. Jeder dieser Satelliten liefert Bilder in kurzen Intervallen.
Die polarumlaufenden Satelliten umkreisen die Erde vierzehnmal täglich in einer Höhe von etwa 850 km. Jeder dieser Satelliten liefert zweimal pro Tag Bilder und andere Daten von der gesamten Erdoberfläche.

gestartet. Von seiner Position aus überblickte er die Bewölkungsverhältnisse über fast ein Drittel der Erde. Am 19. Juni 1981 wurde der 2. europäische Wettersatellit, METEOSAT 2, gestartet. Alle Satelliten bezogen die gewohnte Position über dem Golf von Guinea.
Im Jahre 1981 schufen die europäischen Staaten mittels eines am 19. Juni 1986 in Kraft getretenen Übereinkommens die paneuropäische Organisation EUMETSAT (Europäische Organisation zur Errichtung, Unterhaltung und Nutzung europäischer operationeller Satellitensysteme, oder kurz: die europäische Wettersatellitenorganisation) und die Finanzierungsmöglichkeiten eines operationellen METEOSAT-Programmes (MOP). Die Organisation hat ihren Sitz in Darmstadt. EUMETSAT ist zuständig für die Planung und den Betrieb der europäischen Wettersatelliten, die Aufbereitung und Verteilung der resultierenden Daten und Produkte an die Nutzer und die Vorbereitung der nachfolgenden Satellitengenerationen.
Wie andere Satellitenbetreiber auch verfolgt EUMETSAT die Philosophie des »hot standby«: Nur einer der Satelliten im Orbit ist jeweils aktiv, die anderen stehen in Reserve bereit, um im Falle von Störungen sofort den Betrieb übernehmen zu können. Bei Bedarf können sie über verschiedene Positionen des Äquators stationiert werden. Das kam den Amerikanern 1991 zustatten, als METEOSAT 3 nach Westen verschoben wurde, nachdem der über Brasilien stehende

amerikanische geostationäre Satellit ausgefallen war. Von der neuen Warte über Südamerika aus versorgte METEOSAT 3 für einige Jahre den Wetterdienst der Vereinigten Staaten und die Wetterdienste Südamerikas und Europas mit meteorologischen Bildern vom Westatlantik und Amerika. Umgekehrt halfen später die USA den Japanern aus.
Im Sommer 1991 wurde Meteosat 5 auf die Position bei 63°E über den Indischen Ozean verdriftet, um dort eine bestehende Lücke im System der erdumspannenden geostationären Wettersatelliten zu schließen. Meteosat 6 und 7 folgten später ebenfalls auf diese Position über dem Indischen Ozean, wo sie noch einige Jahre in Betrieb bleiben sollen. Mit ihrer Datenübertragungsfunktion leisten die Meteosat-Satelliten hier auch einen wesentlichen Beitrag zum Tsunami-Warnsystem im Indischen Ozean.
Mit METEOSAT 6 endete das MOP am 30. November 1995. Bis dahin war aber die zweite Generation METEOSAT (MSG, Meteosat Second Generation) noch nicht einsatzbereit. Deshalb wurde, da die Satelliten für eine Lebensdauer von etwa fünf Jahren ausgelegt sind und die Meteorologen auf Wettersatelliten nicht mehr verzichten können, ein Übergangsprogramm geschaffen (MTP, Meteosat Transition Programme). In diesem Rahmen startete am 3. September 1997 METEOSAT 7. So war

Die Operationszentrale von EUMETSAT zur Überwachung und Steuerung der METEOSAT-Satelliten in Darmstadt. Die Architektur des Gebäudes ist einem METEOSAT-Satelliten nachempfunden.

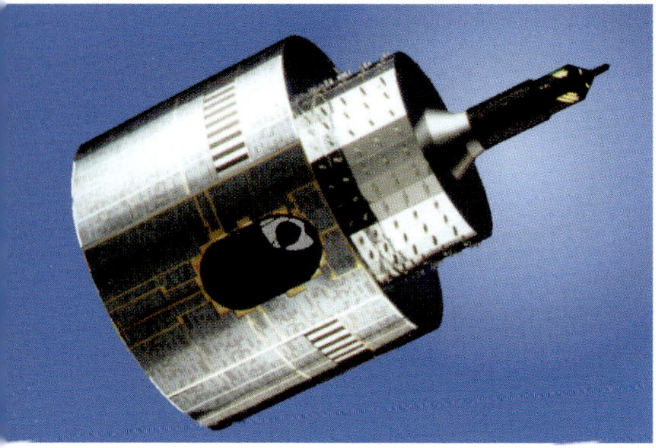

Aufbau des Wettersatelliten METEOSAT
Zwei ineinandergesetzte Zylinder bilden den Satellitenkörper. Der untere Zylinder nimmt das Radiometer und andere Untersysteme auf. Er ist bis auf die Öffnung für das Radiometer an seinen Seitenflächen mit Solarzellen belegt. Der obere Zylinder nimmt die Fernübertragungseinrichtung auf. An der Satellitenunterseite befindet sich die Öffnung für das passive Kühlsystem. Dort befindet sich während der Start- und Transferphase der Apogäumsmotor, der nach Erreichen der Umlaufbahn abgelöst wird. Startgewicht 699,7 kg (einschließlich Apogäumsmotor), Systemgewicht auf Umlaufbahn 312,5 kg, Höhe 3,20 m, Durchmesser 2,10 m, Mittlere Lebensdauer 3 Jahre.

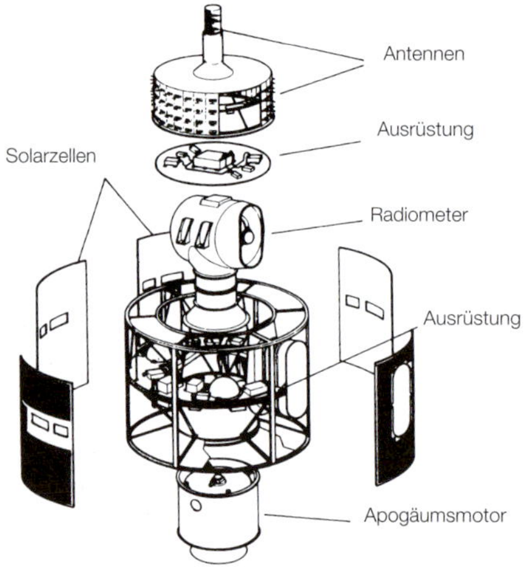

gewährleistet, dass bis zum Start der zweiten Generation von METEOSAT Mitte 2002, die Satellitenüberwachung nahtlos fortgesetzt werden konnte.

Aufgrund des wissenschaftlichen Fortschrittes in der Meteorologie ist der Bedarf an besseren und mehr Daten weiter gewachsen. Deshalb liefert das neue Satellitenprogramm in noch kürzeren zeitlichen Abständen Bilder der Atmosphäre in mehr Spektralbereichen und kann verstärkt zur Klimaüberwachung genutzt werden.

Wichtigstes Instrument von MSG ist ein multispektrales Radiometer, das Informationen aus 12 Spektralbereichen liefert. Alle 15 Minuten liefert MSG Aufnahmen von der Erde und der Atmosphäre. In 11 Spektralbereichen werden die Bilder aus 3750 Zeilen bestehen. Der 12. Kanal ist ein Kanal für hoch aufgelöste Bilder mit einer Auflösung von 1 km im Subsatellitenpunkt, also über Afrika (in Europa entspricht dies einer Auflösung von ca. 2 km). MSG erfüllt darüber hinaus gewisse Fernmeldefunktionen wie z. B. das Einsammeln und Weiterleiten von Daten automatischer Messplattformen.

MSG ist gegenüber der ersten Generation Meteosat von den Abmessungen her gesehen größer: 3,20 m im Durchmesser und 3,70 m in der Höhe. Das Startgewicht beträgt ca. 1,75 t. Die Lebensdauer im Orbit wird auf sieben Jahre ausgelegt.

Zukunftspläne von EUMETSAT

Inzwischen hat EUMETSAT auch den ersten europäischen polarumlaufenden Wettersatelliten in den Orbit gebracht. Der erste METOP-Satellit (METOP steht für Meteorologischer Operationeller Satellit) wurde am 19.10.2006 erfolgreich mit einer russischen Soyus-Rakete vom Kosmodrom Baikonur in Kasachstan gestartet. Die Rea-

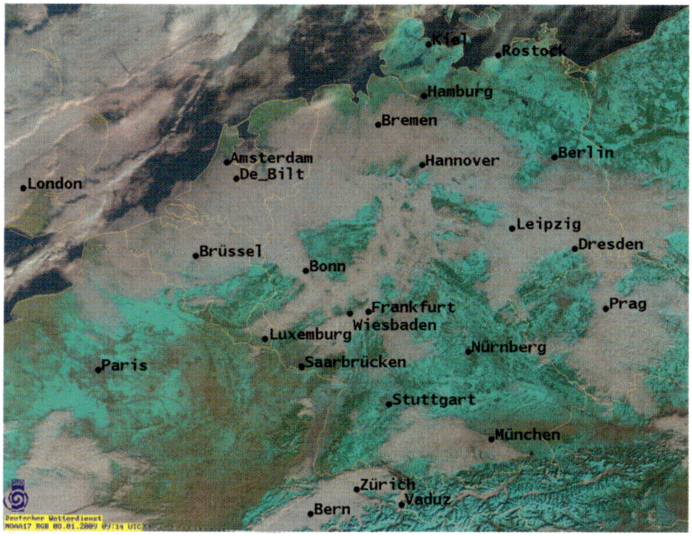

Das Bild links zeigt ein Farbkomposit des polarumlaufenden Wettersatelliten NOAA-17.
Es wurden die Kanäle aus dem nahen Infrarot sowie dem sichtbaren Teil des Spektrums so kombiniert, dass Schnee und Eis (in Wolken, vor allem aber am Boden) in bläulichen Cyan-Farben erscheinen. Wasserwolken erscheinen daneben weiß oder grau, Landflächen je nach Vegetation in grünen oder bräunlichen Farben, Ozeanflächen sind dunkel. Man erkennt, dass ganz Deutschland mit Ausnahme von Nordwest-Niedersachsen unter einer Schneedecke liegt. In den Tälern der Mittelgebirge, in Norddeutschland und im Osten hält sich eine zähe Hochnebeldecke. Das schneebedeckte Gebiet erstreckt sich auch über weite Teile Frankreichs, Benelux (abgesehen von den nördlichen Niederlanden) bis weit in den Osten Europas.

Ein Bild des projektierten Doppelsatellitensystems MTG (METEOSAT Third Generation).

lisierung der METOP-Satelliten erfolgt bei EUMETSAT im Rahmen des sogenannten EUMETSAT Polar Systems Programms (EPS). Die Entwicklung des ersten Satelliten sowie die Beschaffung der Nachbauten erfolgen ähnlich wie bei Meteosat wieder über die ESA. Es sind insgesamt 3 METOP-Satelliten vorgesehen, mit denen eine operationelle Datenverfügbarkeit bis ca. 2018 erreicht werden soll. METOP verfügt insgesamt über 11 Instrumente an Bord, wovon die wichtigsten sind: ein abbildendes Instrument, das Bilder bis ca. 1 km Auflösung in 6 Spektralbereichen liefert, Sondierungsinstrumente im Infraroten und Mikrowellenspektralbereich zur Bestimmung der 3-dimensionalen Temperatur- und Feuchteverteilung in der Atmosphäre innerhalb und außerhalb von Wolken, einen hoch auflösenden hyperspektralen Infrarotsondierer, ein Rückstreu-Radargerät zur Bestimmung von Windrichtung und -geschwindigkeit an der Meeresoberfläche und ein Ozonüberwachungsinstrument. Wie die Meteosat verfügen auch die METOP-Satelliten über eine Datensammel- und Weitergabefunktion. Die amerikanischen Wettersatelliten der NOAA und die METOP-Satelliten ergänzen sich gegenseitig: Die USA betreiben die Satelliten mit Überflugszeiten am frühen Vormittag und am frühen Nachmittag, Europa ist mit METOP für den mittleren Vormittag zuständig. Inzwischen sind bei EUMETSAT auch schon die Planungen für die zukünftigen Generationen europäischer Wettersatelliten angelaufen. Die Dritte Generation Meteosat (MTG, Meteosat Third Generation) soll über ein weiter verbessertes abbildendes Radiometer verfügen, das zusätzliche Informationen über Staub- und Schadstoffgehalt der Atmosphäre liefern soll. Die Wiederholrate wird bei ca. 3 Minuten liegen und die räumliche Auflösung je nach Spektralbereich zwischen 0,5 und 2 km im Subsatellitenpunkt liegen. Angedacht ist auch ein Blitzortungsdetektor sowie ein Infrarot-Sondierer, der Daten zur Stabilität der Atmosphäre, zur raum-zeitlichen Feuchteveränderung und zum Wind liefern wird. Ferner ein Sondierer im ultravioletten Spektralbereich (Aerosol, Spurengase, Luftqualität). Die MTG-Satelliten werden nicht mehr wie ihre Vorgänger Spin-stabilisiert sein, sondern 3-Achs-stabilisiert. Insgesamt ist der Start von 6 Satelliten geplant. Mit diesen Satelliten soll ein Nutzungszeitraum von etwa 2016 bis 2030 abgedeckt werden. Die Planungen zu einem METOP-Nachfolgesystem sind ebenfalls angelaufen.

Die Daten der Wettersatelliten nutzen nicht nur der Meteorologie, sondern auch der Ozeanographie, Hydrologie und Umwelt- und Klimaüberwachung. Da sich die Prozesse an der Grenzfläche zwischen Ozean und Atmosphäre gegenseitig beeinflussen, ist es nicht erstaunlich, dass EUMETSAT zunehmend Verantwortung im Bereich der operationellen Ozeanüberwachung mit Hilfe von Satelliten übernimmt. So beteiligte sich EUMETSAT an dem ozeanographischen Satelliten Jason-2, der am 20. Juni 2008 erfolgreich gestartet wurde. Ein Radar-Höhenmesser an Bord von Jason-2 liefert Angaben zur Meeresspiegelhöhe, mit einer Genauigkeit von wenigen Zentimetern und daraus abgeleitet zu den Meeresströmungen. Die hochpräzisen Daten zur Meeresspiegelhöhe werden zur Überwachung der Auswirkungen des Abschmelzens der polaren Eiskappen als Folge der globalen Erderwärmung benötigt. Jason-2 dient somit primär der Klimaüberwachung und Klimamodellierung. Die Daten spielen aber auch eine Rolle in den Seegangsvorhersagemodellen und in der mittelfristigen und saisonalen Wettervorhersage. Jason-2 wird gemeinschaftlich finanziert und betrieben von NASA, NOAA, der französischen Raumfahrtagentur CNES und EUMETSAT.

METEOSAT – und all die anderen Wettersatelliten – sind der »lange Arm« der Meteorologen.

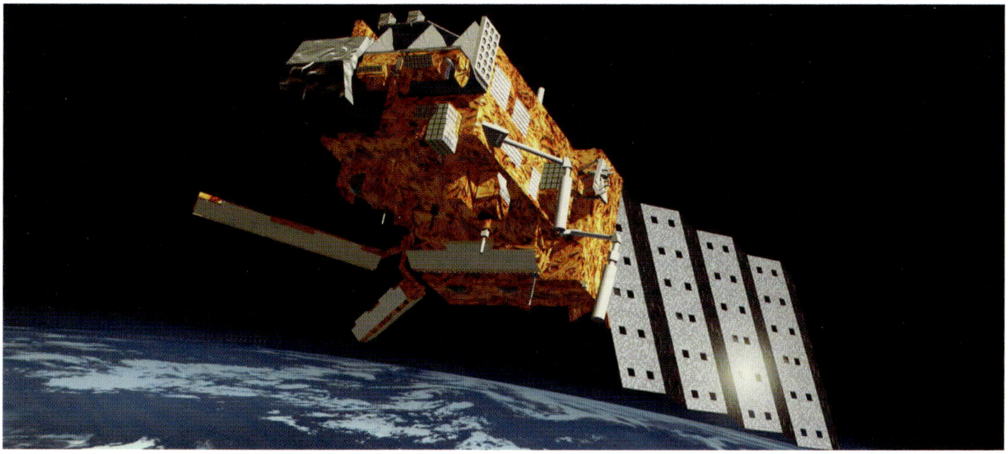

Die Grafik zeigt den ersten europäischen polarumlaufenden Satelliten METOP–A.

Die Beobachtungen aus dem Weltraum verschaffen ihnen Informationen, die alle Wetterbeobachtungen auf der Erde nicht bieten können. Es sind Informationen, die in erster Linie die numerischen Wettervorhersagen ganz erheblich verbessern. Wenn zuverlässige Vorhersagen für längere Zeiträume (bis zu 10 Tagen) möglich geworden sind, so verdanken das die Meteorologen hauptsächlich den Wettersatelliten. An der Verwirklichung längerfristiger Vorhersagen für Monate und Jahreszeiten voraus wird vor allem im »Europäischen Zentrum für mittelfristige Vorhersagen« in Reading, England, gearbeitet, an dem auch der DWD beteiligt ist. Unverzichtbar sind die Bilder der Wettersatelliten auch bei der Warnung vor plötzlich auftretenden und gefährlichen Wetteränderungen, z. B. Wirbelstürmen, Tiefdruckgebieten, Gewittern. So ist der Wetterdienst in der Lage, Katastrophenwarnung rechtzeitig und präzise zu geben. Daneben sind die Satelliten aber auch die wesentliche Informationsquelle für die Erfassung von Veränderungen im Klimasystem der Erde und für die Vorhersage von Klimaänderungen.

Weitere Informationen

Wer weitere Informationen zu Wettersatelliten und Satellitenbildern erhalten möchte, bekommt dies unter folgender Adresse:
Im Internet

- http://www.dwd.de (DWD-Deutscher Wetterdienst)
- http://www.wmo.int (WMO-Weltorganisation für Meteorologie)
- http://www.eumetsat.int (EUMETSAT-Europäische Organisation für meteorologische Satelliten)
- http://www.noaa.gov (NOAA-National Oceanic and Atmospheric Administration, USA)
- http://www.esa.int

Wer Interesse an Satellitenbildern, auch von zurückliegenden Terminen hat, kann diese unter anderem per Internet beim DWD unter wvfk.Bstellungen@dwd.de oder unter folgender Adresse bestellen: Deutscher Wetterdienst, Postfach 100465,
63004 Offenbach/Main.

Welche Wetterberichte und Wettervorhersagen gibt es?

In allen Radiosendern werden mehrmals täglich Wetterberichte gesendet. In der Regel im Anschluss an die Nachrichtensendung, die im stündlichen Intervall ausgestrahlt wird. Diese Wetterberichte geben einen Überblick über die allgemeine Wetterlage und den in den kommenden 24 bis 36 Stunden zu erwartenden Wetterablauf. Häufig wird der Wetterbericht ergänzt durch Wetterbeobachtungen, wie sie am Berichtstag an einigen größeren regionalen und überregionalen Orten gemacht worden sind. Wetterbeobachtungen betreffen neben Angaben der Temperatur und Luftfeuchtigkeit sowie des Luftdrucks (Barometerstand) vielfach auch Hinweise bezüglich Bedeckungsgrad, Art eines eventuellen Niederschlags und die Windrichtung.
Von der Jahreszeit abhängig sind Serviceangebote der einzelnen Sender, die bestimmte Zielgruppen angehen. Dazu gehören z.B. Wetterberichte für Segelflieger, Landwirte, Segler, Autofahrer (Straßenzustandsbericht), Bergsteiger (Lawinenwarndienst) und Urlauber (Reise- und Wintersportwetterbericht). Häufig hört man diese ebenfalls im Anschluss an eine Nachrichtensendung. Vielfach werden die Berichte in Sendungen für bestimmte Zielgruppen (z.B. Autofahrer – »Bayern 3«, Landwirte – »Landfunk«) integriert. Auch im Fernsehen werden Wetterberichte meist nach den Hauptnachrichten verbreitet (Beispiel ARD: »20 Uhr: Tagesschau und Wetterkarte«). Gegenüber den Sendungen im Hörfunk hat das Medium Fernsehen die Möglichkeit, das Wettergeschehen auch optisch sichtbar zu machen, in der Regel in Form einer vereinfachten Wetterkarte oder auch eines Wettervorhersagefilms. Aus der Wetterkarte geht meist die großräumige, europäische Wetterlage hervor und die Weiterentwicklung für die kommende Nacht und den kommenden Tag. Vielfach schließt sich danach eine Vorhersage für die Folgetage an. Bei einer kritischen Wetterlage schließt der Wetterbericht meist mit einem Hinweis auf aktuelle Wetter- bzw. Unwetterwarnungen des Deutschen Wetterdienstes.
Die bekannten Wetterkartensymbole (siehe Seite 164–166) finden auch auf diesen Wetterkarten im Fernsehen Verwendung, werden aber zunehmend von einfacher erfassbaren bildlichen Darstellungen abgelöst (siehe Seite 162 und 172). Im ZDF kommentieren ausschließlich diplomierte Meteorologen live die Wetterlage und Wetterentwicklung vor der Kamera.
Auch im Fernsehen gibt es außer dem allgemeinen Wetterbericht gelegentlich besondere Wetterprognosen für bestimmte Zielgruppen. Zum Beispiel »Reisewetterberichte« oder »Hinweise für Wintersportler (Schneebericht)« im Anschluss an die 20-Uhr-Tagesschau.
Für Seewetterberichte für die Sport- und Küstenschifffahrt oder Flugwetterberichte, empfiehlt es sich, aktuelle Daten direkt bei den Dienststellen der Wetterdienste (siehe Seite 272) einzuholen. Informationsinhalt und Sendezeiten können sich jedoch schnell ändern.
Das aktuelle Wetterangebot in den Medien ist in den letzten Jahren stark gewachsen. In allen Tageszeitungen werden mehr oder minder umfangreich Wetterberichte mit Wetterkarten und Wettervorhersagen veröffentlicht. Auch hier stammen die Grundlagen in der Regel vom amtlichen Wetterdienst (für die Bundesrepublik Deutschland ist das der Deutsche Wetterdienst in Offenbach/M. mit seinen Regionalzentralen. Die Aufbereitung Übernehmen private Firmen oder die Zeitung selbst.
Die Vorhersagekarte in der Tageszeitung markiert die Lage am Erscheinungstag der Zeitung (z.B. 7.00 oder 12.00 Uhr MEZ/MESZ). Die Vorhersage, die in der Regel für den Erschei-

nungstag der Zeitung und den folgenden Tag gegeben wird, gibt Hinweise auf das Wettergeschehen, Art und Umfang der Bewölkung und Niederschläge, auf Temperaturen bei Tag und Nacht und auf die Windrichtung und Windstärke. Je nach dem Verbreitungsgebiet der Tageszeitung wird dabei die Vorhersage noch räumlich differenziert. Regionale Zeitungen veröffentlichen oft nur eine spezielle Wetterkarte für ihren Bereich. Überregionale Zeitungen stattdessen neben einer Regionalkarte auch eine Deutschland- und eine Europa-Karte. Dazu kommen manchmal kurze Vorhersagetexte für Europa, Asien und Amerika.
Neben Angaben für die weiteren Aussichten enthalten die Wetterberichte in den Tageszeitungen vielfach auch Angaben über das Wetter am Vortag in wichtigen in- und ausländischen Städten. Solche Angaben können sich auf die 13-Uhr-Temperaturen der europäischen Hauptstädte beschränken, nicht selten aber findet der Leser daneben auch die Werte für den Luftdruck, die relative Luftfeuchtigkeit in Prozent, die Windgeschwindigkeit in km/Stunde, den Grad der Bewölkung, die Sonnenscheindauer in Stunden und den Niederschlag in mm für 24 Stunden.
Zu den Angaben in den Wetterberichten der Tageszeitungen gehören oft auch die Auf- und Untergangszeiten für Sonne und Mond. Wetterberichte und Wettervorhersagen sind auf vielfachem Wege direkt abrufbar, über Internet, Telefon und Telefax, z. T. auch über spezielle Funknetze (Seefunk, Satellitenprogramme).

Wie man an seine Wettervorhersage kommt

Im Internet gibt es eine Fülle von unterschiedlichen Wetterberichten unterschiedlicher Qualität. Eine erste Übersicht bekommt man unter www.dwd.de. Auch individuelle telefonische Wettervorhersagen durch einen Meteorologen sind möglich (Hotline: 0180/5 913 913). Billiger allerdings kommt man mit Wetterberichten vom Band per Telefon oder per Telefax.

Wettervorhersagen per Telefon oder Telefax

Dazu wählt man per Telefon je nach Art des Berichtes die unten angegebenen Rufnummer (Infos des DWD, Tarif: Computel 0,62 €/Minute).

Wochenwetter
0900/1116-61 bis -68 Deutschland

Allgemeine Wettervorhersage
Deutschland 0900-11164 01
Hamburg, Schleswig-Holstein, Niedersachsen und Bremen 0900-11164 02
Schleswig-Holstein und Hamburg 0900-11164 03
Westliches Niedersachsen und Bremen 0900-11164 04
Östliches Niedersachsen und den Harz 0900-11164 05
Nordrhein-Westfalen 0900-11164 06
Ruhrgebiet und Bergisches Land 0900-11164 09
Generalnummer: Allgemeines Wetter 0900-11164 10
Westfalen inkl. Münster-, Sauer- und Siegerland und Ostwestfalen-Lippe 0900-11164 11
Rheinland inkl. Niederrhein, Kölner Bucht und Eifel 0900-11164 14
Mecklenburg-Vorpommern 0900-11164 15
Berlin und Brandenburg 0900-11164 16
Sachsen-Anhalt und Raum Leipzig 0900-11164 17
Sachsen 0900-11164 18
Thüringen 0900-11164 19
Hessen 0900-11164 20

Rheinland-Pfalz und Saarland 0900-11164 21
Baden-Württemberg 0900-11164 22
Nordbayen 0900-11164 23
Südbayen 0900-11164 24

Reisewetter Deutschland
Alpenwetter 0900-11160 11
Zugspitzwetter 0900-11160 12
Feldbergwetter (Schwarzwald) 0900-11160 14
Schweizer Alpen 0900-11160 17
Ostalpen 0900-11160 18
Bayerische Alpen 0900-11160 19
Nordseeküste 0900-11160 10 20
Sylt 0900-11160 10 21
Ostseeküste 0900-11160 10 22
Rügen 0900-11160 10 23
Meckl. Seenplatte 0900-11160 10 24

Daneben werden auch spezielle Vorhersagen bereitgehalten, wie Reisewetter Ausland, Agrarwetter, Biowetter, Pollenflug, Seewetter, UV-Strahlenvorhersage, Wassersportwetter, Anglerwetter, Wintersportwetter u. a. Die Durchwahlnummern für die Telefonabfrage oder Zusendung per Telefax für bestimmte Gebiete finden sich im Internet unter www.superwetter.de.

Spezielle Nutzergruppen benötigen besondere Wetterberichte, beispielsweise die Allgemeine Luftfahrt, also Piloten, Segel- und Drachenflieger, Ballonfahrer oder auch die Allgemeine Schifffahrt, d. h. Schiffsführer und Segler. Sie bekommen weiterführende Informationen jeweils bei den zuständigen Abteilungen des DWD: Flugmeteorologen/pc_met, Tel.: 069/8062-2695, Fax: 069/8062-2014, E-Mail: luftfahrt@dwd.de
Seeschifffahrt/SEEWIS, Telefon: 040/6690-1851, Fax: 040/6690-1946, E-mail: seeschifffahrt@dwd.de

Berufsfeld Meteorologie

In den zivilen und militärischen Diensten in Europa (EG 92) sind zusammengenommen etwa 15000 Mitarbeiter (Beamte und Angestellte) beschäftigt. Im Vergleich hierzu sind es 13700 Beschäftigte in den USA, davon 4700 im zivilen Wetterdienst, 7000 bei den Luftstreitkräften und 2000 bei der Marine.
Das Fach Meteorologie kann man in der Bundesrepublik derzeit an 13 Universitätsinstituten studieren, an einigen Universitäten sind Teilgebiete der Meteorologie durch Lehrstühle (Nebenfach) vertreten, z. B. an den Universitäten Rostock, Göttingen und Bayreuth. Der Diplomstudiengang Meteorologie lehnt sich im Grundstudium eng an die Ausbildung der Diplom-Physiker an, wobei die Meteorologie zunächst nur anstelle eines Nebenfachs der Physikerausbildung tritt. Das Grundstudium, in dem breite mathematisch-physikalische Inhalte vermittelt werden, schließt mit dem Vordiplom ab.
Im Hauptstudium stehen Allgemeine und Theoretische Meteorologie im Vordergrund. Physik bleibt jedoch bis zur Diplom-Prüfung Studienfach. Daneben muss ein weiteres Fach mathematisch-naturwissenschaftlicher Richtung studiert werden. Dieses Wahlfach ist aus dem breiten Spektrum benachbarter Fächer – je nach Universitätsort unterschiedlich – wählbar.
In vielen Fällen schließt sich an das Diplom noch eine zeitlich befristete Mitarbeit an Forschungsvorhaben in einem Universitätsinstitut an. Etwa ein Viertel aller Meteorologen schließt diese Forschungsarbeit mit einer Promotion ab. Das klassische Diplom-Studium wurde inzwischen im Zuge einheitlicher Studiengänge in Europa an einigen Universitäten durch ein Bachelor-Studium »Geophysik und Meteorologie« abgelöst. Die Regelstudienzeit beträgt 6 Semester. Bei erfolg-

Meteorologe in der Vorhersage- und Beratungszentrale des Deutschen Wetterdienstes in Offenbach.

reichem Abschluss wird der Hochschulgrad »Bachelor of Science«(B. Sc.) verliehen. Der Bachelorstudiengang bildet die Basis für einen konsekutiven Masterstudiengang »Geophysik und Meteorologie«. Der Studiengang ist modular aufgebaut, sodass man neben den Pflichtmodulen entscheiden kann, ob der Studienschwerpunkt die Geophysik oder die Meteorologie ist.

Arbeitsplätze für Diplom-Meteorologinnen/Meteorologen:

- Deutscher Wetterdienst/Geophysikalischer Beratungsdienst der Bundeswehr (derzeit keine Einstellung, zukünftig nur geringe Einstellungsquote)
- Universitäts- und Forschungsinstitute
- Landesämter für Umweltschutz u. a./TÜV
- Versicherungen/Industrie/Energiewirtschaft
- Messtechnik/EDV-Firmen
- Beratende Meteorologen/Beratungsfirmen/Medien

Wenn Sie an weiteren Informationen zum Studium der Meteorologie interessiert sind, wenden Sie sich bitte an die Deutsche Meteorologische Gesellschaft e.V. (DMG), Marion Schnee, Institut für Meteorologie, FU Berlin, Carl-Heinrich-Becker-Weg 6-10, 12165 Berlin, Tel.: 030/79708324, Fax: 030/7919002.
E-mail: sekretariat@dmg-ev.de
oder Internet: www.dmg-ev.de.

Wetterbeobachtungen

Der Schein trügt. Sommertage beginnen häufig sonnig. Am Nachmittag aber gibt es Gewitter und Regen. Umgekehrt beginnen Wintertage nicht selten mit Regen oder Schneefall. Tagsüber bessert sich dann das Wetter. Interessanterweise ist der Wettereindruck für viele Menschen am Morgen besonders stark. Pauschalurteile vom »regnerischen Winter« und vom »schönen Sommer« haben hier eine Ursache. Deshalb im »Meteorologischen Kalender 1988« (Herausgeber Deutsche Meteorologische Gesellschaft, s. S. 293) folgender Hinweis:
»Misstrauen Sie also dem morgendlichen Niederschlagseindruck im Winter, und Sie machen mehr aus Ihrer Freizeit! Und ehe Sie dem morgendlichen Schönwettereindruck im Sommer misstrauen, haben Sie schon den nachmittäglichen intensiven Regenschauer akzeptiert.« Eigene Beobachtungen verstärken die Erfahrung.
Zur Wetterbeobachtung gehören sowohl die Beobachtungen mit freien Augen (Bestimmung des Wolkenhimmels und des Grades der Bedeckung, Windrichtung und Windstärke, Feststellung bestimmter Wettererscheinungen, z. B. Niederschlag oder Gewitter, Zustand der Erdoberfläche, Verhalten von Pflanze und Tier) als auch Beobachtungen mithilfe von Messgeräten (Luftdruck, Temperatur, Luftfeuchtigkeit, Niederschlagsmenge). Der Amateurbeobachter wird sich in der Regel auf die elementaren Wetterbeobachtungen beschränken und damit auch auf die notwendigsten Messgeräte. Für regelmäßige Messungen ist die Unterbringung der Geräte in einer kleinen »Thermometerhütte« am zweckmäßigsten. Bereits bei der Verwendung eines einzigen Thermometers zur Bestimmung der Lufttemperatur ist es zweckmäßig, eine solche »Hütte« zu bauen. Das Thermometer muss zwar ständig von Luft umflossen sein, darf aber auf keinen Fall der Sonnenstrahlung ausgesetzt sein. Bei der Aufstellung ist zu beachten, dass sich die verschiedenen Arten des Erdbodens unterschiedlich erwärmen und abkühlen. Der Deutsche Wetterdienst empfiehlt die Aufstellung auf kurzgeschnittenen Rasenflächen. Die Hütte soll frei stehen und von Gebäuden mindestens 10 m Abstand haben. Auch über der Rasenfläche ist am Boden die Luft tagsüber noch wärmer als in einer gewissen Höhe. Um daher vergleichbare Werte zu erhalten, hat man sich in den Wetterdiensten aller Kulturstaaten geeinigt, die Thermometer in der Hütte in einer Höhe von 2 m über dem Erdboden aufzustellen. Der Deutsche Wetterdienst hat eine »Anleitung zum Bau einer Thermometer-Hütte« herausgegeben. Dazu gehören auch Baupläne zum Selbstbau des Hüttenteils, des Hüttengestells und der Treppe.
Wichtig: Die Türe der Hütte weist stets nach Norden, um zu verhindern, dass beim Öffnen Sonnenstrahlung auf die Instrumente fällt.
Wird eine Wetterhütte voll instrumentiert, so gehören dazu:

1 trockenes Thermometer (senkrecht)
1 feuchtes Thermometer (senkrecht)
1 Maximumthermometer (waagrecht)
1 Minimumthermometer (waagrecht)
1 Hygrometer
1 Thermograf
1 Hygrograf

Näheres über diese Instrumente siehe Seite 142.
Da neben der Lufttemperatur auch die Luftfeuchtigkeit bestimmt werden soll, ist auf alle Fälle die Montage der vier Thermometer anzustreben.

Am Himmel hakenförmige Eiswolken (Cirren), am Horizont mittelhohe Quellwolken (Cumuli) im Übergang zu Gewitterwolken.

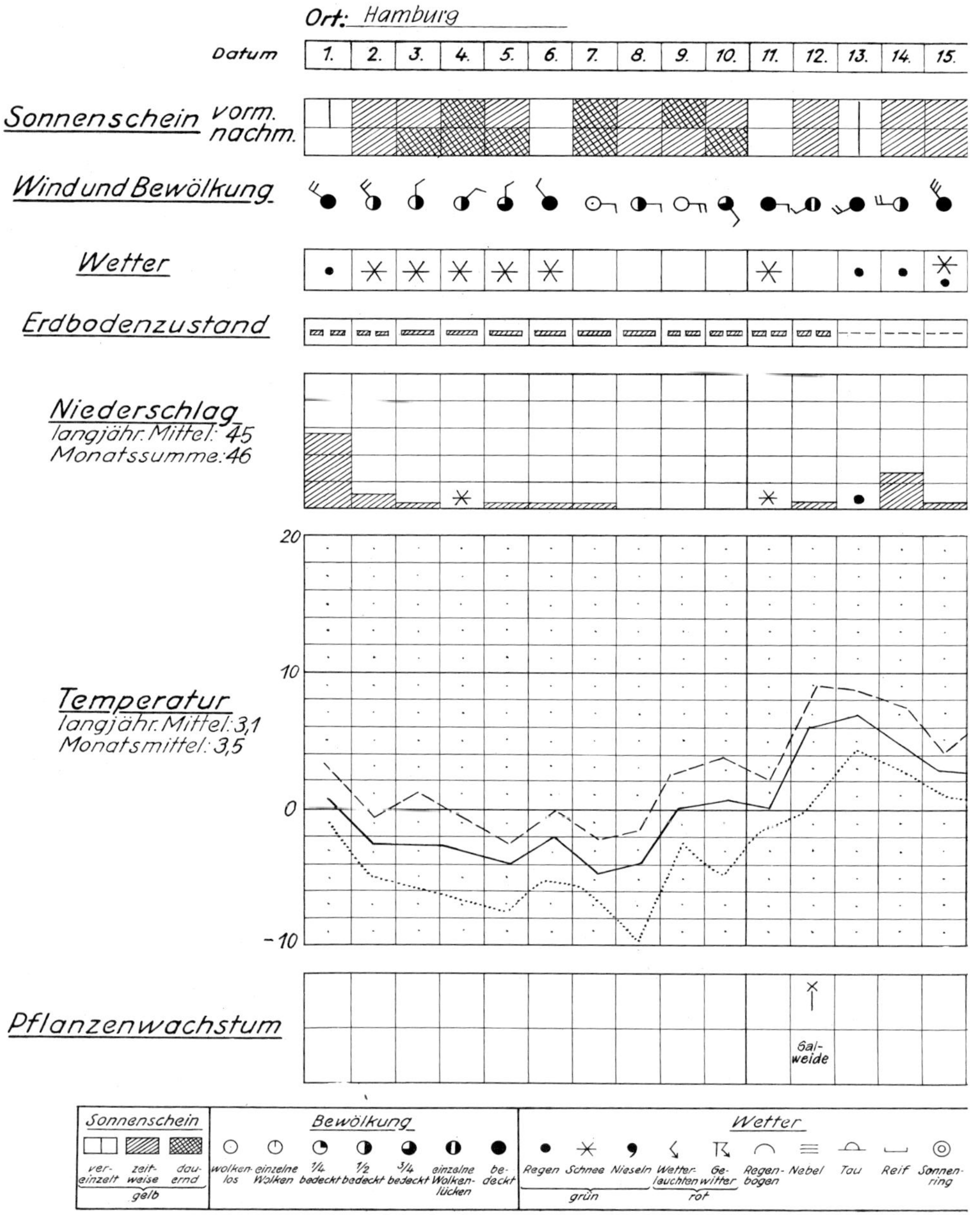
Ort: Hamburg
Datum
1. 2. 3. 4. 5. 6. 7. 8. 9. 10. 11. 12. 13. 14. 15.
Sonnenschein vorm. nachm.
Wind und Bewölkung
Wetter
Erdbodenzustand
Niederschlag
langjähr. Mittel: 45
Monatssumme: 46
20
10
0
-10
Temperatur
langjähr. Mittel: 3,1
Monatsmittel: 3,5
Pflanzenwachstum
Sal-weide
Sonnenschein
ver-einzelt
zeit-weise
dau-ernd
gelb
Bewölkung
wolken-los
einzelne Wolken
1/4 bedeckt
1/2 bedeckt
3/4 bedeckt
einzelne Wolken-lücken
be-deckt
Wetter
Regen
Schnee
Nieseln
grün
Wetter-leuchten
Ge-witter
rot
Regen-bogen
Nebel
Tau
Reif
Sonnen-ring

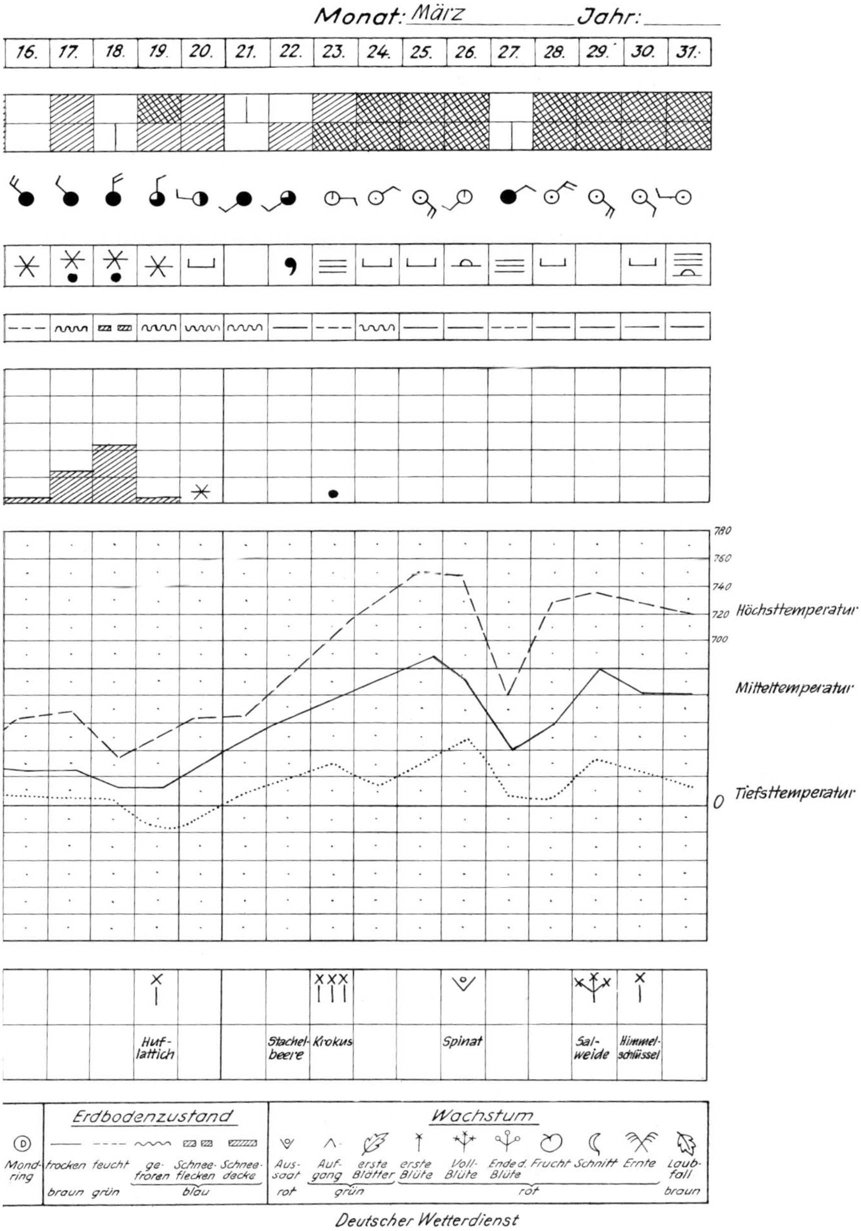
Monat: März Jahr:
16. 17. 18. 19. 20. 21. 22. 23. 24. 25. 26. 27. 28. 29. 30. 31.
780
760
740
720
700
0
Höchsttemperatur
Mitteltemperatur
Tiefsttemperatur
Huf-lattich
Stachel-beere
Krokus
Spinat
Sal-weide
Himmel-schlüssel
Erdbodenzustand
Wachstum
Mond-ring
trocken
feucht
ge-froren
Schnee-flecken
Schnee-decke
braun
grün
blau
Aus-saat
Auf-gang
erste Blätter
erste Blüte
Voll-Blüte
Ende d. Blüte
Frucht
Schnitt
Ernte
Laub-fall
rot
grün
rot
braun
Deutscher Wetterdienst

Will man die Niederschlagsmengen am Beobachtungsort feststellen, kommt man um die Aufstellung eines Regenmessers nicht herum. Auch für den Bau dieses Geräts hält der Deutsche Wetterdienst eine Anleitung bereit. Niederschläge kann man entweder messen, wenn man die Höhe des Wassers über dem Boden (wenn nichts ablaufen oder einsickern kann) misst (»Regenhöhe«), oder man bestimmt die Menge des Niederschlags auf eine bestimmte Fläche (»Regenmenge«). Die Regenhöhe wird in Millimetern gemessen, die Regenmenge in Litern pro Quadratmeter.
Zu den wichtigen Messinstrumenten, die für jede Wetterbeobachtung benötigt werden, gehört natürlich auch der Luftdruckmesser, das Barometer (siehe Seite 127).
Zum genaueren Kennenlernen des Wettergeschehens, ebenso wie zur vergleichenden Betrachtung örtlicher Verhältnisse werden Beobachtungsreihen benötigt. Mit anderen Worten: Die Beobachtungen bekommen erst dann Gewicht, wenn sie täglich mehrmals (morgens, mittags, abends) durchgeführt und aufgezeichnet werden. Die Beobachtungen sollten dann stets zur selben Zeit, am selben Ort und auf gleiche Art und Weise erfolgen.
Recht hilfreich für jeden Wetterbeobachter (und nicht nur als wetterkundliches Lehrmittel an Schulen geeignet) ist das vom Deutschen Wetterdienst herausgegebene »Wetterübersichtsblatt« (siehe Abb. auf Seiten 296/297).
Das Wetterübersichtsblatt ermöglicht die Aufzeichnung der wichtigen Wetterbeobachtungen eines Monats. Zur Vereinfachung der Eintragung

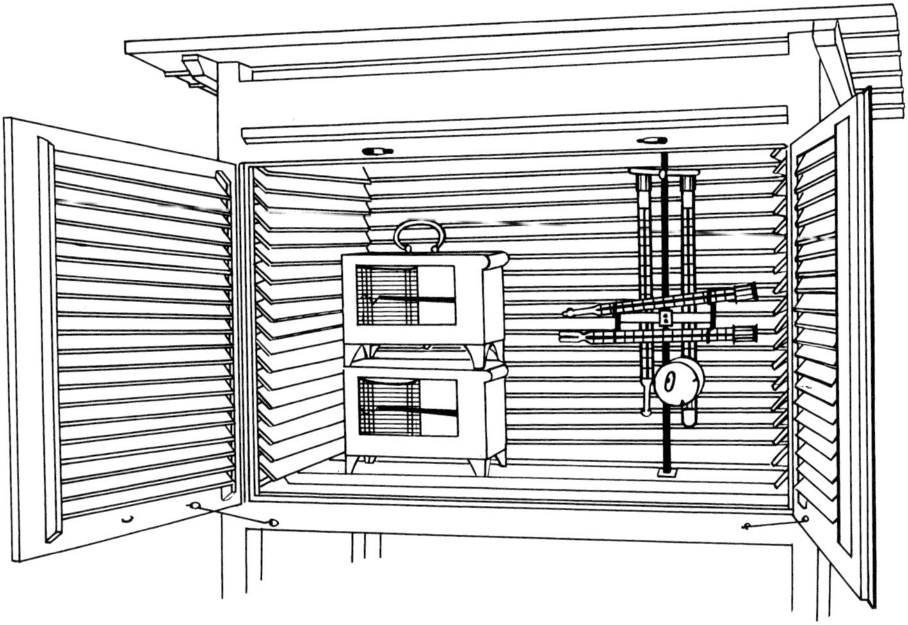

Wetterhütte (»Englische Hütte«) mit Thermograf und Hygrograf (links) und je ein trockenes und feuchtes Thermometer (rechts senkrecht) sowie je ein Maximum- und Minimum-Thermometer (rechts waagrecht).

verwendet der Beobachter die bekannten wetterkundlichen Symbole (siehe Seite 166). Zur besseren Sichtbarmachung bestimmter Wettererscheinungen kommen noch farbige Markierungen dazu:

- gelb für Sonnenschein,
- grün für Regen, Schnee, Bodennässe (auch Niederschlagsmengen),
- blau für Kälte am Boden,
- braun für trockenen Boden, auch für Herbstlaub,
- rot für gefährlich erscheinende Wetterlagen (Gewitter!),
- rot und blau für die tägliche Maximal- bzw. Minimaltemperatur.

Eine besondere Bereicherung des Wetterübersichtsblattes stellen die Angaben über die beobachteten Wachstumsphasen wichtiger Pflanzen dar: »Als Wirkung der Witterung auf Pflanzen und Tiere (auf diese auch in ihrer Abhängigkeit von pflanzlicher Nahrung) stellen sich Wachstumsphasen und bestimmte Formen der Lebensäußerung Jahr für Jahr zu verschiedenen Zeiten ein, spiegeln also den gesamten vorangehenden Witterungsablauf wider.«
Der Deutsche Wetterdienst liefert eine »Erläuterung für das Eintragen in das Wetterübersichtsblatt (Arbeitsbogen)«, die – wie alle anderen in diesem Abschnitt genannten gedruckten wetterkundlichen Lehrmittel – von folgender Stelle sehr preiswert bezogen werden können: Deutscher Wetterdienst, Geschäftsfeld Seeschifffahrt, Bernhard-Nocht-Str. 76, 20359 Hamburg.

Mobile Wetterstation nach VDI 3786 Blatt 13 für meteorologische Sondermessungen und Umweltmeteorologie (W. Lambrecht, Göttingen).

Kleines Lexikon wetterkundlicher Begriffe

Advektionssmog Erfasst größere Gebiete (»grenzüberschreitend«), sogenannter Ferntransport von Schadstoffen (SO_2) in mehreren 100 m Höhe, über Entfernungen von 1000 km und mehr.

Aerologie Meteorologisches Forschungsgebiet zur Erkundung der freien Atmosphäre (bis etwa 30 km Höhe).

Aeronomie Geophysikalisches Forschungsgebiet zur Erkundung der hohen Atmosphäre (über 60 km Höhe).

Aerosole Winzige feste oder flüssige Teilchen in der Luft. Pro Kubikzentimeter kann in Großstädten die Zahl der Teilchen mehrere Millionen betragen. Zum Vergleich: in der Arktis und Antarktis häufig weniger als 10 Aerosole je Kubikzentimeter.

Aitken-Kerne Sehr kleine Partikel in der Atmosphäre (Radius etwa 0,03 Mikrometer).

Alpenglühen Das Purpurlicht beleuchtet in der Dämmerung die Berge in den Alpen. Besonders ausgeprägt, wenn die Sonne 4° unter dem Horizont steht.

Altweibersommer Spätsommerliche Schönwetterlage im September. Ursache: Festlandhoch über Russland. Kann mehrere Wochen dauern. Gleiche Wetterlage auch im Oktober möglich (»Goldener Oktober«).

Anabatischer Wind Ein aufwärts strömender Wind.

Anti-Treibhauseffekt Verschmutzung der Atmosphäre durch natürliche oder von Menschen ausgelöste Katastrophen (Vulkanausbrüche, Großbrände in Kriegen) behindert die Sonnenstrahlung hoch in der Tropo- und Stratosphäre. Die Folge ist Abkühlung.

Aquaplaning Bezeichnung für die Wasserglätte, speziell auf regennassen Straßen. Die Autoreifen können das Zuviel an Wasser auf der Fahrbahn nicht mehr über ihr Profil ableiten. Für den Autofahrer entsteht eine mit Glatteis vergleichbare Situation.

Aride Landschaften Trockene Regionen mit Wüstencharakter.

Arktis-Hurrikane Polartiefs, die über dem Nordmeer entstehen und Hurrikanstärke erreichen. Auslöser sind kalte Fallwinde über Grönland Richtung Süden ins offene Meer, wo sie auf feuchte und wärmere Luft stoßen.

Atmosphäre Die Lufthülle der Erde, in deren unteren Schichten (bis 15 km Höhe) sich das Wettergeschehen abspielt. Gemisch aus Stickstoff (78 %) und Sauerstoff (21 %). Rest von 1 % verschiedene Gase, u. a. Kohlendioxid, für das Wettergeschehen wichtig.

Aureole Bläulich-weiße Aufhellung um Sonne und Mond (»Hof«) bei Auftreten dünner Wolkenschichten. Ursache: diffuse Zerstreuung von Licht an Wasserpartikeln unterschiedlicher Größe. Außen braunrot umsäumt.

Azorenhoch Hochdruckgebiet im Bereich der Azoren. Gehört zum subtropischen Hochdruckgürtel der Nordhemisphäre der Erde. Oft Ausgangspunkt für Schönwetterlagen in Mitteleuropa. Beeinflusst aber auch Westwettereinbrüche (zusammen mit dem Islandtief).

Baumgrenze Eine auf der Erde unterschiedliche Höhengrenze für das Wachstum der Bäume, z. B. in den Alpen um 2400 m, in der Arktis bereits bei etwa 700 m. Ursache u. a. zunehmender Wassermangel in einer Klimazone.

Beschlag Bezeichnung für Erscheinungen, die im Zusammenhang mit der Bildung von Raufrost oder Raureif z. B. an Ästen und Bäumen entstehen.

Biomasse Gesamtheit der organischen Materie (Lebewesen, Pflanzen) auf der Erde. Wichtig u. a. als Kohlenstoffspeicher und damit für die Klimagestaltung.

Biometeorologie (Medizinmeteorologie) Auswirkungen von Wetter, Witterung und Klima auf gesunde und kranke Menschen.
Biosphäre Teil des Klimasystems, der von pflanzlichen und tierischem Leben erfüllt ist. Überall wo Klima stattfindet gibt es Leben.
Biotop Ort mit typischen Pflanzen und Tieren, die von den gegebenen Umweltbedingungen abhängig sind (Beispiel: Almwiese).
Biotropie Einwirkung des Wetters auf das menschliche Wohlbefinden (z. B. Föhn, Schwüle).
Blauer Jet Blitz in der oberen Atmosphäre (15–45 km Höhe) über den Gewitterwolken mächtiger Sturmsysteme, wie sie z. B. über den USA auftreten. Möglicherweise ein Phänomen des Energieaustausches zwischen Erde und Weltraum.
Blutregen Von rötlichem Saharastaub gefärbter Regen.
Blutschnee Auftreten von roten Flecken im Schnee der Hochalpen und auch der Polargebiete. Ausgelöst durch Algen.
Depression Bezeichnung für Tiefdruckgebiet (Zyklone).
Desertifikation Bisher mit Pflanzen bewachsene Landschaften werden Wüste. Dadurch nimmt der Anteil von Staub in der unteren Atmosphäre zu. Führt zur Beeinflussung der Niederschlagsmenge.
Diamantenschnee Sehr feine Eiskristalle, die bei starker Kälte, Windstille und blauem Himmel auftreten.
Divergenz Das Auseinanderströmen der Luft in einem Hochdruckgebiet.
Dunst Anlagerung von Wasserdampfmolekülen an die Kondensationskerne. Vorstufe des Niederschlags. Dunst mindert die Sicht (»Dunsttrübung«). Bei Sichtweiten unter 1000 m beginnt Nebel.
Dürrezeit Ein Abschnitt in der Wachstumszeit ohne oder mit nur geringem Niederschlag. Wiederkehrende Dürrekatastrophen kennzeichnen z. B. das Klima südlich der Sahara.
Einzellengewitter Dauer bis zu einer Stunde. Selten ein Unwetter (Wärmegewitter im Sommer).
Eis Kristallisiertes Wasser bei Abkühlung auf 0 °C (»Gefrierpunkt«). Verschiedene Formen: Schnee, Firn, Firneis, Gletschereis, Glatteis, Reif. Wasserdampf aus größeren Höhen verdunstet und kondensiert in darunter liegender Kaltluft zu Nebel oder sublimiert zu Eiskristallen.
Eisblumen Eiskristalle an Fenstern bei sehr niedrigen Außentemperaturen. Im Zimmer muss der Taupunkt in Scheibennähe unter dem Gefrierpunkt liegen. So kann Feuchtigkeit aus der Zimmerluft an der Scheibe sublimieren (direkter Übergang vom gasförmigen in den festen Zustand).
Eisbohrkerne Methode zur Analyse tiefer Eisschichten in der Arktis und Antarktis. Liefert u. a. Aufschlüsse über das Klima während der Eiszeiten.
Eisheilige 12. bis 15. Mai (Pankratius, Servatius, Bonifatius, Kalte Sophie). In der Volksmeinung kalte Tage mit Nachtfrost. Ursache: Nordwetterlagen mit Kaltlufteinbrüchen, die typisch für Frühjahr und Frühsommer (»Schafkälte« im Juni) sind. Die Statistik zeigt, dass in den letzten zwei Jahrzehnten eine besonders warme Witterung deutlich häufiger war als die Kaltwetterlage.
Eisregen Regen, der in eine Luftschicht fällt, die kälter als 0 °C ist. Ohne zu gefrieren wird der Regen unter den Gefrierpunkt abgekühlt. Fällt er auf »kalte« Gegenstände (unter 0 °C), bildet sich sofort Eis.
Eistage Tage mit Dauerfrost. Die Temperatur bleibt 24 Stunden unter 0 °C.
Eiszapfen Können z. B. entstehen bei Eisregen, wenn nicht gleich sämtliches Wasser gefrieren kann. Das Wasser läuft abwärts, kühlt ab und gefriert. Es kommt zur Bildung von Eiszapfen.

Besonders große Eiszapfen entstehen bei Temperaturen etwas über 0 °C und Sonnenschein. Beispiel: tauender Schnee auf Dächern. Ein Teil des aufgetauten Wassers verdunstet. Dadurch sinkt die Temperatur unter 0 °C und die Eiszapfen »wachsen«.

Eiszeit Änderungen in der Exzentrizität der Erdbahn und in der Neigung und Ausrichtung der Erdachse beeinflussen den Ablauf der Jahreszeiten. Das führte 8-mal innerhalb der letzten Million Jahre zu Eiszeiten: Der Schnee blieb in den Bergen und im Flachland der nördlichen Breiten auch im Sommer liegen. Der verdichtete Schnee bildete Gletscher und ausgedehnte Eisschilde.

Elmsfeuer Entladungen des luftelektrischen Feldes während eines Gewitters. Sichtbar z. B. an Türmen und Blitzableitern in Form von schwachen Funken. Begleitet von knisternden Geräuschen.

El Niño Zeitweises Eindringen von warmem Oberflächenwasser in den Pazifik vor den Küsten Perus und Ecuadors. Auslöser sind Luftdruckschwankungen zwischen westlichem und östlichem Pazifik in Äquatornähe. Vermutete Ursache für Klimaanomalien.

Emissionshandel Die Industrienationen müssen verschieden hohe Reduktionen der Treibhausgase erreichen. Jeder Staat hat ein bestimmtes Kontingent. Wer sein Budget nicht ausschöpft, kann Emissionszertifikate gutschreiben lassen oder an andere Staaten verkaufen.

Erosion Wirkung von Wasser, Eis (Gletscher) und Wind auf die Erdoberfläche.

Fata Morgana Anomaler Verlauf der Lichtstrahlen in bodennahen Luftschichten, der Luftspiegelungen auslöst.

Feinstaubemissionen Sehr feine Partikel, die verschiedene Verursacher haben, u. a. Baustellen, Hausbrand, Industrie, Landwirtschaft, Verkehr. Sie werden nicht in der Nase abgeschieden, sondern gelangen in die Lunge, in den Blutkreislauf und in Körperorgane.

Festlandshoch Ortsfestes Hoch über Osteuropa (Russland). Südöstliche Winde bringen warme Luft nach Mittel-, West- und Nordeuropa. Charakteristisch für längere Schönwetterperioden im Sommer und im Herbst.

Firn Schnee im Hochgebirge, der wiederholt geschmolzen und wiedergefroren ist. Körnige Struktur. Aus Firn entwickelt sich im Lauf der Jahre Firneis und dann Gletschereis.

Flussüberschwemmung Nach ergiebigen Niederschlägen über großen Flächen. Auch bei Schneeschmelze.

Föhn An der Alpensüdseite zum Aufsteigen gezwungene Luft erwärmt sich auf der Alpennordseite durch das Absteigen. Der Föhnwind auf der Alpennordseite lässt in wenigen Stunden die Temperatur um 10–15 °C steigen. Sehr klare Luft. Typische Föhnwolken.

Frostaufbruch Beim Gefrieren dehnt sich mit Wasser getränkter Boden aus und hebt z. B. den Straßenbelag an.

Frosttage Tage, an denen das Thermometer zeitweise unter Null sinkt.

Genuatief Tiefdruckgebiet im westlichen Mittelmeer. Von den Alpen nach oben abgelenkte polare Kaltluft übt eine Sogwirkung aus, die die Tiefdruckbildung auslöst. Damit oft verbunden Unwetter in Italien und an der französischen Riviera.

Gewitter Folge rasch aufsteigender feuchtwarmer Luft (bis 10 km Höhe). Dabei Bildung der typischen Gewittertürme (Cumulus), aus denen starker Niederschlag (Regen, Graupel, Hagel) niedergeht. Dabei starke elektrische Aufladung. Bei zu großem Spannungsunterschied: Blitz.

Gletscher Im Firnschnee der Hochgebirge und Polargebiete entsteht unter dem Schneedruck und dem Einfluss der Erdwärme Eis. Es formiert sich zu Strömen, die sich hangabwärts bewegen.

Globale Zirkulation Die weltweiten Windsysteme in der Atmosphäre, die z. B. für die großräumige Verbreitung von Schadstoffen sorgen. In erster Linie aber ist die globale Bewegung von Luftmassen für Wetterentwicklung und Klima verantwortlich.

Globalstrahlung Die Gesamtstrahlung unmittelbar von der Sonne und mittelbar vom Himmel auf eine Fläche, z. B. je Quadratzentimeter.

Glorie Im Nebel als farbiger Kern um den Sonnenschatten von Personen.

Golfstrom Warme Meeresströmung. Ursprung im Golf von Mexiko. Strömt nach Nord- und Westeuropa und beeinflusst dort das Klima.

Graupel Niederschlagsform aus kleinen undurchsichtigen Eiskörnchen. Bilden sich beim Zusammenprall unterkühlter Wassertropfen mit Eiskristallen. Tropfen und Kristalle gefrieren zusammen. Meist bei Gewittern zu beobachten.

Grenzschicht Im Unterschied zur freien Atmosphäre der Bereich, in dem die Erdoberfläche das Windfeld beeinflusst (Dicke 1000 m).

Großwetterlage Großräumiges Wettergeschehen mit der Tendenz, sich jahreszeitlich oder jährlich zu wiederholen. Abhängig z. B. von der Sonneneinstrahlung. Beispiel: Festlandhoch über Osteuropa im Spätsommer. Wichtig für langfristige Wettervorhersage.

Grundwasser Das im wasserdurchlässigen Erdboden versickerte Regen-, Schmelz- und Flusswasser. Undurchlässige Bodenschichten (z. B. Lehm) verhindern ein weiteres Absinken. Das Grundwasser und seine Qualität sind wichtig für die Wasserversorgung (»Grundwasserverschmutzung«).

Hagel Niederschlagsform aus mehrere Zentimeter großen Eisstücken. Hühnereigroße Hagel»körner« sind möglich. Die Körner wachsen allmählich als Folge von Eisanlagerungen während des Weges durch die Luftschichten. Hagel bildet sich vor allem bei Gewittern.

Halo Optische Erscheinung in der Atmosphäre. Ringe mit Radius 22° und 46° rund um Sonne oder Mond. Entstehen durch Brechung und Beugung des Sonnen- bzw. Mondlichtes an Eiskristallen. Diese Eiskristalle finden sich in Cirruswolken. Bedingt ist daher Halo ein Anzeichen für Schlechtwetter.

Harsch Bezeichnung für die Eisschicht, die auf einer Schneedecke entsteht, wenn die Schneeoberfläche schmilzt und wieder gefriert.

Hitzewelle Mehrtägig Tagesmaximum der Lufttemperatur über 30 °C. In den USA eine Periode von mehr als drei aufeinanderfolgenden Tagen mit Temperaturen von über 90 °F (32,2 °C).

Hoch Gebiet hohen Luftdrucks. Absinkende Luftbewegung hat wolkenauflösende Wirkung (schönes Wetter). Eine Zone permanenten Hochdrucks zwischen 20–30 Grad nördlicher Breite (»subtropischer Hochdruckgürtel«). Zwischenhoch (»Hochdruckkeil«) verspricht nur kurzfristig Wetterbesserung.

Hochsommer Der Zeitraum von Anfang Juli bis Mitte August. Entsprechend wird die Zeit von Januarbeginn bis Mitte Februar als Hochwinter bezeichnet.

Hochwasser Erhebliche Überschreitung des langjährigen Mittelwerts des Wasserstandes oder des Abflusses eines Flusses. Jeder See und jeder Flussabschnitt haben eigene Hochwassermesszahlen. Hochwasser wird besonders ausgelöst von Schmelzwasser im Frühjahr und starken Regenfällen.

Hof Optische Erscheinung in der Atmosphäre. Beugung des Sonnen- oder Mondlichtes an Wassertropfen einer Wolke und Bildung eines weißgelblichen Scheins rund um Sonne oder Mond. Besonders kräftige Hofbildung bei hoher Schichtbewölkung (Ankündigung schlechten Wetters).

Höhentief Tiefdruckgebiet in ungefähr 5000 m Höhe. Sehr wirksam für die Wetterentwicklung am Boden.

Humide Landschaften Feuchte Regionen mit viel Niederschlag.

Hundertjähriger Kalender Grundlage sind die 7-jährigen Wetterbeobachtungen des Abtes M. Knauer 1652–1658. Später wurde angenommen, das Wettergeschehen unterliege einem 7-jährigen Rhythmus. Die Vorhersagen auf dieser Grundlage sind sehr zufällig.

Hundstage Ende Juli bis Anfang August. In der Volksmeinung besonders heiße Sommertage. Die Ausbildung einer beständigen Hochdrucklage in der zweiten Julihälfte führt zu einer Schönwetterlage mit Höchsttemperaturen. Name bezieht sich auf Stern Sirius im Großen Hund, der am Morgenhimmel sichtbar wird.

Hydrosphäre Die Ozeane, das Grundwasser und das atmosphärische Regenwasser bilden die Hydrosphäre.

Imissionen Chemische und physikalische Einwirkungen auf Lebewesen, Pflanzen und Umwelt.

Inversion Starke Abkühlung bodennaher Luftschichten bei einem Hoch führt zur Bildung eines Kaltluftpolsters unter höherer Warmluft (Bodeninversion). Das unterbindet Luftströmungen in die Höhe. Führt zu Stauungen der Abgase unterhalb der Warmluft. Besonders im Herbst und im Winter.

Islandtief Tiefdruckgebiet über dem Atlantik, in der Nähe von Island. Beeinflusst die das ganze Jahr für West-, Nord- und Mitteleuropa charakteristische Westwetterlagen, besonders in Verbindung mit einem Azorenhoch: viel Wind und Niederschlag, kurzfristige Aufheiterungen.

Jetztprognose (Nowcasting) Wettervorhersage bis zu 2 Stunden, insbesondere Warnung vor Gefahren.

Kältefalle Bereich in der Atmosphäre zwischen 9000 und 17000 m Höhe. Hier erniedrigen relativ hoher Luftdruck und tiefe Temperatur gemeinsam den Sättigungspunkt auf einen Minimalwert. Gelangt Wasserdampf aus tieferen Schichten zur Kältefalle, kondensiert er nahezu vollständig aus. Folge: sehr trockene Stratosphäre. Nur wenig Wasserdampf wird an den Weltraum abgegeben.

Kaltluft Ursprung in Nordeuropa, Polargebiet (»Polarluft«). Kalte Luftmassen unterströmen Warmluft. Ein Prozess, der zu Wolkenbildung und Niederschlägen führt (Kaltfront). Maritime Kaltluft ist vorgewärmt (vom Atlantik), kontinentale Polarluft besonders kalt.

Kaltluft-Tropfen Höhentief zwischen 5000 und 10000 m Höhe. Kern besteht aus sehr kalter Luft. Wetterwirksam für Gewitter und Starkregen.

Katabatischer Wind Ein abwärts strömender Wind.

Klimaoszillation Phasen ungewöhnlich warmer und kühler Oberflächentemperatur des Meeres im Nordatlantik, die jeweils mehrere Jahrzehnte andauern.

Klimatologie Forschungsgebiet zur Erkundung des Klimas. Nicht nur für Meteorologen wichtig. Biologen, Mediziner, Forst- und Landwirte sind gleichermaßen daran interessiert.

Koagulation Bildung von Wassertropfen in einer Wolke aus kleinsten Wasserpartikeln.

Kontaminierung Radioaktive Verunreinigung, z. B. der Luft.

Konvektives Aufsteigen Senkrechte Luftbewegungen nach oben als Ausgleich für absteigende Luft an einem anderen Ort.

Konvergenz Das Einströmen der Luft in einem Tiefdruckgebiet.

Kryosphäre Schnee und Gletscher und andere Formen des gefrorenen Wassers (Eis) gehören zur Kryosphäre.

Labradorsturm Kalte Meeresströmung aus den Nordpolarmeeren. Driftet südwärts und löst beim Zusammentreffen mit dem Golfstrom Nebel und Tiefdruckgebiete an der nordamerikanischen Ostküste aus.

Landregen Warme Luft gleitet auf kühlerer auf und löst mehrere Tage dauernde Regenfälle aus. Regen fällt gleichmäßig, nicht schauerartig.

Lawine Abgleiten von Schnee und Eis auf steilen Hängen, besonders im Hochgebirge.

Leuchtende Nachtwolken Hauptsächlich in polaren Breiten zu sehende zirrenartige silbrighelle Wolken in der Zeit zwischen Ende der bürgerlichen und der astronomischen Dämmerung. In Höhen über 80 km.

Lithosphäre Die Erdkruste (Festländer, Gebirge). Dafür gibt es auch die Bezeichnung Geosphäre.

Lostage Bestimmte Tage im Jahr, deren Wettergeschehen Anhaltspunkte für die langfristige Wetterentwicklung geben soll. Diese und die »Bauernregeln« beruhen auf der im Prinzip richtigen Erfahrung, dass Kalt- und Warmlufteinbrüche für bestimmte Jahreszeiten typisch sind. Keine Gesetzmäßigkeit!

Luftdruck Druck der Atmosphäre auf jeden Ort der Erdoberfläche. Gemessen in Millimeter Quecksilbersäule (760 mm in Meereshöhe), neuerdings meist in Hektopascal (1013,2 hPa in Meereshöhe). Der Luftdruck nimmt mit der Höhe ab. Die Luftdruckverteilung ist ein wesentlicher Anhaltspunkt für die Beurteilung der Wetterentwicklung.

Luftelektrizität Vertikales Spannungsgefälle in der Atmosphäre. Ionen in der Luft machen den Aufbau elektrischer Felder möglich, die durch Gewitter abgebaut werden. Die in der Atmosphäre ausgelösten elektromagnetischen Störungen (»spherics«) helfen bei der Ortung von Gewittern. Luftelektrizität gilt als wesentlicher Faktor für Wetterfühligkeit.

Luftfeuchtigkeit Der Anteil von Wasserdampf in der Luft. Die Luft kann bei einer bestimmten Temperatur nur eine bestimmte Menge Wasserdampf aufnehmen (»Sättigung«). Ein Mehr darüber schlägt als Wasser nieder. Die Temperatur, bei welcher Sättigung erreicht wird, heißt Taupunkt.

Luftgütemessnetz Luftmessnetz des Umweltbundesamtes zur Erfassung der Luftbelastung. Neben der Entwicklung der Luftverunreinigung wird der Ferntransport von Schadstoffen ermittelt. Die Messergebnisse dienen u. a. auch für das Smogfrühwarnsystem.

Lufthygiene Verbesserung der Luftqualität, besonders mithilfe von Maßnahmen gegen die Luftverschmutzung.

Lufttemperatur Die Temperatur der Luft nimmt nur bis 10 km Höhe ab. Danach bleibt sie konstant und nimmt allmählich wieder zu. Die Lufttemperatur hat Auslösemechanismus für das Wettergeschehen (Kalt- und Warmluft). Sie beeinflusst Luftdruck und Luftfeuchtigkeit.

Luftverschmutzung Anreicherung der Luft mit Schadstoffen, z. B. Schwefeldioxid, Stickstoffdioxid. Gegenmaßnahmen z. B. Einbau von Anlagen zur Rauchgasreinigung in Kraftwerken, Katalysator im Auto.

Makroklima Großräumiges Klima (über 2000 km).

Meeresströmungen Großräumige Bewegungen von Wassermassen in den Weltmeeren. Regelmäßige Winde (Passate, Monsune) lösen u. a. diese Strömungen aus. Auch Unterschiede in der Temperatur oder im Salzgehalt verursachen diese Strömungen, die sehr wetter- und klimawirksam sind (Humboldtstrom, Golfstrom, El Niño).

Mesoklima Klima der Räume zwischen 2 km und 2000 km. Insbesondere die meteorologischen Bedingungen, die das organische Leben unmittelbar berühren.

Mesozyklone Hohe Windgeschwindigkeit und Richtungsänderung mit der Höhe erzeugen einen rotierenden Aufwindbereich. Die sich bildende Gewitterzelle bezeichnet man als Superzelle mit Neigung zu extremen Wettererscheinungen (Hagel!).

Mikroklima Klima von Räumen bis zu 2 km Ausdehnung (»Kleinklima« eines Feldes).

Monsun Jahreszeitlich bedingter Wind. Vom kühlen Meer strömt im Sommer Luft gegen das warme Land (Sommermonsun), im Winter vom kalten Land auf das wärmere Meer hinaus (Wintermonsun). Zwar typisch für Asien, gibt es Monsunwetterlagen auch in Europa.

Multizellengewitter Starke Gewitter wachsen zu mehrzelligen Gebilden an und haben eine wesentlich längere Lebensdauer als Einzellengewitter. Oft entlang einer Kaltfront angeordnet.

Muren Bei Starkniederschlägen fließen mit dem Wasser Felsbrocken, Kies, Sand und Erde ab. Überschreiten diese Feststoffe 30 % des Abflusses, spricht man von Muren.

Nebel Erhöht sich die Zahl der Wassertropfen in der Luft und sie wird dabei mehr oder minder undurchsichtig, spricht man von Nebel. Vorwiegend bei Mischung von feuchter Warmluft mit Kaltluft. Es gibt Boden- und Hochnebel. Oft feiner, nässender Niederschlag.

Nullgradgrenze Lufttemperatur erreicht in der Höhe 0 °C. Jahreszeitlich unterschiedlich. Schwankt in Mitteleuropa zwischen 1000 und 3500 m im Durchschnitt.

Ozeane Die Weltmeere mit ihrer gewaltigen Wärmekapazität wirken wie ein großer thermischer Schwamm. Er nimmt Wärme auf und bremst so globale Temperaturerhöhungen unter nur geringer Eigenerwärmung ab.

Ozongesetz Kurzfristige Absenkung sommerlicher Ozon-Spitzenwerte (großräumige Fahrverbote). Das Ozongesetz ist am 26. Juli 1995 in Deutschland in Kraft getreten.

Ozonloch Abbau der Ozonschicht besonders in der Stratosphäre aufgrund verschiedener anthropogener Emissionen (Chlorkohlenwasserstoffe, N_2O), verbunden mit einem Anstieg der UV-Strahlung am Erdboden. »Löcher« an verschiedenen Stellen in der Atmosphäre beobachtet. Ozon ist neben Wasserdampf und CO_2 ein wichtiges strahlungsabsorbierendes Gas und für den Strahlungshaushalt der Erde unentbehrlich.

Packeis Eispressungen, z. B. in der Arktis und Antarktis, mit Höhen von 10 Metern und mehr.

Permafrost Bezeichnung für Boden, der ständig gefroren ist (z. B. Osten Sibiriens).

Phänologie Bezeichnungen zwischen Ablauf der jährlichen Witterung und der Entwicklung von Organismen, z. B. Verfrühung oder Verspätung der Apfelblüte. Erlaubt Rückschlüsse auf Klimawandel.

Planetare Wellen Luftmassen, deren Temperatur und Dichte über größere Entfernungen hinweg periodisch schwanken. Wellen mit Längen von einem Erdumfang entstehen, weil die Sonne immer nur eine Seite des Erdballs anstrahlt. Wellen mit Längen zwischen hundert und tausend Kilometern bilden sich beim Auftreffen der Luftströmung auf Gebirge.

Platzregen Regenschauer mit großen Wassertropfen (z. B. bei einem Gewitter).

Pollenanalyse Untersuchungen fossiler Pollen zur Gewinnung von Daten über Klimawandel auf der Erde in vergangenen Zeiten.

Purpurlicht Rötliche Dämmerungserscheinung am westlichen Horizont ungefähr eine Viertelstunde nach Sonnenuntergang.

Raufrost Bei Temperaturen unter 0 °C und Nebel, der aus unterkühlten Wassertropfen besteht.

Raunächte Zeit von Weihnachten bis zum Dreikönigstag. Das Wetter in diesen 12 Nächten soll das Wetter der kommenden 12 Monate widerspiegeln. Entbehrt der meteorologischen Grundlage.

Regen Niederschlagsform aus bis zu 6 mm großen Wassertropfen. Regentropfen wachsen durch Zusammenstöße von winzigen Wassertropfen und Eisteilchen, bis sie schwer genug sind, auf die Erde zu fallen. Sehr feine Wassertropfen erzeugen Sprühregen (Nieselregen).

Regenbogen Optische Erscheinung in der Atmosphäre, wenn Sonnenlicht von der Seite auf eine Schauerwolke fällt, z. B. bei abziehendem Regen. Ergebnis der Lichtbrechung. Spektralfarben von Rot bis Violett. Umso kräftiger, je größer die Regentropfen sind.
Regenwald Riesige Waldflächen in den Tropen mit großer Artenvielfalt. Charakteristisch ist die fotosynthetische Aktivität während des ganzen Jahres. Bindet mehr Kohlenstoff pro Flächeneinheit als landwirtschaftlich genutzte Gebiete.
Regenzeit In tropischen Gebieten die Jahreszeit mit besonders starken Niederschlägen.
Reif Niederschlag in fester Form. Tritt ein, wenn die Lufttemperatur unter den Gefrierpunkt sinkt. Wasserdampf sublimiert an Pflanzen oder am Boden zu einem weißen, glatten Belag. Auf Straßen Gefahr der Reifglätte (auch Glatteisbildung möglich).
Reinluftgebiete Die Luftgebiete über den Ozeanen mit geringer Anzahl von Kondensationskernen (10 bis 100 je Kubikzentimeter Luft). Über dem Festland liegt der Anteil bei 10^3 bis 10^6.
Saurer Regen Bezeichnung für Niederschläge mit deutlichen Spuren von Schwefel- und Salpetersäure als Folge der Umweltverschmutzung (pH-Wert um 4).
Schafskälte Erste Junihälfte. Volkstümliche Wetterregel, die auf kalte und regnerische Tage Anfang bis Mitte Juni hinweist. Beruht auf jahreszeitlich bedingten Nordwetterlagen mit Kaltlufteinbrüchen. Meist nur ein paar Tage lang.
Schmelzwasserströme Freisetzung von Süßwasser als Folge des Rückgangs der Vereisung am Ende der letzten großen Eiszeit vor 11000 Jahren. Von Einfluss auf das System Ozean – Atmosphäre.
Schnee Fester Niederschlag bei Temperaturen unter 0 °C. Sechsstrahlige Eissterne. Schöne feine Schneekristalle entstehen in großen Höhen bei –12 bis –16 °C. Aufbau zu Schneeflocken. Besonders bei Temperaturen um 0 °C kräftig entwickelte Flocken und ergiebige Schneefälle.
Schneebruch Durch nassen Schnee hervorgerufene hohe Gewichtsbelastung der Bäume. Sie führt häufig zum Brechen von Ästen und ganzen Bäumen.
Schwefelregen Blütenstaub wird vom Regen von Bäumen und Pflanzen gewaschen und färbt den Boden gelblich.
Schwüle Das Zusammentreffen von Wärme und hoher relativer Luftfeuchte, z. B. 20 °C und relative Feuchte 75 %. Wirkung auf den Organismus.
Siebenschläfertag 27. Juni. Alte Wetterregel, die besagt, dass Regen an diesem Tag regnerisches Wetter für die folgenden 7 Wochen ankündigt. Nur bedingt brauchbar.
Smog Stark eingeschränkter vertikaler Luftaustausch, z. B. niedrig liegende Inversion während einer Hochdruckwetterlage im Winter, und auch reduzierter horizontaler Luftaustausch, z. B. mangels genügender Windgeschwindigkeiten. Anreicherung der Luft mit Schadstoffen (SO_2, CO, NO_2 und Schwebstaub).
Sommertag Tag mit einer Mindesttemperatur von 25 °C.
Sonnenwind Von der Sonne wegströmendes ionisiertes, hauptsächlich aus Elektronen und Protonen bestehendes Gas (expandierende Sonnenatmosphäre).
Spitzenböe Die höchste Windgeschwindigkeit, die während eines Sturms gemessen wird. Spitzenböen eines Sturms erreichen 30 m/s und mehr.
Spurengase Gase in der Atmosphäre mit einem sehr kleinen Gesamtanteil (ca. 1 Prozent), aber mit großer Klimawirksamkeit. Spurengase sind u. a. Kohlendioxid, Methan, Chlor-Fluor-Kohlenwasserstoffe, Distickstoffoxid und Ozon.
Starkregen Erreicht die Niederschlagsmenge in

einer Stunde 17 Liter pro Quadratmeter und mehr, spricht man von Starkregen. Starkregenstatistiken sind z. B. zur Bemessung von Wasserbauten für Maßnahmen des Hochwasserschutzes von großer Bedeutung.

Stau Luftmassen werden an Gebirgszügen, die quer zur Anströmrichtung liegen, gestaut, z. B. Kaltluft aus dem Norden an den Alpen, die auch die aus dem Süden anströmende Luft stauen. Dabei kommt es oft zu tagelangen Niederschlägen (»Stauregen«).

Sturmflut Verursacht von starken auflandigen Stürmen, die unabhängig von Ebbe und Flut an Meeresküsten den Wasserstand extrem erhöhen.

Sturzflut Entstehung durch intensiven Niederschlag (Sommergewitter!) auf kleinem Raum mit hoher Reliefenergie.

Tau Bildung von kleinen Tröpfchen beim Unterschreiten der Sättigungsgrenze der Luftfeuchtigkeit. Diese Tröpfchen schlagen sich z. B. an Gräsern nieder. In klaren Sommernächten kann in Mitteleuropa die Tauproduktion bis zu 0,3 Liter pro Quadratmeter erreichen.

Thermohaline Zirkulation (THC) Wasserumwälzungen im Nordatlantik, die von Temperatur und Salzgehalt des Wassers angetrieben werden.

Tief Gebiet niedrigen Luftdrucks. Wirbelförmige Bewegung der Luftmassen. Bildung von Kalt- und Warmfronten. Wolkenbildende Prozesse herrschen vor. Träger wichtiger Wettererscheinungen: Wind (Sturm), Niederschläge. Typisch für West- und Nordwetterlagen.

Tiefenwasser Das Wasser in größeren Tiefen der Weltmeere. Ein Tiefenwasserstrom transportiert nahe dem Meeresboden stark salzhaltiges Wasser durch die Ozeane. Wichtig für das System Ozean – Atmosphäre und die Klimaentwicklung.

Tiefenzirkulation Das in große Tiefen der Weltmeere reichende Stromsystem. Gespeist wird die Tiefenzirkulation von absinkendem Kaltwasser, z. B. im Atlantik von Kaltwasser am Eisrand von Labrador (Kanada) und Grönland.

Tierverhalten Tiere haben zum Wettergeschehen ein unmittelbareres Verhältnis als der Mensch. Ihr Verhalten erlaubt Rückschlüsse auf manche Wetterentwicklung. Tiere fühlen aber nicht das kommende Wetter, sie reagieren nur auf bestimmte Wettervorgänge.

Treibhauseffekt Wie das Glas in einem Treibhaus übernehmen die Luftschichten über der Erde die Aufgabe, die Erdoberfläche zu erwärmen. Eingestrahltes Sonnenlicht wird am Boden teilweise absorbiert. Es entsteht Wärme (im Mittel auf der Erde +15 °C). Die mehratomigen Spurengase, die durch Reabsorption der infraroten Strahlung die Temperaturausstrahlung der Erde vermindern, vergrößern ihren Anteil in der Atmosphäre und verstärken so den Treibhauseffekt. Auf der Erde wird es wärmer.

Treibsonde Driftende Boje auf dem Meer, die Messdaten (z. B. Wassertemperatur, Salzgehalt) über Satelliten zu einer Bodenstation sendet. Sonden mit Tauchmechanismus können Strömungen in der Tiefsee messen und nach dem Auftauchen gespeicherte Daten an den Satelliten abgeben.

Troglage Besonders tiefer Luftdruck hinter einer Kaltfront in einem Tiefdruckgebiet (Zyklone). Verbunden mit starken bis stürmischen Winden und starker Niederschlagstätigkeit. Typisch um Island. Aber auch über dem Mittelmeerraum (z. B. im Sommer, mit Hochwasser im Flachland und Schneefällen im Gebirge).

Tropentag Tag mit maximaler Temperatur von 30 °C und mehr.

Tropischer Wirbelsturm Sammelbegriff für Stürme, die sich über tropischen Ozeanen bilden.

Tsunamibeben Erdbeben, dessen Hypozentrum unter dem Meeresboden liegt. Meterhohe Flutwellen erzeugen an Küsten oft schwerste Zerstörungen.

Uratmosphäre Atmosphäre der Erde in ihrer Frühzeit. Geringer Sauerstoffanteil. Anstieg des atmosphärischen Sauerstoffs setzte vor 2 Milliarden Jahren ein und war vor 400 Millionen Jahren beendet.

Vegetationsperiode Die Wachstumszeit der Pflanzen (Frühjahr bis Herbst). Europaweit wird ein deutlich früherer Beginn der Vegetationsperiode (Erwärmung) und damit eine Verlängerung der Vegetationsperiode (im Mittel 10 Tage) beobachtet.

Verstädterung 45 Prozent der Weltbevölkerung leben gegenwärtig in Städten. Im Jahr 2025 werden es 60 Prozent sein. Städte dehnen sich häufig in gefährdeten Gebieten aus (Überschwemmungszonen, Sturmflutzonen u.a.). Das Katastrophenrisiko wächst. Gleichzeitig tragen sie zum Klimawandel bei (Versiegelung der Stadtflächen mit Beton und Asphalt).

Vulkanismus Vulkanausbrüche auf der Erde bringen große Dunstwolken aus Schwefelsäuretröpfchen in die Stratosphäre. Solche Aerosole beeinflussen das Klima.

Waldbrand-Rauch Unterschiedlichste Gase, Aerosole, Dämpfe und Partikel gefährden nicht nur Menschen unmittelbar. Waldbrände verschmutzen die Luft (Smog) und beeinflussen Wetter und Klima.

Waldsterben Krankheitssymptome an Bäumen (z.B. Nadelvergilbung, Wachstumsanomalien). Nadel- und Laubbäume sind betroffen. Sehr komplexer Vorgang, da Krankheitsbilder in immissionsbelasteten Gebieten auftreten wie auch in sogenannten Reinluftgebieten. Zusammenwirken mehrerer Schadgase, gasförmiger Kohlenwasserstoffe und Fotooxydantien. Der »Saure Regen« ist nur einer von einer Reihe möglicher Schadfaktoren.

Warmluft Ursprung in südlichen Breiten, besonders im subtropischen Hochdruckgürtel. Warme Luftmassen gleiten an Kaltluft auf. Wolkenbildung und Niederschläge sind die Folge (Warmfront). Typisch dafür ist Landregen-Wetter. Insgesamt ist das Wettergeschehen ruhiger als beim Einbruch von Kaltluftmassen.

Warmzeit Periode der Erdgeschichte die vom Rückzug der Schneelagen, Gletscher und Eisschilde gekennzeichnet ist. Die heutige Warmzeit begann 9703 v. Chr.

Weltraumwetter Im Umfeld der Erde bewegt sich ständig ein Strom geladener Teilchen, die hauptsächlich von der Sonne kommen. Dieser Sonnenwind löst zum Teil heftige elektromagnetische Stürme aus, die Satelliten und elektrische Systeme auf der Erde schädigen können.

Welt-Wetterwacht-System Zusammenarbeit der nationalen Wetterdienste zur Sammlung von Wetter- und Klimadaten, z.B. von globalen Temperaturwerten.

Wetterleuchten Widerschein der Blitze entfernter Gewitter in den Wolken. Der nachfolgende Donner ist nicht wahrnehmbar.

Wetterscheide Geografische Trennung von Gebieten mit unterschiedlicher Witterung, z.B. durch Gebirgszüge (Alpen: Nordseite Föhn, Südseite Regen).

Wildbach In wenigen Minuten können Starkregen ein Rinnsal in einen reißenden Fluss verwandeln. Dabei erodieren Abhänge und Gerinne.

Wind Ausgleich des Luftdruckunterschieds zwischen zwei Orten. Vom Ort höheren Drucks strömt die Luft zum Ort niedrigeren Drucks. Die Windstärke reicht bis Sturm und Orkan (Beaufort-Skala!). Wind, Druck und Temperatur stehen in funktionaler Beziehung für das Wettergeschehen.

Windfeld Darstellung der maximalen Windgeschwindigkeit in Spitzenböen eines Sturms und ihre räumliche Abgrenzung.

Windschub Wind, der über eine Wasseroberfläche weht, übt eine mitschleppende Kraft auf sie aus. Der Windschub beschleunigt die obersten Wasserschichten.

Winterstürme Außertropische Stürme von Oktober bis April. Großräumige Stürme in Europa. Ein Sturm kann vom Norden Englands bis südlich der Alpen oder vom Atlantik bis weit nach Osteuropa hinein reichen.

Wirbelschleppe Ein Paar gegensinnig rotierender und langlebiger Wirbel hinter den Tragflächen jedes Flugzeugs, die vom Auftrieb erzeugt werden.

Wolken Die Abkühlung von Luft in der Höhe führt zur Kondensation von Wasserdampf und damit zur Wolkenbildung. Das verflüssigte Wasser kann als Niederschlag ausfallen oder auch in der Luft bereits verdunsten (Wolkenauflösung ohne Regen). Formen: Haufen- und Schichtwolken.

Wolkenbruch Heftiger Niederschlag (Regen). In Mitteleuropa 60 Liter pro Quadratmeter und Stunde und mehr.

Zwischenhoch Wandernde Hochdruckgebiete zwischen aufeinanderfolgenden Tiefdruckgebieten. Wetterbesserung in der Regel nur für 1 bis 2 Tage. Ausdehnung in die Höhe gering. Über dem Zwischenhoch meist andere Luftströmungen, in der Regel eine reine Westströmung.

Zyklonenfamilie Serienweise Folge von Tiefdruckgebieten (Zyklonen). Typisch für Westwetterlagen, die in Europa das ganze Jahr über vorkommen: wechselhaftes Wetter mit viel Niederschlag und Wind, dazwischen kurzfristige Aufheiterungen.

Weiterführende und verwendete Literatur

Alte meteorologische Instrumente. Herausgeber Meteoschweiz, Zürich 2000

BBC-Dokumentation Abenteuer Wetter. 2-DVD-Set, www.polyband.de, 2004

Behringer, W., Lehmann, H., Pfister, Ch. (Hrsg.): Kulturelle Konsequenzen der »Kleinen Eiszeit«. Vandenhoeck & Ruprecht, Göttingen 2005

Berliner Wetterkarte. Herausgeber Verein Berliner Wetterkarte, Carl-Heinrich-Becker-Weg 6–10, 12165 Berlin

Berner, U., Streif, H. (Hrsg.): Klimafakten. Der Rückblick – ein Schlüssel für die Zukunft. 2. Auflage. E. Schweizerbart'sche Verlagsbuchhandlung (Nägele u. Obermiller), 2001

Blume, G.: In Wind und Wetter – auf Türmen und Dächern: Wetterfahnen. Mehlhorn, Leipzig 1996

Bock, K.-H. et al.: Seewetter. Das Autorenteam des Seewetteramtes. 2. Auflage DSV-Verlag, Hamburg 2002

Dow, K., Downing, T. E.: Weltatlas des Klimawandels. Karten und Fakten zur globalen Erwärmung. 2. Auflage. Europäische Verlagsanstalt (eva), Hamburg 2007

Egger, J.: Vom Tornado zum Ozonloch: Eine Einführung in Meteorologie und Klimaforschung. Oldenbourg Schulbuchverlag, München 1999

Feyeraband, J.: Das Jahrtausend der Orkane, entfesselte Stürme bedrohen unsere Zukunft. Piper, München 2001

Frater, H.: Wetter und Klima. Moderiert vom ZDF-Wetterexperten Uwe Wesp. CD-Rom. 2. Auflage. Springer-Verlag, Berlin, Heidelberg, New York 2001

GEO kompakt Nr. 9: Wetter und Klima. Sonderheft der Zeitschrift GEO.

Glaser, R.: Klimageschichte Mitteleuropas. 1000 Jahre Wetter, Klima, Katastrophen. Primus Verlag, Darmstadt 2001

Grassl, H.: Wetterwende, Vision, Globaler Klimaschutz. Campus Verlag, Frankfurt a. M. 1999

Häckel, H.: Farbatlas Wetterphänomene. Ulmer Verlag, Stuttgart 1999

Häckel, H.: Meteorologie, 4. Auflage. Ulmer Verlag, Stuttgart 1999

Hammerl, C. (Hrsg.): Die Zentralanstalt für Meteorologie und Geodynamik 1851–2001. 150 Jahre Meteorologie und Geophysik in Österreich. Leykam, Graz 2001

Kaufeld, L.: Mittelmeerwetter. 3. Aufl. Klasing, Bielefeld 1998

Kaufeld, L.: Wetter der Nord- und Ostsee. Klasing, Bielefeld 1997

Klimastatusbericht (jährlich). Herausgeber und Verlag Deutscher Wetterdienst (DWD), Frankfurter Straße 135, 63067 Offenbach

Kraus, H.: Die Atmosphäre der Erde. Eine Einführung in die Meteorologie. Springer-Verlag, Berlin-Heidelberg 2003

Kraus, H., Ebel, U.: Risiko Wetter. Die Entstehung von Stürmen und anderen atmosphärischen Gefahren. Springer, Berlin 2003

Labitzke, K.: Die Stratosphäre. Phänomene, Geschichte, Relevanz, Springer Verlag, Berlin, Heidelberg, New York 1998

Lange, H.-D.: Die Physik des Wetters und des Klimas. Dietrich Reimer Verlag, Berlin 2002

Latif, M.: Bringen wir das Klima aus dem Takt? Fischer Taschenbuch Verlag, Frankfurt am Main 2007

Malberg, H. Bauernregeln. Aus meteorologischer Sicht. 4. Auflage. Springer Verlag, Berlin, Heidelberg, New York 2003

Malberg, H.: Meteorologie und Klimatologie, eine Einführung. 4. Auflage. Springer Verlag, Berlin, Heidelberg, New York 2002

METEO DISC – Beobachtung der Atmosphärendynamik aus dem Weltraum. Freie Universität Berlin, Zentraleinrichtung für Audiovisuelle Medien (ZEAM), Malteserstr. 74–100, 12249 Berlin

Meteorologische Zeitschrift. Herausgegeben von den meteorologischen Gesellschaften Deutschlands, Österreichs und der Schweiz. Verlag Gebrüder Borntraeger, Berlin und Stuttgart

Meteorologischer Kalender. Herausgeber Deutsche Meteorologische Gesellschaft, Zweigverein Berlin und Brandenburg, c/o Institut für Meteorologie der Freien Universität Berlin, Carl-Heinrich-Becker-Weg 6–10, 12165 Berlin. Erscheint jährlich

Michels, B.: Abendrot Schönwetterbot'. Wetterzeichen richtig deuten. blv, München 2003

Müller, M., Fuentes, U., Kohl, H. (Hrsg.): Der UN-Weltklimareport. Kiepenheuer & Witsch Verlag, Köln 2007

Münchner Rück (Hrsg.): Wetterkatastrophen und Klimawandel. Sind wir noch zu retten? pg Verlag, München 2005

Plate, J. E. und Merz, B. (Hrsg.): Naturkatastrophen. Ursachen, Auswirkungen, Vorsorge, E. Schweizerbart'sche Verlagsbuchhandlung (Nägele u. Obermiller), Stuttgart 2001

promet. Meteorologische Fortbildung. 4 Hefte im Jahr. Herausgeber und Verlag: Deutscher Wetterdienst, Frankfurter Straße 135, 63067 Offenbach a. M.

Prölss, G. W.: Physik des erdnahen Weltraums. Springer-Verlag, Heidelberg 2001

Scherhag/Lauer: Klimatologie. 10. Auflage. Verlag Westermann, Braunschweig 1982

Schönwiese, Ch.: Klimatologie. 2. Auflage. Verlag Eugen Ulmer, Stuttgart 2003

Schönwiese, Ch. und Janoschitz, R.: Klima-Trendatlas Deutschland 1901–2000. Eigenverlag des Instituts für Atmosphäre und Umwelt der Universität Frankfurt/Main 2008

Schulze-Neuhoff, H.: Faszination Wetter (CD-Rom). COLLECTMedia-Verlag, Troisdorf 1997

Vollmer, M.: Lichtspiele in der Luft. Atmosphärische Optik für Einsteiger. Spektrum-Verlag, Heidelberg 2006

Walch, D., Frater, H. (Hrsg.): Wetter und Klima. Springer Verlag, Berlin, Heidelberg 2004

Watts, A.: Das Wetterhandbuch. Delius Klasing, Bielefeld 1998

Wege, K.: Die Entwicklung der meteorologischen Dienste in Deutschland. Deutscher Wetterdienst, Offenbach a. M. 2002

Wetter und Klima. Spektrum der Wissenschaft, Spezial 3/2000, Heidelberg 2000

Zängl, W., Hamberger, S. (Hrsg.): Gletscher im Treibhaus. Eine fotografische Zeitreise in die Alpine Eiswelt. Tecklenborg Verlag, Steinfurt 2004

Die größte Spezialbibliothek für Meteorologie in Deutschland:

Deutsche Meteorologische Bibliothek
Frankfurter Str. 135
63067 Offenbach/Main
Tel.: 0 69/80 62-42 73
E-Mail: Bibliothek@dwd.de
Internet: http://www.dwd.de/bibliothek

Internetadressen

www.alpenverein.de	Bergwetter
www.bmu.de	Aktuelle Informationen über Umwelt- und Naturschutz (Bundesumweltministerium)
www.comapp-uwas.de	Neuartige Plattform für Unwetterwarnungen per Handy, Fax, PC oder Pager für Städte und Landkreise in Deutschland
www.discovery-channel.de	Informationen zum Klima- und Wettergeschehen
www.dmg-ev.de	Deutsche Meteorologische Gesellschaft (DMG)
www.dwd.de	Deutscher Wetterdienst (siehe auch Seite 272)
www.dwd.de/research/klis/index.htm	Klimatologische Daten im Deutschen Wetterdienst
www.ecmwf.int	Informationen über das europäische Wetterzentrum in Reading/England
www.emetsoc.de	European Meteorological Society
www.envisat.esa.it/	Informationen über den europäischen Erdbeobachtungssatelliten Envisat
www.eumetsat.de	Informationen über den Stand des europäischen Satellitenprogrammes
www.gcmp.dwd.de	Ausführlicher Überblick über das jährliche Klimageschehen in Europa

www.greenpeace.de	Informationen zu den Themen Klima und Klimaveränderung
www.ipcc.ch/index.html	Berichte des Intergovernmental Panel on Climate Change
www.klimageschichte.de	Das Klima in der Zeit von 1500 bis 1800
www.klimaschutz.de	Maßnahmen zum Klimaschutz, u.a. im kommunalen Bereich
www.lapeth.ethz.ch/sgm/	Schweizerische Gesellschaft für Meteorologie (SGM)
www.meteorologie.at	Österreichische Gesellschaft für Meteorologie (ÖGM)
www.mpimet.mpg.de	Max-Planck-Institut für Meteorologie in Hamburg
www.sturmwetter.de	Unwetterwarnungen
www.sundog.clara.co.uk/atoptics/phenom.htm	Erläuterungen zu atmosphärischen Erscheinungen
www.umweltbundesamt.de/klimaschutz/kargument.htm	Argumente gegen Klimaschutzskeptiker
www.umweltbundesamt.de/uba-infodaten/daten/aod.htm	Informationen Klimawandel und Gesundheit
www.unwetterzentrale.de	Unwetterwarnungen
www.wettergefahren.de	Unwetterwarnungen des Deutschen Wetterdienstes (DWD) mit Hintergrundinformationen zu Warnkriterien und möglichen Auswirkungen
www.wetterklima.de	Wetterverlauf für jeden Monat des Jahres
www.wetterpark-offenbach.de	Erster Wetterpark Europas. Lehrpfad und vollautomatische Wetterstation des DWD
www.wetterzentrale.de	Reichhaltiges Angebot von Bildern und Links

Internetadressen zu Wettersatelliten und Satellitenbildern siehe auch Seite 289.

Stichwortverzeichnis

Bildnachweis

Bahnmüller: 41, 77u, 101o
Bayer. Staatsministerium fürLandwirtschaft und Forsten: 15, 124
Deutscher Wetterdienst: 34, 122, 169, 170, 171, 269, 283
Deutscher Wetterdienst (DWD)/Lux: 10, 33, 47u, 91u, 94o, 96u, 119, 90u, 91o, 92u, 92o, 93o, 94u, 174-203, 227, 262, 264, 266, 270, 275, 277, 278, 279, 280, 287, 289, 293
DLR Schumann: 246
Döring: 55o
DWD/ddp: 121
Eisenbeiss: 51, 103
EUMET-SAT: 285, 286o
Hannig: 53
Hartmann R./ddp: 118
Heydt: 55u
Kämpfe: 1, 2/3, 12, 36, 73, 81o, 83, 85o, 87, 89, 90o, 95, 105, 126, 158, 161, 204, 206, 294
Kaiser: 99o
Kemmler/BLV Archiv Sport: 71
Kohlhauf: 39, 49, 57, 96o, 97o
Krügler: 59, 67, 69, 75, 81u, 93u, 101u, 109, 111o, 147-153
Lambrecht Meteorological Instruments: 299
Max-Planck-Institut für Meteorologie, Hamburg: 261
Meteomedia ag, Media design ag: 162
Mitteilungen DMG 02/2005 (U2): 155
Mitteilungen DMG 01/2006 (U2): 132
Mitteilungen DMG 03/2007 (U2): 33
MODIS Ocean Group/NASA GSFC und University of Miami: 282
MPG/Arnold: 99u
Münchner Merkur: 172
Nemec: 242
Phildius: 43
picture-alliance/ dpa/dpaweb: 116
picture-alliance/dpa: 257
Quedens: 216
Roth: 32, 45, 47o, 63, 65, 77u, 79
Schießler: 85u, 111u
Stückl. 9, 30, 59o, 77o, 107, 161
Theis A. & Co. KG: 142/143
ullstein bild/ap: 114
Ullstein/CARO/Muhs: 240
ullstein-bild/Imagebroker.net: 16, 245, 259
ullstein-bild-Reuters: 117
Uselmann: 113
Vergeiner: 61
Weber/Archiv KfG: 253

Grafiken: Barbara von Damnitz, außer:

S. 13: Münchner Rück
S. 251: SZ/Glaser R.
S. 281: Deutscher Wetterdienst
S. 284: Courtesy EUMETSAT
S. 286: ESA (European Space Agency)

Über den Autor

Studium der Wirtschaftswissenschaften an der Universität München mit den Nebenfächern Astronomie und Meteorologie. Letztere wurden zur Passion und der Autor beschäftigte sich jahrzehntelang mit der Erdatmosphäre und dem gestirnten Himmel. Günter D. Roth berichtete darüber in Büchern und Zeitschriften, u. a. von 1971 bis 2008 als Mitherausgeber der Monatszeitschrift Sterne und Weltraum. Er ist Mitglied der Astronomischen Gesellschaft (AG) und der Deutschen Meteorologischen Gesellschaft (DMG).

Bibliographische Information der Deutschen Bibliothek

Die Deutsche Bibliothek verzeichnet diese Publikation in der Deutschen Nationalbibliographie; detaillierte bibliographische Daten sind im Internet über http://dnb.ddb.de abrufbar.

12. Auflage, Neuausgabe

BLV Buchverlag GmbH & Co. KG
80797 München

Umschlagfotos:
Vorderseite: Blickwinkel/F. Hermann
Rückseite: Deutscher Wetterdienst

Lektorat: Dr. Friedrich Kögel

Herstellung: Hermann Maxant

Satz: Uhl & Massopust, Aalen

Gedruckt auf chlorfrei gebleichtem Papier

Printed in Germany

ISBN 978-3-8354 0318-5

Aufsteigende feuchte Luft kühlt ab und kondensiert. Es kommt zur Bildung kleinster Wassertropfen (Wolkenbildung!). Da eine Luftmasse nur eine bestimmte Menge Wasserdampf aufnehmen kann, entsteht bei zunehmender Kondensation Niederschlag. Die Luft besitzt über den Meeren meistens eine besonders große Feuchtigkeit. Die mächtigen Gebirge der Erde zwingen die anströmende Luft zum Aufsteigen. Sehr niederschlagsreiche Gebiete sind deshalb dort, wo sich ein Gebirge der anströmenden Luft in den Weg stellt.
Die Luftmassen werden zum Aufsteigen gezwungen und kühlen ab. Kondensation und schließlich Niederschläge sind die Folge.
Die meisten Niederschläge fallen in den Tropen. Jahreszeitlich verschiedene Erwärmung von Land und Meer löst jahreszeitlich gebundene Niederschläge aus, z.B. die gewaltigen Regenfälle in Indien im Gefolge des Südwest-Monsuns im Sommer.
Je mehr sich die Temperaturen der 0-Grad-Grenze nähern, um so häufiger geht die Niederschlagsform Regen in Schnee über. Nahe dem Gefrierpunkt ist der Schneefall sehr großflockig. Weite Teile Kanadas, Grönlands und Sibieriens sind bekannt für ihre Schneestürme.
Gebiete mit geringsten Niederschlägen sind diejenigen, in denen die Luftströmung große Strecken über aufgeheizten Landflächen (Wüste, wie z. B. die Sahara) zurücklegt oder die Luftströmung von vorgelagerten Gebirgen abgeschirmt wird. Das durch das Gebirge vom Wind abgeschirmte Gebiet befindet sich in einem sogenannten Niederschlagsschatten. Beispiele: das mittlere und östliche Norwegen, Alpentäler, die nordchilenische Wüste am Fuß der Anden, der Westen der USA unter dem Einfluss der Rocky Mountains.

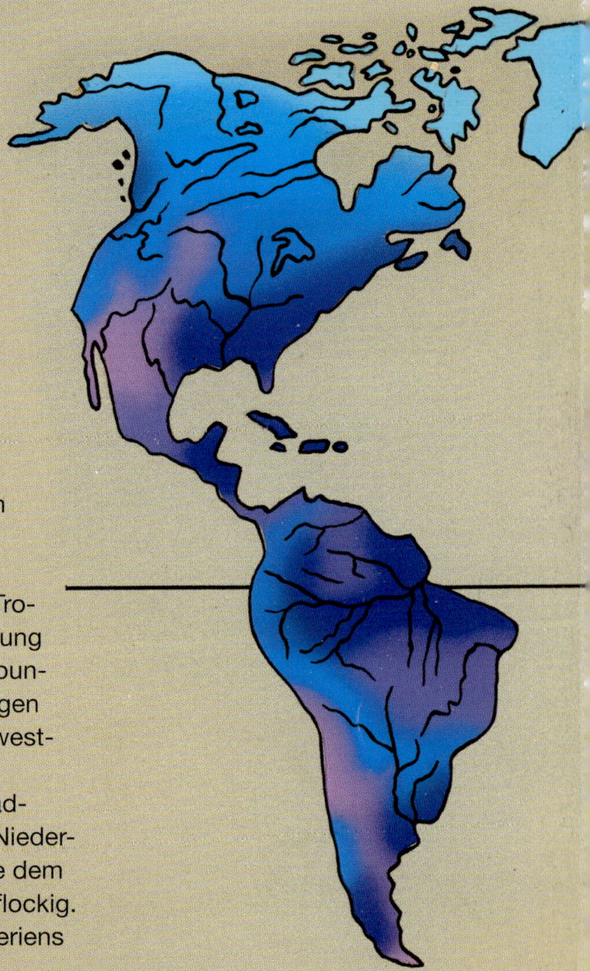